高等学校电子信息类专业"十三五"规划

ARM 嵌入式系统原理及应用开发

(第二版)

谭会生　编著

西安电子科技大学出版社

内 容 简 介

本书将理论教学、实验教学和课程设计融为一体，以 ARM 微处理器 S3C2410X/S3C2440X 和 Linux 操作系统应用为核心，阐述 ARM 嵌入式系统原理及应用开发。全书共分为 10 章，内容分别为：嵌入式系统及应用开发概述、ARM 嵌入式处理器体系结构、ARM 嵌入式处理器指令系统、ARM 嵌入式系统程序设计及调试基础、ARM 嵌入式处理器及其应用编程、嵌入式 Linux 操作系统及应用、嵌入式系统的 Boot Loader、ARM 嵌入式系统设计开发实例、基于 ARM 开发工具的基础实验、Linux 操作系统的综合应用实践。

本书取材广泛、内容新颖、观点鲜明、重点突出，既可作为高等院校电子工程、通信工程、自动化、计算机应用、仪器仪表等电子信息类及相近专业的本科生或研究生嵌入式系统课程及综合实践的教材，也适合作为 ARM 嵌入式系统的培训教材，还可供 ARM 嵌入式系统设计与开发人员参考使用。

★本书配有电子教案，有需要者可登录出版社网站免费下载。

图书在版编目（CIP）数据

ARM 嵌入式系统原理及应用开发 / 谭会生编著. —2 版.
—西安：西安电子科技大学出版社，2017.2(2018.5 重印)
高等学校电子信息类专业"十三五"规划教材
ISBN 978‐7‐5606‐4418‐9

Ⅰ. ① A… Ⅱ. ① 谭… Ⅲ. ① 微处理器—系统设计 Ⅳ. ① TP332

中国版本图书馆 CIP 数据核字(2017)第 001715 号

策　　划　马晓娟
责任编辑　马晓娟
出版发行　西安电子科技大学出版社(西安市太白南路 2 号)
电　　话　(029)88242885　88201467　　　　邮　　编：710071
网　　址　www.xduph.com
　　　　　　　　　　　　　　　　　　电子邮箱：xdupfxb001@163.com
经　　销　新华书店
印刷单位　陕西天意印务有限责任公司
版　　次　2017 年 2 月第 2 版　　2018 年 5 月第 4 次印刷
开　　本　787 毫米×1092 毫米　1/16　　印　　张　24.5
字　　数　581 千字
印　　数　9001～12 000 册
定　　价　49.00 元

ISBN 978‐7‐5606‐4418‐9/TP
XDUP 4710002－4
* * * 如有印装问题可调换 * * *
本社图书封面为激光防伪覆膜，谨防盗版。

前　　言

如今，作为智能设备及终端产品的核心基础，嵌入式技术的应用已经渗透到社会工作与生活的各个领域，市场上最炫、最酷、最新的电子产品几乎都包含嵌入式系统，比如智能手机、智能手表、智能手环、Google 眼镜、智能家居、智能机器人、无人驾驶汽车等，嵌入式技术的成熟与广泛应用，也进一步加速了物联网、智能硬件、移动互联网的产业化进程。在嵌入式微控制器/微处理器的发展中，发展最快的要数基于 ARM 内核的嵌入式微控制器/微处理器。自本世纪初基于 ARM 的嵌入式系统在我国开始应用之后，嵌入式系统经过四五年的使用与摸索后已进入一个空前快速发展的时期，它是本世纪出现的又一迅速发展，并有着广阔应用发展前景的新技术。社会对嵌入式系统方面大学毕业生的需求不断增加，薪资不菲，一般在 1~2 万元的相关专业培训亦如火如荼地开展着，嵌入式系统软硬件的开发，入行起薪高，特别是北上广深，从事嵌入式系统开发的本科毕业生起薪一般有6000~8000 元/月，而工作经验在 1~2 年的嵌入式工程师，薪水普遍在 10000 元/月以上。而随着工作年限的增加和实际开发能力的提高，薪资水平会有较大幅度甚至很大幅度的提高。

承蒙读者的厚爱，本书自 2012 年 3 月出版后，不到一年即重印到 6000 册，得到兄弟院校使用老师的肯定和网上书店购物读者的积极评价。但经过作者本人的教学实践和兄弟院校的使用，发现了一些内容需进一步完善，同时随着嵌入式技术的快速发展，原来用于阐述典型嵌入式微处理器及应用编程的芯片 S3C44B0X 有些过时，需要及时更新，因此作者在总结自己 10 多年从事嵌入式研究与教学实践经验的基础上，对本书进行了修订。

1. 修订的指导思想

本书的修订原则：① 紧跟社会对 ARM 嵌入式系统设计与开发人才的需要，以实际从事 ARM 嵌入式系统设计与开发为目标，进行教材内容的组织、选择和优化；② 理论与实践紧密结合，尽可能全面地展现嵌入式系统的设计与开发全过程中的主要基础理论、开发环境和开发过程，尽可能将理论教学、实验教学和课程设计融为一体；③ 注重课堂教学和课后深化与扩展学习的需要，注重研究性和创新性的教学需要，注重研究体会的提炼和学习方法的指导，尽可能以点带面，触类旁通，提高嵌入式系统的实际应用开发能力。

2. 修订的主要内容

(1) 本次修订主要是以广泛使用的 ARM 微处理器 S3C2410X/S3C2440X 为核心，将原来的以 ARM 微处理器 S3C44B0X 为核心的第 5 章 "ARM 嵌入式处理器及其应用编程" 全部进行了重写。该章首先介绍了几种典型的 ARM 嵌入式处理器的结构，其次介绍了 ARM 处理器的应用选择，接着阐述了 ARM 处理器内部组件控制的基本原理，最后详细地阐述了应用非常广泛的 S3C2410X/S3C2440X 微处理器的内部可编程组件及应用编程、外部接口电路的设计。

(2) 对第 9 章 "基于 ARM 开发工具的基础实验" 进行了补充完善，重点对第 9.4 节 "C

语言程序组件应用实验——PWM 直流电机控制"进行了补充完善。为了使读者对整个系统开发的程序组成和支撑硬件工作需包含的头文件、函数定义等内容有完整的认识，9.4 节以图示的方式列出了整个系统的主程序及系统包含的头文件、函数定义等内容。

(3) 基于 Windows XP+VMware Workstation 6.5/32 位 Windows 7 +VMware Workstation 10.0 和广州天嵌计算机科技有限公司的 TQ2440+3.5 开发板硬件及配套的软件，将第 10 章 "Linux 操作系统的综合应用实践"进行了补充完善，特别是新增了 LOGO 图片修改的详细过程，进一步完善了 Linux 开发环境的构建及移植的操作总结。

3. 本书的主要特点

本书的主要特点：以 ARM 嵌入式系统的应用开发为主线，以 ARM 微处理器 S3C2410X/S3C2440X 和 Linux 操作系统的应用为核心，理论与实践紧密结合，理论教学、实验教学和课程设计融为一体，从 ARM 微处理器的硬件结构与原理、汇编语言和 C 语言的程序设计与调试、Linux 开发环境的构建与移植三个方面来阐述嵌入式系统的原理与应用基础理论；从应用程序的设计与开发、ARM 嵌入式系统基础实验、Linux 操作系统的综合应用实践三个方面来阐述 ARM 嵌入式系统应用开发的实践；以多年从事 VLSI 设计的体会来讲解系统的硬件原理与软件设计；以 Linux 嵌入式系统开发环境的构建来搭建理论与实践结合的桥梁，以破解嵌入式系统学习的难点。本书既可作为高等院校电子工程、通信工程、自动化、计算机应用、仪器仪表等电子信息类及相近专业的本科生或研究生嵌入式系统课程及综合实践的教材，也非常适合作为 ARM 嵌入式系统的培训教材，还可供 ARM 嵌入式系统设计与开发人员参考使用。

在本书的修订出版过程中，湖南工业大学副校长、博士生导师张昌凡教授，副校长、博士生导师金继承教授，湖南工业大学教务处、交通工程学院和电气与信息工程学院的领导以及嵌入式系统课程组的任课老师，西安电子科技大学出版社的领导和马晓娟编辑等给予了大力支持与关心，在此一并表示衷心的感谢！湖南工业大学电气与信息工程学院欧阳洪波老师参与了一些程序的调试，2015 级研究生廖雯、申彦垒、黎敦科、张振、朱鹏涛等同学进行了部分文稿的录入、插图的绘制等工作，在此表示真诚的谢意！同时，在这里我还要特别感谢使用本书的老师和读者，是你们的厚爱和鼓励，促使我披荆斩棘，一路摸索前行，也促进和推动着我国嵌入式系统的广泛应用与快速发展。

本书虽然是第二版，但这次修改篇幅达 40%左右，特别是第 5 章 "ARM 嵌入式处理器及其应用编程"，以广泛使用的 ARM 微处理器 S3C2410X/S3C2440X 为核心进行了重新编著。同时 ARM 嵌入式系统的设计与开发技术是一门发展非常迅速、综合性非常强、设计开发平台非常多、实践操作性非常强、应用领域非常广泛的新技术，所以很多问题有待于进一步去研究与探讨，加上作者水平有限，书中难免存在疏漏、不妥甚至错误之处，敬请读者批评指正。

湖南工业大学

谭会生

2016 年 11 月

第 一 版 前 言

　　嵌入式系统是以应用为中心，以计算机技术为基础，软、硬件可剪裁，适用于对功能、可靠性、成本、体积、功耗有严格要求的应用系统的专用计算机系统。基于 ARM 的嵌入式系统具有微内核、系统精简、实时性强、专用性强等特点；具有性能好、成本低、体积小、结构灵活、性价比高等优点。自 21 世纪初基于 ARM 的嵌入式系统在我国开始应用之后，嵌入式系统经过使用与摸索，现已进入一个快速发展时期，它是 21 世纪出现的又一发展迅速，并有着广阔应用发展前景的新技术。现今，社会对嵌入式方面大学毕业生的需求不断增加，价格不菲的相关专业培训亦如火如荼地开展着。

　　自 21 世纪初 ARM 嵌入式系统在我国使用以来，有关著作不断增多，但目前合适的教材却很少，其主要原因有三：一是由外来书籍直接翻译过来的，针对性不强；二是讲理论的多，而讲实践的少，或实践与理论脱节、实践内容的可操作性差；三是没有展现出嵌入式系统的设计与开发的主要基础理论、开发环境和开发过程，内容的完整性不够。针对以上问题，作者总结自己多年从事嵌入式研究与教学的实践经验，编著了本书。

1. 本书的编著原则及特点

　　本书的编著原则：① 紧跟社会对 ARM 嵌入式系统设计与开发人才的需要，以实际从事 ARM 嵌入式系统设计与开发为目标，进行教材内容的组织和选择；② 理论与实践紧密结合，尽可能全面地展现嵌入式系统的设计与开发全过程中的主要基础理论、开发环境和开发过程；③ 注重课堂教学和课后深化与扩展学习的需要，注重研究性和创新性的教学需要，注重研究体会的提炼和学习方法的指导。

　　本书的主要特点：以 ARM 嵌入式系统的应用开发为主线，理论与实践紧密结合，从 ARM 微处理器的硬件结构与原理、汇编语言和 C 语言的程序设计与调试、Linux 开发环境的构建与移植三个方面来阐述嵌入式系统的原理与应用基础理论；从应用程序的设计与开发、ARM 嵌入式系统基础实验、Linux 操作系统的综合应用实践三个方面来阐述 ARM 嵌入式系统应用开发的实践；以多年从事 VLSI 设计的体会来讲解系统的硬件原理与软件设计；以 Linux 嵌入式系统开发环境的构建来搭建理论与实践结合的桥梁，以破解嵌入式系统学习的难点。

2. 嵌入式系统的学习内容

　　嵌入式系统的设计与开发就是利用嵌入式微处理器/微控制器内部的特定资源和扩展的外部资源来设计和开发特定的目标系统。要学习 ARM + Linux 嵌入式系统，初步具备从事 ARM 嵌入式系统应用开发的能力，作者认为首先应掌握的知识有 ARM 嵌入式系统的硬件结构与工作原理、程序设计语言、Linux 开发环境的构建、Linux 操作系统的移植和开发工具的使用、ARM + Linux 嵌入式系统的设计与开发方法(包括嵌入式系统的设计方法、ARM 处理器芯片的选择、嵌入式系统的应用与接口设计、嵌入式设计开发平台的使用等内容)；其次应熟悉与嵌入式系统开发相关的领域知识，比较共性的有网络与通信知识、数据库知识；最后还应有与目标系统相关的特定领域知识，包括数字信号处理、数字图像处理、工业智能控制、网络通信控制、数字家电控制等基础理论、实现算法和系统仿真等，重点是实现算法的设计、选择和仿真。

3. 嵌入式系统的学习方法

要学好嵌入式系统及其开发应用，首先，必须掌握扎实的嵌入式系统基础理论；其次，要有一个较好的嵌入式系统开发平台和开发环境；第三，要有一个较好的指导教师，并选用一本或几本好的教材，采用合适、有效的学习方法。关于嵌入式系统的教学，作者认为应采用课堂教学与课后研究、探讨、自学相结合，理论学习与实践应用相结合，研究性教学与课题开发相结合的方法。其中，应用设计与开发实践是熟悉和掌握嵌入式系统原理和应用开发技巧的最好方法。

利用 ARM 嵌入式系统开展研究性教学的研究内容，作者认为可以从三个方面开展。

(1) ARM 嵌入式系统设计开发基础研究：主要包括 ARM 器件结构、ARM 汇编语言、C/C++语言、操作系统移植、应用程序开发、驱动程序开发等嵌入式系统设计与实现的基础理论、基本方法、基本工具的学习与使用。

(2) ARM 嵌入式系统设计与实现相关研究：主要是与课题设计和实现有关的数字信号处理、数字图像处理、工业智能控制、网络通信控制、数字家电控制等基础理论、实现算法和系统仿真的研究，重点是实现算法的设计、选择和仿真。

(3) 基于 ARM 的嵌入式系统设计与实现：主要包括系统设计需求分析、ARM 实现硬件设计、ARM 操作系统移植、ARM 应用程序设计、ARM 驱动程序设计和 ARM 系统组装与调试。

基于 ARM 嵌入式系统开展的研究性教学的主要形式，包括组建 ARM 嵌入式系统学习兴趣小组、课题系统设计与实现研究小组和选拔教师科研项目助理等；通过专题训练、分散研究、定期讨论、按需答疑、总结汇报等形式开展研究活动。

作者通过学习兴趣小组的形式开展 ARM 嵌入式系统的研究性教学，其主要成效如下：通过研究性学习训练的学生，不但熟练地掌握了嵌入式系统设计与开发的理论与方法，而且具有良好的参考文献查找能力、分析利用和处理文档的能力，同时学生的综合应用能力、实践动手能力、创新创业能力大为提高，就业核心竞争力也显著提高，80%左右的学生毕业后均能找到从事嵌入式系统设计与开发的工作，并且工资待遇相当不错。

在本书的编著出版过程中，湖南工业大学副校长、硕士生导师张昌凡教授，副校长、博士生导师金继承教授，电气与信息工程学院院长肖伸平教授，西安电子科技大学出版社的领导和马晓娟编辑等给予了大力支持与关心，在此一并表示衷心的感谢！同时，湖南工业大学电气与信息工程学院电子信息科学与技术专业的肖曦、段斌斌、龙小三、易家、夏峰、姜果平、曹雨、麻建华、蒋杰、郑能棠等同学进行了部分文稿的录入、插图的绘制等工作，在此表示真诚的谢意！

由于 ARM 嵌入式系统的设计与开发技术是一门发展非常迅速、综合性非常强、设计开发平台非常多、实践操作性非常强、应用领域非常广泛的新技术，所以很多问题有待于进一步去研究与探讨，加上作者水平有限，书中难免存在疏漏、不妥之处，敬请读者批评指正。

湖南工业大学

谭会生

2013 年 2 月

目　录

第 1 章　嵌入式系统及应用开发概述

本章概括地阐述了嵌入式系统入式及其应用开发的基本概念、基础知识、基本方法等，包括嵌入式系统的定义、发展应用、总体组成、常用的嵌入式处理器、常用的嵌入式操作系统、嵌入式系统的设计方法、嵌入式系统的设计开发、嵌入式系统的学习探讨等内容。

1.1　嵌入式系统的定义及特点

1.1.1　嵌入式系统的定义

通常，计算机连同一些常规的外设是作为独立的系统而存在的，而并非为某一方面的专门应用而存在。如一台 PC(Personal Computer)就是一个完整的计算机系统，整个系统存在的目的就是为人们提供一台可编程、会计算、能处理数据的机器。它既可以作为科学计算的工具，也可以作为企业管理的工具，这样的计算机系统称为通用计算机系统。但是有些系统却不是这样，如医用的微波治疗仪、胃镜等虽然也是一个系统，且系统中也有计算机，但是这种计算机(或处理器)是作为某个专用系统中的一个部件而存在的，其本身的存在并非目的，而只是手段。这种嵌入到专用系统中的计算机被称为嵌入式计算机。将计算机嵌入到系统中，一般并不是指直接把一台通用计算机原封不动地安装到目标系统中，也不只是简单地把原有的机壳拆掉并安装到机器中，而是指为目标系统构建合适的计算机，再把它有机地植入，甚至融入目标系统。

不同的组织、不同的人从不同的角度给嵌入式系统所下的定义有所差异，但大致是相同的。按照电气电子工程师协会(IEEE)的定义，嵌入式系统是用来控制、监控或者辅助操作机器、装置、工厂等大规模系统的设备的。在我国，一般认为：嵌入式系统(Embedded System)是嵌入式计算机系统的简称。简单地说，嵌入式系统就是嵌入到目标体系中的专用计算机系统。嵌入性、专用性与计算机系统是它的三个基本要素。具体地讲，嵌入式系统是指以应用为中心，以计算机技术为基础，并且软、硬件可裁剪，适用于对功能、可靠性、成本、体积、功耗有严格要求的专用计算机系统。也就是说，嵌入式系统把计算机直接嵌入到应用系统中，它融合了计算机软/硬件技术、通信技术和微电子技术，是集成电路发展过程中的一个标志性成果。

与嵌入式系统相关的另一个概念是嵌入式设备，它是指内部有嵌入式系统的产品和设备，如内含单片机的家用电器、仪器仪表、工控单元、机器人、手机、PDA 等。

嵌入式技术的快速发展不仅使其成为当今计算机技术和电子技术的一个重要分支，同时也使计算机的分类从巨型机/大型机/小型机/微型机变为通用计算机/嵌入式计算机(即嵌入式系统)。可以预言，嵌入式系统将成为后 PC 时代的主宰。

1.1.2　嵌入式系统的特点

由于嵌入式系统是一种特殊形式的计算机系统，因此它同计算机系统一样由硬件和软件构成。嵌入式系统是由定义中的三个基本要素衍生出来的，不同的嵌入式系统，其特点会有所差异，但其主要特点是一致的。

1. 嵌入式系统是专用的计算机系统

嵌入式系统的硬、软件均是面向特定应用对象和任务设计的，具有很强的专用性和多样性。它提供的功能以及面对的应用和过程都是可预知的、相对固定的，而不像通用计算机那样有很大的随意性。嵌入式系统的硬、软件具有可裁剪性，能满足对象要求的最小硬、软件配置。

2. 嵌入式系统须满足系统应用环境的要求

由于嵌入式系统要嵌入到对象系统中，因此它必须满足对象系统的环境要求，如物理环境(集成度高、体积小)、电气环境(可靠性高)、成本(价低廉)、功耗(能耗少)等的高性价比要求。另外，它还要能满足对温度、湿度、压力等自然环境的要求。民用和军用嵌入式系统对自然环境的要求差别很大。

3. 嵌入式系统须满足对象系统的控制要求

嵌入式系统必须配置有与对象系统相适应的接口电路，如 A/D 接口、D/A 接口、PWM 接口、LCD 接口、SPI 接口、I^2C 接口等。

4. 嵌入式系统是一个知识集成应用系统

嵌入式系统是将先进的计算机技术、半导体技术和电子技术与各个行业的具体应用相结合后的产物，这就决定了它必然是一个技术密集、资金密集、高度分散、不断创新的知识集成系统。

5. 嵌入式系统具有较长的应用生命周期

嵌入式系统和实际应用有机地结合在一起，它的更新换代也是和实际产品一同进行的，因此基于嵌入式系统的产品一旦进入市场，就具有较长的生命周期。

6. 嵌入式系统的软件固化在非易失性存储器中

为了提高执行速度和系统可靠性，嵌入式系统中的软件一般都固化在 EPROM、E^2PROM 或 Flash 等非易失性存储器中，而不是像通用计算机系统那样存储于磁盘等载体中。

7. 多数嵌入式系统具有实时性要求

许多嵌入式系统都有实时性要求，需要有对外部事件迅速反应的能力。以前，嵌入式系统几乎是实时系统的代名词，近年来出现了许多不带实时要求的嵌入式系统，这两个词的区别才变得显著起来。但是，多数嵌入式系统还是有着不同程度的实时性要求的。

8. 嵌入式系统设计需专用的开发环境和开发工具

嵌入式系统本身不具备自主开发能力，即使设计完成以后，用户通常也不能对其中的程序功能进行修改，必须有一套开发工具和相应的开发环境才能进行开发和修改。

1.2　嵌入式系统的发展及应用

1.2.1　嵌入式系统的发展

20 世纪 60 年代末期，微电子技术的发展使得嵌入式计算机逐步兴起。随着计算机技术、通信技术、电子技术一体化进程不断加快，目前嵌入式技术已成为广大技术人员的研究热点。

1. 嵌入式系统发展的四个阶段

1) 以单片机为核心的低级嵌入式系统

以单片机(微控制器)为核心的可编程控制器形式的低级嵌入式系统是嵌入式系统发展的第一阶段。低级嵌入式系统具有与监测、伺服、指示设备相配合的功能，应用于专业性很强的工业控制系统中，通常不含操作系统，而是采用汇编语言编程软件对系统进行控制。该阶段的嵌入式系统处于低级阶段，主要特点是系统结构和功能单一、处理效率不高、存储容量较小、用户接口简单或没有用户接口，但它的使用简单、成本低廉。

2) 以嵌入式微处理器为基础的初级嵌入式系统

以嵌入式微处理器为基础，以简单操作系统为核心的初级嵌入式系统是嵌入式系统发展的第二阶段。初级嵌入式系统的主要特点是：处理器种类多，通用性较弱；系统效率高，成本低；操作系统具有兼容性、扩展性，但用户界面简单。

3) 以嵌入式操作系统为标志的中级嵌入式系统

以嵌入式操作系统为标志的中级嵌入式系统是嵌入式系统发展的第三阶段。中级嵌入式系统的主要特点是：嵌入式系统能运行于各种不同的嵌入式处理器上，兼容性好；操作系统内核小、效率高，并且可任意裁剪；具有文件和目录管理、多任务功能，支持网络，具有图形窗口以及良好的用户界面；具有大量的应用程序接口，嵌入式应用软件丰富。

4) 以 Internet 为标志的高级嵌入式系统

以 Internet 为标志的高级嵌入式系统是嵌入式系统发展的第四阶段。目前嵌入式系统大多孤立于 Internet 之外，随着网络应用的不断深入和信息家电的发展，嵌入式系统的应用必将与 Internet 有机结合在一起，成为嵌入式系统发展的未来。

新一代基于 32 位/64 位微处理器的嵌入式系统，相对于 8 位/16 位单片机嵌入式系统，具有五个方面的优势：① 芯片内外资源丰富，硬件系统简单；② 可运行各种操作系统，应用程序开发难度降低，系统人机界面友好；③ 系统数据处理能力强，控制精度高；④ 有成熟的开发工具、丰富的开发资源和资料；⑤ 32 位/64 位的嵌入式系统的开发人群不断增多，有助于降低企业项目的开发成本和保持开发的连续性。

2. 嵌入式系统的发展趋势

1) 嵌入式系统结构将更加复杂，硬件向集成化发展，软件将逐渐 PC 化

随着信息产品功能的不断增多，产品性能的不断提高，嵌入式系统的结构将更加复杂。在嵌入式系统的硬件设计上，为了满足应用功能的升级，设计师一方面采用更强大的嵌入

式处理器增强处理能力，如 32 位、64 位 RISC 芯片或信号处理器(DSP)；另一方面增加功能接口，并加强对多媒体，图形等的处理，逐步实现片上系统(System on a Chip——SoC)的概念。

在软件设计方面，人们采用实时多任务编程技术和交叉开发工具技术来控制功能复杂性、简化应用程序设计、保障软件质量和缩短开发周期。随着移动互联网的发展和跨平台开发语言的广泛应用，嵌入式软件开发的概念将逐渐淡化，即嵌入式软件开发和非嵌入式软件开发的区别将逐渐减小，嵌入式系统软件将逐渐 PC 化。

2) 嵌入式系统将向小型化、智能化、网络化、可视化、微功耗和低成本方向发展

随着技术水平的提高和人们生活的需要，嵌入式设备正朝着小型化和智能化的方向发展。目前的上网本、MID(移动互联网设备)、便携式投影仪等都是因类似的需求而出现的。对嵌入式而言，可以说已经进入了嵌入式互联网时代(有线网、无线网、广域网、局域网的组合)，嵌入式设备和互联网的紧密结合，为我们的日常生活带来了极大的方便和无限的想象空间。嵌入式设备的功能越来越强大，未来的冰箱、洗衣机等家用电器都将实现网上控制；异地通信、协同工作、无人操控场所、安全监控场所等的可视化也已经成为了现实。而且随着网络运载能力的提升，可视化将得到进一步完善。人工智能、模式识别技术也将在嵌入式系统中得到应用，使其更加人性化、智能化。

为了支持小型电子设备实现小尺寸、微功耗和低成本，嵌入式产品设计者应相应降低处理器的性能，限制内存容量和复用接口芯片，这就提高了对嵌入式软件设计技术的要求，使设计者不得不选用最佳的编程模型和不断改进算法；而且要求软件人员有丰富经验，发展先进嵌入式软件技术，如 Java、Web 和 WAP 等。

3) 不断改善人机交互的方法，提供精巧的多媒体人机界面

嵌入式设备之所以为亿万用户乐于接受，重要因素之一是它们的"亲和力"以及自然的人机交互界面，如司机操纵高度自动化的汽车时主要还是通过传统的方向盘、脚踏板和操纵杆来进行；人们与信息终端交互时通过以 GUI 屏幕为中心的多媒体界面来进行。手写文字输入、语音拨号上网、收发电子邮件以及彩色图形/图像的处理已取得初步成效。目前一些先进的 PDA 在显示屏幕上已实现汉字写入、短消息语音发布，但这些离掌式语音同声翻译还有很大距离。

4) 云计算、可重构、虚拟化等技术被进一步应用到嵌入式系统

云计算(Cloud)是将计算分布在大量的分布式计算机上，这样人们只需要一个终端就可以通过网络服务来实现所需要的计算任务，甚至是超级计算任务了。云计算是分布式处理(Distributed Computing)、并行处理(Parallel Computing)和网格计算(Grid Computing)的发展，或者说是这些计算机科学概念的商业实现。在未来几年里，云计算将得到进一步发展与应用。所谓网格计算(分布式计算)，就是研究如何把一个需要非常巨大的计算能力才能解决的问题分成许多小的部分，然后把这些部分分配给许多计算机进行处理，最后把这些结果综合起来得到最终结果。

可重构性是指在一个系统中，其硬件模块或(和)软件模块均能根据变化的数据流或控制流对系统结构或算法进行重新配置(或重新设置)。可重构系统最突出的优点就是能够根据不同的应用需求，改变自身的体系结构，以便与具体的应用需求相匹配。

虚拟化是指计算机软件在一个虚拟的平台上，而不在一个真实的硬件上运行。虚拟化技术可以简化软件的重新配置过程，易于实现软件的标准化。其中 CPU 的虚拟化可以使单

CPU 模拟多 CPU 并行运行，允许一个平台同时运行多个操作系统，并且都可以在相互独立的空间内运行而互不影响，从而提高工作效率和安全性。虚拟化技术是降低多内核处理器系统开发成本的关键，是未来几年最值得期待和关注的关键技术之一。

随着各种技术的成熟与在嵌入式系统中的应用，嵌入式系统将不断增添新的魅力和发展空间。

5) 嵌入式软件开发更平台化、标准化，系统可升级、代码可复用，将更受重视

嵌入式操作系统将进一步走向开放、开源、标准化、组件化。嵌入式软件开发平台化也将是今后的一个趋势，越来越多的嵌入式软、硬件行业标准将出现，最终的目标是使嵌入式软件开发简单化，这也是一个必然规律。随着系统复杂度的提高，系统可升级和代码复用技术在嵌入式系统中将得到更多的应用。另外，因为嵌入式系统采用的微处理器种类繁多，所以在嵌入式软件开发中将更多地使用跨平台的软件开发语言与工具。目前，Java语言被越来越多地使用到嵌入式软件开发中。

1.2.2　嵌入式系统的应用

嵌入式系统具有非常广阔的应用领域，是现代计算机技术改造传统产业、提升多领域技术水平的有力工具，可以说嵌入式系统无处不在。其主要应用领域包括工业、航空航天、消费电子、网络以及军事国防等各个领域，如图 1.1 所示。

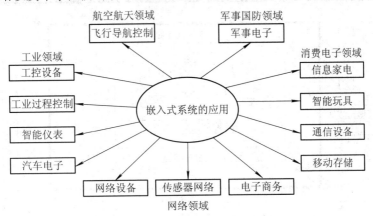

图 1.1　嵌入式系统的应用领域

嵌入式系统在很多产业中得到了广泛的应用，并逐步改变着这些产业。神舟飞船和长征系列火箭系统中就有很多嵌入式系统，导弹的制导系统也有嵌入式系统，高档汽车中也有多达几十个嵌入式系统。

在日常生活中，人们使用着各种嵌入式系统，但未必知道它们。事实上，几乎所有带有一点"智能"的家电(全自动洗衣机、电饭煲等)都使用了嵌入式系统。总的来说，嵌入式系统具有广泛的适应能力和多样性。

1.3　嵌入式系统的总体组成

嵌入式系统既然是一种专用的计算机应用系统，当然也包括硬件和软件两大部分。由

于嵌入式系统是一个应用系统，因此还需要应用中的执行机构，用于实现对其他设备的控制、监视或管理。基于控制领域的典型嵌入式系统如图 1.2 所示。

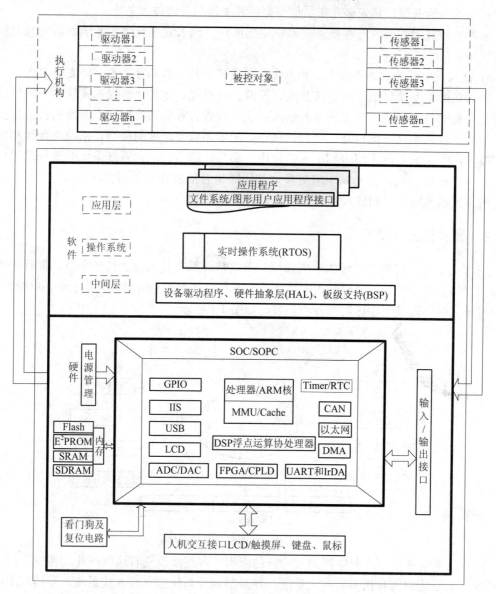

图 1.2 基于控制领域的典型嵌入式系统

1.3.1 嵌入式系统的硬件

典型的嵌入式系统的硬件组成如图 1.3 所示。

嵌入式系统的硬件由电源模块、嵌入式处理器、存储器(程序存储器和数据存储器)模块、可编程逻辑器件、嵌入式系统周边元器件、各种 I/O 接口、总线以及外部设备和插件等组成。它以嵌入式处理器为核心，目前一般应用场合多采用嵌入式微处理器(如 ARM7 或 ARM9 等)，在信息处理能力要求比较高的场合，可采用嵌入式 DSP，以完成高性能信号处理。

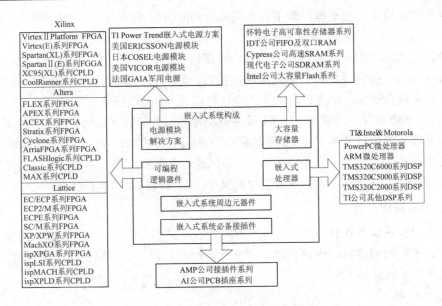

图 1.3　典型的嵌入式系统硬件组成

有些应用场合要求具有 USB 接口、I²C 总线接口、SPI 接口、CAN 总线接口、以太网接口以及 A/D、D/A、PWM 等接口，因此，嵌入式系统的硬件要根据实际应用进行选择或裁剪，以最少成本满足应用系统的要求。嵌入式系统的硬件具体模块将在后面章节详细介绍。

1.3.2　嵌入式系统的软件

嵌入式系统的软件包括中间层程序、嵌入式操作系统和应用软件。对于简单的嵌入式系统，可以没有嵌入式操作系统，仅存在设备驱动程序和应用软件。

1. 中间层程序

中间层程序主要为上层软件提供设备的操作接口，它包括硬件抽象层(Hardware Abstraction Layer，HAL)、板级支持包(Board Support Package，BSP)以及设备驱动程序。

1) 硬件抽象层

硬件抽象层(HAL)是位于操作系统内核与硬件电路之间的接口层，其目的就是将硬件抽象化，即可以通过程序来控制处理器、I/O 接口以及存储器等所有硬件的操作，这样能使系统的设备驱动程序与硬件设备无关，提高了系统中的可移植性。它包括相关硬件的初始化、数据的输入/输出操作、硬件设备的配置等操作。

2) 板级支持包

板级支持包(BSP)介于硬件和嵌入式操作系统中驱动层程序之间，主要实现对嵌入式操作系统的支持，为上层的驱动程序提供访问硬件设备寄存器的函数包，使之能够更好地运行于硬件。BSP 实现的功能主要有：① 系统启动时对硬件进行初始化；② 为驱动程序提供访问硬件的手段，Boot Loader 便属于此类。

3) 设备驱动程序

系统安装的硬件设备必须经过驱动才能被使用，设备的驱动程序为上层软件提供调用的操作接口。上层软件只需要调用驱动程序提供的接口，而不必关心设备内部的具体操作就可以控制硬件设备。驱动程序除了具备基本的功能函数外(初始化、中断响应、发送、接收等)外，还应具备完善的错误处理函数。

一个设备的驱动程序，就是一个函数和数据结构的集合或抽象数据类型，它创建了一个可用于计算机上所有硬件设备的通用函数接口，它的目的是实现一个简单的管理设备的接口，操作系统内核用这个接口请求驱动程序控制设备的 I/O 操作。

Linux 设备驱动程序的框架：Linux 设备驱动程序与外界的接口可分为三个部分：① 驱动程序与操作系统内核的接口；② 驱动程序与系统引导的接口；③ 驱动程序与设备的接口。设备驱动程序包括以下几个组成部分：① 驱动程序的注册与注销；② 设备的打开与释放；③ 设备的读写操作；④ 设备的控制操作；⑤ 设备的终端与轮询操作。

2. 嵌入式操作系统

嵌入式操作系统在复杂的嵌入式系统中发挥着非常重要的作用。有了嵌入式操作系统，进程管理、进程间的通信、内存管理、文件管理、驱动程序、网络协议等方可实现。常用的嵌入式操作系统详见 1.5.2 节。

3. 应用软件

应用软件是在嵌入式操作的系统支持下通过调用 API 函数，并结合实际应用编制的用户软件，如抄表系统的软件、掌上信息查询软件等。

1.4　常用的嵌入式处理器

1.4.1　嵌入式处理器的种类

嵌入式处理器主要有五类：嵌入式微处理器(Embedded Microcomputer Unit，EMPU)、嵌入式微控制器(Embedded Microcontroller Unit，EMCU)、嵌入式数字信号处理器(Embedded Digital Signal Processor，EDSP)、嵌入式片上系统(System On Chip，SOC)和嵌入式可编程片上系统(System On a Programmable Chip，SOPC)。

1. 嵌入式微处理器

嵌入式微处理器是由 PC 中的 CPU 演变而来的，与通用 PC 的微处理器不同的是，它只保留了与嵌入式应用紧密相关的功能硬件。典型的 EMPU 有 Power PC、MIPS、MC68000、i386EX、AMD K6 2E 以及 ARM 等，其中 ARM 是应用最广、最具代表性的嵌入式微处理器。本书主要介绍的是基于 ARM 的嵌入式系统结构及其设计。

2. 嵌入式微控制器

嵌入式微控制器的典型代表是单片机，其内部集成了 ROM/EPROM/Flash、RAM、总线、总线逻辑、定时器、看门狗、I/O 接口等各种必要的功能部件。典型的 EMCU 有 51 系列、MC68 系列、PIC 系列、MSP430 系列等。

3. 嵌入式数字信号处理器

嵌入式数字信号处理器(DSP)是专门用于数字信号处理的微处理器，在系统结构和指令算法方面经过特殊设计，因而具有很高的编译效率和指令执行速度。DSP 芯片的内部采用程序和数据分开的哈佛结构，具有专门的硬件乘法器，广泛采用流水线操作，提供特殊的 DSP 指令，可以用来快速地实现各种数字信号处理算法。典型的 EDSP 有 TMS32010 系列、TMS32020 系列、TMS32C30/C31/C32、TMS32C40/C44、TMS32C50/C51/C52/C53 以及集多个 DSP 于一体的高性能 DSP 芯片 TMS32C80/C82 等。

4. 嵌入式片上系统

微电子技术的进步以及各应用领域多样化的需求促使集成电路向高速、高集成度、低功耗的系统集成方向发展，且出现了在单芯片上集成嵌入式 CPU、DSP、存储器和其他控制功能的片上系统 SOC。SOC 是一个集成的复杂系统，它一般将一个完整的产品的各功能集成在一个芯片上或芯片组上，其中可能包括处理器 CPU、存储器、硬件加速单元、与外围设备的接口 I/F、模/数混合放大电路，甚至延伸到传感器、微机电和微光电单元。

SOC 最大的特点是成功实现了软、硬件的无缝结合，直接在处理器的片内嵌入了操作系统。SOC 具有极高的综合性，在一个硅片内部运用 VHDL 等硬件描述语言即可实现一个复杂的系统。与传统的系统设计不同，用户不需要绘制庞大复杂的电路板及一点点地连接焊制，只需要使用精确的语言，综合时序设计直接在器件库中调用各种通用处理器的标准，然后通过仿真之后就可以直接交付芯片厂商进行生产了。

由于片上系统的绝大部分系统构件都在系统内部，因而整个系统特别简洁，不仅减小了系统的体积和功耗，而且提高了系统的可靠性和设计生产效率。

5. 嵌入式可编程片上系统

随着 EDA 技术的快速发展和 VLSI 技术的不断进步，出现了 SOPC，其处于不断高速发展之中。SOPC 是一种基于 FPGA 的可重构 SOC，它集成了硬 IP 核或软 IP 核 CPU、DSP、存储器、外围 I/O 及可编程逻辑，是更加灵活、高效的 SOC 解决方案。SOC 与 SOPC 的区别：SOC 是专用集成系统，设计周期长，设计成本高；SOPC 是基于 FPGA 的可重构 SOC，是一种通用系统，设计周期短，设计成本低。

IP 核(Intellectual Property Core)称为知识产权核，它是经过预先设计、预先验证，且符合产业界普遍认同的设计规范和设计标准，具有相对独立功能的电路模块或子系统，可以复用于 SOC、SOPC 或复杂 ASIC 设计中。它是一种通过知识产权贸易在各设计公司间流通的完成特定功能的电路模块或子系统。

1.4.2　典型 ARM 微处理器系列

英国 ARM(Advanced RISC Machines)公司成立于 1990 年。1985 年 4 月 26 日，第一个 ARM 原型在英国剑桥的 Acorn 计算机有限公司诞生(在美国 VLSI 公司制造)。目前，ARM 架构处理器已在高性能、低功耗、低成本应用领域中占据领先地位。

ARM 公司是嵌入式 RISC 处理器的知识产权 IP 供应商，它为 ARM 架构处理器提供了 ARM 处理器内核(如 ARM7TDMI、ARM9TDMI、ARM10TDMI 等)和 ARM 处理器宏核 (ARM720T、ARM920T/922T/940T、ARM1020E/1022E 等)。由各半导体公司(ARM 公司的合作伙伴)在上述处理器内核或处理器宏核基础上进行再设计，嵌入各种外围和处理部件，便形成了各种嵌入式微处理器(EMPU)或嵌入式微控制器(EMCU)。

目前有如下几个系列的 ARM 处理器产品以及其他厂商实现的基于 ARM 体系结构的处

理器：ARM7 系列、ARM9 系列、ARM9E 系列、ARM10E 系列、ARM11 系列、SecurCore 系列、OptimoDE 系列、StrongARM 系列、XScale 系列以及 Cortex-A8 系列。

ARM7、ARM9、ARM9E 及 ARM10E 为四个通用嵌入式微处理器系列，每个系列提供一套相对独特的性能来满足不同应用领域的要求，有多个生产厂家；SecurCore 系列是专门为安全性要求较高的场合设计的；StrongARM 系列是 Intel 公司生产的用于便携式通信产品和消费电子产品的理想嵌入式微处理器，已应用于多家掌上电脑系列产品；XScale 系列是 Intel 公司推出的基于 ARMv5TE 体系结构的全性能、高性价比、低功耗的嵌入式微处理器，应用于数字移动电话、个人数字助理、网络产品等场合。

ARM 公司最新推出的 Cortex-A8TM 处理器将给消费产品和低功耗移动产品带来重大变革，它使得最终用户可以享受到更高水准的娱乐和创新服务。Cortex-A8 处理器的处理速度最高能达到 2000 DMIPS，它成为运行多通道视频、音频和游戏应用等要求越来越高的消费产品的最佳选择。在 65 nm 工艺下，Cortex-A8 处理器的功耗不到 300 mW，能够提供业界领先的性能和功耗效率。Cortex-A8 处理器第一次为低费用、高容量的产品带来了台式机级别的性能。支持智能能源管理(Intelligent Energy Manger，IEM)技术的 ARM Artisan 库以及先进的泄漏控制技术使得 Cortex-A8 处理器实现了非凡的速度和功耗效率。Cortex-A8 处理器得到了大量 ARM 技术的支持，从而能够实现快速的系统设计。

Cortex-A8 处理器是第一款基于下一代 ARMv7 架构的应用处理器，使用了能够带来更高性能、功耗效率和代码密度的 Thumb-2 技术。它首次采用了强大的信号处理扩展集，对 H.264 和 MP3 等媒体编解码提供加速。Cortex-A8 解决方案还包括 Jazelle－RCT Java 加速技术，对实时(JIT)和动态调适编译(DAC)提供优化，同时使内存的占用空间减少三分之一。此外，Cortex-A8 处理器还配置了用于安全交易和数字版权管理的 TrustZone 技术以及实现低功耗管理的 IEM 功能。

Cortex-A8 处理器配置了先进的超标量体系结构管线，能够同时执行多条指令，并且提供超过 2.0 DMIPS/MHz 的速度。处理器集成了一个尺寸可调的二级高速缓冲存储器，能够同高速的 16 KB 或者 32 KB 一级高速缓冲存储器一起工作，从而达到最快的读取速度和最大的吞吐量。它使用了先进的分支预测技术，并且使用专用的 NEON 整型和浮点型管线进行媒体和信号处理。在使用小于 4 mm^2 的硅片及低功耗的 65 nm 工艺的情况下，Cortex-A8 处理器的运行速度将高于 600 MHz(不包括 NEON、追踪技术和二级高速缓存储器)；在高性能的 90 nm 和 65 nm 工艺下，Cortex-A8 处理器的运行速度最高可达到 1 GHz，从而满足高性能消费产品设计的需要。

典型的嵌入式处理器当属基于 ARM 的系列处理器。生产 ARM 处理器芯片的厂家很多，每个厂商生产的 ARM 芯片型号各不相同，性能也有差异，具体可参考图 1.4。

1. S3C44B0X 微处理器简介

S3C44B0X 是三星公司专为手持设备和一般应用设计的高性价比、高性能的 16 位/32 位 RISC 型嵌入式微处理器。它使用 ARM7TDMI 核，工作在 75 MHz。S3C44B0X 采用 0.25 μm 制造工艺的 CMOS 标准宏单元和存储编译器，它的低耗能、精简及出色的全静态设计非常适用于对成本和功耗要求较高的场合。

为了降低系统的总成本和减少外围器件，这款芯片中还集成了若干部件，主要包括 8 KB Cache(数据/指令)、内部 SRAM、外部储存器控制器、LCD(Liquid Crystal Display)控制器、

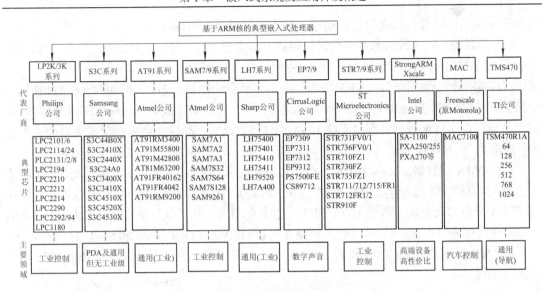

图 1.4　基于 ARM 核的典型嵌入式处理器系列

4 个 DMA 通道、带自动握手的 2 通道 UART、1 个多主 I²C(Inter Integrate Circuit)总线控制器、1 个 I²S 总线控制器、5 通道 PWM 定时器、1 个看门狗定时器、71 个通用 I/O 口、8 个外部中断源、具有日历功能的实时时钟 RTC、8 通道 10 位 A/D 转化器、1 个 SIO 接口以及 PLL(锁相环)时钟发生器。

S3C44B0X 采用新型的总线结构，即三星 ARM CPU 嵌入式微处理器总线结构 SAMBA Ⅱ。

S3C44B0X 微处理器的主要技术特征如下：

(1) 体系结构采用 ARM7TDMI 架构。S3C44B0X 采用由 ARM 公司设计的 16 位/32 位 ARM7TDMI RISC 处理器。ARM7TDMI 体系结构的特点是它集成了 Thumb 代码压缩器、片上的 ICE 断点调试支持和一个 32 位的硬件乘法器。

(2) 系统存储管理采用大、小端模式管理。S3C44B0X 包含 8 个地址空间(6 个 ROM、SRAM 存储器以及 2 个 ROM/SRAM/DRAM)，每个地址空间为 32 MB，共 256 MB 地址空间；所有地址空间都可设置为 8 位、16 位或 32 位数据宽度对齐访问；有 7 个固定的起始地址和 1 个可编程的存储块(Bank)；1 个起始地址和尺寸可编程的存储块，在能量低的情况下支持 DRAM/SDRA2M 自动刷新模式；支持 DRAM 的非对称、对称寻址。

(3) 中断控制器。S3C44B0X 共有 30 个中断源，包括 1 个看门狗定时器、6 个定时器、6 个 UART、8 个外部中断、4 个 DMA、2 个 RTC、1 个 ADC、1 个 I²C 和 1 个 SIO。外部中断源 IRQ 可选择电平触发/边缘触发模式；具备可编程的电平/边缘极性；对紧急中断请求支持 FIQ(快速中断请求)。

(4) 电源和时钟管理。S3C44B0X 的电源和时钟管理采用低能耗模式。时钟可以通过软件选择性地反馈回每个功能块；电源部分具有正常模式、低能模式(不带 PLL 的低频时钟)、休息模式(只使用 CPU 的时钟停止)以及停止模式(所有时钟都停止)，可用 FINT 或 RTC 警告中断将之从停止模式中唤醒。

(5) PWM 定时器。S3C44B0X 内部有 5 个 16 位带 PWM 的定时器和 1 个 16 位基于 DMA

或基于中断的定时器，其占空比、周期、频率及极性都是可编程的。

(6) 实时钟。实时钟内部具有全时钟特点，即毫秒、秒、分、小时、天、星期、月、年，运行于 32.768 kHz，有 CPU 唤醒的警告中断、时间滴答中断。

(7) 通用输入/输出端口。S3C44B0X 有 8 个外部中断口、71 个多功能输入/输出口、2 个带 DMA 和中断的 UART；支持 5 位、6 位、7 位、8 位串行数据传送/接收，当传送/接收时支持双向握手可编程波特率，支持 IrDAi.O(115.2 kb/s)，测试循环返回模式下每个通道有 2 个内部 32 位 FIFO。

(8) DMA 控制器。S3C44B0X 内有 2 路通用的无需 CPU 干涉的 DMA 控制器；2 路桥式 DMA，支持 I/O 到内存、内存到 I/O、I/O 到 I/O；采用 6 种 DMA 请求方式(其中，软件方式有 4 个内部功能块，即 UART、SIO、实时钟、I^2S，并且有外部管脚请求方式)；DMA 之间可编程优先级次序；突发传送模式可提高到 FPDRAM、EDODRAM 和 SDRAM 的传送率。

(9) A/D 转换器。S3C44B0X 有 10 位 8 路 A/D 转换器，最大转换速率为 100 kSPS，分辨率为 10 位。

(10) LCD 控制器。S3C44B0X 支持彩色/单色/灰度 LCD，支持单扫描和双扫描显示，支持虚拟显示功能，系统内存可作为显示内存，专用 DMA 用于从系统内存中提取图像数据，屏幕尺寸可编程，支持 16 级灰度或 256 级彩色。

(11) I^2C 总线接口。S3C44B0X 有一个通道的多主 I^2C 总线接口，可进行中断操作模式，还可以进行 8 位串行双向数据传输，标准模式达到 100 kb/s，快速模式达到 400 kb/s。

(12) I^2S 线接口。S3C44B0X 有 1 个通道的音频 I^2S 总线接口，可进行基于 DMA 的操作。此通道可进行 8/16 位的串行数据传输，支持 MSB-justified 数据格式。

(13) SIO 接口。S3C44B0X 内置 1 个通道的同步串行接口 SIO，可进行基于 DMA 或中断的操作，波特率可编程，支持 8 位串行数据的传输操作。

(14) 额定工作参数及时钟。S3C44B0X 的内核电压为 2.5 V，I/O 电压为 3.0～3.6 V，工作频率为 75 MHz，封装形式采用 160LQFP/160FBGA。其中 LQFP(Land Quad Flat Package) 为表面四方封装，FBGA(Flat Ball Grid Array)为球面栅状阵列封装。

2. S3C2410X/S3C2440X 微处理器简介

S3C2410X/S3C2440X 是三星公司出品的基于 ARM920T 核的嵌入式微处理器，它与基于 ARM7 的 S3C44B0X 的最大区别在于：S3C2410X/S3C2440X 内部带有全性能的内存管理单元(MMU)，适用于设计移动手持设备类产品，具有高性能、低功耗、接口丰富及体积小等优良特性。

S3C2410X/S3C2440X 提供了丰富的内部设备，如双重分离的 16 KB 的指令缓存和数据缓存、MMU 虚拟存储器管理部件、LCD 控制器、支持 NAND 的 Flash 系统引导、外部存储控制器、3 通道 UART、4 通道 DMA、4 通道 PWM 定时器、I/O 端口、定时器、8 通道 10 位 A/D 转换器、触摸屏接口、I^2C 总线接口、USB 主机、USB 设备、SD 主卡及 MMC 卡接口、2 通道 SPI 以及内部 PLL 时钟倍频器。

S3C2410X/S3C2440X 微处理器的主要技术特征如下：

(1) 体系结构采用 ARM920T 架构。S3C2410X/S3C2440X 采用 ARM920T 作为处理器内核，因此具有 ARM920T 的所有特征。

(2) 双重分离缓存。S3C2410X/S3C2440X 具有 64 项全相连模式；采用指令和数据双重分离的缓存技术,具有 16 KB 指令缓存及数据缓存;采用写到底或写回缓存操作来更新存储器,写缓冲可以保存 16 个字的数据和 4 个地址。

(3) 存储管理部件(MMU)。S3C2410X/S3C2440X 内部集成了存储管理部件(MMU),使得由它构成的嵌入式系统可以用于包括 Windows CE 和 Linux 在内的需要 MMD 支持的嵌入式操作系统。

(4) 外部存储控制器。S3C2410X/S3C2440X 支持大/小端方式;具 8 个存储器 Bank,寻址空间每 Bank 128 MB(共 1 GB),其中 Bank0～Bank6 采用固定的 Bank 起始寻址,Bank7 具有可编程的起始地址和大小;支持可编程的每 Bank 8/16/32 位数据总线宽度;支持掉电时的 SDRAM 自动刷新模式。

(5) LCD 控制器。S3C2410X/S3C2440X 最大支持 4 位双扫描、4 位单扫描及 8 位单扫描三种类型的 STN LCD 显示屏;支持单色模式 4 级、16 级灰度的 STN LCD 及 256 色和 4096 色 STN LCD;支持 640 × 480、320 × 240、160 × 160 等不同尺寸的 LCD;256 色模式下支持的最大虚拟屏是 4096 × 1024、2048 × 2048 及 1024 × 4096。

(6) TFT 彩色显示屏。S3C2410X/S3C2440X 支持彩色 TFT 的 1、2、4 或 8 b 调色显示,支持 16 b 无调色显示,在 24 b 模式下支持最大 16M 色的 TFT,支持不同尺寸的液晶屏。

(7) DMA 控制器。S3C2410X/S3C2440X 具有 4 通道的 DMA 控制器,支持存储器到存储器、I/O 到存储器、存储器到 I/O 以及 I/O 到 I/O 的数据传输,采用触发传输模式来加快传输速率。

(8) UART。S3C2410X/S3C2440X 具有 3 通道 UART,可支持 DMA 模式和中断模式工作,支持 5、6、7、8 位的串行数据格式,支持外部时钟作为 UART 的时钟,支持红外 IrDA1.0,波特率可编程,具有测试用的自发自收模式。

(9) I^2C 总线及 I^2S 总线接口。S3C2410X/S3C2440X 具有 1 通道多主 I^2C 总线,支持 8 位串行双向数据传输,标准模式下传输速率可达 100 kb/s,快速模式下传输速率可达 400 kb/s。S3C2410X/S3C2440X 还具有 1 通道音频 I^2S 总线接口,可基于 DMA 方式工作,可采用 I^2S 格式和 MSB-justified 数据格式,支持 8/16 位串行数据传输。

(10) 定时器。S3C2410X/S3C2440X 有 4 通道 16 位 PWM 定时器、1 通道 16 位通用定时器及 16 位看门狗定时器各一个。

(11) SPI 接口。S3C2410X/S3C2440X 兼容 2.11 版本 SPI 协议,可发送与接收具有 2 × 8 位的移位寄存器,可基于 DMA 或中断模式工作。

(12) 通用 I/O 端口。S3C2410X/S3C2440X 具有 117 个通用多功能 I/O 端口,其中 24 个具有外部中断功能。

(13) 8 通道 10 位 ADC 和触屏接口。S3C2410X/S3C2440X 具有 8 通道多路复用的 10 位 ADC,最大采样率为 500 kSPS。

(14) 具有 PLL 片上时钟发生器及带日历功能的实时时钟 RTC。S3C2410X/S3C2440X 内部集成了可以进行锁相环(PPL)控制的时钟发生器,使系统可以灵活地控制时钟信号的发生;内置的 RTC 模块自带日历功能,使系统在使用日历时可直接读取相应寄存器的值。

(15) SD 主机接口。S3C2410X/S3C2440X 兼容 SD 存储卡协议 1.0 版,兼容 SDIO 卡协议 1.0 版,接收和发送均采用 FIFO 模式,可基于 DMA 或中断模式工作,兼容 MMC 卡协议 2.11 版。

(16) USB 主机及 USB 设备。S3C2410X/S3C2440X 支持 2 个端口的 USB 主机和 1 个端口的 USB 设备，使系统与 USB 设备的信息交换更加方便快捷。

(17) 中断控制器。S3C2410X/S3C2440X 有 55 个中断源，包括 1 个看门狗定时器、5 个定时器、9 个 UART、24 个外部中断、4 个 DMA、2 个 RTC、2 个 ADC、1 个 I^{2}C、2 个 SPI、1 个 SDI、2 个 USB、1 个 LCD 及 1 个电池故障。外部中断源可编程为电平和边沿触发，触发电平可编程，并支持快速中断服务。

(18) 额定工作参数及封装。S3C2410X/S3C2440X 的内核电压分别为 1.8/2.0 V，I/O 和存储器电压均为 3.3 V，封装形式采用 272FBGA。其中 S3C2410X 的工作频为 203 MHz 或 266 MHz，S3C2440X 的工作频率可达到 300 MHz、400 MHz 及 533 MHz。

3. LPC2000 系列嵌入式微控制器简介

LPC2000 系列嵌入式微控制器是基于 ARM7TDMI-S CPU 内核的，它支持 ARM 和 Thumb 指令集，芯片内集成了丰富的外设，而且具有非常低的功率消耗。该系列微控制器特别适用于工业控制、医疗系统、访问控制、POS 机等场合。有关其系列产品的主要信息可参见表 1.1。

表 1.1 LPC2000 系列微控制器信息一览表

器件型号	引脚数	片内/KB	片内 Flash/KB	10 位 AD 通道数	CAN 控制器	备 注
LPC2114	64	16	128	4	—	—
LPC2124	64	16	256	4	—	—
LPC2210	144	16	—	8	—	带外部存储器接口
LPC2212	144	16	128	8	—	
LPC2214	144	16	256	8	—	
LPC2119	64	16	128	4	2	—
LPC2129	64	16	256	4	2	—
LPC2194	64	16	256	4	4	—
LPC2290	144	16	—	8	2	带外部存储器接口
LPC2292	144	16	256	8	2	—
LPC2294	144	16	256	8	4	—
LPC2131	64	8	32	8	—	
LPC2132	64	16	64	8	—	
LPC2134	64	16	128	双 8 路	—	
LPC2136	64	16	256	双 8 路	—	带 1 路 DAC
LPC2138	64	32	512	双 8 路	—	

4. AT91 系列嵌入式微控制器简介

美国 atmel AT91 系列微控制器是基于 ARM7TDMI(有的基于 ARM920T)嵌入式微处理器的 16/32 位微控制器，它是目前国内市场应用最广泛的 ARM 芯片之一。AT91 系列微控制器定位在低功耗和实时控制应用领域，已成功应用在工业自动化控制、MP3/WMA 播放器、数据采集产品、BP 机、POS 机、医疗设备、GPS 和网络系统产品中。AT91 系列微控制器为工业级芯片，价格比较便宜。

基于 ARM 技术的 atmel 微控制器为 AT91 系列，其中有几种类型：AT91RXXXX、AT91MXXXX(内部带有 RAM，但没有程序存储器类型)、AT91RMXXXX(内部带有 RAM，有 ROM 类型)和 AT91FRXXXX(内部带有 RAM，有 Flash 程序存储器类型)。

AT91FR40162 是 AT91 系列微控制器中比较杰出的一款，拥有 ARM7TDMI 核、大容量 Flash 存储器以及片内 SRAM 和外围。这种微控制器拥有 32 位 RISC 体系结构和 16 位指令集，具有高密度、低功耗的特点，实时性强，且扩充的 Flash 存储器还增加了开发者使用的灵活性。除此以外，大量的内部分组寄存器加速了对异常的处理过程，从而使其更适合于实时控制的应用；8 级基于向量的优先级中断控制器和外围数据控制器(PDC)也大大增强了实时器件的性能。AT91FR40162 微控制器还在其 121-ball BGA 封装中集成了 256 KB 的片内 SRAM 和 2 MB 的 Flash 存储器，为许多计算密集的嵌入式控制应用领域提供了功能强大、使用灵活且性价比高的解决方案，同时还可以帮助用户减小 PCB 尺寸和系统成本，适用于开发工业自动化系统、MP3、销售终端、GPS 接收机以及无线网络产品等对功耗敏感且要求具有实时性的产品。若想使 AT91FR40162 适合于系统可编程应用领域，可以通过 JTAG/ICE 接口或者厂家编写的 Flash Uploader 软件对 Flash 存储器进行编程。

5. XScale 微体系结构微处理器简介

Intel XScale 微体系结构提供了一种全新的高性价比、低功耗且基于 ARMv5TE 体系结构的解决方案。它支持 16 位 Thumb 指令和 DSP 扩充，基于 XScale 技术开发的微处理器可用于手机、便携式终端(PDA)、网络存储设备及骨干网(BackBone)路由器等。Intel PXA250 微处理器芯片就是一款集成了 32 位 Intel XScale 微处理器核、多通信信道、LCD 控制器、增强型存储控制器和 PCMCIA/CF 控制器以及通用 I/O 口的高度集成的应用处理器。

Intel XScale 微处理器内部结构中的数据缓存容量为 32 KB，指令缓存容量为 32 KB，微小数据缓存容量从 512 B 增加到了 2 KB。为了提高指令的执行速度，超级流水线结构由 5 级增到 7 级，新增了乘/加法器(MAC)和特定的 DSP 型协处理器(CP0)，以提高对多媒体技术的支持和动态电源管理。XScale 处理器的时钟可达 1 GHz、功耗 1.6 W，其处理速度可达到 1200 MIPS。

Intel XScale 微处理器架构经过专门设计后，核心采用了先进的 0.18 μm 工艺技术；具备低功耗特性，适用范围为 0.1 mW～1.6 W。超低功率与高性能的组合使 Intel XScale 微处理器适用于广泛的互联网接入设备，因此在因特网的各个环节中都有 Intel XScale 微处理器的不凡表现。

6. STR710F 系列嵌入式处理器简介

STR710F 系列嵌入式处理器是意法半导体有限公司(ST Microelectronics)生产的，它以工业标准的 ARM7TDMI 32 位 RISC CPU 为内核，特别适用于尺寸紧凑、CPU 功能强大的嵌入式系统和可升级的解决方案，如用户界面要求高的系统、工厂自动化系统和销售点(POS)应用等。与同级产品相比，该系列微控制器可提供最佳的闪存随机存取时间，直接从闪存存取的速率高达 33 MHz，非常适合实时应用。

STR710F 系列嵌入式处理器具有多达 10 个的通信接口，包括 CAN、USB、HDLC (高级数据链路控制)、MMC(多媒体卡)及智能卡接口。该系列包括内置 USB 和 CAN 接口的低成本 64 KB 闪存版微控制器 STR711 和 STR712、内置 128 B 或 256 B 程序闪存的经典型控制器及对于无需 USB 和 CAN 接口的成本更低的微控制器 STR715。STR715 内置 34 KB 程序闪存、16 B 数据闪存和 16B RAM，没有 USB 和 CAN 模块，这个成本优化型 32 位微控制器采用 64 引脚的 TQFP64 封装，专门为占板尺寸小的低成本应用而设计，如应用于需要多用途和高性能处理器而不需要 USB 和 CAN 接口的工业系统和消费家电中。此外，也有外置存储器总线的 144 引脚的 TQFP144 封装可供选择。

STR710 工业级微控制器以 ARM7TDMI 16/32 位处理器为内核，内带 5 个定时器(Flash、SRAM、EMI、USB、CAN)、12 位 ADC 及 10 个通信接口(其中有 4 个 UART 串行口)。嵌入式处理器内置的 ADC 一般都是 10 位分辨率的，但在许多应用场合，10 位分辨率的 ADC 显得有些力不从心，所以不得不外接 12 位 ADC，浪费资源。而 STR710F 系列嵌入式处理器内置的所有的 ADC 均为 12 位分辨率，从根本上解决了目前的大部分需求，无需外接 ADC。

1.5　常用的嵌入式操作系统

1.5.1　嵌入式操作系统及其特点

嵌入式操作系统(Operating System，OS)是支持嵌入式系统工作的操作系统，它负责嵌入式系统的全部软、硬件资源的分配、调度、控制、协调等活动。它是嵌入式应用软件的开发平台，用户的其他应用程序都建立在此系统之上。嵌入式操作系统必须体现其所在系统的特性，能够通过装卸某些模块来达到系统所要求的功能。它通常包括与硬件相关的底层驱动软件、系统内核、设备驱动接口、通信协议、图形界面、标准化浏览器等。

嵌入式操作系统是嵌入式系统的灵魂，它使得嵌入式系统的开发效率大大提高，系统开发的总工作量大大减少，并且极大地提高了嵌入式软件的可移植性。为了满足嵌入式系统的要求，嵌入式操作系统必须包含操作系统的一些最基本的功能，这样用户可以通过 API 函数来使用操作系统。

嵌入式操作系统通常应用在实时环境下，所以要求嵌入式系统也应该具有实时性，因此出现了嵌入式实时操作系统(Real Time Operating System，RTOS)。所谓实时操作系统，就是能从硬件方面支持实时控制系统工作的操作系统。其中，实时性是第一要求，需要调度一切可利用的资源来完成实时控制任务；其次才着眼于提高计算机系统的使用效率，重要特点是要满足对时间的限制和要求。

嵌入式操作系统具有编码体积小、面向应用、实时性强、可移植性好、可靠性高以及专用性强等特点。

1.5.2　几种常用嵌入式操作系统

1. Linux

Linux 是一种自由和开放源码的类 UNIX 操作系统，它得名于计算机业余爱好者 Linus Torvalds。目前虽然存在着许多不同的 Linux，但它们都使用了 Linux 内核。Linux 可安装在各种计算机硬件设备中，从手机、平板电脑、路由器和视频游戏控制台到台式计算机、大型机和超级计算机都适用。严格来讲，Linux 这个词本身只表示 Linux 内核，但实际上人们已经习惯了用 Linux 来形容整个基于 Linux 内核并且使用 GNU 工程各种工具和数据库的操作系统。通常情况下，Linux 被打包成供台式机和服务器使用的 Linux 发行版，目前存在的一些主流 Linux 发行版有 Debian(及其派生物 Ubuntu)、Fedora 和 openSUSE 等。有一种常用的嵌入式 Linux 是 μCLinux，它是针对没有存储器管理单元(Memory Management Unit，MMU)的处理器而设计的。它不能使用处理器的虚拟内存管理技术，且对内存的访问是直接的，所有程序中访问的地址都是实际的物理地址。

2. μC/OS-Ⅱ

μC/OS-Ⅱ 是一个可裁剪、源代码开放、结构小巧、抢先式的实时嵌入式操作系统，主要用于中小型嵌入式系统，具有执行效率高、占用空间小、可移植性强、实时性能好和可扩展性强等优点。该操作系统支持多达 64 个任务，大部分嵌入式微处理器均支持 μC/OS-Ⅱ。

3. Windows CE

Microsoft Windows CE 是 Microsoft 公司的产品，是从整体上为资源有限的平台设计的多线程、完整优先权、多任务的操作系统。该操作系统的基本内核至少需要 200 KB 的 ROM。从游戏机到现在大部分的掌上电脑都采用了 Windows CE 作为操作系统，其缺点是系统软件价格过高，影响整个产品的成本控制。

4. VxWorks

VxWorks 操作系统是美国 WindRiver 公司于 1983 年设计开发的一种实时操作系统。VxWorks 拥有良好的持续发展能力、高性能的内核以及友好的用户开发环境，在实时操作系统领域内占据一席之地。它以良好的可靠性和卓越的实时性被广泛地应用在通信、军事、航空、航天等高、精、尖技术及实时性要求极高的领域中，如卫星通信、军事演习、导弹制导、飞机导航等。它支持多种处理器，是目前嵌入式系统领域中使用最广泛、市场占有率最高的系统。但大多数的 VxWorks API 是专用的，这使得 VxWorks 的价格昂贵。

5. psos

psos 是 ISI 公司研发的产品。ISI 公司成立于 1980 年，pSOS 在其成立后不久即被推出。这是世界上最早的实时操作系统之一，也是最早进入中国市场的实时操作系统。

psos 是一个模块化、高性能、高可靠性和完全可扩展的实时操作系统，专为嵌入式微处理器设计，它包含单处理器支持模块(pSOS+)、多处理器支持模块(pSOS+m)、文件管理器模块(phile)、TCP/IP 通信包(pNA)、流式通信模块(OpEN)、图形界面、Java 和 HTTP 等。开发者可以利用它来实现从简单的单个独立设备到复杂的、网络化的多处理器系统。

6. Palm OS

3COM 公司的 Palm OS 在掌上电脑和 PDA 市场上占有很大的市场份额。它有开放的操作系统应用程序接口，开发商可以根据需要自行开发所需的应用程序。目前共有 3500 多个应用程序可以运行在 Palm Pilot 上，其中大部分应用程序为其他厂商和个人所开发，从而使 Palm Pilot 的功能不断增多。在开发环境方面，可以在 Windows 和 Macintosh 下安装 Palm Pilot

Desktop。Palm Pilot 可以与流行的 PC 平台上的应用程序进行数据交换。

7. QNX

QNX 是由加拿大 QSSL 公司(QNX Software System Ltd.)开发的分布式实时操作系统。该操作系统既能运行于以 Intel X86、Pentium 等 CPU 为核心的硬件环境，也能运行于以 PowerPC、MIPS 等 CPU 为核心的硬件环境。它广泛应用于自动化控制、机器人科学、电信、数据通信、航空航天、计算机网络系统、医疗仪器设备、交通运输、安全防卫系统、POS 机、零售机等任务关键型应用领域。20 世纪 90 年代后期，QNX 系统在高速增长的 Internet 终端设备、信息家电、掌上电脑等领域也得到了广泛应用。

8. 苹果 iOS

iOS 是由苹果公司为 iPhone 开发的操作系统。原本这个系统名为 iPhone OS，2010 年 6 月 7 日在 WWDC 大会上宣布改名为 iOS。它是以 Darwin 为基础的，主要用于 iPhone、iPod touch 以及 ipad。iOS 的系统架构分为四个层次：核心操作系统层(the Core OS layer)、核心服务层(the Core Services layer)、媒体层(the Media layer)及可轻触层(the Cocoa Touch layer)。系统操作占用大概 240 MB 的存储器空间。

9. Android

Android 是一种以 Linux 为基础的开放源码操作系统，主要使用于便携设备。Android 操作系统最初由 Andy Rubin 开发，主要支持手机。2005 年由 Google 收购注资，并吸引了多家制造商组成开放手机联盟进行开发和改良，且逐渐扩展到平板电脑及其他领域上。2010 年末数据显示，仅正式推出两年的 Android 已经超越称霸十年的诺基亚 Symbian 系统，跃居全球最受欢迎的智能手机平台。

1.6　嵌入式系统的设计方法

1.6.1　嵌入式系统的总体考虑

嵌入式系统设计的基本原则是"物尽其用"。与通用计算机相比，嵌入式系统的硬件和软件都必须高效率地设计，量体裁衣、去除冗余，力争在同样的硅片面积上实现更高的性能。同时，嵌入式系统设计还应尽可能采用高效率的设计算法，这样才有助于提高系统的整体性能。作为嵌入式系统的设计人员，需要从体系结构的角度来了解嵌入式系统。嵌入式系统的设计通常根据硬、软件的任务分成几个步骤或设计阶段其所面临的问题主要表现在以下几个方面。

1. 嵌入式微处理器及操作系统的选择

嵌入式微处理器可谓多种多样，有 X86、MIPS、PPC、ARM XScale 等，而且都在一定领域应用广泛。在嵌入式系统上运行的操作系统也有不少，如 VxWorks、Linux、nuclears、Windows CE 等。即使在一个公司之内，也会同时使用好几种处理器，甚至几种嵌入式操作系统。如果需要同时调试多种类型的开发板，每块开发板上又运行着多个任务或进程，那么其复杂性可想而知。

2. 开发工具的选择

目前用于嵌入式系统设计的开发工具种类繁多，不仅各种操作系统有各自的开发工具，在同一系统下开发的不同阶段也可使用不同的开发工具。如在目标板开发初期，需要硬件仿真器来调试硬件系统和基本的驱动程序，在调试应用程序阶段可以使用交互式的开发环境进行软件调试，在测试阶段需要专门的测试工具软件进行功能和性能的测试，在生产阶段需要固化程序及出厂检测等。一般每一种工具都要从不同的供应商处购买，都需要单独去学习和掌握，这无疑增加了开发的支出和管理的难度。

3. 对目标系统的观察与控制

由于嵌入式硬件系统千差万别，软件模块和系统资源也多种多样，因此要使系统能正常工作，软件开发者必须要对目标系统具有完全的观察和控制能力，如硬件的各种寄存器、内存空间及操作系统的信号量、消息队列、任务、堆栈等。

1.6.2 嵌入式系统的设计步骤

嵌入式系统设计一般由需求分析，体系结构设计，硬件、软件、执行机构设计，系统集成及系统测试五个阶段组成，其一般流程如图 1.5 所示。各个阶段之间往往要求不断地反复和修改，直至完成最终设计目标。

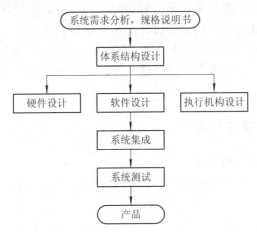

图 1.5 嵌入式系统设计的一般流程

1. 需求分析

嵌入式系统的系统需求分析就是确定设计任务和设计目标，并提炼出设计规格说明书作为正式设计指导和验收的标准。系统的需求一般分功能性需求及非功能性需求两方面。功能性需求是系统的基本功能，如输入/输出信号、操作方式等；非功能性需求包括系统性能、成本、功耗、体积、重量及环境要求等因素。

2. 体系结构设计

嵌入式系统的体系结构设计的任务是描述系统如何实现所述的功能性和非功能性需求，包括对硬件、软件和执行机构的功能划分以及系统的软件、硬件选型等。一个好的嵌入式结构是嵌入式系统设计成功与否的关键。

体系结构设计并不包含系统的实现方式，它只说明系统做些什么以及系统有哪些方面的功能要求。体系结构是系统整体结构的一个规划和描述。

3. 硬件、软件、执行机构设计

硬件、软件、执行机构设计就是基于嵌入式体系结构来对系统的硬件、软件和执行机构进行详细设计。为了缩短产品开发周期，软、硬件设计往往是并行即同时进行的。硬件设计即确定嵌入式处理器型号、外围接口及外部设备，绘制相应的硬件系统的电原理图和印制板图。在整个嵌入式系统硬/软件设计过程中，嵌入式系统设计的工作大部分都集中在软件设计上。面向对象技术、软件组件技术、模块化设计是现代软件工程经常采用的方法。硬软件协同设计方法是目前较好的嵌入式系统设计方法。执行机构设计的主要任务是选型，即选择合适的执行机构，配置相应的驱动器以及传感器、放大器、信号变换电路等，并考虑与嵌入式系统硬件的连接方法。

4. 系统集成

系统集成就是把系统的硬、软和执行装置集成在一起，进行调试，发现并改进单元设计过程中的错误。

5. 系统测试

系统测试的任务就是对设计好的系统进行全面测试，看其是否满足规格说明书中给定的功能要求。针对系统不同的复杂程度，目前有一些常用的系统设计方法，如瀑布设计方法、自顶向下的设计方法、自下向上的设计方法、螺旋设计方法、逐步细化设计方法及并行设计方法。根据设计对象复杂程度的不同，可以灵活地选择不同的系统设计方法。

应该指出的是，上述几个步骤不能严格区分，有些步骤是并行的，有些步骤却是相互交叉、相互渗透的。

1.6.3 嵌入式系统的设计方法

1. 嵌入式系统设计的一般方法

单片机应用系统和嵌入式系统的开发流程分别如图 1.6(a)、(b)所示，二者的开发流程略有不同。

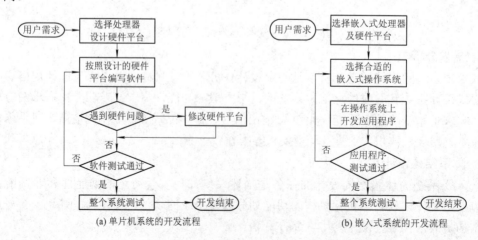

(a) 单片机系统的开发流程　　　　　　　(b) 嵌入式系统的开发流程

图 1.6　单片机系统和嵌入式系统的开发流程比较

可见，在应用嵌入式系统进行开发的过程中，因为对应于每一个处理器的硬件平台都是通用的、固定的、成熟的，所以在开发过程中减少了硬件系统错误的引入机会。同时，由于嵌入式操作系统屏蔽掉了底层硬件的很多复杂信息，使得开发者通过操作系统提供的 API 函数可以完成大部分工作，因此大大地简化了开发过程，提高了系统的稳定性。

综上所述，嵌入式系统的开发可以说是把开发者从反复进行硬件平台的设计工作中解放出来，从而可以把主要的精力放在编写特定的应用程序上。这个过程更类似于在系统机上的某个操作系统下开发应用程序。

2. 嵌入式系统的软硬件协同设计

一般来说，每一个应用系统都存在一个适合于该系统的硬、软件功能的最佳组合。如何从应用系统需求出发，依据一定的指导原则和处理算法对硬、软件功能进行分析及合理的划分，从而使系统的整体性能、运行时间、能量耗损、存储能量达到最佳状态，已成为硬软件协同设计的重要研究内容之一。

图 1.7 是传统嵌入式系统设计方法和嵌入式系统的软硬件协同设计方法的对照图。

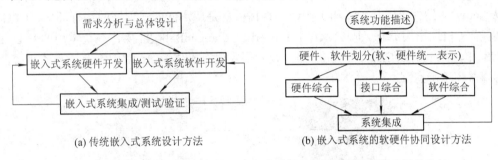

(a) 传统嵌入式系统设计方法　　　　　(b) 嵌入式系统的软硬件协同设计方法

图 1.7　传统嵌入式系统设计方法和嵌入式系统的软硬件协同设计方法的比较

传统的嵌入式系统设计过程描述为：① 需求分析；② 硬、软件的设计、开发、调试、测试；③ 系统集成；④ 集成测试；⑤ 若系统正确，则结束；⑥ 若出现错误，则需要对硬、软件分别验证和修改；⑦ 返回第③步。该设计方法将硬件和软件分为两个独立的部分，由硬件设计人员和软件设计人员按照拟定的设计流程分别完成。这种设计方法只能改善硬、软件各自的性能，不一定能使系统综合性能达到最佳。同时，由于该方法将硬、软件分别开发，因此各自部分的修改和缺陷很容易导致系统集成时出现错误。由于设计方法的限制，这些错误不但难于定位，而且更重要的是，对它们的修改往往会涉及整个软件结构或硬件配置的改动。这显然是不可避免的，但却又是任何设计者不愿意看到的。

为避免上述问题，一种新的开发方法应运而生，即软硬件协同设计方法。软硬件协同设计过程可归纳为：① 需求分析；② 硬、软件协同设计；③ 硬、软件实现；④ 硬、软件协同测试和验证。

软硬协同设计方法与传统设计相比有两个显著的特点：① 描述软、硬件时使用统一的表示形式；② 硬、软件划分可以选择多种方案，直到满足要求。

该方法的优点是在协同设计(Co-design)、协同测试(Co-test)和协同验证(Co-verification)的基础上，充分考虑了硬、软件的关系，并在设计的每个层次上进行测试验证，使得尽早发现和解决问题，避免灾难性错误的出现，这样提高了系统开发效率，也降低了开发成本。

当然，对于许多应用场合的嵌入式系统，并不排除传统的嵌入式系统设计方法，因为这种方法无论是开发经验还是对开发工具的使用都已经广为人知，不要一味盲目追求硬软件协同设计。

1.7　嵌入式系统的应用开发

1.7.1　嵌入式系统的开发环境

用户选用 ARM 处理器开发嵌入式系统时，选择合适的开发工具可以加快开发进度，节省开发成本。因此一套含有编辑软件、编译软件、汇编软件、链接软件、调试软件、工程管理及数据库的集成开发环境(IDE)一般来说是必不可少的。至于嵌入式实时操作系统、评估板等其他开发工具则可以根据应用软件规模和开发计划来选用。

嵌入式系统的开发环境一般由三个部分组成：宿主机、调试仿真器和目标机。其中宿主机可完成源代码的编辑、编译，显示一部分运行结果等，操作系统可以是 UNIX、Linux 和 Windows，硬件可以是 PC 和工作站。目标机就是用户嵌入式程序的运行环境，CPU 可能是任何 CPU，常用的有 ARM、MIPS、PowerPC、drangonBall 等。操作系统常用的有 Linux、μC/OS-Ⅱ、Windows CE、Vxworks 等，或者根本没有操作系统。图 1.8 是嵌入式系统的开发与调试环境示意图。

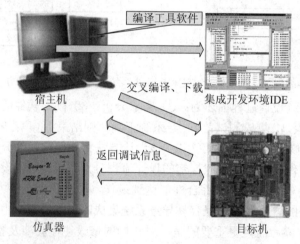

图 1.8　嵌入式系统的开发与调试环境示意图

使用集成开发软件开发基于 ARM 的应用软件，可以完成系统软件的编辑、编译、汇编和链接等工作；通过调试仿真器可以在 PC 上实现对应用软件的调试；再使用烧写软件，将开发成功的应用系统从宿主机向目标机下载移植，从而完成整个开发过程。

1.7.2　嵌入式系统的调试工具

1. 指令集模拟器

部分嵌入式系统集成开发环境提供了指令集模拟器，可方便用户在 PC 上完成一部分简单的调试工作，但是由于指令集模拟器与真实的硬件环境相差很大，因此即使是用户用指令集模拟器调试通过的程序也有可能无法在真实的硬件环境下运行，用户最终必须在硬件平台上完成整个应用的开发。

2. 驻留监控软件

驻留监控软件(Resident Monitors)是一段运行在目标板上的程序，集成开发环境中的调试软件通过以太网口、并行端口、串行端口等通信端口与驻留监控软件进行交互，由调试软件发布命令，通知驻留监控软件控制程序执行、读/写储存器、读/写寄存器和设置断点。

驻留监控软件是一种比较低廉有效的调节方式，不需要任何其他的硬件调试和仿真设备，ARM 公司的 Angel 就是该类软件。大部分嵌入式实时操作系统也是采用该类软件进行调试的，不同的是在嵌入式实时操作系统中，驻留监控软件是作为操作系统的一个任务而存在的。

驻留监控软件的不便之处在于它对硬件设备的要求比较高，一般在硬件稳定之后才能进行应用软件的开发，同时它占用目标板上的一部分资源，而且不能对程序的全速运行进行完全仿真，所以对一些要求严格的情况不是很适合。

3. JTAG 仿真器

JTAG 仿真器也称为 JTAG 调试器，是通过 ARM 芯片的 JTAG 边界扫描口进行调试的设备。JTAG 仿真器比较便宜，连接比较方便，通过现有的 JTAG 边界扫描口与 ARM CPU 核通信，属于完全非插入式(不使用片上资源)调试。它无需目标储存器，不占用目标端口的任何端口，而这些是驻留监控软件所必需的。另外，由于 JTAG 调试的目标程序是在目标板上执行的仿真，更接近于目标硬件，因此，许多接口问题，如高频操作限制、AC 和 DC 参数不匹配、电线长度的限制等被最小化了。使用集成开发环境配合 JTAG 仿真器进行开发是目前采用最多的一种调节方式。

4. 在线仿真器

在线仿真器使用仿真头来完全取代目标板上的 CPU，可以完全仿真 ARM 芯片的行为，提供更加深入的调试功能。但这类仿真器为了能够全速仿真时钟速度高于 100 MHz 的处理器，通常必须采用极其复杂的设计和工艺，因而价格比较昂贵。在线仿真器常用在 ARM 的硬件开发中，在软件的开发中使用较少，其价格昂贵也是在线仿真器难以普及的因素。

1.7.3　嵌入式系统的应用模式

嵌入式系统的应用可分为非操作系统、操作系统非 GUI 和操作系统 GUI 三个层次的应用。

1. 非操作系统层次的应用

非操作系统层次的应用主要是在一些结构简单或实时性要求非常高的系统中，许多时候用于代替原来 8 位/16 位单片机的应用。随着 32 位单片机成本的不断降低，其成本已与 8 位单片机相差无几。例如，Liminary Micro 公司推出的 LM3S101ARM 单片机，每片价格仅 10 元左右。因此，非操作系统层次的应用也越来越广泛。目前，非操作系统层次的程序设计基本上都采用 C/C++ 等高级语言，或是将汇编语言与高级语言相结合，而纯汇编语言的编程方式已很少使用。

2. 操作系统非 GUI 层次的应用

操作系统非 GUI 层次的应用主要是指其应用程序建立在操作系统基础上，是为了实现程序的多任务及实时性。此类应用在人机交互方面没有很高的要求，可选择的操作系统有许多，如 Linux、μC/OS-Ⅱ、Vxworks 等。

3. 操作系统 GUI 层次的应用

操作系统 GUI 层次的应用是嵌入式系统中最顶层的应用，主要是为了方便实现人机交互功能、网络功能、数据库功能以及其他更复杂的应用。GUI 层次的开发，除了借助于操作系统及 GUI 库强大的功能外，更重要的是可以让程序开发人员不再把精力消耗在繁杂的底层设计之中，而把关注点集中在高层的目标与任务的实现中，使嵌入式系统应用的开发更简单，让开发速度及开发效率更高。操作系统 GUI 层次的应用可选择的操作系统有许多，例如 Linux、Windows CE、Palm OS 等。

1.7.4　嵌入式应用软件的开发

嵌入式应用软件的开发与普通应用软件的开发没有什么本质区别，需求分析、设计、编码和测试工作与桌面应用和服务器应用都一样。只不过嵌入式设备有三个特点：第一，嵌入式应用软件对硬件的依赖很强；第二，开发环境与运行环境需专门设定；第三，嵌入式设备往往有资源限制。

基于以上三个特点，在开发嵌入式应用软件时存在一个从模拟的运行环境到实际的运行环境的移植环节。往往一个应用软件要移植到多个硬件平台，各硬件平台有时差异也很大，如寄存器的定义、指令集等，在移植过程中会出现这样那样的问题，很多的问题需要有丰富的经验才能快速解决。同时，由于嵌入式设备的资源限制(包括计算机能力、储存能力、电源供应能力)，在开发嵌入式软件时要考虑时间效率、空间效率，甚至能耗。因此，嵌入式应用软件在数据结构的选择和算法效率的要求上都比较高。具体来说，嵌入式应用软件开发具有如下六个特点。

1. 需要交叉编译工具

嵌入式系统采用的处理器一般与 PC 不同，结构较简单，功耗较低。由于嵌入式系统目标机上的资源较为有限(内存外存容量小，显示功能弱)，直接在目标机上开发和调试应用软件几乎不可能，因此，目标机的嵌入式应用软件开发需要放在高性能计算机上的集成开发环境中进行(类似于 VC、VB、Delphi 等开发环境，有成套的编辑、调试、生成系统)。由于 PC 的大量普及和使用，现在的嵌入式集成开发环境也大多运行在 PC 上，如 ARM ADS(ARM Developer Suite)就是一个很常见的集成开发环境。

需要交叉编译工具的另一个原因是嵌入式系统处理器芯片的指令系统与 PC 处理器芯片的指令系统不同。一般情况下，PC 的处理器芯片是 X86 芯片，使用的指令系统是 X86 指令系统，而 ARM9 芯片运行的是 ARM 指令系统，两者有很大差别。因此，用 ARM ADS 集成开发环境编写的 C 语言程序需要经过交叉编译器才能生成运行在目标机上的 ARM9 机器语言程序。所以，在 ARM ADS 开发环境中就包含了交叉编译器，将 C 语言编译成 ARM9 指令系统的机器语言程序。

2. 通过仿真手段进行调试

目标机的执行程序经过交叉编译后,还要经过调试排错,确认能够正常运行后才能使用。那么如何进行调试排错呢?显然在目标机上调试排错是非常困难的,原因是输入输出方式较少,多数嵌入式系统显示面积小,甚至没有显示屏,从而无法显示调试信息;调试工具需要较大存储空间,对嵌入式系统来说,比较困难。但对于台式机而言,这些条件很容易满足。因此,通常的调试也是在 PC 上完成的,方式就是仿真调试。

3. 目标机是最终的运行环境

对嵌入式应用程序来说,其开发、调试往往是在 PC 上完成的,但它最终的运行环境是目标机。嵌入式应用程序开发调试完成后,要下载到目标机上运行,正确无误地运行后才表示成功。如果不成功或需要进一步完善,则需重新回到 PC 上进行修改调试。

4. 执行应用程序的指令通常需要写入操作系统

在 PC 上,应用程序的执行是在操作系统的图形用户界面(Windows)或命令行状态下进行的,操作系统与该应用程序无直接联系。但是,在常用的嵌入式系统中,应用程序的启动执行指令通常需要预先写入操作系统的任务调度程序里,编译在目标程序中。因此,嵌入式应用程序须与操作系统有一定联系,开发者不仅要了解应用程序,还要了解操作系统,知道如何让一个应用程序执行。

5. 系统资源有限

在 PC 环境下进行应用程序开发,程序员拥有大量的硬件和软件编程资源,对诸如内存、硬盘空间、可以打开的文件数量等问题可以不必在乎。但是在进行嵌入式应用软件的开发时,就必须考虑可用资源问题。以存储容量为例,嵌入式系统的 ROM 容量一般只有几兆字节,对目标程序有严格的长度限制,这样程序员在编程时就必须考虑这个限制。

6. 控制特定部件

在嵌入式应用软件开发过程中,程序员往往需要针对特定的部件做更加细致的编写作业。以键盘为例,在 PC 环境下,键盘输入可以不考虑具体的按键是哪一个,只考虑从键盘输入进来的 ASCII 码即可。但是,在嵌入式环境下(如手机),因为键盘小,键位不够分配,多个 ASCII 码输入码被分配到一个键上,这样程序员在编程时就要具体地指定哪些 ASCII 输入码被分配到哪个键上,以及采用什么方法来区别它们。

1.8　嵌入式系统的学习探讨

1.8.1　嵌入式系统的学习内容

嵌入式系统的设计与开发就是利用嵌入式微处理器/微控制器内部的特定资源和扩展的外部资源来设计和开发特定的目标系统。ARM + Linux 嵌入式系统的设计与开发方法包括嵌入式系统的设计方法、ARM 处理器芯片的选择、嵌入式系统应用与接口设计、嵌入式设计开发平台的使用等内容。对于基于 ARM + Linux 嵌入式系统的学习,要想初步具备从事

ARM 嵌入式系统应用开发的能力，作者认为应掌握 ARM 嵌入式系统的硬件结构与工作原理、程序设计语言、Linux 开发环境的构建、Linux 操作系统的移植和开发工具的使用，同时应熟悉与嵌入式系统开发相关的领域知识。具体要求如下：

(1) 掌握嵌入式系统宏观层面的基础知识，包括嵌入式系统的基本概念、嵌入式处理器的种类、嵌入式系统的组成、嵌入式操作系统的种类等。

(2) 掌握嵌入式系统资源(微处理器内部资源、外部资源、外围器件)的组成、控制、定义。

(3) 掌握人机控制的描述(ARM 汇编语言、C 语言等)，或者说掌握嵌入式系统程序设计基础知识，包括嵌入式处理器指令系统、嵌入式系统程序设计基础知识(ARM 汇编语言、C 语言)等。

(4) 掌握嵌入式操作系统设计(移植)的基础知识。

(5) 掌握嵌入式系统应用开发设计的基本方法，具备从事 ARM 嵌入式系统开发的初步能力，包括嵌入式系统的设计方法、ARM 处理器芯片的选择、嵌入式系统应用与接口设计、嵌入式设计开发平台的使用等内容。

(6) 掌握与嵌入式系统开发相关的知识，比较共性的知识有网络与通信知识、数据库知识，同时应有与目标系统相关的特定领域知识，包括数字信号处理、数字图像处理、工业智能控制、网络通信控制、数字家电控制等基础理论、实现算法和系统仿真等研究，其中重点是实现算法的设计、选择和仿真。

1.8.2　嵌入式系统的学习条件

要想学好嵌入式系统及其开发应用，首先必须掌握嵌入式系统技术基础。嵌入式系统技术基础是进行嵌入式设计和开发的关键。技术基础决定了一个人学习知识、掌握技能的能力。与嵌入式系统相关的基础知识主要包括基本硬件知识，如嵌入式处理器及接口电路等硬件知识；要求至少掌握一种嵌入式处理器的体系结构；至少了解一种操作系统。对于应用编程，要求编程人员掌握 C、C++ 语言及汇编语言程序设计(至少要会 C 语言)和交叉编译，对处理器的体系结构、组织结构、指令系统、编程模式、应用编程要有一定的了解。在此基础上必须在实际工程实践中掌握一定的实际项目开发技能。

其次，对于嵌入式系统的学习，必须要有一个较好的嵌入式系统开发平台和开发环境。功能全面的开发平台一方面为学习提供了良好的开发环境，另一方面开发平台本身也是一般的典型实际应用系统。在教学平台上开发一些基础例程和典型实际应用例程，对于初学者和进行实际工程的应用者来说也是非常必要的。如果购买一块合适的嵌入式开发板，既有硬件，又有经过实践使用的、配套的开发软件工具，对于提高学习兴趣、增加感性认识、少走弯路、提高学习效率将非常有效。

最后，对于嵌入式系统的学习，必须要有一个较好的教师指导，并选用几本好的教材，采用合适、有效的学习方法。嵌入式技术的内容新颖、综合性强、实践性强、实际应用发展前景广阔。学习时需要理论与实践相结合，课内与课外相结合，研究性学习与课题开发相结合。在具备嵌入式系统及其开发应用的基础知识和基本技能后，再进行课题的设计开发是一个非常有效的方法。有关研究性学习与课题开发的问题，随后进行阐述。

1.8.3　嵌入式系统的学习方法

学习嵌入式系统，应采用课堂教学与课后研究、探讨自学相结合，理论学习与实践应用相结合，研究性教学与课题开发相结合的方法。其中应用设计与开发实践是熟悉和掌握嵌入式系统原理和应用开发技巧的最好方法。

利用 ARM 嵌入式系统开展本科生研究性教学，它具有以下优点：技术先进、社会急需、综合性强、创新性强且成本低廉。

为了描述基于 ARM 嵌入式系统的研究性教学的研究背景、主要研究目标、主要研究内容以及主要研究期望，图 1.9 给出了基于 ARM 嵌入式系统的研究性教学模型。其主要内容具体阐述如下。

1. 利用 ARM 嵌入式系统开展研究性教学的研究内容

(1) ARM 嵌入式系统设计开发基础研究：主要包括 ARM 器件结构、ARM 汇编语言、C/C++ 语言、操作系统移植、应用程序开发、驱动程序开发等嵌入式系统设计与实现基础理论、基本方法、基本工具的学习与使用。

(2) ARM 嵌入式系统设计与实现相关研究：主要是与课题设计和实现有关的数字信号处理、数字图像处理、工业智能控制、网络通信控制、数字家电控制等基础理论、实现算法和系统仿真的研究，重点是实现算法的设计、选择和仿真。

(3) 基于 ARM 的嵌入式系统设计与实现：主要包括系统设计需求分析、ARM 实现硬件设计、ARM 操作系统移植、ARM 应用程序设计、ARM 驱动程序设计、ARM 系统组装与调试。

2. 基于 ARM 嵌入式系统开展研究性教学的主要形式

基于 ARM 嵌入式系统开展研究性教学的主要形式包括组建 ARM 嵌入式系统学习兴趣小组、课题系统设计与实现研究小组和选拔教师科研项目助理等，通过专题训练、分散研究、定期讨论、按需答疑、总结汇报等形式开展研究活动。

3. 基于 ARM 嵌入式系统的研究性教学的主要成效

作者多年通过学习兴趣小组的形式开展 ARM 嵌入式系统的研究性教学，其主要成效如下：

(1) 熟练掌握 ARM 嵌入式系统基础理论、基本方法、基本技巧、调试方法和调试技巧。通过研究性学习训练的学生，从其毕业设计论文的质量可以看出，他们已熟练掌握 ARM 嵌入式系统的基础理论、基本方法、基本技巧、调试方法和调试技巧，能够尽快地适应嵌入式系统的设计与开发工作。

(2) 熟练掌握与 ARM 嵌入式系统设计开发课题相关的基础理论、基本方法、基本技巧。与课题相关的基础理论、基本方法、基本技巧，无论是以前学习过并且掌握的，还是以前学过但似是而非的，或是以前根本没接触过而需重新学习的，通过研究性学习训练的学生都能熟练掌握。

(3) 全面提高学生的综合应用能力、实践动手能力、创新创业能力和就业核心竞争力。通过研究性学习训练的学生，不但具有良好的参考文献查找能力、分析利用和文档处理能力，而且学生的综合应用能力、实践动手能力、创新创业能力大为提高，就业核心竞争力显著提高。80%的学生毕业时均能找到嵌入式系统设计与开发方面的工作，并且工资待遇也相当不错。

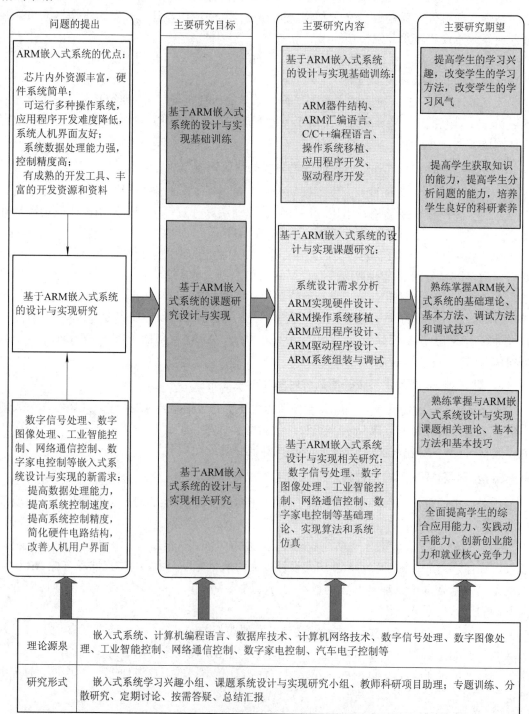

图 1.9　基于 ARM 嵌入式系统的研究性教学模型

习　题　1

1. 什么是嵌入式系统？嵌入式系统的特点是什么？

2. 简述嵌入式系统的发展阶段及特点。

3. 简述嵌入式系统的发展趋势。

4. 嵌入式系统有哪些组成部分？各部分的功能和作用分别是什么？

5. 简述嵌入式处理器的分类及各自的主要特点。

6. 写出 EMPU、EMCU、EDSP、SOC 和 SOPC 的全称，并解释其含义。

7. 简述典型的嵌入式微处理器和微控制器的系列及应用领域。

8. 简单分析几种嵌入式操作系统的主要特点，包括嵌入式 Linux、Windows CE、μC/OS-Ⅱ 和 VxWorks。

9. 嵌入式系统的应用模式有哪几种？各有什么优缺点？

10. 简述嵌入式系统的总体设计应考虑哪些因素。

11. 简述嵌入式系统的开发环境的组成，并解释其中的基本概念。

12. 简述嵌入式系统的调试方法。

13. 简述嵌入式系统的设计方法和设计步骤。

14. 简述嵌入式应用软件的开发特点。

第 2 章　ARM 嵌入式处理器体系结构

本章首先介绍了当今流行的嵌入式处理器内核的种类，接着概述了 ARM 嵌入式处理器的体系结构和 ARM 流水线技术，最后阐述了 ARM 处理器的内核结构。

2.1　嵌入式处理器内核种类

嵌入式领域体系结构全部是 RISC 指令集的处理器内核，尽管都毫不例外地采用 RISC 结构，但各有优势和应用领域。目前世界上有四大流派的嵌入式处理器内核生产厂家及嵌入式处理器内核，即 MIPS 公司(www. mips. com)的 MIPS 处理器内核，ARM 公司 (www. arm. com)的 ARM 处理器内核，国际商用机器公司(IBM)、苹果公司(Apple)及摩托罗拉 (Motorola) 公司联合开发的 PowerPC 和摩托罗拉公司 (www.Motorola.com) 的 68K/COLDFIRE。

嵌入式处理器内核是一项设计技术，并不是一个芯片。内核的设计一般追求高速度、低功耗、易于集成。

1. MIPS 内核

MIPS 公司是一家设计制造高性能、高档次及嵌入式 32 位和 64 位处理器的厂商，在 RISC 处理器方面占有重要地位。MIPS 公司设计 RISC 处理器始于 20 世纪 80 年代初，1986 年推出 R2000 处理器，1988 年推出 R3000 处理器，1991 年推出第一款 64 位商用微处理器 R4000，随后相继推出 R8000(1994 年)、R10000(1997 年)和 R12000(1997 年)等多型号微处理器。此后，MIPS 公司的战略发生变化，把重点放在嵌入式系统上。1999 年，MIPS 公司发布 MIPS32 和 MIPS64 架构标准，为未来 MIPS 处理器的开发奠定了基础。新的架构集成了所有原来的 MIPS 指令集，并且增加了许多更强大的功能。MIPS 公司陆续开发了高性能、低功耗的 32 位处理器内核 MIPS32 4KC 与高性能 64 位处理器内核 MIPS64 5KC。2000 年，MIPS 公司发布了针对 MIPS32 4KC 的版本以及 64 位 MIPS64 20KC 处理器内核。MIPS 内核具有高速、多核集成的特点。

2. ARM 内核

由于 ARM 内核具有低功耗的特点，因此 ARM 内核的设计技术被授权给数百家的半导体厂商做成不同的 SOC 芯片。ARM 核在当今最活跃的无线局域网、3G、手机终端、手持设备、有线网络通信设备中得以广泛应用，其应用形式是集成到专用芯片之中作为控制器。如 Intersil 的 802.11B AP 芯片组集成了 ARM9 核；Broadcom 的 Lan-Switch 芯片组集成了 ARM 核。

采用 ARM 内核的主要半导体处理器厂商韩国三星公司在其面向手持设备和网络设备的处理器上都全面采用了 ARM 内核，如 S3C4510B 用于 Gateway 等。

Intel 公司从 StrongARM 到 Xscale 处理器家族，都立足于 ARM 内核并增加了多媒体指令特性、进一步降低功耗并提高速度。

Motorola 公司在其手持设备处理器方面将 68K 内核改成了 ARM 内核，从此，手持设备领域成了 ARM 内核的天下。

Cirrus Logic 公司的 EP7312 等手持设备处理器增加了 MP3 以及音频处理的功能。

3. PowerPC 内核

PowerPC 内核在高速与低功耗之间做了折中，并集成了极其丰富的外围电路接口。PowerPC 内核被 Motorola 公司用于嵌入式领域，目前已经成为通信领域使用最广泛的处理器内核。该内核被摩托罗拉公司设计到 SOC 芯片之中而形成了一个巨大的嵌入式处理器家族。中兴通信、华为等也在其通信产品中大量采用 Motorola 的 PowerPC 家族的系列嵌入式处理器。MPC860 和 MPC8260 是其最经典的两款 PowerPC 内核的嵌入式处理器。

4. 68K/COLDFIRE 内核

68K/COLDFIRE 内核被称为业界应用最广的嵌入式处理器内核，目前还在不停地更新换代与发展。68K 内核是最早在嵌入式领域广泛应用的内核，其代表芯片是 68360。COLDFIRE 内核继承了 68K 的特点并继续兼容它。COLDFIRE 内核被植入 DSP 模块、CAN 总线模块以及一般嵌入式处理器所集成的外设模块，从而形成了一系列的嵌入式处理器，在工业控制、机器人研究、家电控制等领域被广泛采用。

嵌入式技术必将成为 IT 领域的基础技术。在工业自动化控制领域、手持设备领域、数据通信领域、信息家电领域，只有以嵌入式技术为基础，才能进一步开发本领域的专业设备。

2.2　ARM 体系结构概述

2.2.1　ARM 体系结构的发展

ARM 处理器内核由于其卓越的性能和显著的优点，已成为高性能、低功耗、低成本嵌入式处理器的代名词，并得到众多处理器厂家和整机厂家的大力支持。

ARM 处理器采用 RISC(Reduced Instruction Set Computer)体系结构设计，使用标准的、固定长度的32 位指令格式和4 位的条件编码来决定指令是否执行，以解决指令执行的条件判断。从 ARM7 开始采用 32 位地址空间(此前为 26 位地址)。ARM7 采用 3 级流水线结构，采用冯·诺依曼体系结构(程序存储器与数据存储器统一编址)。ARM9 采用 5 级流水线结构，采用哈佛体系结构(程序存储器与数据存储器分开独立编址)。ARM10 采用 6 级流水线结构。

ARM 架构自诞生至今，已经有了长足的发展，目前已定义了 7 种不同的版本。

1. V1 版架构

V1 版架构只在原型机 ARM1 上出现过，其基本性能包括基本的数据处理指令(无乘法)、字节、半字和字的 Load/Store 指令、转移指令，包括子程序调用及链接指令、软件中断指令，寻址空间为 64 MB。

2. V2 版架构

V2 版架构对 V1 版架构进行了扩展，如 ARM2 与 ARM3(V2a 版)架构。该版架构增加的功能包括乘法和乘加指令、协处理器操作指令、快速中断模式、SWP/SWPB 的最基本存储器与寄存器交换指令，寻址空间为 64 MB。

3．V3 版架构

V3 版架构对 ARM 体系结构做了较大的改动，把寻址空间增至 32 位(4 GB)，增加了当前程序状态寄存器(CPSR)和程序状态保存寄存器(SPSR)，以便于异常处理；增加了中止和未定义两种处理器模式。ARM6 就采用该版结构。指令集中增加了 MRS/MSR 指令，以访问新增的 CPSR/SPSR 寄存器，另外还增加了从异常处理返回的指令。

4．V4 版架构

V4 版结构是目前应用最广泛的 ARM 体系结构，它对 V3 版架构进行了进一步扩充，有的还引进了 16 位的 Thumb 指令集，使 ARM 的使用更加灵活。ARM7、ARM9 和 Strong ARM 都采用了该版结构。其指令集中增加了包括符号化和非符号化半字及符号化字节的存/取指令，增加了 16 位 Thumb 指令集，另外还完善了软件中断(SWI)指令的功能。处理器系统模式引进特权方式时使用用户寄存器操作，把一些未使用的指令空间捕捉为未定义指令。

5．V5 版架构

V5 版架构在 V4 版架构的基础上增加了一些新的指令。这些新增指令有带有链接和交换的转移(BLX)指令、计数前导零计数(CLZ)指令、中断(BRK)指令、信号处理指令(V5TE 版)以及为协处理器增加的更多可选择的指令。ARM10 和 XScale 都采用该版架构。

6．V6 版架构

ARM 体系架构 V6 是 2001 年发布的，其基本特点包括与以前的体系 100%兼容；SIMD 媒体扩展，使媒体处理速度快 1.75 倍；改进了的内存管理，使系统性能提高 30%；改进了的混合端(Endian)与不对齐数据支持，使得小端系统支持大端数据(如 TCP/IP)。许多 RTOS 是小端的，为实时系统改进了中断响应时间，将最坏情况下的 35 个周期改进到了 11 个周期。

7．V7 版架构

ARM 体系架构 V7 是 2005 年发布的。它使用了能够带来性能更高、功耗低及效率高及代码密度大的 Thumb®-2 技术。它首次采用了强大的信号处理扩展集，为 H. 264 和 MP3 等媒体编解码提供加速。Cortex-A8TM 处理器采用的就是 V7 版的结构。

ARM 处理器核采用的体系结构见表 2.1。

表 2.1　ARM 处理器核采用的体系结构

ARM 内核名称	体 系 结 构
ARM1	V1
ARM2	V2
ARM2aSs、ARM3	V2a
ARM6、ARM600、ARM610	V3
ARM7、ARM700、ARM710	V4
ARM7TDMI、ARM710T、ARM720T、ARM740T	V4T
Strong ARM、ARM8、ARM810	V4
ARM9TDMI、ARM920T、ARM940T	V4T
ARM9E-S	V5
ARM10TDMI、ARM1020E、XScale	V5TE
ARM11、ARM1156T2-S、ARM1156T2F-S、ARM1176JZ-S	V6
Cortex-A8TM	V7

2.2.2 ARM 体系结构的技术特征

由于 ARM 采用 RISC 体系结构设计,因此其结构上的技术特征大多是 RISC 的技术特征。

(1) 单周期操作。ARM 指令系统中的指令只需要执行简单的和基本的操作,因此其执行过程在一个机器周期内就能完成。

(2) 采用加载/存储指令结构。由于存储器访问指令的执行时间长(通过总线对外部进行访问),在设计中应尽量减少这类指令,因此 ARM 只采用了加载和存储两种指令对存储器进行读和写的操作。面向运算部件的操作都经过加载指令和存储指令从存储器取出后预先存放到寄存器内,以加快执行速度。

(3) 固定的 32 位长度指令。ARM 指令系统的指令格式固定为 32 位长度,指令译码结构简单、效率高。

(4) 3 地址指令格式。由于编译开销大,需要尽可能优化,因此采用 3 地址指令格式,较多寄存器和对称的指令格式便于生成优化代码。

(5) 指令流水线技术。ARM 采用多级流水线技术,以提高指令执行的效率。ARM7 采用冯·诺依曼体系结构的 3 级指令流水线;ARM9TDMI 采用基于哈佛体系结构的 5 级指令流水线技术;ARM10 采用 6 级指令流水线。

2.2.3 ARM 处理器的工作状态与工作模式

本小节将介绍与编程相关的硬件结构,包括 ARM 处理器的工作状态、工作模式、寄存器组成及异常中断处理等。

1. ARM 处理器的工作状态

在 ARM 的体系结构中,自从出现 T 变种(ARM7TDMI 之后)以来,具有 T 变种的 ARM 处理器核心可工作在两种状态:一种是 ARM 状态;另一种是 Thumb 状态。

1) ARM 状态

ARM 状态是指 ARM 工作于 32 位指令状态,即 32 位状态,所有指令均为 32 位指令。

2) Thumb 状态

Thumb 状态是指 ARM 执行 16 位的 Thumb 指令的状态,即 16 位状态。

在有些情况下,如异常处理时,必须是 ARM 状态下的 ARM 指令,此时如果工作处于 Thumb 状态,必须将其切换到 ARM 状态,使其执行 ARM 指令。在程序执行的过程中,处理器可随时在这两种工作状态间进行切换,切换时并不影响处理器的工作模式和相应寄存器中的内容。

值得注意的是,ARM 处理器复位后开始执行代码时总是处于 ARM 状态,如果需要,则可通过下面的方法切换到 Thumb 状态。

3) ARM 与 Thumb 间的切换

(1) 由 ARM 状态切换到 Thumb 状态。通过 BX 指令可将 ARM 状态切换到 Thumb 状态,即当操作数寄存器的最低位为 1 时,可执行 BX 指令使微处理器进入 Thumb 状态。

例如：

　　MOV R6,0X16000001

　　BX　　R6

在本例中，如果操作数寄存器 R6 的最低位为 1，则执行上述两条指令时，转移到地址为 R6&0XFFFFFFFE=0X16000000 处的 Thumb 指令。

如果 Thumb 状态进入异常处理(要在 ARM 状态下进行)，则当异常返回时， 系统状态将自动切换到 Thumb 状态。

(2) 由 Thumb 状态切换到 ARM 状态。通过 BX 指令可将 Thumb 状态切换到 ARM 状态，即当操作数寄存器的最低位为 0 时，可执行 BX 指令使微处理器进入 ARM 状态。

当处理器进行异常处理时，从异常向量地址开始执行，系统将自动进入 ARM 状态。

2. ARM 处理器的工作模式

ARM 体系结构支持 7 种工作模式，具体处于哪种模式取决于当前程序状态寄存器(CPSR)的低 5 位的值，这 7 种工作模式见表 2.2。

表 2.2　ARM 处理器的工作模式

工作模式	功能说明	可访问的寄存器	CPSR 低 5 位
用户模式 User	程序正常执行工作模式	PC，R14～R0，CPSR	10000
快速中断模式 FIQ	处理高速中断，用于高速数据传输或通道处理	PC，R14_ fiq～R8_ fiq，R7～R0，CPSR，SPSR_ fiq	10001
外部中断模式 IRQ	用于普通中断处理	PC，R14_ irq～R13_ irq，R12～R0，CPSR，SPSR_ irq	10010
管理模式 SVC	操作系统的保护模式，处理软中断 SWI	PC，R14_ svc～R13_ svc，R12～R0，CPSR，SPSR_ svc	10011
中止模式 ABT	处理存储器故障，实现虚拟存储器和存储器保护	PC， R14_abt ～ R13_abt，R12～R0，CPSR，SPSR_abt	10111
未定义指令模式 UND	处理未定义的指令陷阱，用于支持硬件协处理器仿真	PC，R14_und～R13_und，R12～R0，CPSR，SPSR_ und	11011
系统模式 SYS	运行特权级的操作系统任务	PC，R14～R0，CPSR	11111

ARM 处理器的工作模式在一定的条件下可以相互转换。但当处理器工作于用户模式时，除非发生异常，否则不能改变工作模式。当发生异常时，处理器自动改变 CPSR 低 5 位的值，进入相应的工作模式，如当发生 IRQ 外部中断时，将 CSPR 低 5 位的值置为 10010，从而自动进入外部中断模式；当处理器处于特权模式时，用指令向 CSPR 的低 5 位写入特定的值，以进入相应的工作模式，如执行 MOV R0, #0x17 和 MOV CPSR, R0 两条指令，处理器将进入中止模式。

2.2.4　ARM 处理器的寄存器组

ARM 处理器共有 37 个寄存器，包括 31 个通用寄存器(含 PC)和 6 个状态寄存器。

1. ARM 状态下的寄存器组

工作于 ARM 状态下，在物理分配上，寄存器被安排成部分重叠的组，每种处理器工作模式使用不同的寄存器。不同模式下的寄存器组见表 2.3。

表 2.3　ARM 状态下的寄存器组

模式 寄存器	用户模式或 系统模式	管理 模式	中止 模式	未定义 模　式	外部 中断模式	快速 中断模式
通 用 寄 存 器	R0					
	R1					
	R2					
	R3					
	R4					
	R5					
	R6					
	R7					
	R8	R8	R8	R8	R8	R8_fiq
	R9	R9	R9	R9	R9	R9_fiq
	R10	R10	R10	R10	R10	R10_fiq
	R11	R11	R11	R11	R11	R11_fiq
	R12	R12	R12	R12	R12	R12_fiq
	R13(SP)	R13_svc	R13_abt	R13_und	R13_irq	R13_fiq
	R14(LR)	R14_svc	R14_abt	R14_und	R14_irq	R14_fiq
程序计数器	R15(PC)					
状态寄存器	CPSR					
	无	SPSR_svc	SPSR_abt	SPSR_und	SPSR_irq	SPSR_fiq

从表 2.3 中可以看出，ARM 处理器工作在不同模式下使用的寄存器各有特点，共同点是：无论何种模式，R15 均作为 PC 使用；CPSR 为当前程序状态寄存器；R7～R0 为公用的通用寄存器。不同之处在于高端的 7 个通用寄存器和状态寄存器在不同模式下不同。

1) 通用寄存器

前面已经提到，通用寄存器有 31 个，其中不分组的寄存器有 8 个(R0～R7)。在快速中断模式下，R8～R12 标有 fiq，代表快速模式专用，与其他模式地址重叠，但模式不同，因此寄存器内容并不冲突，共 2 组，总计 10 个寄存器；R13～R14 除了用户模式和系统模式分别为堆栈指针(Stack Pointer，SP)和程序链接寄存器(Link Register，LR)之外，其他模式下均有自己独特的标记方式，是专用于特定模式的寄存器，共 6 组，总计 12 个。另外，还有作为 PC 的 R15，这样通用寄存器共 31 个。所有通用寄存器均为 32 位结构。

2) 状态寄存器

状态寄存器共 6 个，除了共用的 CPSR 外还有分组的 SPSR(5 组，共 5 个)。状态寄存器的组成格式如图 2.1 所示，含 4 位条件码标志(N，Z，C，V)、1 位 Q 标志及 8 位控制标志(I，F，T，M4～M0)。

31	30	29	28	27	26 ...	8	7	6	5	4	3	2	1	0
N	Z	C	V	Q	保留		I	F	T	M4	M3	M2	M1	M0

图 2.1　状态寄存器的组成格式

条件码标志的含义：N 为符号标志，N = 1 表示负数，N = 0 表示正数；Z 为全 0 标志，运算结果为 0 时 Z = 1，否则 Z = 0；C 为进借位标志，有进/借位时 C = 1，否则 C = 0；V 为溢出标志，加减法运算结果有溢出时 V = 1，否则 V = 0。

Q 标志为增强的 DSP 运算指令中是否出现溢出或饱和标志，溢出或饱和时 Q = 1，否则 Q = 0。Q 标志适用于 V5 及其以上 ARM 结构。

控制位的含义：I 为中断禁止控制位，I = 1 时禁止外部 IRQ 中断，I = 0 时允许 IRQ 中断；F 为禁止快速中断(FIQ)控制位，F = 1 时禁止 FIQ 中断，F = 0 时允许 FIQ 中断；T 为 ARM 与 Thumb 指令切换控制位，T = 1 时执行 Thumb 指令，否则执行 ARM 指令。应注意的是，对于不具备 Thumb 指令的处理器，T = 1 时表示强制下一条执行的指令产生未定义的指令中断。M4～M0 为模式选择位，决定处理器工作于何种模式，具体模式的选择详见表 2.2。

2. Thumb 状态下的寄存器组

Thumb 状态下的寄存器组是 ARM 状态下寄存器组的子集，Thumb 状态下的寄存器组见表 2.4。

表 2.4　Thumb 状态下的寄存器组

模式 寄存器	用户模式或 系统模式	管理 模式	中止 模式	未定义 模式	外部 中断模式	快速 中断模式
通用寄存器	R0					
	R1					
	R2					
	R3					
	R4					
	R5					
	R6					
	R7					
	R13(SP)	R13_svc	R13_abt	R13_und	R13_irq	R13_fiq
	R14(LR)	R14_svc	R14_abt	R14_und	R14_irq	R14_fiq
程序计数器	R15(PC)					
状态寄存器	CPSR					
	无	SPSR_svc	SPSR_abt	SPSR_und	SPSR_irq	SPSR_fiq

应说明的是，高位寄存器 R8～R12 未列入表 2.4 中，即高位寄存器 R8～R12 并不是标准寄存器集的一部分，但用户可使用汇编语言程序受限制地访问这些寄存器，将其用做快速的暂存器。使用带特殊变量的 MOV 指令，数据可以在低位寄存器和高位寄存器之间进行传送；高位寄存器的值可以使用 CMP 和 ADD 指令进行比较或加上低位寄存器中的值。

2.2.5　ARM 处理器的异常中断

异常(Exceptions)是指内部或外部事件引起的请求使处理器做出相应处理的事件。当发生异常时，系统执行完当前指令后，跳转到相应的异常处理程序入口执行异常处理，异常处理完后，程序返回。

1. ARM 异常种类及异常中断向量

在 ARM 体系结构中，异常中断用来处理软中断、未定义指令陷阱、系统复位及外部中断。共有 7 种不同类型的异常中断及其对应的向量地址，见表 2.5。

表 2.5　异常类型、优先级及向量地址

异常类型	优先级别	工作模式	高端	低端	说　明
复位(RESET)异常	1	管理模式	0xFFFF0000	0x00000000	当 RESET 复位引脚有效时进入该异常
未定义的指令(UND)异常	6	未定义指令中止模式	0xFFFF0004	0x00000004	协处理器认为当前指令未定义时产生指令异常，可利用它模拟协处理器操作
软件中断(SWI)异常	6	管理模式	0xFFFF0008	0x00000008	用户定义的中断指令,可用于用户模式下的程序调用特权操作
指令预取中止(PABT)异常	5	中止模式	0xFFFF000C	0x000000C	当预取指令地址不存在或该地址不允许当前指令访问时执行指令产生的异常
数据访问中止(DABT)异常	2	中止模式	0xFFFF0010	0x00000010	当数据访问指令的目标地址不存在或该地址不允许当前指令访问时执行指令产生的异常
外部中断请求(IRQ)异常	4	外部中断模式	0xFFFF0018	0x00000018	有外部中断时发生的异常
快速中断请求(FIQ)异常	3	快速中断模式	0xFFFF001C	0x0000001C	有快速中断请求时发生的异常

实现异常向量的定位由 32 位地址空间低端的正常地址范围 0x00000000～0x0000001C 决定，但有些 ARM 允许高端地址 0xFFFF0000～0xFFFF001C 来定位异常向量的地址。

2. 异常中断的优先级

由表 2.5 可以看出，7 种类型的异常分为 6 级，优先级由高到低依次是：

(1) 复位(RESET)异常；

(2) 数据访问中止(DABT)异常；

(3) 快速中断请求(FIQ)异常；

(4) 外部中断请求(IRQ)异常；

(5) 指令预取中止(FABT)异常；

(6) 软件中断(SWI)异常和未定义的指令(UND)异常(最低优先级)。

软件中断异常和未定义指令异常(包括协处理器不存在异常)是互斥的，不可能同时发生，因此优先级是相同的，并不矛盾。

复位异常的优先级最高，因此任何情况下，只要进入复位状态，系统无条件地将 PC 指向 0x00000000 处，以执行系统第一条指令。通常此处放有一条无条件的转移指令，转移到系统初始化程序处。

3. ARM 异常中断的响应过程

发生异常后，除了复位异常是立即中止当前指令之外，其余异常都是在处理器完成当前指令后再执行异常处理程序的。ARM 处理器对异常的响应过程如下：

(1) 将 CPSR 的值保存到将要执行的异常中断所对应的 SPSR 中，以实现对处理器当前状态、中断屏蔽及各标志位的保护。

(2) 设置 CPSR 中的低 5 位使处理器进入相应工作模式，设置 I = 1 以禁止 IRQ 中断。如果进入复位模式或 FIQ 模式，还要设置 F = 1 以禁止 FIQ 中断。

(3) 将引起异常指令的下一条地址(断点地址)保存到新的异常工作模式的 R14 中，使异常处理程序执行完后能正确返回原来的程序处并继续向下执行。

(4) 给程序计数器(PC)强制赋值，使其转入由表 2.5 所示的向量地址，以便执行相应的处理程序。

每种异常模式对应的两个寄存器 R13_mode 和 R14_mode(mode 为 svc，irq，und，fiq 或 abt 之一)分别存放堆栈指针和断点地址。

为了更好地理解中断响应的过程及中断向量的概念，下面将介绍支持中断跳转的解析程序。

1) 解析程序的概念和作用

ARM 处理器响应中断的时候，总是从固定的地址开始的，而在高级语言环境下开发中断服务程序时，却无法控制固定地址开始跳转流程。为了使得上层应用程序与硬件中断跳转联系起来，需要编写一段中间的服务程序来进行连接，这样的服务程序常被称作中断解析程序。

每个异常中断都对应一个 4 字节的空间，正好放置一条跳转指令或向 PC 寄存器赋值的数据访问指令。理论上可以通过这两种指令直接使得程序跳转到对应的中断处理程序中去，但实际上由于函数地址值为未知及其他一些问题，并不这么做。这里给出一种常用的中断跳转流程，如图 2.2 所示。

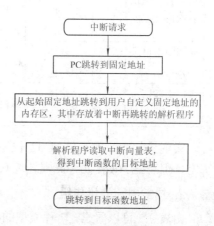

图 2.2　中断跳转流程

这个流程中的关键部分是中断向量表，为了让解析程序找到向量表，应该将向量表的地址固定化(编程者自定义)。这样，整个跳转流程的所有程序都是固定的，当中断触发后，就可以自动运行。其中，只有向量表的内容是可变的，编程者只要在向量表中填入正确的目标地址值就可以了。这使得上层中断处理程序和底层硬件跳转有机地联系起来。

2) 解析过程示例

以一次 IRQ 跳转为例，假定中断向量表定义在 0x0040 0000 开始的外部 RAM 空间，则具体解析过程如图 2.3 所示。

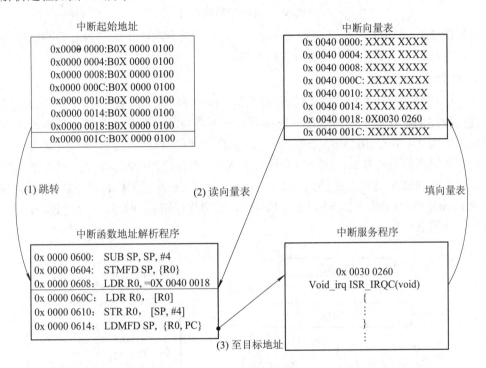

图 2.3 中断解析示例流程

图 2.3 中实线表示的流程都用 ARM 汇编语言编写，一般作为 Boot 代码的一部分放在系统的底层模块中。填写向量表的操作可以在上层应用程序中方便地实现，比如在 C 语言中用语句*(int *(0X0040 0018))= (int)ISR_IRQ 就可将 IRQ 中断的服务程序入口地址(0x00300260)填写到中断向量表中的固定地址 0x0040 0018 开始的 4 字节空间了。

如此一来，就可避免在应用程序中计算中断的跳转地址，并且可以很方便地选择不同的函数作为指定中断的服务程序。当然，在程序开发时要合理开辟好向量表，避免对向量表地址空间的不必要写操作。

3) 解析程序的扩展

众所周知，在 ARM 处理器中会包含很多中断源，通常会在 ARM 内核外面扩展一个中断控制器来管理各种原因产生的中断。比如，三星公司的 S3C4510B 处理器中的 IRQ/FIQ 类型的中断源可以有 21 个，S3C44B0X 有 26 个。这时候中断处理的原理还是一样的，无非是向量表更长，并且当一个中断触发以后，需要在解析程序里查询中断控制器的状态来确定具体的中断源，再根据中断源来读取向量表中对应地址的内容。其处理流程可用图 2.4 表示。

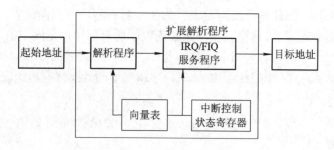

图 2.4　中断解析的扩展

相比图 2.3，图 2.4 中多了一级的跳转，也就是在第一次解析跳转到 IRQ/FIQ 服务程序中后，再进行第二次的解析——中断源的识别。

4) 向量中断的处理

一些处理器在设计外扩的中断控制器时提供了一种叫做"向量中断"的中断跳转机制。这与前文叙述的扩展解析跳转流程有所不同，它不需要软件来识别具体的中断源，也就是不需要添加图 2.4 中的 IRQ/FIQ 服务程序，而完全由硬件自动跳转到对应的中断地址。其他跳转流程的原理都是一样的。这相当于扩展了 ARM 内核硬件中断向量表，减小了中断响应延时。以 S3C44B0X 处理器的外部中断 0 为例，需要在其对应的硬件固定跳转地址 0x0000 0020 处添加指令：LDR PC，=Handler EINT0，使得程序跳转到其服务程序 Handler EINT0 处执行，如图 2.5 所示。

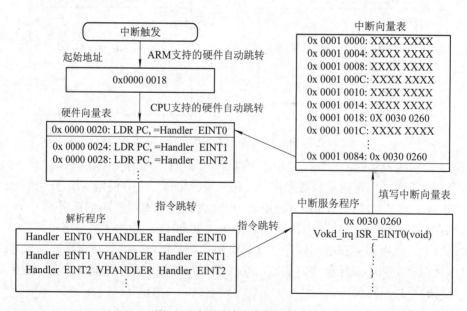

图 2.5　向量中断解析流程示例

4. 从异常处理程序中返回

复位异常发生后，由于系统自动从 0x0000 0000 开始重新执行程序，因此复位异常处理程序执行完后无须返回。其他所有异常处理完后必须返回到原来程序处并向下执行，为达到这一目的，需要执行以下操作：

(1) 恢复原来被保护的用户寄存器。

(2) 将 SPSR_mode 寄存器值复制到 CPSR 中，使得 CPSR 从相应的 SPSR 中恢复，以恢复被中断的程序工作状态。

(3) 根据异常类型将 PC 值恢复成断点地址，以执行用户原来运行着的程序。

(4) 清除 CPSR 中的中断禁止标志 I 和 F，开放外部中断和快速中断。

应该注意的是，程序状态字及断点地址的恢复必须同时进行，若分别进行，则只能顾及一方。例如，如果先恢复断点地址，则异常处理程序就会失去对指令的控制，使 CPSR 不能恢复；如果先恢复 CPSR，则保存断点地址的当前异常模式的 R14 就不能再访问了。

不同模式返回时使用的指令有所不同，下面简要介绍几种异常程序的返回方法。

(1) FIQ(Fast Interrupt Request)，即快速中断异常。它是为了支持数据传输或者通道处理而设计的。在 ARM 状态下，系统有足够的寄存器，从而可以保障对寄存器保存的需求。若将 CPSR 的 F 位设置为 1，则会禁止 FIQ 中断；若将 CPSR 的 F 位清零，则处理器会在指令执行时检查 FIQ 的输入。注意只有在特权模式下才能改变 F 位的状态。

可由外部通过对处理器上的 nFIQ 引脚输入低电平来产生 FIQ。不管是在 ARM 状态下还是在 Thumb 状态下进入 FIQ 模式，FIQ 处理程序均会执行以下指令来从 FIQ 模式返回：

　　SUBS PC，R14_fiq，#4

该指令将寄存器 R14_fiq 的值减去 4 后复制到程序计数器(PC)中，从而实现从异常处理程序中的返回，同时将 SPSR_mode 寄存器的内容复制到当前程序状态寄存器(CPSR)中。

(2) IRQ(Interrupt Request)异常属于正常的中断请求，可通过对处理器的 nIRQ 引脚输入低电平产生。IRQ 的优先级低于 FIQ，当程序执行进入 FIQ 异常时，IRQ 可能被屏蔽。若将 CPSR 的 I 位设置为 1，则会禁止 IRQ 中断；若将 CPSR 的 I 位清零，则处理器会在指令执行完之前检查 IRQ 的输入。注意只有在特权模式下才能改变 I 位的状态。不管是在 ARM 状态下还是在 Thumb 状态下进入 IRQ 模式，IRQ 处理程序均会执行以下指令来从 IRQ 模式返回：

　　SUBS PC，R14_irq，#4

该指令将寄存器 R14_irq 的值减去 4 后复制到程序计数器(PC)中，从而实现从异常处理程序中的返回，同时将 SPSR_mode 寄存器的内容复制到当前程序状态寄存器(CPSR)中。

(3) ABORT(中止)异常意味着对存储器的访问失败。ARM 微处理器在存储器访问周期内检查是否发生中止异常。中止异常包括以下两种类型：

· 指令预取中止：发生在指令预取时。

· 数据中止：发生在数据访问时。

当指令预取访问存储器失败时，存储器系统向 ARM 处理器发出存储器中止(Abort)信号，预取的指令被记为无效。只有当处理器试图执行无效指令时，指令预取中止异常才会发生，如果指令未被执行，如在指令流水线中发生了跳转，则预取指令中止不会发生。若数据中止发生，则系统的响应与指令的类型有关。

当确定了中止的原因后，无论是在 ARM 状态下还是在 Thumb 状态下，Abort 处理程序均会执行以下指令来从中止模式返回：

　　　　SUBS PC，R14_abt，#4　　　　；指令预取中止

　　　　SUBS PC，R14_abt，# 8　　　　；数据中止

该指令恢复 PC(从 R14_abt)和 CPSR(从 SPSR_abt)的值，并重新执行中止的指令。

(4) SWI(Software Interrupt)即软件中断。软件中断指令用于进入管理模式，常用于请求执行特定的管理功能。无论是在 ARM 状态下还是在 Thumb 状态下，软件中断处理程序均执行以下指令从 SWI 模式返回：

　　　　MOV PC，R14_svc

该指令恢复 PC(从 R14_svc)和 CPSR(从 SPSR_svc)的值，并返回到 SWI 的下一条指令。

(5) 当 ARM 处理器遇到不能处理的指令时，会产生未定义指令(Undefined Instruction)异常。采用这种机制，可以通过软件仿真扩展 ARM 或 Thumb 指令集。无论是在 ARM 状态下还是在 Thumb 状态下，在仿真未定义指令后，处理器执行以下指令返回：

　　　　MOVS PC，R14_und

该指令恢复 PC(从 R14_und)和 CPSR(从 SPSR_und)的值，并返回到未定义指令后的下一条指令。

应该指出的是，当系统运行时，异常是随机的，随时都可能发生。为保证在 ARM 处理器发生异常时不至于处于未知状态，在应用程序的设计中，首先要进行异常初始化处理，采用的方式是在异常向量表中的特定位置放置一条跳转指令，跳转到异常处理程序。当 ARM 处理器发生异常时，程序计数器(PC)会被强制设置为对应的异常向量，从而跳转到异常处理程序；当异常处理完成以后，返回到主程序继续执行。

2.2.6　ARM 的存储器格式及数据类型

ARM 体系结构将存储器看作是从 0x0000 0000 地址开始的以字节为单位的线性组合。每个字(32 位)数据占 4 个字节，即 4 个单元的地址空间，如从第 0 个字节到第 3 个字节放置第 1 个存储的字数据，从第 4 个字节到第 7 个字节放置第 2 个存储的字数据，依次排列。作为 32 位的微处理器，ARM 体系结构所支持的最大寻址空间为 4 GB。

1. ARM 存储字数据的格式

ARM 体系结构可以用两种方法存储字数据，即大端格式和小端格式。

1) 大端格式

在大端格式中，32 位字数据的高字节存储在低地址中，而字数据的低字节则存放在高地址中，这与通用计算机中存储器的信息存放格式不同，见表 2.6。

表 2.6　以大端格式存储字数据

位	31～24	23～16	15～8	7～0	地址示例
高地址	数据字 D 字节 1	数据字 D 字节 2	数据字 D 字节 3	数据字 D 字节 4	0x0000100C
↑	数据字 C 字节 1	数据字 C 字节 2	数据字 C 字节 3	数据字 C 字节 4	0x00001008
	数据字 B 字节 1	数据字 B 字节 2	数据字 B 字节 3	数据字 B 字节 4	0x00001004
低地址	数据字 A 字节 1	数据字 A 字节 2	数据字 A 字节 3	数据字 A 字节 4	0x00001000

如一个 32 位字 0x1234 5678 存放的起始地址为 0x00040000，则在大端格式下，0x0004 0000 单元存放 0x12，0x0004 0001 单元存放 0x34，0x0004 0002 单元存放 0x56，0x00040003 单元存放 0x78。

2) 小端格式

在小端格式中，32 位字数据的高字节存放在高地址中，而低字节存放在低地址中，这与通用计算机中存储器的信息存放格式相同，见表 2.7。

表 2.7　以小端格式存储字数据

位	31～24	23～16	15～8	7～0	地址示例
高地址	数据字 D 字节 4	数据字 D 字节 3	数据字 D 字节 2	数据字 D 字节 1	0x0000100C
↑	数据字 C 字节 4	数据字 C 字节 3	数据字 C 字节 2	数据字 C 字节 1	0x00001008
	数据字 B 字节 4	数据字 B 字节 3	数据字 B 字节 2	数据字 B 字节 1	0x00001004
低地址	数据字 A 字节 4	数据字 A 字节 3	数据字 A 字节 2	数据字 A 字节 1	0x00001000

对于同样的一个 32 位字 0x1234 5678，存放的起始地址为 0x00040000，则在小端格式下，0x0004 0000 单元存放 0x78，0x0004 0001 单元存放 0x56，0x0004 0002 单元存放 0x34，0x0004 0003 单元存放 0x12。

系统初始化时默认为小端格式。

2. ARM 微处理器的数据类型

ARM 微处理器支持字节(8 位)、半字(16 位)、字(32 位)三种数据类型，其中字需要 4 字节对齐(地址的低两位为 0)、半字需要 2 字节对齐(地址的最低位为 0)。每一种又支持有符号数和无符号数，因此认为共有 6 种数据类型。

ARM 微处理器的指令长度可以是 32 位(在 ARM 状态下)，也可以为 16 位(在 Thumb 状态下)。如果是 ARM 指令，则必须使用 32 位指令，且必须以字为边界对齐；如果是 Thumb 指令，则指令长度为 16 位，必须以 2 字节对齐。

必须指出的是，除了数据传送指令支持较短的字节和半字的数据类型外，在 ARM 内部所有的操作都是面向 32 位操作数的。当从储存器调用一个字节或半字时，根据指令对数据的操作类型，将其无符号或有符号的指令自动扩展成 32 位，进而作为 32 位数据在内部进行处理。

另外，ARM 还支持其他类型的数据，如浮点数的数据类型等。

2.3　ARM 流水线技术

指令流水线是所有 RISC 结构处理器共有的一个特点，ARM 微处理器也不例外，但不同的 ARM 核其流水线级数不同。ARM7 采用 3 级流水线及冯·诺依曼体系结构(程序存储器和数据存储器统一编址)；ARM9 采用 5 级流水线及哈佛体系结构(程序存储器与数据存储器分开独立编址)；ARM10 则采用 6 级流水线。

2.3.1　流水线电路设计基础知识

所谓流水线电路，就是将一个电路系统或电路系统中大的数据处理电路模块分成几个小的数据处理电路模块，并且沿着数据通路引入流水锁存器，这样就可以减小有效关键路径，从而提高系统的时钟速度或采样速度，或者可以在同样的速度下降低功耗。电路中的关键路径，是指数据流图 DFG 中具有零延时的所有路径中具有最长运算时间的路径。流水线的两个主要缺点是增加了锁存器数目和系统的迟滞。

一个流水线电路系统的速度(或时钟周期)由任意两个锁存器间，或一个输出和一个锁存器间，或一个锁存器和一个输出间，或输入与输出之间路径中最长的路径限定。这个最长的路径或"关键路径"可以通过在电路系统中适当地插入流水线锁存器来减小。

在一个 M 级流水线系统中，输入到输出的任一路径上的延时元件数目为 M − 1，它要大于在原始时序电路中同一路径上的延时元件数。若要使电路正常工作，则相邻的两个寄存器之间路径的时延应小于寄存器的时钟信号 CLK 的周期 T_{clk}，即流水线锁存器的时钟周期 T_{clk} 应大于所有功能部件中的最长执行时间。同时要使系统处理速度尽可能快，则流水线数据通路上的各个功能部件的执行时间应尽可能均衡。

为了更好地理解流水线电路设计的基本原理，下面对比讲解一个非流水线电路和一个流水线电路。

【例 2.1】分别设计一个无流水线和有流水线的三阶有限冲激响应(FIR)数字滤波器的实现电路，并分析各自电路系统的速度(或时钟周期)。

考虑三阶有限冲激响应(FIR)数字滤波器 $y(n) = ax(n) + bx(n − 1) + bx(n − 1) + cx(n − 2)$，其无流水线框图实现如图 2.6 所示。

关键路径由一个乘法与两个加法时间来限定。即如果 T_M 是乘法所用时间、T_A 是加法操作需要的时间，则关键路径为 $T_M + 2T_A$，"采样周期"(T_{sample})或采样频率(f_{sample})要求如下：

$$T_{sample} \geq T_M + 2T_A, \quad f_{sample} \leq 1/(T_M + 2T_A) \tag{2.1}$$

如图 2.7 所示的流水线电路是通过引入两个附加锁存器而得到的，其关键路径由 $T_M + 2T_A$ 减小为 $T_M + T_A$，且要求

$$T_{sample} \geq T_M + T_A, \quad f_{sample} \leq 1/(T_M + T_A) \tag{2.2}$$

从以上分析可知，将图 2.6 所示的无流水线三阶有限冲激响应(FIR)数字滤波器改为如图 2.7 所示的有流水线三阶有限冲激响应(FIR)数字滤波器后，系统的处理速度将得到提高。

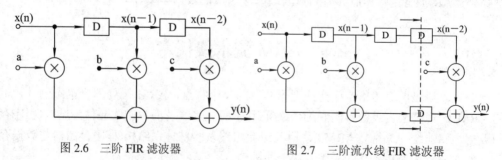

图 2.6　三阶 FIR 滤波器　　　　　　　　图 2.7　三阶流水线 FIR 滤波器

2.3.2　微处理器指令流水线处理

指令流水线(Pipeline)是 RISC 结构最重要的特点，在介绍指令流水线之前，首先介绍微处理器执行指令的过程。

假设某微处理器以取指令、译码、取操作数、执行指令、写回五个步骤完成一个指令的执行过程，则整个指令执行过程如图 2.8 所示。

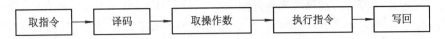

图 2.8　微处理器执行指令的过程

在没有设计指令流水线的微处理器中，一条指令必须要等前一条指令完成了这五个步骤之后，才能进入下一条指令的步骤，如图 2.9 所示。然而在采用如图 2.10 所示的指令流水线的微处理器结构中，每来一个时钟周期，前一个功能部件的执行结果将流入后一个功能部件执行，经过五个时钟周期后，将得到第一个执行结果，以后每来一个周期，将得到一个新的结果，指令的执行结果就像流水一样，源源不断地流出来。在采用指令流水线的微处理器结构中，当指令 1 经过取指令，进入译码阶段的同时，指令 2 便可以进入取指令阶段，即采用并行处理的方式，如图 2.11 所示。

时间片	1	2	3	4	5	6	7	8	9	10	11	12
指令1	取指	译码	取数	执指	写回							
指令2						取指	译码	取数	执指	写回		

注：取指为取指令的简称，执指为执行指令的简称

图 2.9　无指令流水线的微处理器执行指令的过程

图 2.10　设计了指令流水线的微处理器执行电路的结构

时间片	1	2	3	4	5	6	7	8	9	10
指令1	取指	译码	取数	执指	写回					
指令2		取指	译码	取数	执指	写回				
指令3			取指	译码	取数	执指	写回			
指令4				取指	译码	取数	执指	写回		
指令5					取指	译码	取数	执指	写回	
指令6						取指	译码	取数	执指	写回

注：取指为取指令的简称，执指为执行指令的简称

图 2.11　设计了指令流水线的微处理器执行指令的过程

由此可知，采用指令流水线技术在 10 个时间片内可执行 6 条指令，而没有采用指令流水线技术在同样的时间段内只能执行 2 条指令。

2.3.3　ARM 的 3 级指令流水线

ARM7 及其以前版本均采用 3 级指令流水线，即取指令、译码和执行指令。

(1) 取指令简称取指，即从程序存储器中取出指令，并放入指令流水线中。

(2) 译码指对取出的指令进行译码，为下一周期准备数据路径所需的控制信号。该级仅占用译码逻辑，不占用数据路径。

(3) 执行指令简称执指。指令占用数据路径，寄存器组被读出，操作数在桶型移位寄存器

中被移位，ALU 产生相应的预算结果和标准位，并写回目的寄存器中，全部为单周期指令的 3 级流水线操作，如图 2.12 所示。多周期指令下 ARM 的 3 级流水线的操作如图 2.13 所示。

时间片	1	2	3	4	5	6	7	8
指令1	取指	译码	取数					
指令2		取指	译码	取数				
指令3			取指	译码	取数			
指令4				取指	译码	取数		
指令5					取指	译码	取数	
指令6						取指	译码	取数

图 2.12　ARM 单周期指令 3 级流水线操作示意

时间片	1	2	3	4	5	6	7	8
指令1	取ADD指令	译码	执行					
指令2		取STR指令	译码	计算操作数地址	存储操作数			
指令3			取ADD指令		译码	执行		
指令4				取ADD指令		译码	执行	
指令5					取ADD指令	译码	执行	

图 2.13　ARM 多周期指令 3 级流水线的操作示意

2.3.4　ARM 的 5 级指令流水线

由于 ARM7 本身的局限性，不可能同时访问程序存储器和数据存储器，因此指令流水线出现间断现象在多周期操作下是不可避免的，这就要求有合适的存储结构。ARM9TDMI 使用了程序存储器和数据存储器分开独立编址的哈佛结构，并采用 5 级指令流水线，即取指、译码、执指、缓冲及写回。5 级流水线的操作如图 2.14 所示。

时间片	1	2	3	4	5	6	7	8	9
指令1	取指	译码	执指	缓冲	写回				
指令2		取指	译码	执指	缓冲	写回			
指令3			取指	译码	执指	缓冲	写回		
指令4				取指	译码	执指	缓冲	写回	
指令5					取指	译码	执指	缓冲	写回

图 2.14　ARM 的 5 级流水线的操作示意

2.4　ARM 处理器内核结构

2.4.1　ARM 处理器内核概述

ARM 体系结构目前被公认为业界领先的 32 位嵌入式 RISC 微处理器结构。ARM 处理器内核当前有 6 个系列产品,即 ARM7、ARM9、ARM9E、ARM10E、SecurCORE 以及 ARM11 系列。另外还有 Intel Xscale 微体系结构和 StrongARM 结构。

在高性能的 32 位嵌入式片上系统设计中,几乎都是以 ARM 作为处理器内核的。ARM 核已经是现在嵌入式 SOC 系统芯片的核心,也是现代嵌入式系统发展的方向。ARM 处理器核作为基本处理单元,根据发展需求还集成了与处理器核密切相关的功能模块,如 Cache 存储器和存储器管理 MMU 硬件,这些基于微处理器核并集成这些 IP(Intelligence Property) 核的标准配置的 ARM 核都具有基本处理器的配置,这些内核称为处理器核。基于 ARM 的处理器核简称 ARM 核,核并不是芯片,ARM 核与其他部件(如 RAM、ROM、片内外设) 组合在一起才能构成实际的芯片,如 LPC2000、S3C44B0X、AT91FR40162 分别是飞利浦 (Philips)公司、三星(Samsung)公司、爱特梅尔(atmel)公司基于 ARM 公司 APM7TMDI 核的嵌入式微处理器芯片。

ARM 核的命名规则及含义如图 2.15 所示。

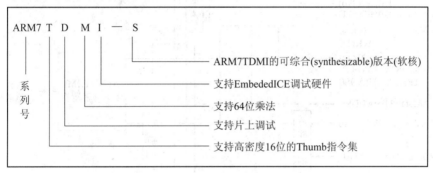

图 2.15　ARM 核的命名规则及含义

2.4.2　ARM7TDMI 处理器内核

ARM7TDMI 是 ARM7 系列成员中应用最为广泛的 32 位高性能嵌入式 RISC 处理器内核,其指令系统有两个指令集,即 32 位的 ARM 指令集和 16 位的 Thumb 指令集。ARM7TDMI 使用 3 级指令流水线技术,对存储器的访问采用单一的 32 位数据总线传送指令和数据,即冯·诺依曼体系结构。只有加载、存储和交换指令可以访问存储器中的数据。数据可以是 8 位(字节)、16 位(半字)和 32 位(字),字必须以 4 字节(32 位)为边界对齐,半字必须以 2 字节 (16 位)为边界对齐。ARM7TDMI 采用 32 位寻址空间、32 位移位寄存器和 32 位 ALU 以及 32 位存储器传送。

1. ARM7TDMI 的特点

ARM7TDMI 是 ARM 公司最早被业界普遍认可,且得到了最为广泛应用的处理器内核,特别是在手机和 PDA 中。随着 ARM 技术的发展,目前它已是基本的 ARM 内核。

ARM7TDMI 的重要特性如下:

(1) 采用 ARM 体系结构版本 4T,支持 64 位乘法、半字、有符号字节存取;

(2) 支持 Thumb 指令集,可降低系统开销;

(3) 采用 32 × 8 DSP 乘法器;

(4) 具有 32 位寻址空间——4 GB 线性地址空间;

(5) 包含了嵌入式在线仿真器(Embedded In-Circuit Emulator，Embedded ICE)模块，以支持嵌入式系统调试；

(6) 调试硬件由 JTAG 测试访问端口来访问，因此 JTAG 控制逻辑被认为是处理器核的一部分。

2. ARM7TDMI 处理器的内核结构及功能

ARM7TDMI 处理器的内核结构如图 2.16 所示。ARM7TDMI 由 ARM7TDMI 主处理器逻辑、扫描链 1、扫描链 2、嵌入式 ICE 宏单元以及总线分割器和嵌入式 ICE TAP(Test Access Port)控制器组成，其核心部分是 ARM7TDMI 主处理器逻辑，其他部件都是为主处理器逻辑服务的。

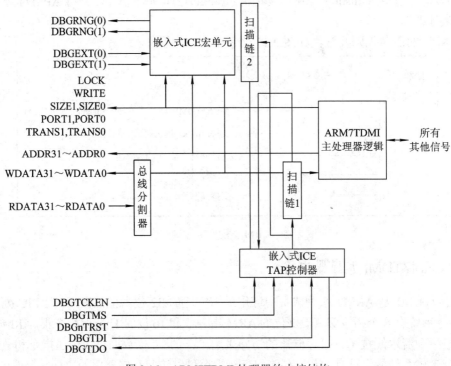

图 2.16　ARM7TDMI 处理器的内核结构

ARM 主处理器逻辑用于对调试硬件的支持，嵌入式宏单元是用于产生调试异常(如断点异常等)的寄存器和比较器的集合，嵌入式 ICE TAP 控制器用 JTAG 串行接口逻辑控制扫描链的动作，预定目标调试。

ARM7TDMI 主处理器逻辑结构如图 2.17 所示。主处理器逻辑由地址寄存器、地址增量器、寄存器组、乘法器、桶形移位器、ALU、写数据寄存器、指令流水线读数据寄存器/Thumb指令译码器以及指令译码和控制逻辑、扫描调试控制部件构成。其中，地址寄存器连接 32条地址线 A31～A0，地址锁存允许信号(ALE)及地址总线允许信号(ABE)、读/写数据寄存器连接 32 位数据线 D31～D0，指令译码和控制逻辑连接其他信号线。

图 2.18 所示为 ARM7TDMI 处理器核的功能框图，从中可以看出，ARM7TDMI 处理器核分成若干功能模块，包括时钟、中断、总线控制、调试、存储器接口及协处理器接口。下面将介绍存储器接口及调试接口。

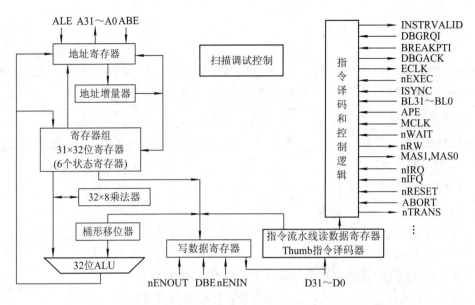

图 2.17　ARM7TDMI 内核的主处理器逻辑结构

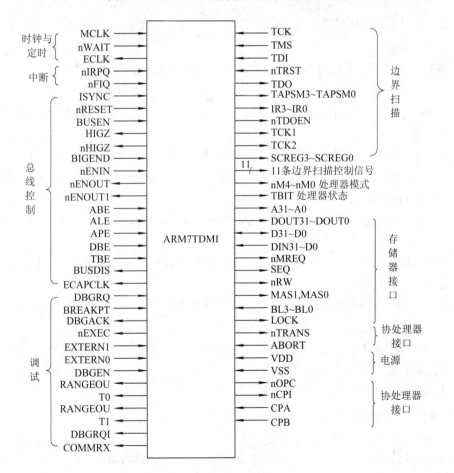

图 2.18　ARM7TDMI 处理器的功能框图

2.4.3　ARM7TDMI 存储器接口

ARM7TDMI 采用冯·诺依曼结构，对存储器的控制没有专门的存储管理单元，存储器采用简单而直接的地址方式来表示实际的物理地址，没有进行段或页的转换。

1. 总线接口信号

ARM7TMDI 的总线接口信号包括时钟与时钟控制信号、地址类信号、存储器请求信号和数据时序信号四大类。

1) 时钟和时钟控制类信号

(1) MCLK 为主时钟输入信号。

(2) nWAIT 为总线等待输入信号，低电平有效。该信号为低电平时，可使总线处于等待状态，即延长总线周期。

(3) ECLK 为外部时钟输出信号，由 ARM7TMDI 向外部提供时钟。

(4) nRESET 为复位输入信号，低电平有效，作用是使处理器复位。

ARM7TMDI 使用主时钟 MCLK 的上升沿和下降沿工作，用 nWAIT 延长总线周期(等待周期)，在正常工作时 nWAIT 总是为高电平。

2) 地址类信号

(1) A31～A0 为 32 条地址线，由于具有 32 条地址线，因此 ARM7TMDI 可以寻址 2^{32} = 4 GB 的线性地址空间。

(2) nRW 为传输方向的指示信号，低电平有效，表示读操作。当 nRW 为高电平时，表示写操作。

(3) MAS1、MAS0 信号的编码决定总线传输的宽度。当其编码为 00 时，表示传输的宽度为字节；当其编码为 01 时，表示传输的宽度为半字；当其编码为 10 时，表示传输的宽度是字；编码 11 保留。

(4) nOPC 为传输的信息类型指示信号，低电平有效，表示传输的是操作码。当其为高电平时，表示传输的是操作数。

(5) nTRANS 为传递有关特权信息的信号，低电平有效，表示用户级。当其为高电平时，表示特权级。

(6) LOCK 为总线封锁输出信号，正常工作时为低电平，若为高电平，则向总线仲裁器指示处理器正在执行交换指令 SWP 和 SWPB。

(7) TBIT 为指示 ARM7TDMI 工作状态的信号，其值为 0 表示 ARM7TDMI 工作于 ARM 状态，其值为 1 表示工作于 Thumb 状态。

3) 存储器请求信号

(1) nMERQ 为存储器请求信号，低电平有效。

(2) SEQ 为存储器总线周期选择类型信号。

nMERQ 和 SEQ 的编码可决定当前总线周期的类型。ARM7TDMI 有四种不同类型的总线周期，见表 2.8。

表 2.8　总线周期类型

nMERQ	SEQ	总线周期类型
0	0	非顺序周期(N 周期)
0	1	顺序周期(S 周期)
1	0	内部周期(I 周期)
1	1	协处理器寄存器传送周期(C 周期)

4) 数据时序信号

(1) D31～D0 为双向 32 位数据总线。

(2) DIN31～DIN0 为 32 位数据总线输入信号，它通过缓冲器由主处理控制逻辑作为缓冲控制从而进入双向数据总线。

(3) DOUT31～DOUT0 为 32 位数据总线输出信号，它通过主处理锁存控制向外部输出 32 位数据。数据总线的分割与安排如图 2.19 所示。

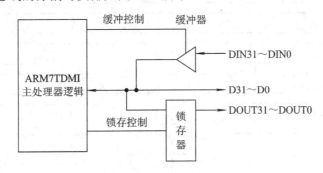

图 2.19　ARM7TDMI 外部数据总线的分割与安排

2．总线周期类型

一个 ARM7TDMI 存储周期的时序如图 2.20 所示。从时序图可以看出，ARM7TDMI 在地址总线方式控制有效(APE = 1，表示非流水线地址方式)的情况下，在时序 MCLK 到来时，通过 nMERQ 和 SEQ 选择总线周期，此时 32 位地址总线被锁存，在时序 MCLK 的下降沿数据稳定，因此必须在 MCLK 的下降沿读/写总线上的数据。

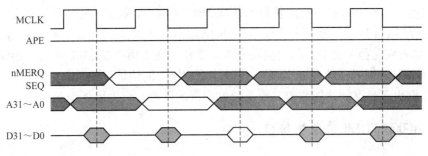

图 2.20　一个存储周期时序

如前所述，ARM7TDMI 可实现四种不同类型的总线周期。

(1) 非顺序周期。非顺序周期(N 周期)是最简单的总线周期，在处理器请求向某一地址传送或从某一地址传送时出现，该地址与前一周期的使用地址无关。

(2) 顺序周期。顺序周期(S 周期)实现总线上的突发传送。突发的第一周期，地址可与前一个内部周期相同，其他情况下地址是前一个周期的地址增加一个量(由数据类型来决定一个量是多少，字类型数据传送的量为 4，半字类型数据传送的值为 2，没有字节访问的突发)。

(3) 内部周期。在内部周期(I 周期)期间，ARM7TDMI 不要求访问存储器，这是因为此时进行的是内部操作，不能同时进行外部操作。

(4) 协处理器寄存器传送周期。在协处理器寄存器传送周期(C 周期)期间，ARM7TDMI 使用数据总线向协处理器传送数据或从协处理器取数据，不需要存储周期，在此期间不允许存储系统驱动数据总线。

ARM 存储周期时序如图 2.21 所示。

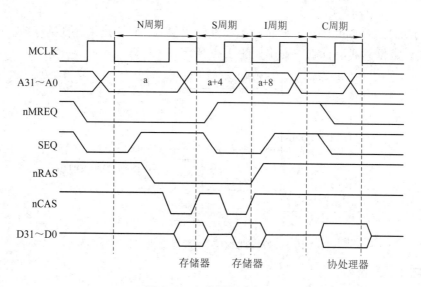

图 2.21　存储周期时序

在 N 周期到来或上一个周期结束时，nMERQ 和 SEQ 编码为 00，表明选择 N 周期，同时 32 位地址 a 有效输出在地址总线上，在行列选通信号(nRAS、nCAS)的作用下，32 位数据在 MCLK 下降沿存入存储器；nMERQ 和 SEQ 编码为 01 表明选择 S 周期，进入 S 周期后，32 位地址为 a + 4(因为是 32 位数据访问)输出在地址总线上，在行列选通信号的作用下，32 位数据在 MCLK 下降沿存入存储器，同时输出下一个数据的地址 a + 8；nMERQ 和 SEQ 编码为 10 表明选择 I 周期，此周期没有外部操作；在 I 周期 MCLK 高电平期间，nMERQ 和 SEQ 编码为 11 表明选择 C 周期，此时地址总线上的地址已不是主处理器地址，数据总线上的数据也不是存储器的数据，而是协处理器的数据，交由协处理器处理。

2.4.4　ARM7TDMI 的调试接口

嵌入式系统与其他系统一样，都会遇到硬件和软件的调试问题。这就要求硬件本身具有调试功能、调试接口以及相应的调试手段和调试工具。典型的嵌入式系统调试工具应该支持单步操作、断点执行，且可以通过仿真系统观察系统内部工作状态，从而有目的地进行各种功能的调试。

ARM7TDMI 的调试接口依赖于标准测试访问口和边界扫描体系结构。ARM7TDMI 包含先进调试特性的硬件扩充，调试扩充可强迫内核进入暂停模式和监控模式。

暂停模式是指在断点或观察点，内核进入调试状态。在调试状态下，内核停止工作并与系统的其他部分隔离。当调试完成后，调试主机恢复内核和系统状态，程序重新开始执行。

监控模式是指在断点或观察点，生成指令中止或数据中止而不进入调试状态，内核仍正常接受和处理中断。

1. 调试阶段

外部调试接口信号或嵌入式 ICE-RT 逻辑请求迫使 ARM7TDMI 进入调试状态，激活调试事件，如断点(取指令)、观察点(访问数据)和外部调试请求。

使用 JTAG 格式的串行检测 ARM7TDMI 的内部状态，在暂停模式下，可确保不使用外部数据总线即可将指令串行插入内核流水线；在监控模式下，JTAG 接口用于在调试器与运行在 ARM7TDMI 核上简单的监控程序之间进行数据的传输。

在正常工作期间，内核由存储器时钟(MCLK)驱动，内部逻辑保持(内部调试)时钟(DCLK)为低电平。在 ARM7TDMI 暂停模式时，在 TAP 测试访问端口状态机的控制下，内核由 DCLK 供给时钟，MCLK 自由运行，选择的时钟在信号 ECLK 上同时输出到外部，供外部系统使用；在监控模式下，内核由 MCLK 时钟驱动，DCLK 未用。

应注意的是，在测试期间，nWAIT 必须保持高电平(不能处于等待周期)。

2. 调试系统

调试系统包括三个部分：调试主机、协议转换器和调试目标板。调试主机和协议转换器是系统的相关设备；调试目标板是用户设计的应用板或开发板。

典型的调试系统如图 2.22 所示。

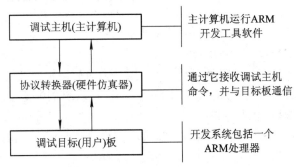

图 2.22　典型的调试系统

调试主机一般采用通用计算机(如 PC)，其上装入 ARM 开发工具软件包。

协议转换器完成与调试主机发出的高级命令及调试接口 JTAG 的低级命令进行通信的任务，一般通过通用计算机的并行端口(常采用增强型模式)连接协议转换器。协议转换器通常称为硬件仿真器，如 Muti-ICE 等。

调试目标即用户系统板或开发板，主模块必须包括 ARM 处理器主处理器逻辑、TAP 控制器、嵌入式 ICE-RT 逻辑以及扫描链 0 和扫描链 1，以便用于调试。ARM7TDMI 就具有这种逻辑。

3. 调试接口信号

与调试接口有关的信号有三个：BREAKPT(断点请求信号)、DBGRQ(调试请求信号)以及 DBGACK(调试应答信号)。

1) 进入调试状态入口

ARM7TDMI 紧跟断点、观察点或调试请求从而被强制进入调试状态。在监控模式下，处理器继续实时执行指令，将执行中止异常。通过中止状态寄存器可以了解异常是由断点或观察点，还是由真正的存储器中止引起的。可以使用嵌入式 ICE 宏单元逻辑对断点或观察点出现的条件进行编程，另外还可以使用 BREAKPT 信号让外部逻辑来标记断点或观察点以及监视地址总线、数据总线和控制信号。

外部产生的断点或观察点的时序相同，数据在 MCLK 的下降沿始终有效。当指令设置了断点时，BREAKPT 信号必须在 MCLK 的下一个上升沿为高电平；当数据用于加载或存储时，在 MCLK 的上升沿发送 BREAKPT 信号以表示数据作为观察点；当处理器进入调试状态后，发送 DBGACK 信号。外部产生断点的时序如图 2.23 所示

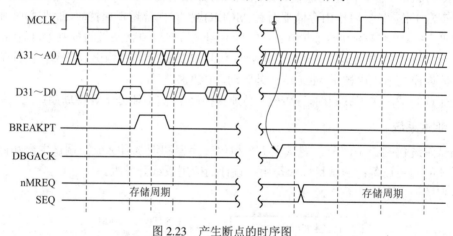

图 2.23　产生断点的时序图

2) 调试状态下 ARM7TDMI 的动作

在调试状态下，nMERQ、SEQ 编码为 10，指示当前周期是内部周期，在此间存储系统的其余部分忽略内核，并保持正常工作状态，由于系统的其余部分继续工作，因此 ARM7TDMI 被强制忽略中止和中断。

系统不允许在调试过程中改变 BIGEND(大小端模式信号)以及 nRESET(系统复位信号)的状态。

2.4.5　ARM920T 处理器核

ARM920T 是在 ARM9TDMI 内核基础上增加了 MMU 和 Cache 等部件的通用微处理器宏核，其内部结构如图 2.24 所示。它的核心是 ARM9TDMI，此外包括存储器管理部件 MMU、双重分离的 Cache(指令 Cache 和数据 Cache)、写回 RAM、AMBA 总线接口、外部协处理器接口以及跟踪调试接口等。

ARM9TDMI 主要性能包括：支持 Thumb 指令集，含有 Embedded ICE 模块以支持片上调试，通过采用 5 级流水线来增加最高时钟速率，采用分开的指令与数据存储器端口来提

高处理器性能。

ARM9TDMI 采用程序存储器与数据存储器完全独立编址的哈佛结构(Harvard)，因此简单的总线接口很容易连接 Cache 或 SRAM 存储器系统。ARM9TDMI 支持与外部存储器的双向或单向连接，支持调试结构。

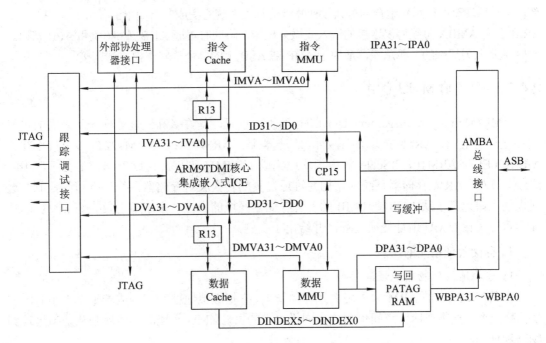

图 2.24　ARM920T 内部结构框图

2.4.6　AMBA 总线体系结构

AMBA(Advanced Microcontroller Bus Architecture)即先进的微控制器总线体系结构，是 ARM 公司公布的总线标准，这一标准定义了 AHB、ASB、APB 及 AMBA 共四种高性能的系统总线规范。

1. AHB

AHB(Advanced High-performance Bus)即先进的高性能总线，用于连接高性能系统组件或高宽带组件，如 ARM 之类的嵌入式处理器与 DMA 控制器、片内存储器及其他接口。它支持突发数据传输方式及单个数据传输方式，所有时序参考同一个时钟沿。

2. ASB

ASB(Advanced System Bus)即先进的系统总线，用于连接高性能系统模块。它支持突发数据传输模式。

3. APB

APB(Advance Peripheral Bus)即先进的外围接口总线，是一个简单接口。它支持低性能的外围接口。APB 用来连接系统的周边组件，其协议相对 AHB 来讲较为简单，与 AHB 之间通过桥接器(Bridge)相连，期望能减少系统总线的负载。

4. AMBA

AMBA 是目前非常有竞争力的三种片上总线 OCB(On-Chip Bus)之一,其他两种总线是 IBM 公司的 CoreConnect 和 Slicore Corp 公司的 Wishbone。片上总线的产生是为了解决适应不同处理器核的连接标准的问题,以这种总线接口设计的处理器核可看做将来系统芯片规范化的标准部件,采用现有的核重新组合的方式设计复杂的片上系统将变成非常简单的任务。典型的基于 ARM 公司 AMBA 总线协议连接的嵌入式微处理器,将同时集成 AHB 或 ASB 和 APB 接口。APB 通常分为局部的二级总线,适用于 AHB 或 ASB 上的单个从属核模块的连接。

2.4.7　ARM 的 MMU 部件

MMU(Memory Management Unit)即存储管理单元,是许多高性能处理器所必需的重要部件之一。基于 ARM 技术的系列微处理器中,ARM720T、ARM922T、ARM920T、ARM926EEJ-SARM10、XScale 等内部均已集成了 MMU 部件。借助于 ARM 处理器中的 MMU 部件,ARM 存储器系统的结构允许通过页的转换表对存储器系统进行精细控制,这些表的入口定义了从 1 KB 到 1 MB 的各种存储器区域的属性。本小节主要介绍 MMU 的功能,重点讨论 MMU 地址变换过程,并给出了实例。

1. 存储管理单元的功能

1) 虚拟地址到物理地址的映射

在具有 MMU 的 ARM 中采用页式存储管理,它把虚拟地址空间分成若干个大小固定的块,称为页,把物理地址空间也划分为同样大小的页,MMU 实现的功能就是从虚拟地址到物理地址的转换。

2) 控制存储器访问权限

控制存储器区域的访问权限包括只读权限、读写权限以及无访问权限。当访问无访问权限的存储器时,会有一个存储器异常通知 ARM 处理器。允许权限的级别也受程序运行在用户状态还是特权状态的影响,同时还与是否使用域有关。

3) 设置虚拟存储空间的缓冲特性

ARM 系统与传统的 80x86 系统有着类似的页管理模式,即将多个页构成的一个大的内存区域称为页表,每个页表存放若干个页。在 ARM 系统中,使用系统控制协处理器 CP15 寄存器 C2 来保存页表的基地址,就如同 80x86 系统中的 CR3 寄存器。

查找整个转换表的过程由硬件自动进行,需要大量的执行时间(至少 1～2 个存储器访问周期)。为了减少存储器访问的平均消耗,转换表结果被高速缓存在一个或多个被称为转换后备缓冲器(Translation Look-aside Buffers,TLB)的结构中。通常在 ARM 的实现中每个内存接口都有一个 TLB,一个 TLB 可保存 64 个变换项。

有一个存储器接口的系统通常有一个唯一的 TLB,指令和数据的内存接口分开的系统通常有分开的指令 TLB 和数据 TLB。如果系统有高速缓存,高速缓存的数量也通常是由同样的方法确定的,所以在高速缓存的系统中,每个高速缓存都有一个 TLB。当存储器中的转换表被改变或选中了不同的转换表(通过协处理器 CP15 的寄存器 C2)时,先前高速缓存的转换表结果将不再有效。MMU 结构提供了刷新 TLB 的操作,MMU 结构也允许特定的转换表结果被锁定在一个 TLB 中。典型的具有高速缓存的 MMU 存储系统如图 2.25 所示。

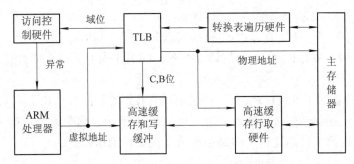

图 2.25　高速缓存的 MMU 存储器系统

2. 存储器访问的顺序

当 ARM 要访问存储器时，MMU 先查找 TLB 中的虚拟地址表，如果 ARM 的结构支持分开的地址 TLB 和指令 TLB，那么它在取指令时使用指令 TLB，其他的所有访问类别使用数据 TLB；如果 TLB 中没有虚拟地址的入口，则转换表遍历硬件，从存储在主存储器中的转换表中获取转换和访问权限，一旦取到，这些信息就被放在 TLB 中，它会放在一个没有使用的入口处或覆盖一个已有的入口。

若存储器访问的 TLB 入口被查到，则：

(1) 这些信息被用于高速缓存位(C)和缓冲位(B)，用来控制高速缓存和写缓冲，并决定是否高速缓存(如果系统中没有高速缓存和写缓冲，则对应的位将被忽略)，C 位和 B 位是一级描述符格式中的两个位。

(2) 这些信息是用于访问权限控制位和域访问控制位，而是控制访问是否被允许。如果不允许，则 MMU 将向 ARM 处理器发送一个存储器异常；否则访问将被允许进行。

(3) 对没有高速缓存的系统(包括在没有高速缓存系统中的所有存储器访问)，物理地址将被用做主存储器访问的地址；对有高速缓存的系统，在高速缓存没有选中的情况下，物理地址将被用于行取(Line Fetch)的地址；在高速缓存被选中了的情况下，物理地址将被忽略。

3. MMU 的地址变换

MMU 支持基于段和页的存储器访问。其中段(Section)特指构成 1 MB 的存储器块；有三种不同容量的页，即 1 KB 大小存储块的微页(Tiny Page)、4 KB 大小存储块的小页(Small Page)和 64 KB 大小存储块的大页(Large Page)。

段和大页允许只用一个 TLB 入口去映射大的存储器区间。小页和大页有附加的访问控制，即小页分成 1 KB 的子页，大页分成 16 KB 的子页。微页没有子页，对微页的访问控制是对整个页进行的。

1) 地址转换路径

ARM 的 MMU 是通过 2 级页表实现虚拟地址到物理地址的转换的，其中第 1 级表存储段转换表和指向第 2 级表的指针，而第 2 级表存储大页和小页的转换表，一种类型的第 2 级表存储微页转换表。2 级页表的方式类似于 80x86 保护方式下页转换的 2 级页表。

2) 从虚拟地址到物理地址的转换方法

(1) 确定第 1 级页表的基地址。当片上(On-Chip)的 TLB 中不包含被要求的虚拟地址的入口时，转换过程被启动。转换表基址寄存器(CP15 的寄存器 C2)保存着第 1 级转换表物理基地址。CP15 的 32 位 C2 寄存器中的 31～14 位即为第 1 级页表的基地址，13～0 位(SBZ)为零。因此第 1 级表总是以 16 KB 的边界对齐，即第 1 级页表的起始地址的低 14 位总是为 0。

(2) 合成转换表的第 1 级描述符。转换表基址寄存器 C2 的 31～14 位与虚拟地址的 31～20 位和两个 0 位连接形成 32 位物理地址，如图 2.26 所示。这个地址选择了一个 4 字段的转换表入口，它是第 1 级描述符，即是指向第 2 级页表的指针。

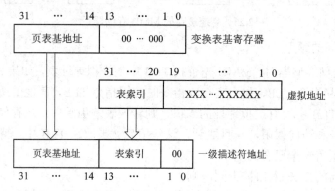

图 2.26 访问转换表的第 1 级描述符地址转换

从图 2.26 得到的 1 级描述符地址开始连续取 4 个字节(1 个字)就是第 1 级描述符，第 1 级描述符是一个描述它所关联的 1 MB 虚拟地址是如何映射的描述符，如图 2.27 所示。

	31 … 20	19 … 12	11	10	9	8	7	6	5	4	3	2	1	0
故障	忽略												0	0
粗糙页描述符	粗糙页二级表基地址		0			域			用户定义			0	1	
段描述符	段基地址	00000000	AP		0		域		用户定义		C	B	1	0
精细页描述符	精细二级表基地址	0	0	0		域			用户定义			1	1	

图 2.27 第 1 级描述符的 4 种格式

不同 ARM 核的相应描述符的个别位有差别，如果是 ARM720T，则没有精细页描述符，只有粗糙页，即页描述符。

描述符中，AP(Access Privilege)为访问权限，可分为 00、01、10 和 11 共四级，其中 00 为最高权限，11 为最低权限；C(Cache)为高速缓存位，C = 1 表示高速缓存有效；B(Buffer) 为缓冲位，B = 1 表示缓冲有效。

域是段、大页和小页的集合。ARM 结构支持 16 个域，对域的访问由域的访问控制寄存器来控制，支持客户和管理者两种不同域的访问方式。

客户是域的用户(执行程序，访问数据)，客户的访问权限由形成这个域的段或页来监督；管理者控制域的行为(域中的当前段和页，对域的访问)、管理者的访问权限不受形成这个域的段或页的监督。一个程序可以是一些域的客户，也可以是另外一些域的管理者，但没有访问其他域的权限。这就允许程序访问不同存储器资源时对存储器进行保护。域访问控制寄存器的位编码方式见表 2.9。

表 2.9　域访问控制器的位编码方式

值	访问方式	描　　　述
0b00	不能访问	任何访问都将导致一个域错(domain fault)
0b01	客户	能否访问将根据段或页描述符中的访问权限位确定
0b10	保留	使用这个值将导致不可预料的结果
0b11	管理者	不根据段或页描述符中访问权限位确定能否访问，故不产生权限错(permission fault)

各描述符中的域由 8～5 位的 4 位编码决定，可选择 16 种不同域之一。

第 1 级描述符的最低 2 位(1，0 位)的编码有以下四种情况：

· 当第 1 级描述符的最低 2 位编码为 00 时，表示所关联的地址没有被映射，试图访问它们将产生一个转换故障(Fault)异常。因为它们被硬件忽略，所以软件可以利用这样描述符的 31～2 位做自己的用途，推荐继续为描述符保持正确的访问权限。

· 当第 1 级描述符的最低 2 位编码为 01 时，表示粗糙 2 级页描述符，高 22 位地址指示粗糙页第 2 级页表基地址，因此 32 位地址中只有 10 位作为偏移地址，所以最大的粗糙第 2 级页表只有 2^{10} B = 1 KB。

· 当第 1 级描述符的最低 2 位编码为 10 时，表示它所关联地址的段描述符，最高 12 位表示段的基地址，剩余 20 位作为偏移地址，因此段关联的最大地址空间 2^{20} B = 1 MB。

对于段的访问有特权级限制，AP 特权由 11、10 位决定。

访问权限位控制对相应的段和页的访问。访问权限由 CP15 的寄存器 1 的 System(S)和 ROM(R)位修改。表 2.10 描述了访问权限位和 S、R 位相互作用时的意义。如果访问了没有访问权限的存储器空间，将会产生权限错异常。

· 当第 1 级描述符的最低 2 位编码为 11 时，表示精细 2 级页描述符，最高 20 位表示精细 2 级页表基地址，剩余 12 位表示偏移地址，因此最大的精细第 2 级页表大小为 212B = 4 KB，然而粗糙第 2 级表只能映射大页和小页，精细第 2 级表可以映射大页、小页及微页。

表 2.10　MMU 存储访问权控制

AP	S	R	特权级的访问权限	用户级的访问权限
00	0	0	无访问特权	无访问特权
00	1	0	只读	无访问特权
00	0	1	只读	只读
00	1	1	不可预知	不可预知
01	×	×	读/写	无访问特权
10	×	×	读/写	只读
11	×	×	读/写	读/写

(3) 根据不同的第 1 级描述符获取第 2 级描述符地址，并找出第 2 级描述符。

如果第 1 级描述符是精细页表描述符，则精细描述符对应的第 2 级描述符地址转换如图 2.28 所示。

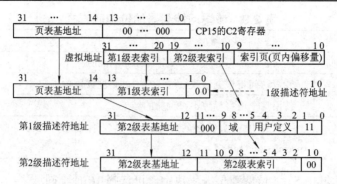

图 2.28　精细页第 2 级描述符地址转换

精细页描述符的特征是最低 2 位为 11。同样,通过 CP15 的 C2 寄存器的页表基地址与虚拟地址指示的第 1 级表索引可得到 1 级描述符的地址(最低 2 位为 1)。通过该描述符地址找出第 2 级描述符,第 2 级描述符描述的第 2 级表基地址与虚拟地址提供的第 2 级表索引合成第 2 级表描述符地址(最后 2 位为 0),从而找出第 2 级页表描述符。

如果第 1 级是段描述符,则可按照如图 2.29 所示步骤进行地址转换。

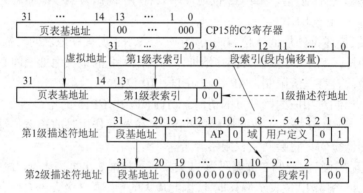

图 2.29　段第 2 级描述符地址转换

由此得出第 2 级表描述符的地址,从而可以得到每 2 级表的描述符。同样,第 2 级描述符也有 4 种格式,如图 2.30 所示。对于 ARM720T,则没有微页描述符。

	31　…　16	15　…　12	11　10	9　8	7　6	5　4	3	2　1　0
无　效	忽略						0	00
大页描述符	大基页地址	0　0　0　0	AP3	AP2	AP1	AP0	C	B　01
小页描述符	小基页地址		AP3	AP2	AP1	AP0	C	B　10
微页描述符	微基页地址		0　0	0　0		AP	C	B　11

图 2.30　第 2 级描述符的 4 种格式

由图 2.30 可知,通过第 2 级描述符地址找出的第 2 级描述符尽管有 4 种不同的格式,但实质只有大页描述符、小页描述符以及微页描述符 3 种,由描述符的最低 2 位编码决定。

· 当描述符最低 2 位的编码值为 01 时,表示该描述符为大页描述符,由于基地址占用 16 位,页内偏移量也是 16 位,因此可以寻址 2^{16} B = 64 KB 的虚拟地址空间。

· 当描述符最低 2 位的编码值为 10 时,表示该描述符为小页描述符,其页内偏移地址有 12 位,因此可寻址 2^{12} B = 4 KB 的虚拟地址空间。

· 当描述符最低 2 位的编码值为 11 时，表示该描述符为微页描述符，其页内偏移地址只有 10 位，因此可寻址 2^{10} B = 1 KB 的虚拟地址空间。

在各描述符中，C 和 B 分别为高速缓存与缓冲位，AP、AP0、AP1、AP2 以及 AP3 分别表示不同地址范围内页、第 1 个子页、第 2 个子页、第 3 个子页、第 4 个子页的访问权，参见表 2.10。

(4) 地址转换的最后一步是将第 2 级页描述符指示的页基地址与虚拟地址指示的页内偏移地址相加即得到相应页的物理地址，以完成虚拟地址到物理地址的转换。

如果是大页，则从大页描述符中取出最高 16 位大页基地址，低 16 位清零，然后与虚拟地址指示的 16 位大页页内偏移量相加，即可得到大页的物理地址。

如果是小页，则从小页描述符中取出最高 20 位小页基地址，低 12 位清零，然后与虚拟地址指示的 12 位小页页内偏移量相加，即可得到小页的物理地址。

如果是微页，则从微页描述符中取出最高 22 位微页基地址，低 10 位清零，然后与虚拟地址指示的 10 位微页页内偏移量相加，即可得到微页的物理地址。

【例 2.2】已知某个基于 MMU 的 ARM 嵌入式系统的存储器数据存放情况如表 2.11 所示，它采用小端模式，虚拟地址为 0x8871 0126，CP15 的 C2 = 0x1234 0000，求该虚拟地址对应的精细小页的物理地址及其存放的数据。

表 2.11　存储器中的数据存放情况

地址	数据	地址	数据	地址	数据
0x12342210	0x66	0x00013100	0x0F	0x88700005	0x00
0x12342211	0x99		0x10	…	0x01
0x12342212	0x00		0x48	…	0x02
0x12342213	0x12	0x00013103	0x33	0x88700120	0xFF
0x12342214	0x25		…	0x88700121	0x01
0x12342215	0x10	0x0100800E	0x20	0x88700122	0x00
0x12342216	0x49	0x0100800F	0x0B	0x88700123	0x70
0x12342217	0x33	0x01008100	0x02	0x88700124	0x00
0x12342218	…	0x01008101	0xFF	0x88700125	0xF2
0x12342219	0x36	0x01008102	0x70	0x88700126	0x44
0x1234221A	0x99	0x01008103	0x88	0x88700127	0x01
0x1234221B	0x1A	0x01008104	0x00	0x88700128	0x66
0x1234221C	0x23	0x01008105	0x09	0x88700129	0x8F
0x1234221D	0x80	0x01008106	…	0x8870012A	0x00
0x1234221E	0x00	0x01008107	0x40	0x8870012B	0x0F
0x1234221F	0x01	0x01008108	0x17	0x8870012C	0x60
0x12342220	0x0F	0x01008109	0x00	0x8870000D	0x00
0x12342221	0x00	0x0100810A	0x00	…	0x00
0x12342222	0x70	…	0x60		0x13
0x12342223	0x88	0x3348925D	0x55	0x88700350	0x40

解：对于精细的小页，由

虚拟地址 = 0x88710126=0b1000 1000 0111 0001 0000 0001 0010 0110

得

第 1 级表索引 = 0b1000 1000 0111 0001

第 2 级表索引 = 0b0000 0001 00

小页的页内偏移地址 = 0b0001 0010 0110 = 0x126

由

C2 = 0x1234 0000=0b0001 0010 0011 0100 0000 0000 0000 0000

得

页表基地址高位 = 0b0001 0010 0011 0100 00

由图 2.28 可得

精细页第 1 级描述符地址 = 0b0001 0010 0011 0100 0010 0010 0001 1100 = 0x1234221C

因此从内存 0x1234221C 开始的 4 个单元，根据小端模式可知

精细第 1 级描述符 = 0x01008023=0b0000 0001 0000 0000 1000 0000 0010 0011

由图 2.28 可得

精细页第 2 级描述符地址 = 0b0000 0001 0000 0000 1000 0001 0000 0000 = 0x01008100

从第 2 级描述符地址开始从表 2.11 所示的存储区域取出 4 个字节，得第 2 级描述符，即小页描述符为 0x8870FF02。

由图 2.30 可得小页描述符描述的基地址高位为 0X88700，低 12 位全为 0。由虚拟地址可知，小页的页内偏移地址为 0x126，因此该虚拟地址指示的物理地址为基地址加上页内偏移地址，即页内偏移地址 0x887000000+0x00000126=0x88700126，取由 0x88700126 指示存储起的一个字数据，由表 2.11 可知，这一个字的数据为 0x8F660144。

习 题 2

1．目前世界上流行的四种嵌入式处理器内核具体是哪几种？

2．具体说明 ARM7TDMI 的含义，其中的 T、D、M、I 分别代表什么？

3．简述 ARM 体系结构的技术特征。

4．什么是 ARM 处理器的 ARM 状态和 Thumb 状态？ARM 处理器的七种基本工作模式是哪些？

5．ARM 处理器有多少个可访问的寄存器？什么寄存器用于存储 PC？R13 通常用来存储什么？

6．ARM V4 及以上版本的 CPSR 的哪一位反映了处理器的状态？若 CPSR=0x00000090，分析系统的状态。

7．ARM 有哪几个异常的类型，为什么 FIQ 的服务程序地址要位于 0x1C？在复位后，ARM 处理器处于何种模式、何种状态？

8．简述 ARM 异常中断的响应过程。

9．什么叫中断解析程序？并举例说明中断解析的流程。

10．一个字的数据 0x89ABCDEF 存放在 0x0C100000～0x0C100003 区域，分别说明采用小端模式存储和大端模式存储时，上述 4 个存储单元所存的数据。

11．流水线电路设计的基本原理是什么？流水线电路的优点是什么？流水线电路的速度取决于什么因素？流水线电路正常工作的条件是什么？

12．ARM7TDMI 指令流水线包括哪几个阶段？

13．Harvard 结构带来了哪些优势？ARM9TDMI 流水线有几级？在流水线的哪一个阶段读寄存器？寄存器 Bank 有几个读或写端口？

14．说明 AMBA、AHB、ASB 以及 APB 的英文全称及其含义。

15．简述 MMU 从虚拟地址到物理地址的转换过程和方法。

第 3 章　ARM 嵌入式处理器指令系统

本章以流行的 ARM 处理器为例介绍嵌入式微处理器的指令系统，包括 ARM 处理器的指令分类、指令格式、寻址方式、32 位的 ARM 指令集和 16 位的 Thumb 指令集。

3.1　ARM 指令分类及指令格式

ARM 微处理器使用标准的、长度固定的 32 位指令格式，所有 ARM 指令都使用 4 位的条件编码来决定指令是否执行，以解决指令执行的条件判断。

3.1.1　ARM 指令分类

ARM 处理器的指令集可以分为程序分支指令、数据处理指令、程序状态寄存器(CPSR)处理指令、加载/存储指令、协处理器指令和异常产生指令 6 大类，具体的指令及功能描述见表 3.1。

表 3.1　ARM 指令及功能描述

助记符	指令功能描述	所 属 类 型
ADC	带进位加法指令	数据处理类之算术运算指令
ADD	加法指令	数据处理类之算术运算指令
AND	逻辑与指令	数据处理类之逻辑运算指令
B	跳转指令	分支类指令
BIC	位清零指令	数据处理类之逻辑运算指令
BKPT	断点中断指令	异常中断类指令
BL	带返回的跳转指令	分支类指令
BLX	带返回和状态切换的跳转指令	分支类指令
BX	带状态切换的跳转指令	分支类指令
CDP	协处理器数据操作指令	协处理器类指令
CMN	比较反值指令	数据处理类之比较类指令
CMP	比较指令	数据处理类之比较类指令
EOR	异或指令	数据处理类之逻辑运算指令
LDC	存储器到协处理器的数据传送指令	加载/存储类指令
LDM	加载多个寄存器指令	加载/存储类指令

续表

助记符	指令功能描述	所 属 类 型
LDR	存储器到寄存器的数据传送指令	加载/存储类指令
MCR	从寄存器到协处理器寄存器的数据传送指令	协处理器类指令
MLA	乘加运算指令	数据处理类之算术运算指令
MOV	数据传送指令	数据处理类之数据传送指令
MRC	从协处理器寄存器到寄存器的数据传送指令	协处理器类指令
MRS	传送 CPSR 或 SPSR 的内容到通用寄存器指令	程序状态寄存器与通用寄存器传输类指令
MSR	传送通用寄存器到 CPSR 或 SPSR 的指令	程序状态寄存器与通用寄存器传输类指令
MUL	32 位乘法指令	数据处理类之算术运算指令
MLA	32 位乘加指令	数据处理类之算术运算指令
MVN	数据取反传送指令	数据处理类之数据传送指令
ORR	逻辑或指令	数据处理类之逻辑运算指令
RSB	逆向减法指令	数据处理类之算术运算指令
RSC	带借位的逆向减法指令	数据处理类之算术运算指令
SBC	带借位减法指令	数据处理类之算术运算指令
STC	协处理器寄存器写入存储器指令	协处理器类指令
STM	批量内存字写入指令	加载/存储类指令
STR	寄存器到存储器的数据传送指令	加载/存储类指令
SUB	减法指令	数据处理类之算术运算指令
SWI	软件中断指令	异常中断类指令
SWP	交换指令	数据处理类之交换指令
TEQ	相等测试指令	数据处理类之测试指令
TST	位测试指令	数据处理类之测试指令

注：表中指令为基本 ARM 指令，不包括派生的 ARM 指令。

3.1.2　ARM 指令格式

1. 指令的一般格式

每条 ARM 指令都是 32 位的，其编码格式如图 3.1 所示。

31	28	27	25	24	21	20	19	16	15	12	11	0
条件码		类别码		操作码		S	目的寄存器		第1操作数		第2操作数	

图 3.1   ARM 指令的编码格式

ARM 指令用 ARM 指令助记符表示为

        <Opcode> {<Cond>}{S} <Rd>, <Rn>, <shift_op2>;

其中，<>中的参数不可缺少；{}中的参数可以省略。

具体说明为：Opcode 为指令的操作码，如 MOV、SUB、BX 等；Cond 为指令执行的条件域，指示什么条件执行该指令，指令可以不加条件；S 为条件码设置域，这是一个可选项，当指令中设置 S 时，指令的执行结果将会影响程序状态寄存器 CPSR 中相应的状态标志；Rd 为目的寄存器；Rn 为第 1 操作数，它必须是寄存器；shift_op2 为第 2 操作数，它可以是寄存器、内存存储单元或者立即数；";"号后为注释。

Opcode、Cond 与 S 之间没有分隔符，S 与 Rd 之间用空格隔开。

2. 指令的条件域

当处理器工作在 ARM 状态时，几乎所有的指令均根据 CPSR 中条件码的状态和条件域中的条件执行。只有在满足指令的执行条件时，指令才会被执行，否则指令将被忽略。CPSR 的组成和各位的具体含义见 2.2.4 节。

每一条 ARM 指令都包含 4 位条件码，位于指令的最高 4 位(31~28)。条件码共有 16 种，每种条件码都可用两个字符表示，这两个字符可以添加在指令助记符的后面，与指令同时使用。例如，跳转指令 B 可以加上后缀 EQ 从而变为 BEQ，表示"相等则跳转"，即当 CPSR 中的 Z 标志置位(即 Z = 1)时发生跳转。

在 16 种条件码中，只有 15 种可以使用，具体见表 3.2，第 16 种条件码(1111)为系统保留，暂时不能使用。

表 3.2   指令的条件码

条件码	助记符后缀	标　志	含　义
0000	EQ	Z 置位，即 Z = 1	相等
0001	NE	Z 清零，即 Z = 0	不相等
0010	CS/HS	C 置位，即 C = 1	进位/无符号数大于或等于
0011	CC/LS	C 清零，即 C = 0	无进位/无符号数小于
0100	MI	N 置位，即 N = 1	负数
0101	PL	N 清零，　即 N = 0	正数或零
0110	VS	V 置位，即 V = 1	溢出
0111	VC	V 清零，即 V = 0	未溢出
1000	HI	C 置位、Z 清零，即 C = 1、Z = 0	无符号数大于
1001	LS	C 清零、Z 置位，即 C = 0、Z = 1	无符号数小于或等于
1010	GE	N 等于 V，即 N = V	有符号数大于或等于
1011	LT	N 不等于 V，即 N! = V	有符号数小于
1100	GT	Z 清零且 N 等于 V，即 Z = 0 且 N = V	有符号数大于
1101	LE	Z 置位或 N 不等于 V，即 Z = 1 或 N! = V	有符号数小于或等于
1110	AL	忽略	无条件执行

3.1.3　ARM 指令中的操作数符号

1. 立即数符号"#"

"#"符号表示立即数，该符号后的数据可以是二进制数，也可以是十进制数或十六进制数，如果操作数为十进制数，则前面除了#外，没有其他符号。

2. 二进制数符号"%"

"%"符号后面的数字为二进制数，如%10010101 表示二进制数 10010101，即十进制数 149。

3. 二进制数符号"2_"

"2_"符号以前缀表示二进制数的形式，如 2_10010101 也表示二进制数 10010101，与%10010101 等效。

4. 十六进制数符号"0x"

"0x"符号表示后面的数据为十六进制数，如 0xFFFF 表示十六进制数 FFFF，即十进制数 65535。

5. 更新基址寄存器符号"!"

"!"符号表示指令在完成操作后应将最后的地址写入基址寄存器。

6. 复制 SPSR 到 CPSR 符号"^"

"^"符号通常在批量数据存储指令中作为后缀放在寄存器之后。当其前面的寄存器不包含 PC 时，该符号表示所用的寄存器是用户模式的寄存器；当其前面的寄存器包含 PC 时，该符号指示将 SPSR 寄存器的值复制到 CPSR 寄存器中。

7. 指示寄存器列表范围符号"-"

"-"符号用在有些指令中表示多个连续寄存器，即含义"从……到……"，如 R0-R7 表示 R0、R1、R2、R3、R4、R5、R6、R7 这 8 个寄存器。

3.1.4　ARM 指令中的移位操作

ARM 微处理器内嵌的桶型移位器(Barrel Shifter)支持数据的各种移位操作，但在 ARM 指令集中没有单独的指令供移位操作使用。移位操作在汇编语言中表示指令中的选项，只能作为指令格式中的一个字段。如当数据处理指令的第 2 个操作数为寄存器时，就可以加入移位操作选项以对它进行各种移位操作。

移位操作包括逻辑左移(LSL)、算术左移(ASL)、逻辑右移(LSR)、算术右移(ASR)、循环右移(ROR)及带扩展的循环右移(RRX)共 6 种类型。

1. 逻辑左移操作

助记符：LSL

格式：通用寄存器，LSL 操作数

用途：对通用寄存器中的内容进行逻辑左移操作，按操作数所指定的数量向左移位，右端(低位)用零来填充。其中，操作数可以是通用寄存器中的数值，也可以是立即数(0～31)。例如：

　　　　MOV　R0，R1，LSL#2　；将 R1 中的内容逻辑左移 2 位后传送到 R0 中

2．算术左移操作

助记符：ASL

格式：通用寄存器，ASL 操作数

用途：对通用寄存器中的内容进行算术左移操作，按操作数所指定的数量向左移位，右端(低位)用零来填充。其中，操作数可以是通用寄存器中的数值，也可以是立即数(0～31)。LSL 与 ASL 效果相同，可以互换。例如：

　　　　MOV　R0，R1，ASL#2　；将 R1 中的内容算术左移 2 位后传送到 R0 中

3．逻辑右移操作

助记符：LSR

格式：通用寄存器，LSR 操作数

用途：对通用寄存器中的内容进行逻辑右移操作，按操作数所指定的数量向右移位，左端(高位)用零来填充。其中，操作数可以是通用寄存器中的数值，也可以是立即数(立即数的范围为 0～31)。例如：

　　　　MOV　R0，R1，LSR#2　；将 R1 中的内容逻辑右移 2 位后传送到 R0 中

4．算术右移操作

助记符：ASR

格式：通用寄存器，ASR 操作数

用途：对通用寄存器中的内容进行逻辑右移操作，按操作数所指定的数量向右移位，左端(高位)用第 31 位的值(亦即符号位)来填充。其中，操作数可以是通用寄存器中的数值，也可以是立即数(立即数的范围为 0～31)。例如：

　　　　MOV　R0，R1，ASR#2　；将 R1 中的内容算术右移 2 位后传送到 R0 中

5．循环右移操作

助记符：ROR

格式：通用寄存器，ROR 操作数

用途：对通用寄存器中的内容进行循环右移操作，按操作数所指定的数量向右循环移位，左端用右端移出的位来填充。其中，操作数可以是通用寄存器中的数值，也可以是立即数(立即数的范围为 0～31)。当进行 32 位的循环右移操作时，通用寄存器中的值不改变。例如：

　　　　MOV　R0，R1，ROR#2　；将 R1 中的内容循环右移 2 位后传送到 R0 中

6．带扩展的循环右移操作

助记符：RRX

格式：通用寄存器，RRX 操作数

用途：对通用寄存器中的内容进行带扩展的循环右移操作，按操作数所指定的数量向右循环移位，左端用进位标志位来填充。其中，操作数可以是通用寄存器中的数值，也可

以是立即数(0～31)。例如：

　　　MOV　R0，R1，RRX#2　；将 R1 中的内容进行带扩展循环右移 2 位后传送到 R0 中

3.2　ARM 指令的寻址方式

　　所谓寻址方式，就是处理器根据指令中给出的地址信息来寻找物理地址的方式。目前 ARM 指令系统支持的常见寻址方式有立即寻址、寄存器寻址、寄存器间接寻址、基址加变址寻址、相对寻址、堆栈寻址及多寄存器寻址 7 种。

1. 立即寻址

　　立即寻址也叫立即数寻址，是一种特殊的寻址方式。采用立即寻址方式时，操作数本身就在指令中给出，取出指令也就取到了操作数，这个操作数被称为立即数。例如：

　　　MOV　R0，#0x10FF66ED
　　　ADC　R0，R0，#1000　　　　　　　；R0←R0 + 1000 + C

　　在以上两条指令中，第 2 个源操作数即为立即数，立即数要求以"#"为前缀，对于以二进制或十六进制表示的立即数，还要求在"#"后加上相应的操作数符号。

2. 寄存器寻址

　　寄存器寻址就是利用寄存器中的数值作为操作数的寻址方式，这种寻址方式是各类微处理器经常采用的一种寻址方式，也是一种执行效率较高的寻址方式。例如：

　　　ADD　R0，R1，R2　；R0←R1+R2，即将寄存器 R1 和 R2 中的值相加，其结果存放在
　　　　　　　　　　　　　；寄存器 R0 中

3. 寄存器间接寻址

　　寄存器间接寻址将寄存器中的值作为操作数的地址，而操作数本身存放在存储器中。用于间接寻址的寄存器必须用方括号"[ ]"括起来。例如：

　　　ADD　R0，R1，[R2]　；R0←R1 + [R2]，即以寄存器 R2 的值为操作数的地址，在存储器
　　　　　　　　　　　　　；中取得一个操作数后与寄存器 R1 的值相加，结果存入寄存器 R0 中
　　　LDR　R0，[R1]　　　；R0←[R1]，即将以寄存器 R1 的值为地址的存储器中的数据传送到
　　　　　　　　　　　　　；寄存器 R0 中
　　　STR　R0，[R1]　　 ；[R1]←R0，即将 R0 的值传送到以 R1 的值为地址的存储器中

4. 基址加变址寻址

　　基址加变址寻址就是将寄存器(该寄存器一般称作基址寄存器)的内容与指令中给出的地址偏移量相加，从而得到一个操作数的有效地址的寻址方式。基址加变址寻址方式常用于访问某地址附近的地址单元。采用基址加变址寻址方式的指令有如下几种常见形式：

　　(1) LDR　R0，[R1，#4]　；R0←[R1 + 4]

　　该指令表示寄存器 R1 的值加上 4 作为操作数的有效地址，将取得的操作数存入寄存器 R0 中。

　　(2) LDR　R0，[R1，#4]!　；R0←[R1 + 4]、R1←R1 + 4

该指令表示以寄存器 R1 的值加上 4 作为操作数的有效地址,将取得的操作数存入寄存器 R0 中,再将寄存器 R1 的值增加 4。符号"!"表示指令在完成数据传送后应该更新基址寄存器。

(3) LDR　R0,[R1],#4　;R0←[R1]、R1←R1 + 4

该指令表示以寄存器 R1 的值作为操作数的有效地址,将取得的操作数存入寄存器 R0 中,然后再将寄存器 R1 的值增加 4。

(4) LDR　R0,[R1,R2]　;R0←[R1 + R2]

该指令表示以寄存器 R1 的值加上寄存器 R2 的值作为操作数的有效地址,将取得的操作数存入寄存器 R0 中。

5. 相对寻址

与基址加变址寻址方式相类似,相对寻址以程序计数器(PC)的当前值为基地址,以指令中的地址标号为偏移量,将两者相加之后的值作为操作数的有效地址。以下程序段的作用是完成子程序的调用和返回,其中跳转指令 BL 就采用了相对寻址方式。

```
        BL Subroutine_ A      ;跳转到子程序 Subroutine_A 处执行
                ⋮
    Subroutine A
                ⋮
        MOV   PC,   LR      ;从子程序返回
```

假设程序段中 BL 指令的所在地址(PC 值)为 0x02100000, Subroutine_A 对应的偏移量为 0x0100,则转移到 Subroutine_A 处对应的地址为 0x02100100,此地址在汇编时自动形成。

6. 堆栈寻址

堆栈是一种数据结构,按先进后出(First In Last Out,FILO)的方式工作,一般使用一个称作堆栈指针的专用寄存器指示当前的操作位置,堆核指针总是指向栈顶。

当堆栈指针指向最后压入堆栈的数据时,称为满堆栈(Full Stack);当堆栈指针指向下一个将要放入数据的空位置时,称为空堆栈(Empty Stack)。

根据生成方式,又可以将堆栈分为递增堆栈(Ascending Stack)和递减堆栈(Decending Stack)。当堆栈由低地址向高地址生成时,称为递增堆栈;当堆栈由高地址向低地址生成时,称为递减堆栈。

堆栈的工作方式有以下四种类型:

(1) 满递增堆栈:堆栈指针指向最后压入的数据,且由低地址向高地址生成。

(2) 满递减堆栈:堆栈指针指向最后压入的数据,且由高地址向低地址生成。

(3) 空递增堆栈:堆栈指针指向下一个将要放入数据的空位置,且由低地址向高地址生成。

(4) 空递减堆栈:堆栈指针指向下一个将要放入数据的空位置,且由高地址向低地址生成。

7. 多寄存器寻址

多寄存器寻址又称块拷贝寻址。多寄存器寻址方式可以用一条指令传送最多 16 个通用寄存器的值。多寄存器寻址是多寄存器传送指令(LDM/STM)的寻址方式,LDM/STM 指令可以将存储器中的一个数据块加载到多个寄存器中,也可以将多个寄存器中的内容存储到

存储器中。寻址操作中的寄存器可以是 R0～R15 这 16 个寄存器的子集或全集。LDM/STM 指令依据后缀名的不同，其寻址方式有很大区别。例如：

　　　　LDMIA R0, {R1, R2, R3, R4}　　　　; R1←[R0], R2←[R0+4], R3←[R0+8], R4←[R0+12]

该指令的后缀 IA 表示在每次执行完加载/存储操作后，R0 按字长度增加，因此，指令可将连续存储单元的值传送到 R1～R4。

为了更好地理解各种 ARM 指令的寻址方式，并详细了解程序执行前后的有关寄存器、存储器及 CPSR 中信息的变化，下面分析一个 ARM 程序的详细执行过程和执行结果。

【例 3.1】　欲将数据从源数据区 snum 复制到目标数据区 dnum，数据的个数为 num，复制时以 8 个字为单位进行，对于最后所剩不足 8 个字的数据，以字为单位进行复制。用 ARM 汇编语言设计实现该功能的程序，并分析该 ARM 程序的详细执行过程，记录有关执行结果。

用 ARM 汇编语言设计数据块复制程序的设计思想为：先将源数据区的起始地址、目标数据区的起始地址以及数据个数赋给选定的寄存器 R0、R1、R2；再根据每次批量/单个复制数据的个数 R3 确定用于数据复制的中间寄存器 R4～R11；之后先将源数据区的若干个数据批量装载到中间寄存器中，再将中间寄存器的数据批量存储到目的数据存储区；最后进行数据是否复制完毕的判断，若未复制完毕，则修改有关操作数据地址，并重复前面的数据复制操作，否则，终止操作，程序结束。有关数据块复制程序及其指令寻址方式的分析如表 3.3 所示。从该程序的执行过程可清晰地看出各种寻址方式是怎样根据指令中的地址信息来寻找物理地址的。

表 3.3　数据块复制程序执行前的有关数据和执行后的有关结果列表

程　序	含　义	执行前有关数据	执行后有关结果
.GLOBAL _START	定义全局变量		
.TEXT	定义文本区		
.EQU NUM, 20	定义数据个数 NUM 为 20		
_START: LDR R0, =SRC 　　/*R0 为寄存器寻址*/	R0 指向源数据区的起始地址	R0:0x0000000 SRC:0x00008054	R0:0x00008054
LDR R1, =DST /*R1 寄存器寻址*/	R1 指向目的数据区的起始地址	R1:0x0000000 DST:0x000080A4	R1:0x000080A4
MOV R2, #NUM /*#NUM 立即寻址*/	将需复制的字数据个数存放在 R2	R2:0x0000000 NUM=20	R2:0x00000014
LDR SP, #0x400 /*#0X400 为立即寻址*/	将堆栈指针 SP 指向地址#0x400	SP:0x00000000	SP:0x00000400
BLKCOPY: 　　MOVS R3,R2,LSR #3 　　/*R3 寄存器寻址*/	将 R2 中的值除以 8 后的结果存入 R3	R3:0x00000000 R2:0x00000014 CPSR:0x000000D3	R3:0x00000002 R2:0x00000014 CPSR:0x200000D3
BEQ COPYWORDS /*COPYWORDS 为相对寻址*/	若 Z=1(即少于 8 个字)，则转到 COPYWORDS 处	CPSR:0x200000D3 (Z=0)	CPSR:0x200000D3 (Z=0)
STMFD SP!, {R4-R11} /*SP 为堆栈寻址*/	将 R4～R11 的内容分别存入 SP 堆栈进行保护	SP:0x00000400 R4～R7:0x00000000	SP:0x000003E0 SP～P+32: 0x00000000

续表

程　　序	含　义	执行前有关数据	执行后有关结果
OCTCOPY: 　LDMIA R0!, {R4-R11} /*{R4-R11}为寄存器寻址*/	从 R0 所指的源数据区装载 8 个字数据到 R4～R11 中	R0:0x00000854 R4～R11:0X00000000 [R0]～[R0+31]: 0x00000001～0x00000008	R4～R11: 0X00000001～ 0x00000008
STMIA R1!, {R4-R11} /*R1 寄存器寻址*/	将 R4～R11 的 8 个字数据存入 R1 所指的目的数据区	R4～R11:0x00000001 　　～0x00000008 R1:0x000008A4 0x00000000	0x000008A4: 0x00000001～ 0x00000008
SUBS　　R3, R3, #1 /*R3 寄存器寻址*/	每复制一次将 R3 减 1	R3:0x00000002 CPSR:0x200000D3	R3:0x00000001 CPSR:0x200000D3
BNE　　OCTCOPY /*OCTCOPY 为相对寻址*/	若 Z=0(即 R3 不等于 0)，则转到 OCTCOPY	CPSR:0x200000D3 (Z=0)	PC=OCTCOPY
LDMFDSP!, {R4-R11} /*SP 堆栈寻址*/	将堆栈内容恢复到 R4～R11	SP:0x000003C0 R4～R11: 0x00000001～0x00000008	R4～R11: 0x00000000
COPYWORDS: 　ANDS　　R2, R2, #7 /*R2 为寄存器寻址*/	计算需复制的奇数个字的个数	R2:0x00000014 CPSR:0x600000D3	R2:0x00000004 CPSR:0x200000D3
BEQ　　STOP /*STOP 为相对寻址*/	若 R2=0，则停止	CPSR:0x200000D3 (Z=0)，转 WORDCOPY	PC=WORDCOPY
WORDCOPY: LDR R3, [R0], #4 /*[R0]为寄存器间接寻址*/	将源数据区的一个字装载至 R3	R0=0x00008094: 0x00000001 R3:0x00000000	R0=0x00008098: 0x00000001 R3:0x00000001
STR　　R3, [R1], #4 /*[R1]寄存器间接寻址*/	将 R3 中的一个字数据存到目的数据区	R3:0x00000001～ 0x00000000	R1=0x000080E8 R3:0x00000001: 0x000080E4
SUBS　R2, R2, #1 /*R2 寄存器寻址*/	数据传输控制计数器减 1	CPSR:0x200000D3 R2:0x00000004	R2;0x00000003 CPSR:0x200000D3
BNE　WORDCOPY /*WORDCOPY 为相对寻址*/	若 R2 不等于 0，则转到 ORDCOPY	CPSR:0x200000D3 (Z=0)，转 WORDCOPY	PC:0x00008038
STOP: B STOP 　/*STOP 为相对寻址*/	停止操作死循环		
.LTORG			
SRC: .LONG 1, 2, 3, 4, 5, 6, 7, 8, 1,2, 3, 4, 5, 6, 7, 8, 1, 2, 3, 4	定义源数据区		
DST: .LONG 0, 0, 0, 0, 0, 0, 0, 0, 0, 0, 0, 0, 0, 0, 0, 0, 0, 0, 0, 0	定义目标数据区		

3.3　ARM 指令集

ARM 微处理器的指令集是加载/存储型的，即指令集仅能处理寄存器中的数据，处理结果仍要放回寄存器中，而对系统存储器的访问则需要通过专门的加载/存储指令来完成。本节将对 ARM 指令集中的 6 大类指令进行详细的描述，并分别给出相应例子。

3.3.1　数据处理类指令

数据处理类指令见表 3.4。

表 3.4　数据处理类指令

助记符	具体操作	助记符	具体操作
MOV	数据传送指令	SUB	减法指令
MVN	数据取反传送指令	SBC	带借位减法指令
CMP	比较指令	RSB	逆向减法指令
CMN	反值比较指令	RSC	带借位的逆向减法指令
TST	位测试指令	AND	逻辑与指令
TEQ	相等测试指令	ORR	逻辑或指令
ADD	加法指令	EOR	逻辑异或指令
ADC	带进位加法指令	BIC	位清除指令

1．数据传送指令

1) 数据传送指令

助记符：MOV

格式：MOV{条件} {S}目的寄存器，操作数

用途：将操作数传送到目的寄存器中。其中，S 决定指令的操作是否影响 CPSR 中条件标志位的值，当没有 S 时指令不更新 CPSR 中条件标志位的值。例如：

　　　MOV　R1，R0　　　　　　　　　；将寄存器 R0 的值传送到寄存器 R1

　　　MOV　PC，R14　　　　　　　　；将寄存器 R14 的值传送到 PC，常用于子程序返回

　　　MOV　R1，R0，　LSL# 3　；将寄存器 R0 的值左移 3 位后传送到 R1

2) 数据取反传送指令

助记符：MVN

格式：MVN{条件}{S} 目的寄存器，操作数

用途：将操作数按位取反后传送到目的寄存器中。其中，S 决定指令的操作是否影响 CPSR 中条件标志位的值，当没有 S 时指令不更新 CPSR 中条件标志位的值。例如：

　　　MVN　R0，#0　；将立即数 0 取反后传送到寄存器 R0 中，完成后 R0 的值为−1

2．比较指令

1) 比较指令

助记符：CMP

格式：CMP{条件} 操作数 1，操作数 2

用途：比较两个操作数，同时更新 CPSR 中条件标志位的值。该指令进行一次减法运算，但不存储结果，只更改条件标志位。标志位表示的是操作数 1 与操作数 2 的关系(大、小、相等)，如操作数 1 大于操作数 2，则此后的有 GT 后缀的指令将可以执行。例如：

```
CMP  R1, R0        ；将 R1 的值与 R0 的值相减，并根据结果设置 CPSR 的标志位
CMP  R1, # 100     ；将 R1 的值与立即数 100 相减，并根据结果设置 CPSR 的标志位
```

2) 反值比较指令

助记符：CMN

格式：CMN{条件} 操作数 1，操作数 2

用途：两个操作数分别取反后进行比较，同时更新 CPSR 中条件标志位的值。该指令实际完成操作数 1 和操作数 2 相加，并根据结果更改条件标志位。例如：

```
CMN  R1, R0        ；将 R0 的值与 R1 的值相加，并根据结果设置 CPSR 的标志位
CMN  R1, # 100     ；将 R1 的值与立即数 100 相加，并根据结果设置 CPSR 的标志位
```

3．测试指令

1) 位测试指令

助记符：TST

格式：TST{条件} 操作数 1，操作数 2

用途：两个操作数进行按位与运算，并根据运算结果更新 CPSR 中条件标志位的值。该指令通常用来检测是否设置了特定的位，一般操作数 1 是要测试的数据，而操作数 2 是一个位掩码。例如：

```
TST  R1, # % 1     ；将 R1 的值与二进制数 1 按位进行与运算，并根据结果设置 CPSR 的标
                   ；志位，即用于测试在 R1 中是否设置了最低位
TST  R1, # 0xFE    ；将 R1 的值与十六进制数 FE 按位进行与运算，并根据结果设置 CPSR 的
                   ；标志位
```

2) 相等测试指令

助记符：TEQ

格式：TEQ{条件} 操作数 1，操作数 2

用途：两个操作数进行按位异或运算，并根据运算结果更新 CPSR 中条件标志位的值。该指令通常用于比较操作数 1 和操作数 2 是否相等。例如：

```
TEQ  R1, R2   ；将 R1 的值与 R2 的值按位异或，并根据结果设置 CPSR 的标志位
```

4．加法指令

1) 加法指令

助记符：ADD

格式：ADD{条件} {S} 目的寄存器，操作数 1，操作数 2

用途：两个操作数相加，并将结果存放到目的寄存器中。操作数 1 应是一个寄存器；操作数 2 可以是一个寄存器、被移位的寄存器或一个立即数。例如：

```
ADD  R0, R1, R2      ；R0=R1 + R2
ADD  R0, R1, # 256   ；R0=R1 + 256
```

ADD　R0, R2, R3, LSL# 1　　; R0 = R2 + (R3 < < 1)

2) 带进位加法指令

助记符: ADC

格式: ADC{条件}{S} 目的寄存器, 操作数 1, 操作数 2

用途: 两个操作数相加后, 再加上 CPSR 中条件标志位的值, 并将结果存放到目的寄存器中。由于该指令使用了进位标志位, 因此可以做大于 32 位的数的加法。这时应注意不要忘记设置 S 后缀来更改进位标志。操作数 1 应是一个寄存器; 操作数 2 可以是一个寄存器、被移位的寄存器或一个立即数。例如:

ADDS　R0, R4, R8　　　　　　; 加低端的字

ADCS　R1, R5, R9　　　　　　; 加第二个字, 带进位

ADCS　R2, R6, R10　　　　　; 加第三个字, 带进位

ADCS　R3, R7, R11　　　　　; 加第四个字, 带进位

以上指令序列完成两个 128 位数的加法, 第 1 个数由高到低存放在寄存器 R7~R4 中, 第 2 个数由高到低存放在寄存器 R11~R8 中, 运算结果由高到低存放在寄存器 R3~R0 中。

5. 减法指令

1) 减法指令

助记符: SUB

格式: SUB{条件} {S} 目的寄存器, 操作数 1, 操作数 2

用途: 操作数 1 减去操作数 2, 并将结果存放到目的寄存器中。操作数 1 应是一个寄存器; 操作数 2 可以是一个寄存器、被移位的寄存器或一个立即数。例如:

SUB　R0, R1, R2　　　　　; R0 = R1 – R2

SUB　R0, R1, # 256　　　　; R0 = R1 – 256

SUB　R0, R2, R3, LSL # 1　; R0 = R2 – (R3<<1), LSL 表示逻辑左移

2) 带借位减法指令

助记符: SBC

格式: SBC{条件}{S} 目的寄存器, 操作数 1, 操作数 2

用途: 操作数 1 减去操作数 2, 再减去 CPSR 中的条件标志位 C 的反码, 并将结果存放到目的寄存器中。操作数 1 应是一个寄存器; 操作数 2 可以是一个寄存器、被移位的寄存器或一个立即数。由于该指令使用进位标志来表示借位, 因此可以做大 32 位的数的减法, 这时应注意不要忘记设置 S 后缀来更改进位标志。例如:

SBCS　R0, R1 , R2　　　　　　; R0 = R1 – R2 – ! C, 并根据结果设置 CPSR 的进位标志位

3) 反向减法指令(逆向减法指令)

助记符: RSB

格式: RSB{条件}{S} 目的寄存器, 操作数 1, 操作数 2

用途: 操作数 2 减去操作数 1, 并将结果存放到目的寄存器中。操作数 1 应是一个寄存器; 操作数 2 可以是一个寄存器、被移位的寄存器或一个立即数。例如:

RSB　R0, R1, R2　　　; R0 = R2 – R1

RSB　R0, R1, #256　　; R0 = 256 – R1

  RSB R0，R2，R3，LSL#1   ；R0 = (R3 << 1) – R2

4) 带借位反向减法指令

助记符：RSC

格式：RSC{条件}{S} 目的寄存器，操作数 1，操作数 2

用途：操作数 2 减去操作数 1，再减去 CPSR 中的条件标志位 C 的反码，并将结果存放到目的寄存器中。操作数 1 应是一个寄存器；操作数 2 可以是一个寄存器、被移位的寄存器或一个立即数。由于该指令使用进位标志来表示借位，因此可以做大于 32 位的数的减法，这时应注意不要忘记设置 S 后缀来更改进位标志。例如：

  RSC R0，R1，R2   ；R0=R2 – R1 – !C

6. 逻辑运算指令

1) 逻辑与指令

助记符：AND

格式：AND{条件}{ S } 目的寄存器，操作数 1，操作数 2

用途：对两个操作数进行逻辑与运算，并把结果放置到目的寄存器中。操作数 1 应是一个寄存器；操作数 2 可以是一个寄存器、被移位的寄存器或一个立即数。该指令常用于屏蔽操作数 1 的某些位。例如：

  AND R0， R0， #3   ；该指令保持 R0 的 0、1 位，其余位清零

2) 逻辑或指令

助记符：ORR

格式：ORR{条件} {S} 目的寄存器，操作数 1，操作数 2

用途：对两个操作数进行逻辑或运算，并把结果放置到目的寄存器中。操作数 1 应是一个寄存器；操作数 2 可以是一个寄存器、被移位的寄存器或一个立即数。该指令常用于设置操作数 1 的某些位。例如：

  ORR R0， R0， #3   ；该指令设置 R0 的 0、1 位，其余位保持不变

3) 逻辑异或指令

助记符：EOR

格式：EOR{条件}{S} 目的寄存器，操作数 1，操作数 2

用途：对两个操作数进行逻辑异或运算，并把结果放置到目的寄存器中。操作数 1 应是一个寄存器；操作数 2 可以是一个寄存器、被移位的寄存器或一个立即数。该指令常用于反转操作数 1 的某些位。例如：

  EOR R0， R0， #3   ；该指令反转 R0 的 0、1 位，其余位保持不变

4) 位清除指令

助记符：BIC

格式：BIC{条件}{S} 目的寄存器，操作数 1，操作数 2

用途：用于清除操作数 1 的某些位，并把结果放置到目的寄存器中。操作数 1 应是一个寄存器；操作数 2 可以是一个寄存器、被移位的寄存器或一个立即数。操作数 2 为 32 位的掩码，如果在掩码中设置了某一位，则清除操作数 1 中相应的位，其余保持不变。例如：

  BIC R0，R0，#%1011   ；该指令清除 R0 中的位 0、1 和 3，其余的位保持不变

7. 乘法指令与乘加指令

ARM 微处理器支持的乘法指令与乘加指令共有 6 条，按运算结果可分为 32 位和 64 位两类。与前面的数据处理指令不同，乘法指令与乘加指令中的所有操作数、目的寄存器必须为通用寄存器，不能用立即数或被移位的寄存器作为操作数。同时，目的寄存器和操作数 1 必须是不同的寄存器。

1) 32 位乘法指令

助记符：MUL

格式：MUL{条件}{S} 目的寄存器，操作数 1，操作数 2

用途：操作数 1 与操作数 2 进行乘法运算，并把结果放置到目的寄存器中，同时根据运算结果设置 CPSR 中相应的条件标志位。其中，操作数 1 和操作数 2 均为 32 位的有符号数或无符号数。例如：

```
MUL   R0，R1，R2          ；R0 = R1 × R2
MULS  R0，R1，R2          ；R0 = R1 × R2，同时设置 CPSR 中的相关条件标志位
```

2) 32 位乘加指令

助记符：MLA

格式：MLA{条件}{S} 目的寄存器，操作数 1，操作数 2，操作数 3

用途：首先操作数 1 与操作数 2 进行乘法运算，再将乘积加上操作数 3，并把结果放置到目的寄存器中，同时根据运算结果设置 CPSR 中相应的条件标志位。其中，操作数 1 和操作数 2 均为 32 位的有符号数或无符号数。例如：

```
MLA   R0，R1，R2，R3      ；R0 = R1 × R2 + R3
MLAS  R0，R1，R2，R3      ；R0 = R1 × R2 + R3，同时设置 CPSR 中的相关条件标志位
```

3) 64 位乘法指令

助记符：SMULL/UMULL

格式：SMULL/UMULL{条件} {S}目的寄存器 Low，目的寄存器 High，操作数 1，操作数 2

条件：操作数 1 与操作数 2 进行乘法运算，并把结果的低 32 位放置到目的寄存器 Low 中，结果的高 32 位放置到目的寄存器 High 中，同时可以根据运算结果设置 CPSR 中相应的条件标志位。其中，当操作符为 SMULL 时表示为 64 位有符号数乘法运算、操作数 1 和操作数 2 均为 32 位的有符号数；当操作符为 UMULL 时表示为 64 位无符号数乘法运算、操作数 1 和操作数 2 均为 32 位的无符号数。例如：

```
SMULL  R0，R1，R2，R3     ；R0 = (R2 × R3)的低 32 位，R1 = (R2 × R3)的高 32 位
UMULL  R0，R1，R2，R3     ；R0 = (R2 × R3)的低 32 位；R1 = (R2 × R3)的高 32 位
```

4) 64 位乘加指令

助记符：SMLAL/UMLAL

格式：SMLAL/UMLAL{条件}{S}目的寄存器 Low，目的寄存器 High，操作数 1，操作数 2

用途：操作数 1 与操作数 2 进行乘法运算，并把结果的低 32 位同目的寄存器 Low 中的值相加后又放置到目的寄存器 Low 中，结果的高 32 位同目的寄存器 High 中的值相加后又

放置到目的寄存器 High 中，同时可以根据运算结果设置 CPSR 中相应的条件标志位。其中，操作符为 SMLAL 表示为 64 位有符号数乘加运算，操作数 1 和操作数 2 均为 32 位的有符号数；操作符为/UMLAL 表示为 64 位无符号数乘加运算，操作数 1 和操作数 2 均为 32 位的无符号数。

对于目的寄存器 Low，在指令执行前存放 64 位加数的低 32 位，指令执行后存放结果的低 32 位；对于目的寄存器 High，在指令执行前存放 64 位加数的高 32 位，指令执行后存放结果的高 32 位。

例如：

```
SMLAL  R0，R1，R2，R3       ; R0 = (R2 × R3)的低 32 位 + R0
                          ; R1 = (R2 × R3)的高 32 位 + R1
UMLAL  R0，R1，R2，R3       ; R0 = (R2 × R3)的低 32 位 + R0
                          ; R1 = (R2 × R3)的高 32 位 + R1
```

3.3.2　程序状态寄存器访问指令

ARM 微处理器支持程序状态寄存器访问指令，用于在程序状态寄存器和通用寄存器之间传送数据。程序状态寄存器访问指令包括程序状态寄存器到通用寄存器的数据传送指令(MRS)和通用寄存器到程序状态寄存器的数据传送指令(MSR)两条。

1．程序状态寄存器到通用寄存器的数据传送指令

助记符：MRS

格式：MRS{条件} 通用寄存器，程序状态寄存器(CPSR 或 SPSR)

用途：将程序状态寄存器的内容传送到通用寄存器中。当需要改变程序状态寄存器的内容时，可用 MRS 指令将程序状态寄存器的内容读入通用寄存器，修改后再写回程序状态寄存器；在异常处理或进程切换、需要保存程序状态寄存器的值时，可先用 MRS 指令读出程序状态寄存器的值，然后保存。例如：

```
MRS  R0，CPSR   ; 传送 CPSR 的内容到 R0
MRS  R0，SPSR   ; 传送 SPSR 的内容到 R0
```

2．通用寄存器到程序状态寄存器的数据传送指令

助记符：MSR

格式：MSR{条件} 程序状态寄存器(CPSR 或 SPSR)_ <域>，操作数

用途：将操作数的内容传送到程序状态寄存器的特定域中，操作数可以为通用寄存器或立即数。选项<域>用于设置程序状态寄存器中需要操作的位，32 位的程序状态寄存器可分为四个域：① 位(31~24)为条件标志位域，用 f 表示；② 位(23~16)为状态位域，用 s 表示；③ 位(15~8)为扩展位域，用 x 表示；④ 位(7~0)为控制位域，用 c 表示。MSR 指令通常用于恢复或改变程序状态寄存器的内容，在使用时，一般要在 MSR 指令中指明将要操作的域。例如：

```
MSR  CPSR，R0       ; 传送 R0 的内容到 CPSR
MSR  SPSR，R0       ; 传送 R0 的内容到 SPSR
MSR  CPSR _c，R0    ; 传送 R0 的内容到 SPSR，但仅修改 CPSR 中的控制位域
```

3.3.3　程序分支指令

程序分支指令用于实现程序流程的跳转，在 ARM 程序中可以使用专门的跳转指令，也可以通过直接向程序计数器 PC 写入跳转地址值(这在基于 80x86 的系统中是不可以的)的方法实现程序流程的转移。

通过向程序计数器(PC)写入跳转地址值，可在 4 GB 的地址空间中任意跳转。若在跳转之前结合使用 MOV　LR，PC 等指令，则可保存将来的返回地址值，从而实现在 4 GB 连续的线性地址空间的子程序调用。

ARM 指令集中的程序分支指令可以完成从当前指令向前或向后的 32 MB 的地址空间的跳转，包括转移指令 B、带返回的转移指令 BL、带返回且带状态切换的转移指令(BLX)及带状态切换的转移指令(BX)四条。

1. 转移指令

助记符：B

格式：B{条件} 目标地址

用途：立即跳转到给定的目标地址，从那里继续执行。如 B Label 表示程序无条件跳转到标号 Label 处执行。注意存储在跳转指令中的实际值是相对当前 PC 值的一个偏移量，而不是一个绝对地址，它的值由汇编器来计算。它是 24 位有符号数，左移两位后有符号扩展为 32 位，表示的有效偏移为 26 位(前后 32 MB 的地址空间)。B 指令是最简单的跳转指令。例如：

```
CMP   R1，＃0      ；将寄存器 R1 的值减去立即数 0，并根据结果设置 CSPR 的标志位
BEQ   Label        ；当 CPSR 寄存器中的标志位 Z 置位时，程序跳转到标号 Label 处执行
```

2. 带状态切换的转移指令

助记符：BX

格式：BX{条件} <Rn>

用途：跳转到指令中所指定的由寄存器 Rn 同 0xFFFFFFFE 进行与运算后的结果指示的目标地址(即 Rn 中的最低位并不作为目标地址，而是作为状态切换位)。目标地址处的指令既可以是 ARM 指令，也可以是 Thumb 指令。如果 Rn 中的最低位为 1，则指令将 CPSR 的 T 标志置为 1，且将目标地址的代码解释为 Thumb(状态切换到 Thumb 指令集)。例如：

```
MOV   R6，＃0x12000001
BX   R6   ；转换到地址为 0x12000000 处的 Thumb 指令
```

3. 带返回的转移指令

助记符：BL

格式：BL{条件} 目标地址

用途：BL 是带返回的跳转指令，在跳转之前，会在寄存器 R14 中保存 PC 的当前值。因此，可以通过将 R14 的内容重新加载到 PC 中来返回到跳转指令之后的那个指令处执行。该指令是实现子程序调用的一个基本且常用的手段。例如：

```
BL   Label      ；程序无条件跳转到标号 Label 处执行的，同时，将当前 PC 值保存到 R14 中
```

4．带返回且带状态切换的转移指令

助记符：BLX

格式：① BLX 目标地址

　　　　② BLX{cond} <Rn>

用途：使用格式①时，从 ARM 指令集跳转到指令中所指定的目标地址，并将处理器的工作状态由 ARM 状态切换到 Thumb 状态，该指令同时将程序计数器(PC)的当前内容保存到寄存器 R14 中。因此，当子程序使用 Thumb 指令集，而调用者使用 ARM 指令集时，可以通过 BLX 指令实现子程序的调用和处理器工作状态的切换。另外，子程序的返回可以通过将寄存器 R14 值复制到 PC 中来完成。使用格式①时不能带条件。使用格式②时可以有条件，但目标地址只能是寄存器，当 Rn 的最低位是 1 时，除了转移到指令中所指定的由寄存器 Rn 同 0xFFFFFFFE 进行与运算后的结果指示的目标地址处外，还将自动切换到 Thumb 指令集。例如：

　　　　BLX　LabelA　；程序转移到 LabelA 处，且切换成 Thumb 状态

　　　　BLXNE　R5　　；程序转移到 R5 & 0xFFFFFFFE 处，且切换到 Thumb 状态

3.3.4　加载/存储指令

ARM 微处理器支持加载/存储指令，用于在寄存器和存储器之间传送数据。加载指令用于将存储器中的数据传送到寄存器，存储指令则完成相反的操作。

加载存储指令可分为：单一数据加载/存储指令、批量数据加载/存储指令以及数据交换指令三类。

1．单一数据加载/存储指令

单一数据加载/存储指令包括字数据加载指令(LDR)、字节数据加载指令(LDRB)、半字数据加载指令(LDRH)、字数据存储指令(STR)、字节数据存储指令(STRB)及半字数据存储指令(STRH)。

1) 字数据加载指令

助记符：LDR

格式：LDR{条件} 目的寄存器，<存储器地址>

用途：从存储器中将一个 32 位的字数据传送到目的寄存器中。该指令常用于从存储器中读取 32 位的字数据到通用寄存器，然后对数据进行处理。当程序计数器(PC)作为目的寄存器时，指令从存储器中读取的字数据被当做目的地址，从而可以实现程序流程的跳转。该指令在程序设计中比较常用，且寻址方式灵活多样。例如：

　　　　LDR　R0, [R1]　　　　　　；将存储器地址为 R1 的字数据读入寄存器 R0

　　　　LDR　R0, [R1, R2]　　　　；将存储器地址为 R1+R2 的字数据读入寄存器 R0

　　　　LDR　R0, [R1, # 8]　　　　；将存储器地址为 R1+8 的字数据读入寄存器 R0

　　　　LDR　R0, [R1, R2]!　　　　；将存储器地址为 R1+R2 的字数据读入寄存器 R0，并将新地
　　　　　　　　　　　　　　　　　；址 R1+R2 写入 R1

　　　　LDR　R0, [R1, # 8]!　　　　；将存储器地址为 R1+8 的字数据读入寄存器 R0，并将新地址
　　　　　　　　　　　　　　　　　；R1+8 写入 R1

　　　LDR　R0，[R1]，R2　　　　　；将存储器地址为 R1 的字数据读入寄存器 R0，并将新地址
　　　　　　　　　　　　　　　　　　；R1+R2 写入 R1

　　　LDR　R0，[R1，R2，LSL # 2]！；将存储器地址为 R1+R2×4 的字数据读入 R0，并将新地址
　　　　　　　　　　　　　　　　　　；R1+R2×4 写入 R1

　　　LDR　R0，[R1]，R2，LSL # 2　；将存储器地址为 R1 的字数据读入寄存器 R0，并将新地址
　　　　　　　　　　　　　　　　　　；R1 + R2×4 写入 R1

　　2) 字节数据加载指令

　　助记符：LDRB

　　格式：LDR{条件}B　目的寄存器，<存储器地址>

　　用途：从存储器中将一个 8 位的字节数据传送到目的寄存器中，同时将寄存器的高 24
位清零。该指令通常用于从存储器中读取 8 位的字节数据到通用寄存器，然后对数据进行
处理。当程序计数器(PC)作为目的寄存器时，指令从存储器中读取的字数据被当做目的地址，
从而可以实现程序流程的跳转。例如：

　　　LDRB　R0，[R1]　　　　　　；将存储器地址为 R1 的字节数据读入寄存器 R0，并将 R0 的
　　　　　　　　　　　　　　　　　；高 24 位清零

　　　LDRB　R0，[R1，# 8]　　　　；将存储器地址为 R1+8 的字节数据读入寄存器 R0，并将 R0
　　　　　　　　　　　　　　　　　；的高 24 位清零

　　3) 半字数据加载指令

　　助记符：LDRH

　　格式：LDR{条件}H　目的寄存器，<存储器地址>

　　用途：从存储器中将一个 16 位的半字数据传送到目的寄存器中，同时将寄存器的高 16
位清零。该指令通常用于从存储器中读取 16 位的半字数据到通用寄存器，然后对数据进行
处理。当程序计数器(PC)作为目的寄存器时，指令从存储器中读取的字数据被当做目的地址，
从而可以实现程序流程的跳转。例如：

　　　LDRH　R0，[R1]　　　　　　；将存储器地址为 R1 的半字数据读入寄存器 R0，并将 R0 的
　　　　　　　　　　　　　　　　　；高 16 清零

　　　LDRH　R0，[R1，# 8]　　　　；将存储器地址为 R1 + 8 的半字数据读入寄存器 R0，并将 R0
　　　　　　　　　　　　　　　　　；的高 16 位清零

　　　LDRH　R0，[R1，R2]　　　　；将存储器地址为 R1 + R2 的半字数据读入寄存器 R0，并将 R0
　　　　　　　　　　　　　　　　　；的高 16 位清零

　　4) 字数据存储指令

　　助记符：STR

　　格式：STR{条件} 源寄存器，<存储器地址>

　　用途：从源寄存器中将一个 32 位的字数据传送到存储器中。该指令在程序设计中比较
常用，且寻址方式灵活多样，使用方式可参考指令 LDR。例如：

　　　STR　R0，[R1]，#8　　　　　；将 R0 中的字数据写入以 R1 为地址的存储器中，并将新地址
　　　　　　　　　　　　　　　　　；R1+8 写入 R1

　　　STR　R0，[R 1，# 8]　　　　；将 R0 中的字数据写入以 R1 + 8 为地址的存储器中

5) 字节数据存储指令

助记符：STRB

格式：STR{条件}B 源寄存器，<存储器地址>

用途：将源寄存器中位于低 8 位的字节数据传送到存储器中。例如：

　　STRB　R0，[R1]　　　　　；将寄存器 R0 中的字节数据写入以 R1 为地址的存储器中

　　STRB　R0，[R1，# 8]　　　；将寄存器 R0 中的字节数据写入以 R1+8 为地址的存储器中

6) 半字数据存储指令

助记符：STRH

格式：STR{条件}H 源寄存器，<存储器地址>

用途：从源寄存器中将一个 16 位的半字数据传送到存储器中。该半字数据为源寄存器中的低 16 位。例如：

　　STRH　R0，[R1]　　　　　；将寄存器 R0 中的半字数据写入以 R1 为地址的存储器中

　　STRH　R0，[R1，# 8]　　　；将寄存器 R0 中的半字数据写入以 R1+8 为地址的存储器中

2. 批量数据加载/存储指令

ARM 微处理器所支持的批量数据加载/存储指令可以一次在连续的存储器单元和多个存储器之间传送数据，批量数据加载指令(LDM)用于将连续的存储器单元中的数据传送到多个寄存器；批量数据存储指令(STM)则完成相反的操作。

1) 批量数据加载指令

助记符：LDM

格式：LDM{条件}{类型} 基址寄存器{！}，寄存器列表{^}

用途：将由基址寄存器所指示的一片连续存储器中的数据传送到寄存器列表所指示的多个寄存器中。该指令的常见用途是将多个寄存器的内容出栈。

格式中，{类型}为可选后缀，通常有几种情况：IA——每次传送后的地址加 1；IB——每次传送前的地址加 1；DA——每次传送后的地址减 1；DB——每次传送前的地址减 1；FD——满递减堆栈；ED——空递减堆栈；FA——满递增堆栈；EA——空递增堆栈。

{！}为可选后缀，若选用该后缀，则当数据传送完后，将最后的地址写入基址寄存器，否则基址寄存器的内容不改变。

基址寄存器不允许为 R15，寄存器列表可为 R0～R15 的任意组合。

{^}为可选后缀，当指令为 LDM 且寄存器列表中包含 R15 时，选用该后缀表示除了正常的数据传送之外，还将 SPSR 复制到 CPSR。同时，该后缀还表示传入或传出的是用户模式下的寄存器，而不是当前模式下的寄存器。

例如：

　　LDMFD　R13！，{R0，R4-R12，PC}　；将由 R13 指示的堆栈内容恢复到寄存器 R0、R4～R12
　　　　　　　　　　　　　　　　　　　；及程序计数器(PC)中

2) 批量数据存储指令

助记符：STM

格式：STM{条件}{类型} 基址寄存器{！}，寄存器列表{^}

用途：将寄存器列表所指示的多个寄存器的数据存储到由基址寄存器所指示的连续存

储器中。该指令常见的用途是将多个寄存器的内容入栈。其可选后缀的含义与 LDM 指令的相同。例如：

STMFD R13!，{R0，R4-R12，LR} ；将寄存器 R0、R4～R12 以及 LR 的值存入由 R13 指示
；的堆栈中

3. 数据交换指令

ARM 微处理器所支持的数据交换指令能在存储器和寄存器之间交换数据。数据交换指令有字数据交换指令(SWP)和字节数据交换指令(SWPB)两条。

1) 字数据交换指令

助记符：SWP

格式：SWP{条件} 目的寄存器，源寄存器 1，[源寄存器 2]

用途：将源寄存器 2 所指向的存储器中的字数据传送到目的寄存器中，同时将源寄存器 1 中的字数据传送到源寄存器 2 所指向的存储器中。显然，当源寄存器 1 和目的寄存器为同一个寄存器时，可交换该寄存器和存储器的内容。例如：

SWP R0，R1，[R2] ；将 R2 所指向的存储器中的字数据传送到 R0，同时将 R1 中的
；字数据传送到 R2 所指向的存储单元

SWP R0，R0，[R1] ；将 R1 所指向的存储器中的字数据与 R0 中的字数据交换

2) 字节数据交换指令

助记符：SWPB

格式：SWP{条件}B 目的寄存器，源寄存器 1，[源寄存器 2]

用途：将源寄存器 2 所指向的存储器中的字节数据传送到目的寄存器中，目的寄存器的高 24 位清零，同时将源寄存器 1 中的字节数据传送到源寄存器 2 所指向的存储器中。显然，当源寄存器 1 和目的寄存器为同一个寄存器时，可交换寄存器和存储器的内容。例如：

SWPB R0，R1，[R2] ；将 R2 所指向的存储器中的字节数据传送到 R0，R0 的高 24
；位清零，同时将 R1 中的低 8 位数据传送到 R2 所指向的存储
；单元

SWPB R0，R0，[R1] ；将 R1 所指向的存储器中的字节数据与 R0 中的低 8 位数据
；交换

3.3.5 协处理器指令

ARM 微处理器可支持多达 16 个协处理器，用于各种协处理操作。在程序执行的过程中，每个协处理器只执行针对自身的协处理器指令，忽略 ARM 处理器和其他协处理器的指令。

ARM 的协处理器指令主要用于 ARM 处理器初始化、ARM 协处理器的数据处理操作、在 ARM 处理器的寄存器和协处理器的寄存器之间传送数据以及在 ARM 协处理器的寄存器和存储器之间传送数据。

ARM 协处理器指令包括协处理器数操作指令(CDP)、协处理器数据加载指令(LDC)、协处理器数据存储指令(STC)、ARM 处理器寄存器到协处理器寄存器的数据传送指令(MCR)及协处理器寄存器到 ARM 处理器寄存器的数据传送指令(MRC)共 5 条。

1．协处理器数操作指令

助记符：CDP

格式：CDP{条件} 协处理器编号，操作码 1，目的寄存器，源寄存器 1，源寄存器 2，操作码 2

用途：通知 ARM 协处理器执行特定的操作，若协处理器不能成功完成特定的操作，则产生未定义指令异常。其中操作码 1 和操作码 2 为协处理器将要执行的操作，目的寄存器和源寄存器均为协处理器的寄存器。例如：

      CDP P2，5，C12，C10，C3，4   ; 该指令完成协处理器 P2 的初始化，即让协处理器 P2 在
                                      ; C10、C3 上执行操作 5 和 4，并将结果存入 C12 中

2．协处理器数据加载指令

助记符：LDC

格式：LDC{条件}{L} 协处理器编码，目的寄存器， [源寄存器]

用途：将源寄存器所指向的存储器中的字数据传送到目的寄存器中，若协处理器不能成功完成传送操作，则产生未定义指令异常。其中，{L}选项表示指令为长读取操作，如用于双精度数据的传输。例如：

      LDC P5，C3，[R0]   ; 将 ARM 处理器的寄存器 R0 所指向的存储器中的字数据传送到协处理
                              ; 器 P5 的寄存器 C3 中

3．协处理器数据存储指令

助记符：STC

格式：STC{条件}{L} 协处理器编码，源寄存器，[目的寄存器]

用途：将源寄存器中的字数据传送到目的寄存器所指向的存储器中，若协处理器不能成功完成传送操作，则产生未定义指令异常。其中，{L}选项表示指令为长读取操作，如用于双精度数据的传输。例如：

      STC P3，C4，[R0]   ; 将协处理器 P3 的寄存器 C4 中的字数据传送到 ARM 处理器的寄存器
                              ; R0 所指向的存储器中

4．ARM 处理器寄存器到协处理器寄存器的数据传送指令

助记符：MCR

格式：MCR{条件}协处理器编号，操作码 1，源寄存器，目的寄存器 1，目的寄存器 2，操作码 2

用途：将 ARM 处理器寄存器中的数据传送到协处理器寄存器中，若协处理器不能成功完成操作，则产生未定义指令异常。其中，协处理器操作码 1 和协处理器操作码 2 为协处理器将要执行的操作，源寄存器为 ARM 处理器的寄存器，目的寄存器 1 和目的寄存器 2 均为协处理器的寄存器。例如：

      MCR P3，3，R0，C4，C5，6   ; 该指令将 ARM 处理器寄存器 R0 中的数据传送到协处理器
                                ; P3 的寄存器 C4 和 C5 中

5．协处理器寄存器到 ARM 处理器寄存器的数据传送指令

助记符：MRC

格式：MRC{条件}协处理器编号，操作码 1，目的寄存器，源寄存器 1，源寄存器 2，操作码 2

用途：将协处理器寄存器中的数据传送到 ARM 处理器寄存器中，若协处理器不能成功完成操作，则产生未定义指令异常。其中，协处理器操作码 1 和协处理器操作码 2 为协处理器将要执行的操作，目的寄存器为 ARM 处理器的寄存器，源寄存器 1 和源寄存器 2 均为协处理器的寄存器。例如：

```
MRC P3，3，R0，C4，C5，6    ；将协处理器 P3 的寄存器中的数据传送到 ARM 处理器寄存
                        ；器中
```

3.3.6　异常中断指令

ARM 微处理器所支持的异常中断指令有软件中断指令(SWI)和断点中断指令(BKPT)两条。

1．软件中断指令

助记符：SWI

格式：SWI{条件}　24 位的立即数

用途：产生软件中断，使用户程序能调用操作系统的系统例程。操作系统在软件中断指令的异常处理程序中提供相应的系统服务，指令中 24 位的立即数指定用户程序调用系统例程的类型，相关参数通过通用寄存器传递。当指令中 24 位的立即数被忽略时，用户程序调用系统例程的类型由通用寄存器 R0 的内容决定，同时，参数通过其他通用寄存器传递。例如：

```
SWI   0x01    ；调用操作系统编号为 01 的系统例程
```

2．断点中断指令

助记符：BKPT

格式：BKPT　16 位的立即数

用途：产生软件断点中断，可用于程序的调试。16 位立即数用于保存软件调用中额外的断点信息。例如：

```
BKPT 0xF010
BKPT 64
```

3.4　Thumb 指令集

ARM 体系结构除了支持执行效率很高的 32 位 ARM 指令集以外，为兼容数据总线宽度为 16 位的应用系统，也支持 16 位的 Thumb 指令集。Thumb 指令集是 ARM 指令系统的一个子集，允许指令编码的长度为 16 位。与等价的 32 位代码相比较，Thumb 指令集在保留 32 位代码优势的同时，大大地节省了系统的存储空间。

所有的 Thumb 指令都有对应的 ARM 指令，而且 Thumb 的编程模型也有对应的 ARM 编程模型。在应用程序的编写过程中，只要遵循一定调用的规则，Thumb 子程序和 ARM 子

程序就可以互相调用(如利用 BX、BLX 指令等)。当处理器执行 ARM 程序段时，称 ARM 处理器处于 ARM 工作状态；当处理器执行 Thumb 程序段时，称 ARM 处理器处于 Thumb 工作状态。

　　虽然 Thumb 指令集中的数据处理指令的操作数仍然是 32 位，指令地址也是 32 位，但 Thumb 指令集为实现 16 位的指令长度而舍弃了 ARM 指令集的一些特性，如大多数的 Thumb 指令是无条件执行的，而几乎所有的 ARM 指令都是有条件执行的；大多数的 Thumb 数据处理指令的目的寄存器与其中一个源寄存器相同。下面简单介绍 Thumb 指令集。

3.4.1　数据处理类指令

　　大部分 Thumb 数据处理类指令采用 2 地址格式，操作结果放入其中一个操作数寄存器。 Thumb 状态下的寄存器结构特点决定了除 MOV 和 ADD 外的其他指令只能访问 R0～R7 寄存器。如果指令的操作数包含 R8～R15，则指令的执行不更新 CPSR 中的状态参数位，其他情况更新 CPSR 状态位。具体数据处理指令见表 3.5。

表 3.5　Thumb 数据处理类指令

指令格式	操作	功能说明
MOV Rd，# imm_8	数据传送	Rd←# imm_8
MOV Rd，Rn	数据传送	Rd←Rn
MVN Rd，Rn	数据取反传送	Rd←对 Rn 取反
NEG Rd，Rn	传送非	Rd←0−Rn
ADD Rd，　Rn，　# imm_3	加法	Rd←Rn+imm _3
ADD Rd，Rn，Rm	加法	Rd←Rn+Rm
ADD Rd，　# imm_8	加法	Rd←Rd+imm_ 8
ADC Rd，Rn	带进位加法	Rd←Rn+Rm+C
SUB Rd，Rn，imm_3	减法	Rd←Rn−imm_ 3
SUB Rd，Rn，Rm	减法	Rd←Rn−Rm
SUB Rd，　# imm_8	减法	Rd←Rn−imm_8
SBC Rd，Rn	带借位减法	Rd←Rn−Rm−C
MUL Rd，Rn	乘法	Rd←Rn×Rm
AND Rd，Rn	逻辑与	Rd←Rn and Rm
ORR Rd，Rn	逻辑或	Rd←Rn or Rm
EOR Rd，Rn	逻辑异或	Rd←Rn xor Rm
BIC Rd，Rn	位清除	Rd←Rn and not Rm
ASR Rd，Rn	算术右移	Rd←Rd 算术右移 Rn 位
ASR Rd，Rn，imm _5	算术右移	Rd←Rn 算术右移 imm_5 位
LSL Rd，Rn	逻辑左移	Rd←Rd 逻辑左移 Rm 位

续表

指令格式	操 作	功 能 说 明
LSL Rd，Rn，imm _5	逻辑左移	Rd←Rn 逻辑左移 imm_5 位
LSR Rd，Rn	逻辑右移	Rd←Rd 逻辑右移 Rn 位
LSR Rd，Rn，imm _5	逻辑右移	Rd←Rn 逻辑右移 imm_5 位
ROR Rd，Rn	循环右移	Rd←Rd 循环右移 Rn 位
CMP Rn，Rm	比较	根据 Rn−Rm 的结果修改 CPSR 状态位
CMP Rn，imm_ 8	比较	根据 Rn−imm_8 的结果修改 CPSR 状态位
CMN Rn，Rm	比较非值	根据 Rn + Rm 的结果修改 CPSR 状态位
TST Rn，Rm	测试	根据 Rn 和 Rm 的结果修改 CPSR 状态位

注：表中的 Rd、Rn 及 Rm 均为 R0～R7，imm_8 表示 8 位立即数，imm_3 表示 3 位立即数，imm_5 表示 5 位立即数。

3.4.2　程序分支指令

与 ARM 指令集中的程序分支指令相比，Thumb 指令集中的程序分支指令跳转的范围有较大限制。除了 B 指令有条件执行功能外，其他程序分支指令均不带条件执行。Thumb 程序分支指令共有带条件的转移指令(B)、带链接的转移指令(BL)、带状态切换的转移指令(BX)及带链接和切换的转移指令(BLX)4 条。其中，BLX 指令仅限于具有 V5T 架构的 ARM 处理器使用。Thumb 程序分支指令及其功能见表 3.6。

表 3.6　Thumb 程序分支指令

指令格式	操 作	功能说明	限定的地址范围
B{条件} Label	带条件转移	PC←Label；短程序分支指令	有条件时：−256～ +255 字节；无条件时：±2 KB
BL　Label	带链接转移	PC←Label, R14←PC+4；长程序分支指令	±4 MB
BX　Rn	带状态切换的转移	PC←Rn 且切换处理器状态；长程序分支指令	±4 MB
BLX Rn/Label	带链接和切换的转移	PC←Rn/Lable 且切换处理器状态，R14←下一条指令地址；长程序分支指令	±4 MB

程序分支指令的典型用法有以下三种：

(1) 短距离条件程序分支指令可用于控制循环的退出。

(2) 中等距离无条件程序分支指令可用于实现类似于 GOTO 的功能。

(3) 长距离条件程序分支指令可用于子程序调用。

由于 Thumb 指令的长度为 16 位，即只用 ARM 指令一半的位数来实现同样的功能，因此要实现特定的程序功能，所需的 Thumb 指令的条数较 ARM 指令多。在一般的情况下，Thumb 指令与 ARM 指令的时间效率和空间效率关系为：Thumb 代码所需的存储空间约为

ARM 代码的 60%～70%；Thumb 代码使用的指令数比 ARM 代码的多约 30%～40%；若使用 32 位的存储器，ARM 代码比 Thumb 代码快约 40%；若使用 16 位的存储器，Thumb 代码比 ARM 代码快约 40%～50%；与 ARM 代码相比较，使用 Thumb 代码时存储器的功耗会降低约 30%。

　　显然，ARM 指令集和 Thumb 指令集各有优缺点。若对系统的性能有较高要求，应使用 32 位的存储系统和 ARM 指令集；若对系统的成本及功耗有较高要求，则应使用 16 位的存储系统和 Thumb 指令集。当然，若能将二者结合使用，充分发挥其各自的优点，则会取得更好的效果。

3.4.3　加载/存储指令

　　在 Thumb 指令集中，由于寄存器结构的限制，大部分加载/存储指令只能访问 R0～R7 寄存器，此外堆栈操作指令与 ARM 指令集中的不同。Thumb 指令集中的加载/存储指令见表 3.7。

表 3.7　Thumb 指令集中的加载/存储指令

指令格式	操　作	功　能　说　明
LDR　Rd，[Rn，# imm_5]	立即数偏移，字加载	Rd←(Rn+imm_5)，即 Rn+imm_5 指示的存储器地址中的一个字数据装入 Rd 寄存器中；若 Rn 为 PC 或 SP，则 imm_5 为 5 位立即数，否则为 8 位立即数
LDR　Rd，[Rn，Rm]	寄存器偏移，字加载	Rd←(Rn+Rm)，即 Rn+Rm 指示的存储器地址中的一个字数据装入 Rd 寄存器中
LDRH　Rd，[Rn，# imm_5]	立即数偏移，无符号半字加载	Rd←(Rn+imm_5)，即 Rn+imm_5 指示的存储器地址中的无符号半字数据装入 Rd 寄存器中
LDRH　Rd，[Rn，Rm]	寄存器偏移，无符号半字加载	Rd←(Rn+Rm)，即 Rn+Rm 指示的存储器地址中的无符号半字数据装入 Rd 寄存器中
LDRB　Rd，[Rn，# imm_5]	立即数偏移，无符号字节加载	Rd←(Rn+imm_5)，即 Rn+imm_5 指示的存储器地址中的无符号字节数据装入 Rd 寄存器中
LDRB　Rd，[Rn，Rm]	寄存器偏移，无符号字节加载	Rd←(Rn+Rm)，即 Rn+Rm 指示的存储器地址中的一个字节无符号数据装入 Rd 寄存器中
LDRSH　Rd，[Rn，Rm]	寄存器偏移，有符号半字加载	Rd←(Rn+Rm)，即 Rn+Rm 指示的存储器地址中的有符号半字数据装入 Rd 寄存器中
LDRSB　Rd，[Rn，Rm]	寄存器偏移，有符号字节加载	Rd←(Rn+Rm)，即 Rn+Rm 指示的存储器地址中的有符号字节数据装入 Rd 寄存器中
LDR　Rd，label	标号偏移加载	Rd←(label)，即 label 指示的存储器地址中的一个字数据装入 Rd 寄存器中

指令格式	操　作	功 能 说 明
STR　Rd，[Rn+imm_5]	立即数偏移，字存储	(Rn+imm)←Rd，即 Rd 寄存器中的一个字数据存储到 Rn+imm_5 指示的存储器单元中；若 Rn 为 PC 或 SP，则 imm_5 为 5 位立即数，否则为 8 位立即数
STR　Rd，[Rn，Rm]	寄存器偏移，字存储	(Rn+Rm)←Rd，即 Rd 寄存器中的一个字数据存储到 Rn+Rm 指示的存储器单元中
STRH　Rd，[Rn，#imm_5]	立即数偏移，无符号半字存储	(Rn+imm_5)←Rd，即 Rd 寄存器中的一个无符号半字数据存储到 Rn+Rm 指示的存储器单元中
STRH　Rd，[Rn，Rm]	寄存器偏移，无符号半字存储	(Rn+Rm)←Rd，即 Rd 寄存器中的无符号半字数据存储到 Rn+Rm 指示的存储器单元中
STRB　Rd，[Rn，#imm_5]	立即数偏移，无符号字节存储	(Rn+imm_5)←Rd，即 Rd 寄存器中的无符号字节数据存储到 Rn+imm_5 指示的存储器单元中
STRB　Rd，[Rn，Rm]	寄存器偏移，无符号字节存储	(Rn+Rm)←Rd，即 Rd 寄存器中的个无符号字节数据存储到 Rn+Rm 指示的存储器单元中
LDMIA　Rd{!}，Regs	数据块加载	Regs←以 Rd 为起始地址的连续字数据，即以 Rd 指示的连续多字数据装入 Regs 寄存器列表中。Regs 为寄存器列表
STMIA　Rd{!}，Regs	数据块存储	以 Rd 为起始地址的存储区域←Regs，即 Regs 寄存器列表中的连续字数据存储到由 Rd 指示的起始地址的存储区域
PUSH　Regs{，LR}	进栈操作	[SP]←Regs 列表寄存器中的内容，即将 Regs 列表寄存器中的内容压入 SP 指示的堆栈中
POP Regs{，PC}	出栈操作	Regs←[SP]，即由 SP 指示的堆栈中的内容弹出并放入 Regs 列表寄存器中

注：表中的 Rd、Rn 及 Rm 均指 R0～R7；imm_8 表示 8 位立即数；imm_5 表示 5 位立即数。

3.4.4 异常中断指令

Thumb 指令集中的异常中断指令有软件中断指令(SWI)及断点异常中断指令(BKPT)两条。

1. 软件中断指令

助记符：SWI

格式：SWI　imm_8 ；imm_8 为 8 位立即数，表示中断号(0～256)

用途：引起 SWI 异常中断，处理器自动切换到 ARM 状态下的管理模式。同时，CPSR 保存到管理模式中的 SPSR 中，并执行转移到 SWI 的向量地址。例如：

　　SWI　09

2．断点异常中断指令

助记符：BKPT

格式：BKPT　imm_8

用途：使处理器进入调试模式。例如：

　　BKPT　50

习　题　3

1. 说明表 3.8 中各指令操作完成的功能。

表 3.8　指令操作功能的分析

(1) ADD　R0，R1，R3，LSL # 2	(11) LDR　R0，[R1，# 8]！
(2) ANDNES　R0，R1，# 0x0F	(12) LDR　R0，[R1]，R2
(3) LDRB　R0，[R1，R2，LSR #2]	(13) LDR　R0，[R1，R2，LSL # 2]！
(4) ADCHI　R1，R2，R3	(14) LDR　R0，[R1]，R2，LSL # 2
(5) ORR　R0，R0，#3	(15) LDR　R1，[R0，－R5，LSL # 4]
(6) EOR　R0，R0，#3	(16) STR　R0，[R1]，#8
(7) BIC　R0，R0，# %1011	(17) STR　R0，[R1，# 8]
(8) LDR　R0，[R1，R2]	(18) LDMFD　R13!，{R0，R4-R12，PC}
(9) LDR　R0，[R1，# 8]	(19) STMFD R13!，{R0，R4-R12，LR}
(10) LDR　R0，[R1，R2]!	(20) MLA　R0，R1，R2，R3

2. 简述 ARM 的寻址方式，并分别举例进行说明。

3. 试比较 TST 与 ANDS、CMP 与 SUBS、MOV 与 MVN 的区别。

4. 已知 R13 等于 0x8800，R0、R1、R2 的值分别为 0x01、0x01、0x03，试说明执行指令 STMFD R13!,{R0-R2}后，寄存器和存储器内容如何变化？

5. 用汇编语言实现下列功能，令 R1 = a，R2 = b。

(1) if((a! =b)&&(a−b>5)) a=a+b;

(2) while(a! =0){b=b+b*2 ； a--; }

(3) 从 a 所指向的地址拷贝 20 个 32 位数到 b 所指向的地址。

6. 为什么要使用 Thumb 模式？与 ARM 代码相比较，Thumb 代码的两大优势是什么？如何完成 Thumb 指令模式和 ARM 指令模式之间的切换？

7. 写一段汇编程序：循环累加队列中的所有元素，直到碰到 x0 值为止，结果放在 R4。

8. 写一个汇编程序，求一个含 64 个带符号的 16 位数组组成的队列的平方和。

第 4 章　ARM 嵌入式系统程序设计及调试基础

本章首先阐述了 ARM 嵌入式系统汇编语言程序设计的基础，其次阐述了 ARM 嵌入式系统 C 语言程序设计基础，接着介绍了 ARM 汇编语言和 C/C++的混合编程，最后介绍了 ARM 嵌入式系统设计调试软件 ADS 和 Embest IDE 集成开发环境的使用。

4.1　ARM 嵌入式汇编语言程序设计基础

4.1.1　ARM 汇编器支持的伪指令

在 ARM 汇编语言程序里，有一些特殊指令助记符，这些助记符与指令系统的助记符不同，没有相应的操作码，通常称这些特殊指令助记符为伪指令，它们所完成的操作称为伪操作。伪指令在源程序中的作用是为完成汇编语言程序作各种准备工作，这些伪指令仅在汇编过程起作用，一旦汇编结束，伪指令的使命就完成了。

在 ARM 的汇编程序中，有符号定义(Symbol Definition)伪指令、数据定义(Data Definition)伪指令、地址读取伪指令、汇编控制(Assembly Control)伪指令、宏指令以及其他伪指令。

1．符号定义伪指令

符号定义伪指令用于定义 ARM 汇编程序中的变量、对变量进行赋值以及定义寄存器的别名等操作。常见的符号定义伪指令有用于定义全局变量的 GBLA、GBLL、GBLS，用于定义局部变量的 LCLA、LCLL、LCLS，用于对变量进行赋值的 SETA、SETL、SETS 以及为通用寄存器列表定义名称的 RLIST。

1) GBLA、GBLL 和 GBLS

格式：GBLA(GBLL 或 GBLS)　全局变量名

用途：定义一个 ARM 程序中的全局变量，并将其初始化。其中 GBLA 伪指令用于定义一个全局数字变量，并初始化为 0；GBLL 伪指令用于定义一个全局逻辑变量，并初始化为 F(假)；GBLS 伪指令用于定义一个全局字符串变量，并初始化为空。

由于以上三条伪指令用于定义全局变量，因此在整个程序范围内变量名必须唯一。

例如：

```
GBLA    Test1              ;定义一个全局的数字变量，变量名为 Test1
Test1   SETA   0xAA        ;将该变量赋值为 0xAA
GBLL    Test2              ;定义一个全局的逻辑变量，变量名为 Test2
Test2   SETL   {TRUE}      ;将该变量赋值为真
GBLS    Test3              ;定义一个全局的字符串变量，变量名为 Test3
Test3   SETS   "Testing"   ;将该变量赋值为"Testing"
```

2) LCLA、LCLL、LCLS

格式：LCLA(LCLL 或 LCLS) 局部变量名

用途：定义一个 ARM 程序中的局部变量，并将其初始化。其中，LCLA 伪指令用于定义一个局部数字变量，并初始化为 0；LCLL 伪指令用于定义一个局部逻辑变量，并初始化为 F(假)；LCLS 伪指令用于定义一个局部字符串变量，并初始化为空。

由于以上三条伪指令用于声明局部变量，因此在其作用范围内变量名必须唯一。

例如：

LCLA	Test4		; 声明一个局部的数字变量，变量名为 Test4
Test4	SETA	0xAA	; 将该变量赋值为 0xAA
LCLL	Test5		; 声明一个局部的逻辑变量，变量名为 Test5
Test5	SETL	{TURE}	; 将该变量赋值为真
LCLS	Test6		; 定义一个局部的字符串变量，变量名为 Test6
Test6	SETS	"Testing"	; 将该变量赋值为 "Testing"

3) SETA、SETL、SETS

格式：变量名 SETA(SETL 或 SETS) 表达式

用途：给一个已经定义的全局变量或局部变量赋值。其中变量名为已经定义过的全局变量或局部变量，表达式为将要赋给变量的值。SETA 伪指令用于给一个数学变量赋值；SETL 伪指令用于给一个逻辑变量赋值；SETS 伪指令用于给一个字符串变量赋值。例如：

LCLA	Test3		; 声明一个局部的数字变量，变量名为 Test3
Test3	SETA	0xAA	; 将该变量赋值为 0xAA
LCLL	Test4		; 声明一个局部的逻辑变量，变量名为 Test5
Test4	SETL	{TRUE}	; 将该变量赋值为真

4) RLIST

格式：名称 RLIST{寄存器列表}

用途：对一个通用寄存器列表定义名称，使用该伪指令定义的名称可在 ARM 指令 LDM/STM 中使用。在 LDM/STM 指令中，列表中的寄存器访问次序是根据寄存器的标号由低到高排列的，而与寄存器的排列次序无关。例如：

```
RegList   RLIST   {R0-R5, R8, R10}      ; 将寄存器列表名称定义为 RegList，可在 ARM 指
                                        ; 令 LDM/STM 中通过该名称访问寄存器列表
```

2. 数据定义伪指令令

数据定义伪指令一般用于为特定的数据分配存储单元，同时可完成已分配存储单元的初始化。常见的数据定义伪指令有 DCB、DCW(或 DCWU)、DCD(或 DCDU)、DCFD(或 DCFDU)、DCFS(或 DCFSU)、DCQ(或 DCQU)、SPACE、MAP 及 FIELD。

1) DCB

格式：标号 DCB 表达式

用途：分配一片连续的字节存储单元，并用伪指令中的表达式初始化。其中，表达式可以为 0~255 的数字或字符串。DCB 伪指令也可用 "=" 代替。例如：

```
Str   DCB   "This is a test!"            ; 分配一片连续的字节存储单元并初始化
```

2) DCW(或 DCWU)

格式：标号　DCW(DCWU)表达式

用途：分配一片连续的半字节存储单元，并用伪指令中指定的表达式初始化。其中，表达式可以为程序标号或数字表达式。DCW 伪指令和 DCWU 伪指令的区别仅在于用 DCW 伪指令分配的字存储单元是半字对齐，而用 DCWU 伪指令分配的字存储单元并不严格半字对齐。例如：

　　　DataTest　DCW　1，2，3　　　；分配一片连续的半字存储单元并初始化

3) DCD(或 DCDU)

格式：标号　DCD(或 DCDU)　表达式

用途：分配一片连续的字存储单元，并用伪指令中指定的表达式初始化。其中，表达式可以为程序标号或数字表达式。DCD 伪指令也可用"&"代替。DCD 伪指令和 DCDU 伪指令的区别仅在于用 DCD 伪指令分配的字存储单元是字对齐的，而用 DCDU 伪指令分配的字存储单元并不严格字对齐。例如：

　　　DataTest　DCD　4，5，6　　　；分配一片连续的字存储单元并初始化

4) DCFD(或 DCFDU)

格式：标号　DCFD(或 DCFDU)　表达式

用途：为双精度的浮点数分配一片连续的字存储单元，并用伪指令中指定的表达式初始化。每个双精度的浮点数占据 2 个字单元。DCFD 伪指令和 DCFDU 伪指令的区别仅在于用 DCFD 伪指令分配的字存储单元是字对齐的，而用 DCFDU 伪指令分配的字存储单元并不严格对齐。例如：

　　　FDataTest　DCFD 2E115，-5E7 ；分配一片连续的字存储单元并初始化为指定的双精度数

5) DCFS(或 DCFSU)

格式：标号　　DCFS(或 DCFDU)　　表达式

用途：为单精度的浮点数分配一片连续的字存储单元并用伪指令中指定的表达式初始化。每个单精度的浮点数占据 1 个字单元。DCFS 伪指令和 DCFSU 伪指令的区别仅在于用 DCFS 伪指令分配的字存储单元是字对齐的，而用 DCFSU 伪指令分配的字存储单元并不严格字对齐。例如：

　　　FDataTest　DCFS　2E5，-5E-7 ；分配一片连续的字存储单元并初始化为指定的单精
　　　　　　　　　　　　　　　　　　；度数

6) DCQ(或 DCQU)

格式：标号　DCQ(或 DCQU)　表达式

用途：分配一片以 8 个字节为单位的连续存储区域，并用伪指令中指定的表达式初始化。DCQ 伪指令和 DCQU 伪指令的区别仅在于用 DCQ 伪指令分配的存储单元是字对齐的，而用 DCQU 伪指令分配的存储单元并不严格字对齐。例如：

　　　DataTest　DCQ　　100　　　　　　；分配一片连续的字存储单元并初始化为指定的值

7) SPACE

格式：标号　　SPACE　表达式

用途：分配一片连续的存储区域，并初始化为 0。其中，表达式为要分配的字节数。SPACE 也可用"%"代替。例如：

　　DataSpace　SPACE 100　　　；分配连续 100 字节的存储单元并初始化为 0

8）MAP

格式：MAP　表达式{，基址寄存器}

用途：定义结构化的内存表的首地址。MAP 伪指令也可用"^"代替。表达式可以为程序中的标号或数学表达式，基址寄存器为可选项。当基址寄存器选项不存在时，表达式的值即是内存表的首地址；当该选项存在时，内存表的首地址为表达式的值与基址寄存器的和。

　　MAP 伪指令仅用于定义数据结构，并不实际分配存储单元，通常可与 FIELD 伪指令配合使用来定义结构化的内存表。例如：

　　MAP　0X100，R0　　　；定义结构化的内存表的首地址的值为 0x100+R0

9）FILED

格式：标号　FIELD　表达式

用途：定义一个结构化内存表中的数据域。其中，表达式的值为当前数据域在内存表中所占的字节数。FIELD 伪指令也可用"#"代替。

　　与 MAP 伪指令相同，FIELD 伪指令仅用于定义数据结构，并不实际分配存储单元。FIELD 伪指令常与 MAP 伪指令配合使用来定义结构化的内存表。MAP 伪指令定义内存表的首地址，FIELD 伪指令定义内存表中的各个数据域，并可以为每个数据指定一个标号以供其他的指令引用。例如：

```
MAP      0x100                ；结构化内存表首地址的值定义为 0x100
A        FIELD   16           ；A 的长度定义为 16 字节，位置为 0x100
B        FIELD   32           ；B 的长度定义为 32 字节，位置为 0x110
S        FIELD   256          ；S 的长度定义为 256 字节，位置为 0x130
```

3．地址读取伪指令

ARM 汇编语言的地址读取伪指令如表 4.1 所示。下面具体说明各伪指令的用法。

表 4.1　ARM 汇编语言地址读取伪指令列表

伪指令	语法格式	功　　能
ADR	ADR{cond} register，=expression	它将基于 PC 或寄存器相对偏移的地址值读取到寄存器中
ADRL	ADRL{cond} register，=expression	它将基于寄存器相对偏移的地址值读取到寄存器中
LDR	LDR{cond} register，=expression	将一个 32 位的常数或者一个地址值读取到寄存器中，可以看做是加载寄存器的内容

1）ADR 伪指令——小范围的地址读取

在汇编编译器编译源程序时，ADR 伪指令被编译器替换成一条合适的指令。通常，编译器用一条 ADD 指令或 SUB 指令来实现 ADR 伪指令的功能。若不能用一条指令实现，则产生错误，编译失败。ADR 伪指令中的地址是基于 PC 或寄存器的，当 ADR 伪指令中的地址基于 PC 时，该地址与 ADR 伪指令必须在同一个代码段中。

地址表达式 expression 的取值范围为：当地址值是字节对齐时，其取值范围为–255 B～255 B；当地址值是字对齐时，其取值范围为–1020 B～1020 B。

例如：

```
LOOP   MOV   R0，#10            ; LOOP 为行标，指示某一行代码
ADR   R4，LOOP                 ; 将 LOOP 地址放入 R4(相对地址)
```

因为 PC 值为当前指令地址值加 8 字节，替换成 ADR 伪指令后将被编译器译为：

```
SUB R4，PC，0xC
NOP  (MOV R0，R0)
```

2) ADRL 伪指令——中等范围的地址读取

ADRL 可以比 ADR 伪指令读取更大范围的地址。在汇编编译器编译源程序时，ADRL 伪指令被编译器替换成两条合适的指令。若不能用两条指令实现，则产生错误，编译失败。

地址表达式 expression 的取值范围为：当地址值是字节对齐时，其取值范围为–64 KB～64 KB；当地址值是字对齐时，其取值范围为–256 KB～256 KB。

例如：

```
LOOP   MOV   R0，#10            ; LOOP 为行标，指示某一行代码
ADRL   R4，LOOP                ; 将 LOOP 地址放入 R4(相对地址)
```

因为 PC 值为当前指令地址值加 8 字节，替换成 ADRL 伪指令后将被编译器译为：

```
SUB   R4，PC，#0xC
NOP   (MOV R0，R0)
```

3) LDR 伪指令——大范围的地址读取

在汇编编译器编译源程序时，LDR 伪指令被编译器替换成一条合适的指令。若加载的常数未超出 MOV 或 MVN 的范围，则使用 MOV 或 MVN 指令代替该 LDR 伪指令，否则汇编器将常量放入文字池，并使用 LDR 指令从文字池读出常量。

例如：

```
LDR    R1，=0xFF              ; 将 0XFF 读取到 R1 中，
                             ; 编译后得到 MOV   R1，0xFF
```

例如：

```
LDR    R1，=ADDR            ; 将外部地址 ADDR 读取到 R1 中
```

汇编后将得到：

```
LDR   R1，[PC，OFFSET_TO_LPOOL]
  ⋮
LPOOL  DCD  ADDR
```

4．汇编控制伪指令

汇编控制伪指令用于控制汇编程序的执行流程。

1) IF、ELSE、ENDIF

格式：IF　逻辑表达式

　　　　指令序列 1

　　ELSE

指令序列 2

　　ENDIF

　　IF、ELSE、ENDIF 伪指令能根据条件的成立与否决定是否执行某个指令序列。当 IF 后面的逻辑表达式为真时，执行指令序列 1，否则执行指令序列 2。其中，ELSE 及指令序列 2 可以没有，此时，当 IF 后面的逻辑表达式为真时，执行指令序列 1，否则继续执行后面的指令。

　　IF、ELSE、ENDIF 伪指令可以嵌套使用。例如：

```
    GBLL    Test          ; 声明一个全局的逻辑变量，变量名为 Test
        ⋮
    IF     Test=TRUE
           指令序列 1
    ELSE
           指令序列 2
    ENDIF
```

2) WHILE、WEND

格式：WHILE　逻辑表达式

　　　　　　　指令序列

　　　　WEND

　　WHILE、WEND 伪指令能根据条件的成立与否决定是否循环执行某个指令序列。当 WHILE 后面的逻辑表达式为真时，执行指令序列。该指令序列执行完毕后，再判断逻辑表达式的值，若为真则继续执行，直到逻辑表达式的值为假。

　　WHILE、WEND 伪指令可以嵌套使用。例如：

```
    GBLA   Counter           ; 声明一个全局的数字变量，变量名为 Counter
Counter   SETA 3             ; 由变量 Counter 控制循环次数
        ⋮
    WHILE  Counter<10
           指令序列
    WEND
```

5．宏指令

1) MACRO、MEND

格式：MACRO

　　　　$标号　　宏名$参数 1，$参数 2，…

　　　　指令序列

　　　　MEND

　　MACRO、MEND 宏指令可以将一段代码定义为一个整体，然后在程序中通过宏指令多次调用该段代码。其中，在宏指令被展开时，$标号中的标号会被替换为用户定义的符号。宏指令可以使用一个或多个参数，当宏指令被展开时，这些参数被相应的值替换。

　　宏指令的使用方式和功能与子程序的相似，子程序可以提供模块化的程序设计，节省存储空间并提高运行速度。但在使用子程序结构时需要保护现场，从而增加了系统的开销；

因此，在代码较短且需要传递的参数较多时，可以使用宏指令代替子程序。

包含在 MACRO 和 MEND 之间的指令序列称为宏定义体，宏定义体的第一行应声明宏的原型(包含宏名、所需的参数)，然后就可以在汇编程序中通过宏名来调用该指令序列。在源程序被编译时，汇编器将宏调用展开，用宏定义中的指令序列代替程序中的宏调用，并将实际参数的值传递给宏定义中的形式参数。

MACRO、MEND 伪指令可以嵌套使用。

2) MEXIT

格式：　　　MEXIT

MEXIT 用于从宏定义中跳转出去。

6．其他常用的伪指令

除了以上介绍的伪指令，在汇编程序中还有一些其他经常会被使用的伪指令，这些常用的伪指令有 AREA、ALIGN、CODE16(或 CODE32)、ENTRY、END、EQU、EXPORT(或 GLOBAL)、IMPORT、EXTERN、GET(或 INCLUDE)、INCBIN、RN 及 ROUT。

1) AREA

格式：AREA　段名 属性 1，属性 2，…

用途：定义一个代码段或数据段。其中，若段名以数字开头，则该段名需要用"|"括起来，如 |1-test|。

属性字段表示该代码段(或数据段)的相关属性，多个属性用逗号分隔。常用的属性如下：

(1) 属性 CODE 用于定义代码段，默认为 READONLY。

(2) 属性 DATA 用于定义数据段，默认为 READWRITE。

(3) 属性 READONLY 指定本段为只读，代码段默认为 READONLY。

(4) 属性 READWRITE 指定本段为可读/可写，数据段的默认属性为 READWRITE。

(5) 属性 ALIGN 表示使用方式为 ALIGN 表达式。在默认时，ELF(可执行连接文件)的代码段和数据段是按字对齐的，表达式的取值范围为 0～31，相应的对齐方式为 2 的表达式次幂。

(6) 属性 COMMON 定义一个通用的段，不包括任何的用户代码和数据。各源文件中同名的 COMMON 段共享同一段存储单元。

一个汇编语言程序至少要包含一个段，当程序太长时，也可以将程序分为多个代码段和数据段。例如：

```
AREA  Init，CODE，READONLY        ；该伪指令定义了一个代码段，段名为 Init，属性为
                                 ；只读指令序列
```

2) ALIGN

格式：ALIGN　{表达式{，偏移量}}

用途：通过添加填充字节的方式，使当前位置满足一定的对齐方式。其中，表达式的值用于指定对齐方式，可能的取值为 2 的幂，如 1、2、4、8、16 等。若未指定表达式，则当前位置的对齐方式为 2 的表达式次幂加偏移量。例如：

```
AREA  Init，CODE，READONLY，ALIGN=3      ；指定后面的指令为 8 字节对齐指令序列
END
```

3) CODE16(或 CODE32)

格式：CODE16(或 CODE32)

用途：CODE16 伪指令通知编译器其后的指令序列为 16 位的 Thumb 指令；CODE32 伪指令通知编译器，其后的指令序列为 32 位的 ARM 指令。

若在汇编源程序中同时包括 ARM 指令和 Thumb 指令，则可用 CODE16 伪指令通知编译器其后的指令序列为 16 位的 Thumb 指令，用 CODE32 伪指令通知编译器其后的指令序列为 32 位的 ARM 指令。因此，在使用 ARM 指令和 Thumb 指令混合编程的代码里，可用这两条伪指令进行切换，但注意它们只通知编译器其后指令的类型，并不能进行状态的切换。例如：

```
        AREA   Init，CODE，READONLY
        ⋮
        CODE32                      ; 通知编译器其后的指令为 32 位的 ARM 指令
        LDR      R0，=NEXT+1        ; 将跳转地址放入寄存器 R0
        BX       R0                 ; 程序跳转到新的位置后执行，并将处理器切换到 Thumb 工作
                                    ; 状态
        ⋮
        CODE16                      ; 通知编译器其后的指令为 16 位的 Thumb 指令
        NEXT   LDR   R3，=0x3FF
        ⋮
        END                         ; 程序结束
```

4) ENTRY

格式：ENTRY

用途：指定汇编程序的入口点。在一个完整的汇编程序中至少要有一个 ENTRY(也可以有多个，当有多个 ENTRY 时，程序的真正入口点由链接器指定)。例如：

```
        AREA    Init，CODE，READONLY
        ENTRY                       ; 指定应用程序的入口点
        ⋮
```

5) END

格式：END

用途：用于通知编译器已经到了源程序的结尾。例如：

```
        AREA Init，CODE，READONLY
        ⋮
        END                         ; 指定应用程序的结尾
```

6) EQU

格式：名称　EQU　表达式{，类型}

用途：为程序中的常量、标号等定义一个等效的字符名称，类似于 C 语言中的"#define"。其中 EQU 可用"*"代替。

对于 EQU 伪指令定义的字符名称，当表达式为 32 位的常量时，可以指定表达式的数

据类型，有 CODE16、CODE32 及 DATA 三种类型。例如：

　　Test　EQU　50　　　　　　　; 定义标号 Test 的值为 50

　　Addr　EQU　0x55，CODE32　; 定义 Addr 的值为 0x55，且该处为 32 位的 ARM 指令

7) EXPORT(或 GLOBAL)

格式：EXPORT　标号{[WEAK]}

用途：在程序中声明一个全局的标号，该标号可在其他的文件中引用。EXPORT 可用 GLOBAL 代替。标号在程序中需区分大小写，[WEAK]选项声明其他的同名标号优先于该标号被引用。例如：

　　AREA　Init，CODE，READONLY

　　EXPORT　　　Stest　　　　　; 声明一个可全局引用的标号 Stest

　　⋮

　　END

8) IMPORT

格式：IMPORT　　标号{[WEAK]}

用途：通知编译器要使用的标号在其他的源文件中已定义，但将在当前源文件引用，而且无论当前源文件是否引用该标号，该标号均会被加入到当前源文件的符号表中。标号在程序中需区分大小写。[WEAK]选项表示当所有的源文件都没有定义这样一个标号时，编译器不给出错误信息，在多数情况下将该标号置为 0。若该标号为 B 或 BL 指令引用，则将 B 或 BL 指令置为 NOP 操作。例如：

　　AREA　Init，CODE，READONLY

　　IMPORT Main　; 通知编译器当前文件要引用标号 Main，且 Main 在其他源文件中已定义

　　⋮

　　END

9) EXTERN

格式：EXTERN　　标号{[WEAK]}

用途：通知编译器要使用的标号在其他的源文件中定义，但将在当前源文件引用，如果当前源文件不引用该标号，该标号就不会被加入到当前源文件的符号表中。标号在程序中需区分大小写，[WEAK]选项表示当所有的源文件都没有定义这样一个标号时，编译器也不给出错误信息，在多数情况下将该标号置为 0。若该标号为 B 或 BL 指令引用，则将 B 或 BL 指令置为 NOP 操作。例如：

　　AREA　Init，CODE，READONLY

　　EXTERN　　　Main　　　　　; 通知编译器当前文件要引用标号 Main，且 Main 在其他源文

　　　　　　　　　　　　　　　; 件中已定义

　　⋮

　　END

10) GET(或 INCLUDE)

格式：GET　文件名

用途：将一个源文件包含到当前的源文件中，并在当前位置对被包含的源文件进行汇

编处理。可以使用 INCLUDE 代替 GET。

汇编程序中常用的方法是在某源文件中定义一些宏指令，用 EQU 定义常量的符号名称；用 MAP 和 FIELE 定义结构化的数据类型；然后用 GET 伪指令将这个源文件包含到其他的源文件中。使用方法与 C 语言中的"include"相似。

GET 伪指令只能用于包含源文件。包含目标文件需使用 INCBIN 伪指令。例如：

```
AREA    Init，CODE，READONLY
GET     a1.s                ；通知编译器当前源文件包含源文件 a1.s
GET     C:\a2.s             ；通知编译器当前源文件包含源文件 C:\a2.s
⋮
END
```

11) INCBIN

格式：INCBIN   文件名

用途：将一个目标文件或数据文件包含到当前的源文件中，被包含的文件不作任何变动地存放在当前文件中，编译器从其后开始继续处理。例如：

```
AREA    Init，CODE，READONLY
INCBIN  a1.dat              ；通知编译器当前源文件包含文件 a1.dat
INCBIN  C:\ a2.txt          ；通知编译器当前源文件包含文件 C:\a2.txt
⋮
END
```

12) RN

格式：名称   RN   表达式

用途：给一个寄存器定义一个别名。采用这种方式可以方便程序员记忆该寄存器的功能。其中，名称为给寄存器定义的别名，表达式为寄存器的编码。例如：

```
Temp    RN    R0              ；给 R0 定义一个别名 Temp
```

13) ROUT

格式：{名称}ROUT

用途：给一个局部变量定义作用范围。当程序中未使用该伪指令时，局部变量的作用范围为所在的 AREA，而使用 ROUT 后，局部变量的作用范围为当前 ROUT 和下一个 ROUT 之间。

4.1.2 ARM 汇编语言的语句格式

ARM(Thumb)汇编语言的语句格式为

{标号} {指令或伪指令} {；注释}

在汇编语言程序设计中，一条指令的助记符可以全部用大写，也可以全部用小写，但不允许在一条指令中大小写混用。如果一条语句太长，可将该语句分为若干行来书写，在行的末尾用"\"表示下一行与本行为同一条语句。

1. 汇编语言程序中常用的符号

在汇编语言程序设计中，经常使用各种符号代替地址、变量和常量等，以增加程序的可读性。尽管符号的命名由编程者决定，但并不是任意的，必须遵守以下的约定：① 符号区分大小写，同名的大、小写符号会被编译器认为是两个不同的符号；② 符号在其作用范围内必须唯一；③ 自定义的符号名不能与系统的保留字相同；④ 符号名不应与指令或伪指令同名。

1) 程序中的变量

程序中的变量是指其值在程序的运行过程中可以改变的量。ARM(或Thumb)汇编程序所支持的变量有数字变量、逻辑变量和字符串变量。其中数字变量用在程序的运行中保存数字值，但需注意数字值的大小不应超过数字变量所能表示的范围；逻辑变量用于程序的运行中保存逻辑值，逻辑值只有真或假两种取值情况；字符串变量用于在程序的运行中保存一个字符串，但必须注意字符串的长度不应超过字符串变量所能表示的范围。

2) 程序中的常量

程序中的常量是指其值在程序的运行过程中不能被改变的量。ARM(或 Thumb)汇编程序所支持的常量有数字常量、逻辑常量和字符串常量。其中数字常量一般为 32 位的整数，当作为无符号数时，其取值范围为 $0\sim2^{32}-1$；当作为有符号数时，其取值范围为 $-2^{32}\sim2^{32}-1$。逻辑常量只有真或假两种取值情况。字符串常量为一个固定的字符串，一般用于程序运行时的信息提示。

3) 程序中的变量代换

程序中的变量可通过代换操作取得一个常量。代换操作符为"＄"。

如果在数字变量前面有一个代换操作符"＄"，编译器会将该数字变量的值转换为十六进制的字符串，并用该十六进制的字符串代换"＄"后的数字变量；如果逻辑变量前面有一个代换操作符"＄"，编译器会将该逻辑变量代换为它的取值(真或假)；如果字符串变量前面有一个代换操作符"＄"，编译器会用该字符串变量的值代换"＄"后的字符串变量。例如：

```
LCLS    S1                          ；定义局部字符串变量 S1 和 S2
LCLS    S2
S1      SETS    "Test! "
S2      SETS    "This is a ＄ S1"   ；字符串变量 S2 值为"This is a Test!"
```

2. 汇编语言程序中的表达式和运算符

在汇编语言程序设计中，经常使用各种表达式。表达式一般由变量、常量、运算符和括号构成。常用的表达式有数字表达式、逻辑表达式及字符串表达式 3 种。其运算顺序遵循如下优先级：① 优先级相同的双目运算符的运算顺序从左到右；② 相邻的单目运算符的运算顺序为从右到左，且单目运算符的优先级高于其他运算符；③ 括号运算符的优先级最高。

1) 数字表达式及运算符

数字表达式一般由数字常量、数值变量、数字运算符和括号构成。与数字表达式相关的运算符有算术运算符、移位运算符和按位逻辑运算符。

(1) 算术运算符。数字表达式中的算术运算符有"+"、"-"、"*"、"/"及"MOD"，分别代表加、减、乘、除及取余数运算。以 X 和 Y 表示两个数字表达式，这些算术运算符代表的运算如下：X + Y 表示 X 与 Y 的和；X-Y 表示 X 与 Y 的差；X*Y 表示 X 与 Y 的乘积；

X/Y 表示 X 与 Y 的商；X MOD Y 表示 X 除以 Y 的余数。

(2) 移位运算符。数字表达式中的移位运算符有"ROL"、"ROR"、"SHL"及"SHR"。以 X 和 Y 表示两个数字表达式，这些移位运算符代表的运算如下：X：ROL：Y 表示将 X 循环左移 Y 位；X：ROR：Y 表示将 X 循环右移 Y 位；X：SHL：Y 表示将 X 左移 Y 位；X：SHR：Y 表示将 X 右移 Y 位。

(3) 按位逻辑运算符。数字表达式中的按位逻辑运算符有"AND"、"OR"、"NOT"及"EOR"。以 X 和 Y 表示两个数字表达式，以上的按位逻辑运算符代表的运算如下：X：AND：Y 表示将 X 和 Y 按位作逻辑与；X：OR：Y 表示将 X 和 Y 按位作逻辑或；NOT：Y 表示将 Y 按位作逻辑非；X：EOR：Y 表示将 X 和 Y 按位作逻辑异或。

2) 逻辑表达式及运算符

逻辑表达式一般由逻辑量、逻辑运算符和括号构成，其表达式的运算结果为真或假。与逻辑表达式相关的运算符如下：

(1) "="、">"、"<"、">="、"<="、"/="、"<>"运算符。以 X 和 Y 表示两个逻辑表达式，以上的运算符代表的运算如下：X=Y 表示 X 等于 Y；X>Y 表示 X 大于 Y；X<Y 表示 X 小于 Y；X>=Y 表示 X 大于等于 Y；X<=Y 表示 X 小于等于 Y；X/=Y 和 X<>Y 均表示 X 不等于 Y。

(2) "LAND"、"LOR "、"LNOT"及"LEOR"运算符。以 X 和 Y 表示两个逻辑表达式，以上的逻辑运算符代表的运算如下：X：LAND：Y 表示将 X 和 Y 作逻辑与；X：LOR：Y 表示将 X 和 Y 作逻辑或；LNOT：Y 表示将 Y 作逻辑非；X：LEOR：Y 表示将 X 和 Y 作逻辑异或。

3) 字符串表达式及运算符

字符串表达式一般由字符串常量、字符串变量、运算符和括号组成。编译器所支持的字符串的最大长度为 512 字节。常用的与字符串表达式相关的运算符如下：

(1) LEN 运算符。LEN 运算符返回字符串的长度(字符数)。以 X 表示字符串表达式，其语法格式如下：

　　: LEN: X

(2) CHR 运算符。CHR 运算符将 0～255 之间的整数转换为一个字符，以 M 表示某一个整数，其语法格式如下：

　　: CHR: M

(3) STR 运算符。STR 运算符将一个数字表达式或逻辑表达式转换为一个字符串。对于数字表达式，STR 运算符将其转换为以十六进制数组成的字符串；对于逻辑表达式，STR 运算符将其转换为字符串 T 或 F，其语法格式如下：

　　: STR: X

其中 X 为一个数字表达式或逻辑表达式。

(4) LEFT 运算符。LEFT 运算符返回某个字符串左端的一个字串，其语法格式如下：

　　X: LEFT: Y

其中 X 为源字符串，Y 为一个整数，表示要返回的字符个数。

(5) RIGHT 运算符。与 LEFT 运算符相对应，RIGHT 运算符返回某个字符串右端的一个字串，其语法格式如下：

　　　　X：RIGHT：Y

其中 X 为源字符串，Y 为一个整数，表示要返回的字符个数。

　　(6) CC 运算符。CC 运算符用于将两个字符串连接成一个字符串，其语法格式如下：

　　　　X：CC：Y

其中 X 为源字符串 1，Y 为源字符串 2，CC 运算符将 Y 连接到 X 后面。

　　4) 与寄存器和程序计数器(PC)相关的表达式及运算符

　　常用的与寄存器和程序计数器(PC)相关的表达式及运算符如下：

　　(1) BASE 运算符。BASE 运算符返回基于寄存器的表达式中寄存器的编号，其语法格式如下：

　　　　：BASE：X

其中 X 为与寄存器相关的表达式。

　　(2) INDEX 运算符。INDEX 运算符返回基于寄存器的表达式中相对于其基址寄存器的偏移量，其语法格式如下：

　　　　：INDEX：X

其中，X 为与寄存器相关的表达式。

　　5) 其他常用运算符

　　(1) "？" 运算符。"？" 运算符返回某代码行所生成的可执行代码的长度，如 "？X" 表示定义符号 X 的代码行所生成的可执行代码的字节数。

　　(2) DEF 运算符。DEF 运算符判断是否定义某个符号，如 DEF：X 表示如果符号 X 已经定义，则结果为真；否则为假。

4.1.3　ARM 汇编语言的程序结构

　　基于 ARM 的汇编语言程序设计的基本方法与其他语言一样，可分为顺序程序设计、分支程序设计及循环程序设计。由于许多程序语言课程对此均介绍得比较透彻，因此本书中不再展开讨论。本节的重点在于了解 ARM 汇编语言的基本程序结构、ARM 汇编语言程序的调用方法以及与 C 语言进行混合编程的方法。

1. 汇编语言的程序结构

　　在 ARM(Thumb)汇编语言程序中，以程序段为单位组织代码。段是相对独立的指令或数据序列，具有特定的名称。段可以分为代码段和数据段，代码段的内容为执行代码；数据段存放运行时需要用到的数据。一个汇编程序至少要有一个代码段。当程序较长时，可以分割为多个代码段和数据段，多个段在程序编译链接时最终形成一个可执行的映像文件。

　　可执行映像文件通常由以下几部分构成：

　　(1) 一个或多个代码段，代码段的属性为只读。

　　(2) 零个或多个包含初始化数据的数据段，数据段的属性为可读写。

　　(3) 零个或多个不包含初始化数据的数据段，数据段的属性为可读写。

　　链接器根据系统默认或用户设定的规则将各个段安排在存储器中的相应位置。因此源程序中段之间的相对位置与可执行的映像文件中段的相对位置一般不会相同。

以下是一个汇编语言的程序基本结构：

```
AREA    Init，  CODE，  READONLY
ENTRY
START
LDR     R0，=0x3FF5000
LDR     R1，#0xFF
STR     R1，[R0]
LDR     R0，=0x3FF5008
LDR     R1，0x01
STR     R1，[R0]
    ⋮
END
```

在汇编语言程序中，用 AREA 伪指令定义一个段，并说明所定义段的相关属性，以上程序段中定义了一个名为 Init 的代码段，属性为只读。ENTRY 伪指令标识程序的入口点，接下来为指令序列。程序的末尾为 END 伪指令，该伪指令告诉译码器源文件的结束，每一个汇编程序段都必须有一条 END 伪指令，指示代码段的结束。

2．汇编语言的子程序调用

在 ARM 汇编语言程序中，子程序的调用一般是通过 BL 指令来实现的，其格式如下：

```
BL   子程序名
```

该指令完成如下操作：将子程序的返回地址存放在连接寄存器(LR)中，同时将程序计数器(PC)指向子程序的入口点。当子程序执行完毕需要返回调用处时，只需要将存放在 LR 中的返回地址重新拷贝给 PC 即可。在调用子程序的同时，也可以完成参数的传递和接收子程序返回运算的结果，通常可以使用寄存器 R0 至 R3 完成。

4.2　ARM 嵌入式 C 语言程序设计基础

C 语言是一种结构化的程序设计语言，它的优点是运行速度快、编译效率高、移植性好和可读性强。C 语言具有简单的语法结构和强大的处理功能，并可方便地实现对硬件的直接操作。C 语言支持模块化程序设计结构，支持自顶向下的结构化程序设计方法。因此 C 语言编写的应用软件可大大提高软件的可读性、缩短开发周期、便于系统的改进和扩充，这为开发大规模、高性能和高可靠性的应用系统提供了基本保证。

嵌入式 C 语言程序设计利用基本的 C 语言知识、面向嵌入式工程的实际应用来进行程序设计。嵌入式 C 语言程序设计首先是 C 语言程序设计，所以必须符合 C 语言基本语法；其次又是面向嵌入式的应用，因此就要利用 C 语言基本知识开发出面向嵌入式的应用程序。如何能够在嵌入式系统开发中熟练、正确地运用 C 语言开发出高质量的应用程序，是学习嵌入式程序设计的基础。

4.2.1　嵌入式 C 语言程序设计基础

1. C 语言的"预处理伪指令"在嵌入式程序设计中的应用

在 C 语言源程序中常常加入一些"预处理命令",这样可以改进程序设计环境和提高编程效率。它虽然写在源程序中,但不产生程序代码,因此称为预处理伪指令。

C 语言的所有预处理伪指令都以 # 号开头,以区别于源文件中的语句行与说明行。预处理伪指令有以下三种:文件包含、宏定义和条件编译。

预处理伪指令有以下特点:把文件的正文替换进来,如标准头文件和自定义头文件;对宏定义进行宏扩展,减少了编程量,改进了源程序的可读性;条件编译改善了编程的灵活性,也改善了可移植性。

1) 文件包含伪指令

文件包含伪指令可将头文件包含到程序中。头文件中定义的内容包括符号常量、复合变量原型、用户定义的变量类型原型和函数的原型说明等。

指令格式如下:

　　　#include <头文件名.h>　　　　　　;标准头文件

　　　#include "头文件名.h"　　　　　　;用户自定义头文件

　　　#include 宏标识符

文件包含伪指令的标准头文件定义举例如下:

　　　#include <string. h >　　　　　　;标准头文件

　　　#include <stdio. h >　　　　　　;标准头文件

本例中,string.h 和 stdio.h 是标准头文件,按环境变量 include 指定的目录顺序搜索 string.h 和 stdio.h。

例如,用户自定义头文件的定义:

　　　#include"44blib.h"　　　　　　;用户自定义头文件

　　　#include"44b.h"　　　　　　;用户自定义头文件

　　　#include"rtc.h"　　　　　　;用户自定义头文件

　　　#include".. /Lcd_Test/bmp.h"　　　　;用户自定义头文件

　　　⋮

本例中用户自定义头文件 44blib. h 和 44b.h 用于定义 44B0X 芯片及其外围接口的硬件资源,有关头文件的具体内容略。

2) 宏定义伪指令

(1) 简单宏。定义格式为"# define 宏标识符　宏体"。在定义宏时应尽量避免使用 C 语言的关键字和预处理器的预定义宏。

(2) 参数宏。定义格式为"# define 宏标识符(形式参数表)　宏体"。使用参数宏时,形式参数表应换为同样个数的实参数表,这一点类似函数的调用。

(3) 条件宏定义。先测试是否定义过某个宏标识符,然后决定如何处理。其定义形式如表 4.2 所示。

表 4.2　条件宏定义的两种形式

测试存在条件宏定义	测试不存在条件宏定义
# ifdef　宏标识符 　　# undef　宏标识符 　　# define　宏标识符　　宏体 else 　　# define 宏标识符　　宏体 # endif	# ifndef　宏标识符 　　# define　宏标识符　　宏体 else 　　# undef　宏标识符 　　# define　宏标识符　　宏体 # endif

(4) 宏释放。用于释放原先定义的宏标识符。经释放后的宏标识符可再次用于定义其他宏体。其定义格式为"# undef　宏标识符"。

3) 条件编译伪指令

条件编译伪指令是写给编译器的，指示编译器在满足某一条件时仅编译源文件中与之相应的指令。其格式如下：

```
#if(条件表达式 1)
   ⋮
#elif(条件表达式 2)
   ⋮
#elif(条件表达式 n)
   ⋮
#else
   ⋮
#endif
```

2. 嵌入式程序设计中的函数及函数库

一个较大的 C 语言程序一般由一个主函数和若干个子程序组成，每个函数实现一个特定的功能。为了减轻编程工作量，通常将一些常用的功能函数放在函数库中供公共使用。

1) 函数的定义格式

　　[存储格式说明符]　类型说明符　[修饰符]　标识符(参数表) {函数体}

其中：

· 存储格式说明符有：static——静态存储类型，extern——外部存储类型(全局)两种。

· 类型说明符有：char、unsigned char、int、unsigned、long、unsigned long、float、double、long double、struct、union、void 等几种。若函数返回的是指针，则在函数名前加"*"。

· 标识符有：函数名，*函数名——返回值是指针，(*函数名)——函数指针，*(*函数名)——标识符和返回值都是指针。

· 修饰符有：interrupt——中断函数，其返回类型和参数均必须为 void；near——近调用(16 位段内地址)；far——远调用(32 位段间地址)；huge——规范化调用(32 位段间规范地址)等几种。

2) 函数库介绍

以前面已提到的用户自定义头文件"44blib.h"为例进行说明。该头文件对程序开发中所用到的函数进行了声明，这些函数构成了一个基本函数库 44blib.c，用于用户的程序开发，它不属于标准的 C 语言。图 4.1 是 44blib.c 文件的代码结构图。从该图可以看出用户如何根据开发板的硬件及功能模块来编写自定义函数库。

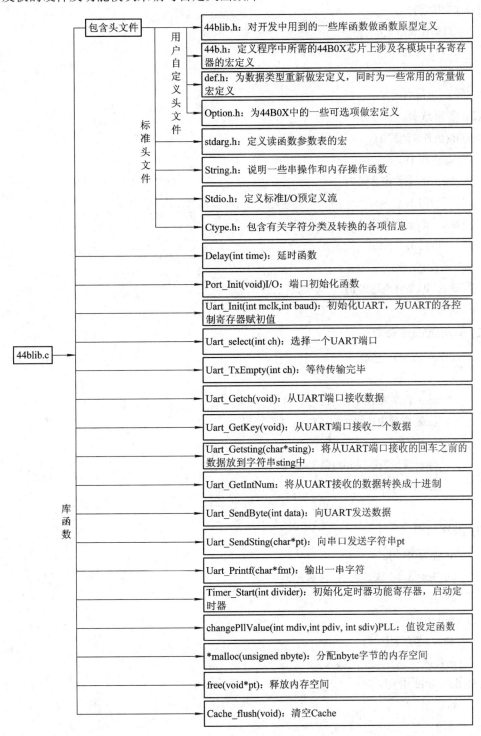

图 4.1　44blib.c 文件的代码结构图

3. 嵌入式程序设计中常用的 C 语言语句

1) if 条件语句

(1) 两重选择。

```
if (条件表达式)
    语句 1;
else
    语句 2;
```

(2) 多重选择。

```
if (条件表达式 1)
    语句 1;
else   if (条件表达式 2)
    语句 2;
else   if (条件表达式 3)
    语句 3;
        ⋮
else   if (条件表达式 n)
语句 n;
```

2) switch/case 语句

```
switch(开关表达式)
{
    case  常量表达式 1：[语句 1；]
    case  常量表达式 2：[语句 2；]
        ⋮
    case  常量表达式 n：[语句 n；]
    default：[语句 n+1；]
}
```

3) 循环语句

(1) for 循环语句。

```
for(表达式 1；表达式 2；表达式 3)
语句;
```

(2) while 语句。

```
whlie (条件表达式)
语句;
```

(3) do while 语句。

```
do
语句;
whlie (条件表达式);
```

4. 嵌入式程序设计中 C 语言的变量、数组、结构和联合

1) 变量

定义格式为：

　　　　[存储类型] 类型说明符 [修饰符] 标识符 [=初值] [，标识符[=初值]]…；

其中：

• 类型说明符。对于数字与字符，其类型共有 9 种：char、unsigned char、int、unsigned、long、unsigned long、float、double、long double。通过 typedef 来定义类型的别名。

• 标识符。变量是不带"*"的标识符；指针是带有"*"的标识符。

• 存储类型。auto——自动存储类型，是局部变量；register——寄存器存储类型；extern——外部存储类型；static——静态存储类型。

• 赋初值部分。若初值缺省，则 auto 存储类型和 register 存储类型的变量为随机值；static 存储类型的变量被编译器自动清 0；对于指针，无论什么存储类型，一律为空指针(Null)。

• 修饰符。const——常量修饰符，指示被修饰的变量或变量指针是常量；volatile——易失性修饰符，说明所定义的变量或指针是可以被多种原因修改的，为防止丢失任何一次这种修改，就要把变量修饰为易失性的；near、far——近、远修饰符用于说明访问内存中变量在位置上的远近。

2) 数组说明

数组说明的格式为：

　　　　[存储类类型]　类型说明符　[修饰符]　标识符[=初始值] [，标识符[=初始值]]...；

(1) 一维数组。定义格式为：

　　　　类型说明符　标识符 [常量表达式] [={初值，初值，…}]；char 标识符 [ ] = "字符串"；

(2) 一维指针数组和一维数组指针。一维指针数组定义格式为：

　　　　类型说明符　*标识符[常量表达式] [={地址，地址…}]；

一维数组指针定义格式为：

　　　　类型说明符　(*标识符)[ ][=数组标识符]；

(3) 二维数组。定义格式为：

　　　　类型说明符　标识符[m][n] [={{初值表}，{初值表}…}]；

(4) 二维指针数组。定义格式为：

　　　　类型说明符　*标识符[m][n] [={{地址表}，{地址表}}]；

(5) 二维数组指针。定义格式为：

　　　　类型说明符　(*标识符)[ ][n][=数组标识符]；

(6) 多重指针。定义格式为：

　　　　类型标识符　**标识符[=&指针]；

3) 结构说明

(1) 原型法。

方法一：声明结构类型的同时定义变量名，其定义格式如下：

　　　　[存储类说明符] struct [结构原型名]

　　　　　　　　{　类型说明符[，标识符…]；

$$类型说明符[，标识符…];$$
$$\vdots$$
$$\}　标识符[=\{初值表\}][,标识符\{=\{初值表\}…\}]$$

方法二：先声明结构类型，再定义变量名，其定义格式如下：

　　struct　结构原型名

　　{ 类型说明标识符[，标识符…];
$$\vdots$$
　　}

　　[存储类说明符] 结构原型名 标识符[={初值表}][,标识符{={初值表}…}];

(2) 类型别名法。先为结构原型名起别名，再用别名做定义说明，其格式如下：

　　typedef　struct[结构原型名]

　　　{ 　类型说明符　标识符[, 标识符…];

　　　　 类型说明符　标识符[, 标识符…];
$$\vdots$$
　　　} 结构别名

　　[存储类说明符] 结构别名 标识符[={初值表}][,标识符{={初值表}…}];

4) 联合说明

联合是在内存中定义的一段多种类型数据所共享的空间，空间的大小以最长的类型为准。

(1) 声明联合类型的同时定义变量名。其定义格式如下：

　　[存储类说明符]union[联合原型名]

　　　 {类型说明符　标识符[, 标识符…];

　　　　 类型说明符　标识符[, 标识符…];
$$\vdots$$
　　　 }标识符={初值表}[, 标识符[={初值表}]…}

(2) 先声明联合类型，再定义变量名。其定义格式如下：

　　union 结构原型名

　　{类型说明标识符{, 标识符…};
$$\vdots$$
　　}

　　[存储类说明符] union 结构原型名 标识符[={初值表}][,标识符{={初值表}…}];

4.2.2　嵌入式 C 语言程序设计结构

下面以 S3VCE40 开发板各功能模块的整个测试程序为例，介绍基于 ARM 的嵌入式 C 语言程序设计结构。图 4.2 是 S3VCE40 开发板各功能模块的测试主程序组成结构图。从图 4.2 可以看出一个完整且成功的主文件包括以下组成部分：① 头文件：用#include 指令将本文件所用到的头文件包含到该程序中；② 函数声明：将本文件中定义的函数进行函数声明；

③ 各种类型的变量、数组定义：定义本文件中用到的各种类型的外部变量及数组；④ 本文件中各个函数代码的定义，其中必须包括一个主函数 main()。

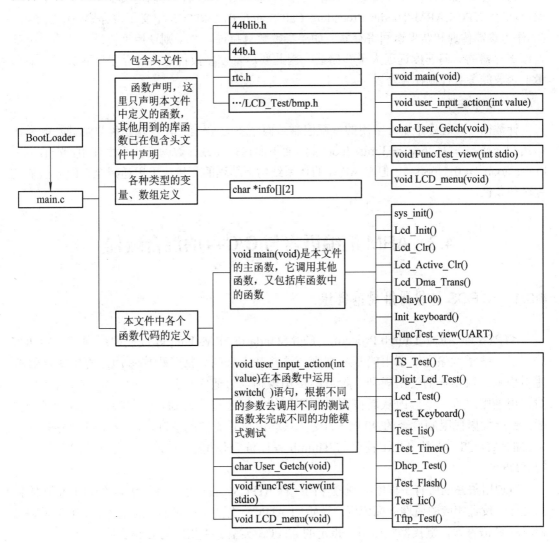

图 4.2　S3VCE40 开发板各功能模块的测试主程序组成结构图

4.2.3　嵌入式 C 语言程序设计技巧

开发高效率的程序涉及很多方面，包括编程风格、算法实现、针对目标的特殊化等。尤其是嵌入式高级语言的编程要结合具体的硬件开发环境和软件开发环境，并在一些高级引用中结合操作系统来进行开发。

1．变量定义

在声明变量时，最好把所有相同类型的变量放在一块定义，这样可以优化存储器布局。变量定义中，为了精简程序，程序员总是竭力避免使用冗余变量。

2. 参数传递

为了使单独编译的 C 语言程序和汇编程序能够相互调用，人们定义了统一的函数过程调用标准 ATPCS(ARM-Thumb Procedure Call Standard)。ATPCS 定义了寄存器组中的 R0～R3 作为参数传递和结果返回寄存器。如果参数数目超过 4 个，则使用堆栈进行传递。由于内部寄存器的访问速度远远大于存储器，因此要尽量使参数传递在寄存器里面进行，即尽量把函数的参数控制在 4 个以下。

3. 循环条件

计数循环是程序中十分常用的流程控制结构。在 C 语言中，常用这种累加计数的循环形式：for (loop = 1; loop <= limit; loop++)，而下面这种递减计数的方法很少使用：for (loop= limit; loop != 0; loop--)。但在 ARM 的体系结构下编程的，建议采用递减至 0 的方法来设置循环条件。

4.3　ARM 汇编语言与 C/C++的混合编程

4.3.1　ATPCS 过程调用规范概述

ATPCS 即 ARM-Thumb Procedure Call Standard(ARM-Thumb 过程调用规范)。ATPCS 规定了一些子程序之间调用的基本规则，这些基本规则包括子程序调用过程中寄存器的使用规则、数据栈的使用规则、参数的传递规则。为适应一些特定的需要，对这些基本的调用规则进行一些修改从而得到几种不同的子程序调用规则。这些特定的调用规则包括：支持数据栈限制检查的 ATPCS、支持只读段位置无关的 ATPCS、支持可读写段位置无关的 ATPCS、支持 ARM 程序与 Thumb 程序混合使用的 ATPCS、支持处理浮点运算的 ATPCS。

有调用关系的所有子程序必须遵守同一种 ATPCS。编译器或者汇编器在 ELF 格式的目标文件中设置相应的属性以标识用户选定的 ATPCS 类型。对应不同类型的 ATPCS 规则有相应的 C 语言库，链接器根据用户指定的 ATPCS 类型链接相应的 C 语言库。

使用 ADS 的 C 语言编译器编译的 C 语言子程序满足用户指定的 ATPCS 类型。而对于汇编语言程序来说，完全依赖用户来保证各子程序满足选定的 ATPCS 类型。具体来说，汇编语言子程序必须满足下面三个条件：在子程序编写时必须遵守相应的 ATPCS 规则；数据栈的使用要遵守 ATPCS 规则；在汇编编译器中使用-apcs 选项。

1. 基本 ATPCS

基本 ATPCS 规定了子程序调用时的一些基本规则，包括以下三个方面的内容：各寄存器的使用规则及其相应的名字、数据栈的使用规则、参数传递的规则。相对于其他类型的 ATPCS，满足基本 ATPCS 的程序的执行速度更快，所占用的内存更少。但是它不能提供以下的支持：ARM 程序和 Thumb 程序的相互调用、数据以及代码的位置无关、子程序的可重入性、数据栈的支持检查。而派生的其他几种特定的 ATPCS 则是在基本 ATPCS 的基础上再添加其他的规则而形成的，其目的就是提供上述的功能。

1) 寄存器的使用规则

ATPCS 中定义的寄存器如表 4.3 所示，其使用规则如下：

(1) 子程序通过寄存器 R0～R3 来传递参数。这时寄存器可以记作 A0～A3，被调用的程序在返回前无须恢复寄存器 R0～R3 的内容。

(2) 在子程序中，使用 R4～R11 来保存局部变量。这时寄存器 R4～R11 可以记作 V1～V8。如果在子程序中使用到 V1～V8 的某些寄存器，子程序进入时必须保存这些寄存器的值，在返回前必须恢复这些寄存器的值，对于子程序中没有用到的寄存器则不必执行这些操作。在 Thumb 程序中，通常只能使用寄存器 R4～R7 来保存局部变量。

(3) 寄存器 R12 用作子程序间的临时过渡寄存器，记作 IP。在子程序的链接代码段中经常会有这种使用规则。

(4) 寄存器 R13 用作数据栈指针，记作 SP。在子程序中寄存器 R13 不能用作其他用途。寄存器 SP 进入子程序时的值和退出子程序时的值必须相等。

(5) 寄存器 R14 用作链接寄存器，记作 LR。它用于保存子程序的返回地址。如果在子程序中保存了返回地址，则 R14 可用作其他的用途。

(6) 寄存器 R15 是程序计数器，记作 PC。它不能用作其他用途。

(7) ATPCS 中的各寄存器在 ARM 编译器和汇编器中都是预定义的。

表 4.3　ATPCS 中定义的寄存器

寄存器	R0	R1	R2	R3	R4	R5	R6	R7	R8	R9	R10	R11	R12	R13	R14	R15
ATPCS 名称	A1	A2	A3	A4	V1	V2	V3	V4	WR	V5	V6	SB	V7	SL	V8	FP
备 注	R0～R3 用于传递参数，R0 用于返回值；R4～R11：通用变量寄存器；R12：用作过程调用中间临时过渡寄存器 IP；R13：堆栈指针；R14：链接寄存器；R15：PC。另外 R9、R10 还有一个特殊作用，分别记为静态基址寄存器 SB、数据栈限制指针 SL 和帧指针 FP。															

2) 数据栈的使用规则

栈指针通常可以指向不同的位置。当栈指针指向栈顶元素时，称为 FULL 栈。当栈指针指向与栈顶元素相邻的一个元素时，称为 Empty 栈。数据栈的增长方向也可以不同，当数据栈向内存减小的地址方向增长时，称为 Descending 栈；当数据栈向着内存地址增加的方向增长时，称为 Ascending 栈。综合这两种特点可以有以下 4 种数据栈，即 FD、ED、FA、EA。ATPCS 规定数据栈为 FD 类型，且对数据栈的操作是 8 字节对齐的。下面是与数据栈相关的名词。

(1) 数据栈指针(stack pointer)：指向最后一个写入栈的数据的内存地址。

(2) 数据栈的基地址(stack base)：指数据栈的最高地址。由于 ATPCS 中的数据栈是 FD 类型的，因此实际上数据栈中最早入栈数据占据的内存单元是基地址的下一个内存单元。

(3) 数据栈界限 (stack limit)：数据栈中可以使用的最低的内存单元地址。

(4) 已占用的数据栈(used stack)：数据栈的基地址和数据栈栈指针之间的区域。其中包括数据栈栈指针对应的内存单元。

(5) 数据栈中的数据帧(stack frames)：在数据栈中，为子程序分配的用来保存寄存器和局部变量的区域。

异常中断的处理程序可以使用被中断程序的数据栈，这时用户要保证中断的程序数据栈足够大。使用 ADS 编译器产生的目标代码中包含了 DRFAT2 格式的数据帧。在调试过程中，调试器可以使用这些数据帧来查看数据栈中的相关信息。而对于汇编语言来说，用户必须使用 FRAME 伪操作来描述数据栈中的数据帧。ARM 汇编器根据这些伪操作在目标文件中产生相应的 DRFAT2 格式的数据帧。

在 ARMv5TE 中，批量传送指令 LDRD/STRD 要求数据栈是 8 字节对齐的，以提高数据的传送速度。用 ADS 编译器产生的目标文件中，外部接口的数据栈都是 8 字节对齐的，并且编译器将告诉链接器，本目标文件中的数据栈是 8 字节对齐的。而对于汇编程序来说，如果目标文件中包含了外部调用，则必须满足以下条件：外部接口的数据栈一定是 8 字节对齐的，也就是要保证在进入该汇编代码后，直到该汇编程序调用外部代码之前，数据栈的栈指针变化为偶数个字；在汇程序中使用 PRESERVE8 伪操作告诉链接器所汇编的程序是 8 字节对齐的。

3) 参数的传递规则

根据参数个数是否固定，可以将子程序分为参数个数可变的子程序和参数个数固定的子程序。这两种子程序的参数传递规则是不同的。

(1) 参数个数可变的子程序参数传递规则。对于参数个数可变的子程序，当参数不超过 4 个时，可以使用寄存器 R0～R3 来进行参数传递；当参数超过 4 个时，还可以使用数据栈来传递参数。在参数传递时，将所有参数看做是存放在连续的内存单元中的字数据。然后，依次将各字数据传送到寄存器 R0、R1、R2、R3；如果参数多于 4 个，将剩余的字数据传送到数据栈中，入栈的顺序与参数顺序相反，即最后一个字数据先入栈。按照上面的规则，一个浮点型参数可以通过寄存器传递，也可以通过数据栈传递，也可以一半通过寄存器传递，另一半通过数据栈传递。

(2) 参数个数固定的子程序参数传递规则。对于参数个数固定的子程序，参数传递与参数个数可变的子程序参数传递规则不同。如果系统包含浮点运算的硬件部件，浮点参数将按照下面的规则传递：各个浮点参数按顺序处理；为每个浮点参数分配 FP 寄存器。分配的方法是满足该浮点参数需要的且编号最小的一组连续的 FP 寄存器，第 1 个整数参数通过寄存器 R0～R3 来传递，其他参数通过数据栈传递。

(3) 子程序结果返回规则。

- 当结果为一个 32 位的整数时，可以通过寄存器 R0 返回。
- 当结果为一个 64 位的整数时，可以通过 R0～R1 返回，以此类推。
- 当结果为一个浮点数时，可以通过浮点运算部件的寄存器 F0、D0 或者 S0 来返回。
- 当结果为一个复合的浮点数时，可以通过寄存器 F0～Fn 或者 D0～Dn 来返回。
- 对于位数更多的结果，需要通过调用内存来传递。

2. 支持 ARM 程序和 Thumb 程序混合使用的 ATPCS

在编译或汇编时，使用 interwork 告诉编译器或汇编器生成的目标代码遵守支持 ARM 程序和 Thumb 程序混合使用的 ATPCS。它用在以下场合：程序中存在 ARM 程序调用 Thumb

程序的情况；程序中存在 Thumb 程序调用 ARM 程序的情况；需要链接器来进行 ARM 状态和 Thumb 状态切换的情况。在下述情况下使用选项 nointerwork：程序中不包含 Thumb 程序；用户自己进行 ARM 程序和 Thumb 程序的切换。需要注意的是：在同一个 C/C++程序中不能同时有 ARM 指令和 Thumb 指令。

4.3.2　汇编语言与 C/C++的混合编程

在应用系统的程序设计中，若所有的编程任务都用汇编语言来完成，其工作量是可想而知的，同时不利于系统升级或应用软件移植。事实上，ARM 体系结构支持 C/C+与汇编语言的混合编程，在一个完整的程序设计当中，除了初始化部分用 ARM 汇编语言完成以外，其主要的编程任务一般都用 C/C++完成。

ARM 汇编语言与 C/C++的混合编程通常用以下几种方式：

(1) 在 C/C++代码中嵌入汇编指令。

(2) 在汇编程序和 C/C++的程序之间进行变量的互访。

(3) 汇编程序、C/C++程序间的相互调用。

在以上的几种混合编程技术中，必须遵守一定的调用规则，如物理寄存器的使用、参数的传递等，这对于初学者来说无疑显得过于繁琐。在实际的编程设计中，使用较多的方式是：程序的初始化部分用汇编语言完成，然后用 C/C++完成主要的编程任务；程序在执行时首先完成初始化过程，然后跳转到 C/C++程序代码中。汇编程序和 C/C++程序之间一般没有参数的传递，也没有频繁的相互调用，因此，整个程序的结构显得相对简单，容易理解。

1. 从汇编程序访问 C 全局变量

在使用嵌入式汇编时，有可能涉及汇编程序和 C/C++程序之间的数据传递问题，怎样从嵌入式汇编程序中获取访问 C/C++程序中的全局变量？在通常情况下，可以访问全局变量的地址单元。要访问一个全局变量，应该先使用 IMPORT 伪指令引入这个全局变量，并利用 LDR 和 STR 指令根据全局变量的地址访问它们。对于不同类型的变量，需要采用不同选项的 LDR 和 STR 指令。

以下例子是一个汇编代码的函数，它读取全局变量 globval，将其加 1 后写回。

```
    AREA globals，CODE，READONLY    ; 声明代码段 globals，只读属性
    EXPORT asmsubroutine              ; 可以被外部引用
    IMPORT globval                    ; 声明引用外部变量 globval
asmsubroutine
    LDR    R1，= globval              ; 加载变量地址
    LDR    R0，[R1]                   ; 读出数据
    ADD    R0，R0，#1                ; 加 1 操作
    STR    R0，[R1]                   ; 保存变量
    MOV    PC，LR                     ; 返回调用处
    END
```

2. 汇编程序调用 C 程序

汇编程序的设计要遵守基本的 ATPCS 规则，以便正确使用数据栈和预定义的寄存器。在汇编语言程序中应该使用 IMPORT 伪操作来声明要引用的 C 语言程序，并通过 BL 指令来调用子程序。

以下是汇编语言程序调用 C 程序的示例，即汇编语言调用 C 语言程序所写的函数 g，以求出 5 个特定整数的和。

```
// 在 C 语言程序中，g()返回 5 个整数 a、b、c、d、e 的和
int g(int a，int b，int c，int d，int e)
{
    return a+b+c+d+e;
}
```

在下面的汇编语言程序中，调用 C 程序计算 5 个整数 R0、2R0、3R0、4R0、5R0 的和：

```
EXPORT f                    ; 声明 f 可以被外部引用
AREA   f，CODE，READONLY     ; 声明代码段 f，只读属性
IMPORT g                    ; 声明引用函数 g()
STR    LR，[SP，# -4] !       ; 保存返回地址
ADD    R1，R0，R0            ; R1=2R0
ADD    R2，R1，R0            ; R2=3R0
ADD    R3，R1，R2            ; R3=5R0
STR    R3，[SP，# -4]!        ; 把 R3=5R0 存储在数据栈中
ADD    R3，R1，R1            ; R3=4R0
BL     g                    ; 调用 C 程序 g()
ADD  SP，SP，#4              ; 使数据栈指针指向返回地址，准备返回
LDR   PC，[SP]，#4            ; 返回
END
```

3. C 程序调用汇编程序

在 C 语言程序中调用汇编语言程序的方法是使用 EXTERN 关键词，以声明该汇编程序。在汇编程序中使用 EXPORT 伪指令声明该程序段可以被其他程序引用。下面是一个 C 程序调用汇编程序的例子，其中汇编程序 strcopy 把 R1 指向的数据复制到 R0 指向的地址中去，这个数据的最后一个数据是 0，C 程序调用 strcopy 完成数据块复制工作。

```
//C 程序
# include<stdio.h>
EXTERN void strcopy (char *d，const char *s)
int main()
{
const   char   *srcstr = "First string-source";     //定义指向字符串的指针
char    dststr[ ] ="Second string-destination";     //定义字符串常量
printf("Before copying：\n");                        //打印双引号中的字符串并换行
```

```
        printf("%s\n   %s\n"，srcstr，dststr);           //输出字符串
        strcopy(dststr，srcstr);                        //将源串和目标串地址传给 strcopy
        printf("After copying：\n");
        printf("%s\n   %s\n"，srcstr，dststr);
        return(0) ;
        }
    ; 汇编语言程序
    AREA    Scopy，CODE，READONLY
    EXPORT   strcopy                     ; 声明本汇编程序可以被引用
    strcopy   LDRB     R2，[R1]，#1       ; 把 R1 指向的数据读到 R2
              STRB     R2，[R0]，#1       ; 把 R2 中的数据存储到 R0 指向的地址单元
              CMP      R2，0             ; 检测是否是最后一个数据
              BNE      strcopy           ; 不是最后一个数据，继续
              MOV      PC，LR            ; 否则，返回
    END
```

4.4　ARM ADS 集成开发环境的使用

4.4.1　ADS 集成开发环境简介

ARM ADS 全称为 ARM Developer Suite，是 ARM 公司推出的新一代 ARM 集成开发工具，用于无操作系统的 ARM 系统开发，是对裸机(可理解成一个高级单片机)的开发。ADS 的最新版本是 1.2。它除了可以安装在 Windows NT4、Windows 2000、Windows 98 和 Windows 95 操作系统下，还支持 Windows XP 和 Windows Me 操作系统。

ADS 由命令行开发工具、ARM 运行时库、GUI 开发环境、实用程序和支持软件组成，而 GUI 开发环境包含 Code Warrior 和 AXD 两种，其中 Code Warrior 是集成开发工具，AXD 是调试工具。有了这些部件，用户就可以为 ARM 系列的 RISC 处理器编写和调试自己的开发应用程序了。

图 4.3 是 ARM ADS 的 Code Warrior 和 AXD 运行时的主界面及有关信息分布图。ARM ADS 的 Code Warrior 主菜单包括：【File】菜单，主要功能是新建、打开和保存一个工程或者源文件；【Edit】菜单，主要包含了一些与文本编辑相关的功能选项；【View】菜单，主要功能是隐藏或显示工具条、工程、输出和调试窗口(包括观察器、变量、寄存器、存储器、程序调用堆栈、反汇编等)操作视图；【Search】菜单，主要对工程进行查找、替换等相关操作；【Project】菜单，主要包括添加或删除文件、编译、生成(Make)、调试(Debug)以及运行(Run)等操作；【Debug】菜单，包含了对工程进行调试的一些操作命令或子菜单项，如运行、中断等；【Window】菜单，主要功能是排列规划打开或运行的窗口，使读者容易阅读和管理；[Help]菜单，主要是提供一些操作帮助信息。

ARM ADS 的调试工具 AXD 主菜单包括：【File】菜单，主要功能是装载、打开和保存

调试文件等操作；【Search】菜单，主要包括查找源程序、存储器等操作；【Processor Views】菜单，主要功能是打开寄存器、变量、观察器、存储器、控制台、反汇编等处理器操作视图，若要关闭已打开的多余操作视图，用鼠标右点，在弹出的界面选择 CLOSE 进行关闭；【System Views】菜单，主要功能是打开控制监控器、变量观察窗口、调试断点、结果输出等操作视图，若要关闭已打开的多余操作视图，用鼠标右点，在弹出的界面选择 CLOSE 进行关闭；【Execute】菜单，包含了各种运行操作子菜单项，如可进入子函数内部的单步运行(Step in/F8)、单步运行(Step/F10)、全速运行(Go/F5)、跳出不进入子函数内部的单步运行(Step Out/<Shift + F8>)、运行到指针处(Run To Cursor)等；【Options】菜单，主要包括调试选项、反汇编模式、配置接口、配置目标、配置处理路径等选项操作；【Window】菜单，主要功能是排列规划打开或运行的窗口，使读者容易阅读和管理；【help】菜单，主要是提供一些操作信息。

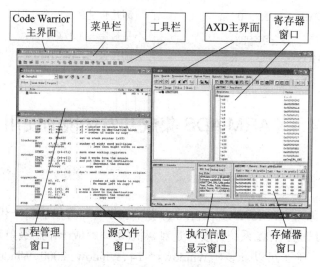

图 4.3　ARM ADS 的 Code Warrior 和 AXD 运行时的主界面及有关信息分布图

4.4.2　Code Warrior 的使用方法

Code Warrior IDE 提供了一个简单通用的用于管理软件开发项目的图形化用户界面。可以以 ARM 和 Thumb 处理器为对象，利用 Code Warrior IDE 开发 C、C++和 ARM 汇编代码。下面通过例 3.1 所示的数据块的复制程序的设计与调试来介绍 Code Warrior IDE 工具的使用。

1. 创建或打开工程

创建项目工程是嵌入式开发的第一步，因为工程将所有的源代码文件组织在一起，并能够决定最终生成文件存放的路径、输出的格式等。若是对已经存在的工程进行设计调试，则直接打开已建的工程即可。运行 ADS1.2 开发环境，打开 Code Warrior 集成开发环境。在 Code Warrior 中新建一个工程的方法有两种，可以在工具栏中单击"New"按钮，也可以在"File"菜单中选择"New…"菜单，如图 4.4 所示。这样就会打开一个如图 4.5 所示的工程类型选择对话框，它为用户提供了以下七种可选择的工程类型：

- ARM Executable Image。用于将 ARM 指令代码生成一个 ELF 格式的可执行映像文件。

  • ARM Object Library。用于将 ARM 指令的代码生成一个 armar 格式的目标文件库。

  • Empty Project。用于创建一个不包含任何库或源文件的工程。

  • Makefile Importer Wizard。用于将 Visual C 的 nmake 或 GNU make 文件转入到 Code Warrior IDE 工程文件。

  • Thumb ARM Executable Image。用于将 ARM 指令和 Thumb 指令的混合代码生成一个可执行的 ELF 格式的映像文件。

  • Thumb Executable Image。用于将 Thumb 指令创建一个可执行的 ELF 格式的映像文件。

  • Thumb Object Library。用于将 Thumb 指令的代码生成一个 armar 格式的目标文件库。

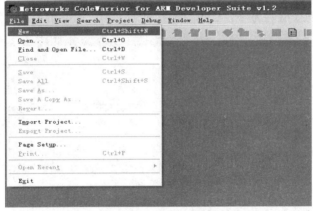

图 4.4　新建工程或文件子菜单操作图

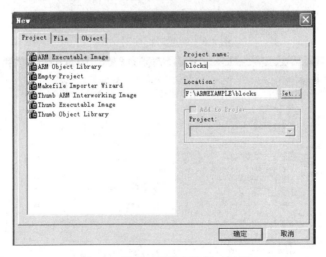

图 4.5　新建工程类型选择对话框

  本实例选择 ARM Executable Image，在"Project name:"中输入工程文件名"blocks"，点击"Location:"文本框的"Set…"按钮，将该工程保存的路径设为"F:\ARMEXAMPLE\blocks"，设置好后，点击"确定"按钮，即可建立一个工程名为 blocks 的新工程。此时会出现 blocks.mcp 的窗口。blocks.mcp 工程窗口有三个标签页，分别为 files、link order 和

target，默认显示的是第一个标签页 files。在该标签页点击鼠标右键，选中"Add Files…"可以把要用到的源程序添加到工程中。

在建立好一个工程时，默认的 target 是 DebugRel，在本例中也使用默认的 DebugRel 目标。target 有三种类型，含义如下：

(1) DebugRel。使用该目标，在生成目标的时候会为每一个源文件生成调试信息；

(2) Debug。使用该目标为每一个源文件生成最完全的调试信息；

(3) Release。使用该目标不会生成任何调试信息。

2．建立源程序并添加到工程

在"File"菜单中选择"New"，在打开的如图 4.6 所示的对话框中，选择标签页 File，在 File name 中输入要创建的文件名"blocks.s"，点击"确定"关闭窗口。在新建源程序文本框中输入源程序并存盘，如图 4.7 所示。对新建的源程序进行存盘时，注意添加文件扩展名，其中汇编文件的扩展名为 .s，C 语言的扩展名为 .c，C++的扩展名为 .cpp。

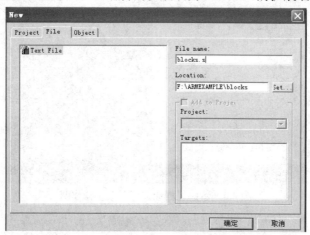

图 4.6　新建源程序对话框

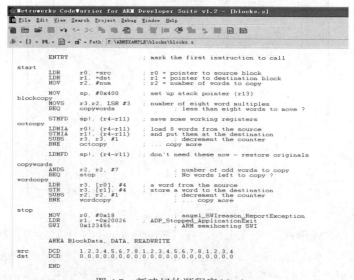

图 4.7　新建好的源程序 blocks.s

　　工程源程序建好后，需要将源程序添加到工程项目中。将源程序添加到工程的常用方法有两种：一种方法是在工程空白处用鼠标右击，在出现的对话框中选择"Add Files…"，如图 4.8 所示；另一种是在"Project"菜单项中选择"Add Files…"。这两种方法都会打开文件浏览框，用户可以把已经存在的文件添加到工程中来。当选中要添加的文件时，会出现一个如图 4.9 所示的对话框，询问用户把文件添加到哪类目标中，根据实际情况进行选择。在这里我们选择 DebugRel 目标。

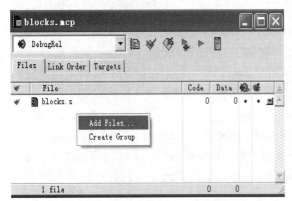 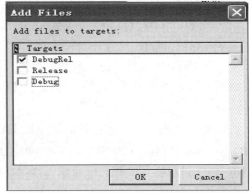

　　　图 4.8　添加工程文件对话框　　　　　　　图 4.9　添加文件到指定目标选项对话框

3．工程项目的有关选择设置

　　在进行编译和链接前，首先要进行工程生成目标选项的设置，这些选项包括编译器选项、汇编选项、链接器选项等，它们将决定 Code Warrior IDE 如何处理工程项目，并生成特定的输出文件。点击 Edit 菜单，选择"DebugRel Settings…"，出现如图 4.10 所示的对话框。这个对话框中的设置很多，在这里只介绍一些最常用的设置选项，读者若对其他未涉及到的选项感兴趣，可以查看相应的帮助文件。

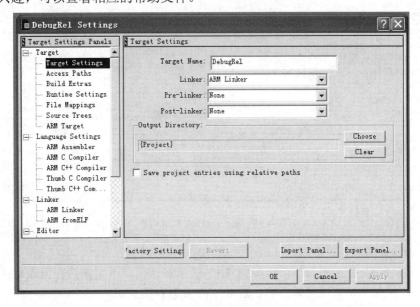

图 4.10　DebugRel 设置对话框

1) target 设置选项

• Target Name：该文本框显示了当前的目标设置。

• Linker：该选项供用户选择要使用的链接器。在这里默认的选择是 ARM Linker，使用该链接器，将使用 Armlink 链接编译器和汇编器生成的工程中的文件所对应的目标文件。若选择 None，则表示不用任何链接器，即工程中的所有文件都不会被编译器或汇编器处理。若选择 ARM Librarian，则表示将编译或汇编得到的目标文件转换为 ARM 库文件。

• Pre-Linker：目前 Code Warrior IDE 不支持该选项。

• Post-Linker：选择在链接完成后，还要对输出文件进行的操作。若希望生成一个可以烧写到 Flash 中去的二进制代码，则选择 ARM fromELF，表示在链接生成映像文件后，再调用 fromELF 命令将含有调试信息的 ELF 格式的映像文件转换成其他格式的文件。

2) Language Settings 设置选项

图 4.11 是编程语言设置对话框。ARM Assembler、ARM C Compiler、ARM C++ Compiler、Thumb C Compiler、Thumb C++ Compiler 分别用于对 ARM 汇编语言、C 语言、C++语言、Thumb C、Thumb C++的支持选项进行设置。同时选择其中的 Target 可以对目标体系结构或处理器进行设置。

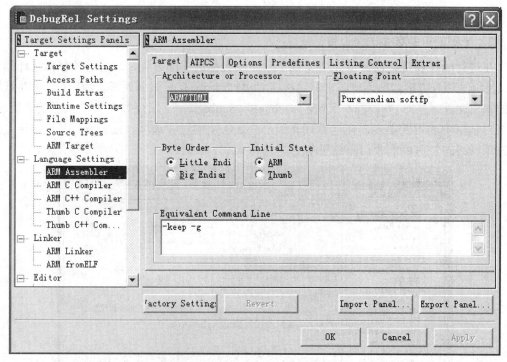

图 4.11　编程语言设置对话框

3) Linker 设置

用鼠标选中 ARM Linker，出现如图 4.12 所示对话框。下面详细介绍该对话框的主要的标签页选项，因为这些选项对最终生成的文件有着直接的影响。

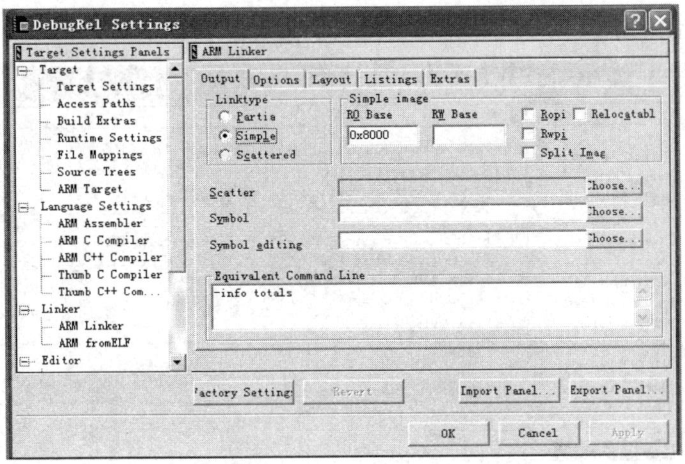

图 4.12　链接器 Output 选项设置对话框

图 4.12 是链接器 Output 选项设置对话框。在标签页 Output 中，Linktype 提供了三种链接方式：Partial 方式表示链接器只进行部分链接，经过部分链接生成的目标文件可以作为以后进一步链接时的输入文件；Simple 方式是默认的链接方式，也是最为频繁使用的链接方式，它链接生成简单的 ELF 格式的目标文件，使用的是链接器选项中指定的地址映射方式；Scattered 方式是指链接器要根据 scatter 格式文件中指定的地址映射，生成复杂的 ELF 格式的映像文件，该选项一般使用得不太多。

在选中 Simple 方式后，就会出现 Simple image 选项框，其中：

· RO Base：设置包含有 RO 段的加载域和运行域为同一个地址，默认是 0x8000。这里用户要根据自己硬件的实际 SDRAM 的地址空间来修改这个地址，保证填写的地址是程序运行时 SDRAM 地址空间所能覆盖的地址。

· RW Base：设置了包含 RW 和 ZI 输出段的运行域地址。如果选中 Split Image 选项，链接器生成的映像文件将包含两个加载域和运行域，此时，在 RW Base 中所输入的地址为包含 RW 和 ZI 输出段的域设置的加载域和运行域地址

· Ropi：选中这个设置将告诉链接器使包含有 RO 输出段的运行域与位置无关。使用这个选项，链接器将保证下面的操作：检查各段之间的重定址是否有效；确保任何由 Armlink自身生成的代码是只读位置无关的。

· Rwpi：选中该选项将会告诉链接器包含 RW 和 ZI 输出段的运行域与位置无关。如果这个选项没有被选中，域就标识为绝对。每一个可写的输入段必须是读写位置无关的。如果这个选项被选中，链接器将进行下面的操作：检查可读/可写属性的运行域的输入段是否设置了位置无关属性；检查在各段之间的重地址是否有效。

· Split Image：选择这个选项会把包含 RO 和 RW 的输出段的加载域分成 2 个加载域，一个是包含 RO 输出段的域，一个是包含 RW 输出段的域。

· Relocatable：选择这个选项保留了映像文件的重定址偏移量。这些偏移量为程序加载器提供了有用信息。

图 4.13 是链接器 Options 选项设置对话框。在 Options 选项中，Image entry point 文本框用于指定映像文件的初始入口点地址值，当映像文件被加载程序加载时，加载程序会跳

转到该地址处执行。如果需要，用户可以在这个文本框中输入入口点。

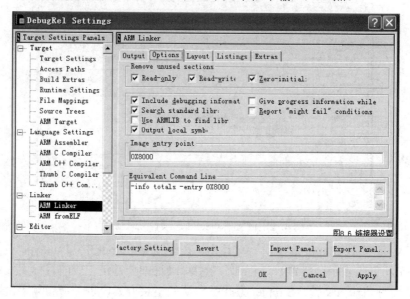

图 4.13　链接器 Options 选项设置对话框

在 Linker 下还有一个 ARM fromELF 选项，它实现将链接器、编译器或汇编器的输出代码进行格式转换的功能。例如，将 ELF 格式的可执行映像文件转换成可以烧写到 ROM 的二进制格式文件；对输出文件进行反汇编，从而提取出有关目标文件的大小、符号和字符串表以及重定址等信息。

关于 ARM Linker 的其他设置，读者可以查看帮助文件，那里有很详细的介绍。

4. 编译和链接工程

在对工程进行相关的设置后，如图 4.14 所示，点击 Code Warrior IDE 的 Project 菜单下的 Make 子菜单项，就可以对工程进行编译和链接了，其结果如图 4.15 所示。

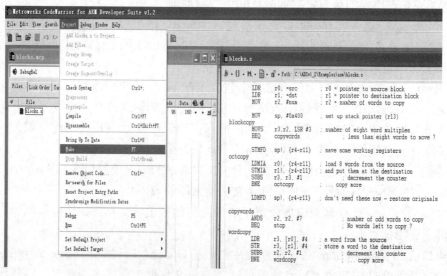

图 4.14　编译链接操作子菜单

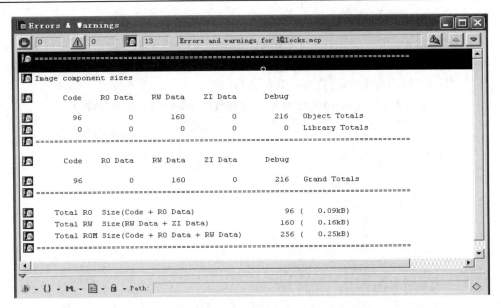

图 4.15　执行编译和链接 Make 后生成的结果

　　编译和链接之后，在工程 blocks 所在的目录下会生成一个名为"工程名_Data"的目录(本例为 blocks_Data 目录)，在这个目录下不同类别的目标有相应的目录。在本例中由于使用的是 DebugRel 目标，因此生成的最终文件都应该在该目录下，如图 4.16 所示。

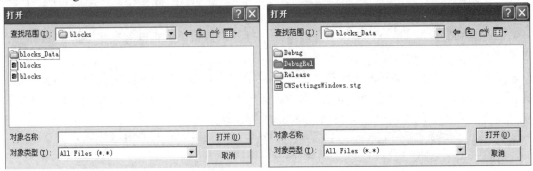

(a) 工程 blocks 下的 blocks_Data　　　　　　　　　　(b) blocks_Data 下的 DebugRel

图 4.16　生成的目标文件目录 DebugRel

　　进入到 DebugRel 目录中，会看到执行 Make 操作后生成的映像文件(工程名为.axf)和二进制文件。映像文件用于调试，二进制文件可以烧写到目标板的 Flash 中运行。

4.4.3　用 AXD 调试器进行代码调试

　　AXD(ARM eXtended Debugger)是 ADS 软件中独立于 Code Warrior IDE 的图形软件。打开 AXD 软件后，默认打开的目标是 ARMulator。ARMulator 也是调试时最常用的一种调试工具，下面结合 ARMulator 介绍在 AXD 中进行代码调试的方法和过程。

　　要使用 AXD 必须先要生成包含调试信息的程序。在 4.4.2 节已经生成的 blocks.axf (若是 C 语言，则为 main.axf)就是含有调试信息的可执行 ELF 格式的映像文件。

1. 在 AXD 中打开调试文件

在 Code Warrior IDE 主菜中执行 Project→Debug 命令或单击工程窗口中的 Debug 快捷键，可自动打开 AXD 界面，并把映像文件装载到目标内存中。在所打开的映像文件中会有一个蓝色的箭头指示当前的执行位置，如图 4.17 所示。

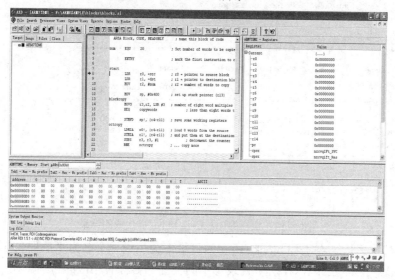

图 4.17　在 AXD 下打开的映像文件

或者单独运行 AXD，在 AXD 主菜单 File 中选择"Load image…"选项，打开 Load Image 对话框，找到要装载的 .axf 映像文件，点击"打开"按钮，就把映像文件装载到目标内存中了。

在 AXD 主菜单 Execute 中选择"Go"子菜单项将全速运行代码。要想进行单步代码调试，可在 Execute 菜单中选择"Step"选项，或用 F10 键即可以单步执行代码，窗口中的蓝色箭头会发生相应的移动。图 4.18 是 blocks 工程调试运行窗口。

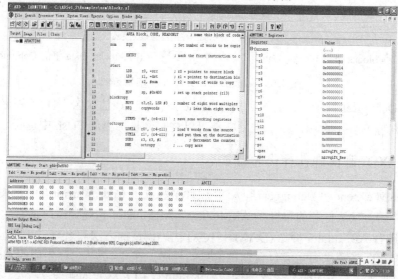

图 4.18　blocks 工程调试运行窗口

2. 设置断点

调试时，用户往往希望在程序执行到某处时可以查看所关心的变量值，此时可以通过设置断点来达到要求。将光标移动到要进行断点设置的代码处，在 Execute 菜单中选择 Toggle Breakpoint 命令或按 F9 键，就会在光标的起始位置出现一个红色的实心圆点，表明该处已设为断点，如图 4.19 所示。按 F5 键，程序将运行到断点处。

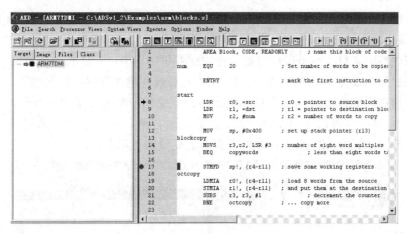

图 4.19　设置断点操作结果图

3. 查看寄存器和存储器的内容

查看寄存器或存储器的值在实际开发调试中经常使用。从 AXD 主菜单的 Processor Views 菜单中选择"Registers"选项可观察寄存器的内容；选择"Memory"选项，可观察存储器的内容，如图 4.20 所示。

图 4.20　查看寄存器和存储器内容操作示意图

在 Memory Start address 选择框中，用户可以根据要查看的存储器的地址输入起始地址。从图 4.20 中可以看出，起始地址为 0x00008080 的存储单元中的值为 0x00000001。注意，因为用的是小端模式，所以读数据的时候注意高地址中存放的是高字节，低地址存放的是低字节。

现在对程序进行单步调试，随着程序的运行，我们可看到寄存器中的值和目标数据区的数据在不断地发生变化。

4. 查看变量值

假设是进行 C/C++程序的调试，则经常需要查看某个变量的值。查看变量值的方法是：在 AXD 主菜单下的 Processor Views 菜单中选择"Watch"，会出现一个 Watch 窗口，然后用鼠标选中需观察的变量，点击鼠标右键，在快捷菜单中选中"Add to Watch"，这样需观察的变量就添加到 Watch 窗口的列表中。图 4.21 是查看变量的设置操作示意图。程序运行过程中，用户可以看到需观察的各变量的值在不断地变化。默认显示变量数值是以十六进制格式显示的，用户也可以在 Watch 窗口点击鼠标右键，然后在弹出的快捷菜单中选择"Format"选项，如图 4.22 所示，选择所查看的变量的显示格式。

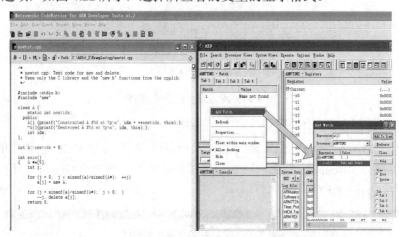

图 4.21　查看变量的设置操作示意图

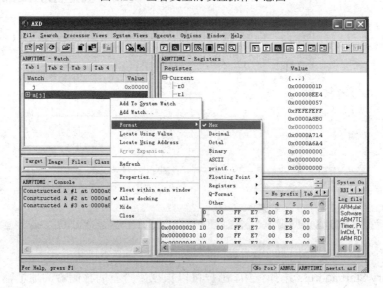

图 4.22　查看变量的值及设置变量的格式

4.5　Embest IDE 集成开发环境的使用

4.5.1　Embest IDE 集成开发环境简介

Embest IDE 的英文全称是 Embest Integrated Development Environment，是深圳英蓓特信息技术有限公司推出的一套应用于嵌入式软件开发的新一代集成开发环境。Embest IDE 是一个高度集成的图形界面操作环境，包含编辑器、编译汇编链接器、调试器、工程管理器和 Flash 编程器等工具，其界面风格同 Microsoft Visual Studio，用户可以很方便地在该集成开发环境中创建和打开工程，建立、打开和编辑文件，编译、链接、运行、调试各种嵌入式应用程序。Embest IDE for ARM 支持 ARM7 和 ARM9 等 ARM 内核的处理器，其运行的主机环境为 Windows 98/NT/2000/XP，支持的开发语言为标准 C 语言和汇编语言。

图 4.23 是 Embest IDE 运行时的主界面及有关信息分布图。Embest IDE 的主菜单包括：【File】菜单，主要功能是新建、打开和保存一个工程或者源文件；【Edit】菜单，主要包含了一些与文本编辑相关的功能选项；【View】菜单，主要功能是隐藏或显示工具条、工程、输出和调试窗口(包括观察、变量、寄存器、存储器、程序调用堆栈、反汇编)等操作视图；【Project】菜单，主要包括激活工程、添加或删除文件以及工程设置的一些操作；【Build】菜单，主要对工程进行编译、清除等相关操作；【Debug】菜单，包含了对工程进行调试的一些操作命令或子菜单项，如建立连接、下载、单步运行等；【Tools】菜单，包含了进行设计的一些操作工具，包括文件格式的转换、寄存器的编辑、反汇编等；【Window】菜单，主要功能是排列规划窗口，使读者容易阅读和管理。

图 4.23　Embest IDEEmbest IDE 运行时的主界面及有关信息分布图

4.5.2　Embest IDE 的使用方法

Embest IDE 的使用方法与 ADS 在许多方面类似。为了节约篇幅，下面只简要地介绍 Embest IDE 的使用方法，详细的使用可参看软件中的使用说明。

1．新建或打开工程

在 Embest IDE 主菜单下执行 File→New Workspace 可新建工程。若工程及有关文件已建好，则只要直接打开已建工程即可。

2．新建源程序并添加到工程

在 Embest IDE 主菜单下执行 File→New 建立源文件，并执行 Project→Add To Project→Files 添加源文件。

3．工程项目的有关选择设置

在主菜单下选择 Project→Settings 会弹出工程设置对话框，如图 4.24 所示，先选择 Processor 属性页，对目标板所用处理器进行设置；再依次选择仿真器设置、调试设置、目录设置、编译设置、汇编设置、链接设置等项目，进行相应的设置。

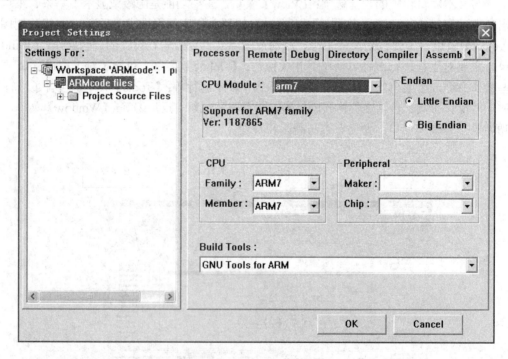

图 4.24　工程基本设置操作图

4．工程的编译、链接

完成工程设置后即可对工程进行编译、链接。用户可以通过选择主窗口的 Build 菜单项或 Build 工具栏按钮执行 Build→Build 源文件名、编译相应的文件或工程并生成目标代码，如图 4.25 所示。若有错，则编译、链接终止，需进行错误修改。

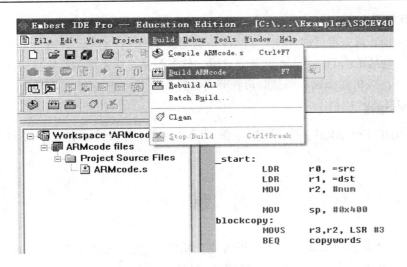

图 4.25　工程的编译和链接操作图

5．模拟调试

Embest IDE 包含 ARM 模拟器，支持脱离目标板的 ARM 应用模拟调试，是开发人员进行在线调试前的开发辅助工具。

(1) 调试设置：选择 Project→Settings，弹出工程设置对话框；选择 Remote 属性页，对调试设备模块进行设置；选择 Debug 页面，进行调试模块设置。

(2) 选择 Debug→Remote Connect 连接软件仿真器，执行 Download 命令下载程序，并打开寄存器窗口。图 4.26 是 Debug 调试操作子菜单及操作图。

(3) 打开存储器窗口，并设置和观察存储器的地址。

(4) 单步执行程序并观察和记录寄存器与存储器值的变化。

(5) 结合调试内容和相关内容来观察程序运行，并记录有关结果。

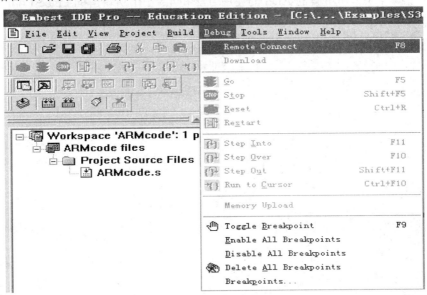

图 4.26　Debug 调试操作子菜单及操作图

6．加载调试

在线调试时，首先将集成环境与 JTAG 仿真器连接，选择 Debug→Remote Connect 选项可激活连接，然后单击 Download 菜单将目标文件下载到目标系统的指定存储区中。文件下载后即可进行在线仿真调试。调试时可打开有关窗口来观察有关调试信息。

7．Flash 编程

Embest IDE For ARM 提供了 Flash 编程工具，可以在板擦除 Flash，或将文件烧写到 Flash 中。

习　题　4

1．为什么通常使用 C 语言与汇编语言混合编程，它有什么优点？

2．设计一个实现 $1 + 2 + 3 + \cdots + N$ 的 ARM 汇编程序。

3．设计一段程序完成数据块的复制，数据从源数据区 snum 复制到目标数据区 dnum。复制时，以 4 个字为单位进行。对于最后所剩不足 4 个字的数据，以字为单位进行复制。

4．利用跳转表的思想编写一个汇编程序，寄存器 R3 中存放的是跳转表的基地址。寄存器 R0 的值用于选择不同的子程序，当 R0 分别为 0、1、2 时跳转到 3 个不同的子程序。

5．利用 C 语言和汇编的混合编程，完成两个字符串的比较，并返回比较结果。分别用 C 语言和汇编语言完成比较程序。

6．C 语言与汇编语言混合编程时的参数传递规则有哪些？

7．用汇编语言设计程序实现 10!，并用调用子程序的方法实现 $1! + 2! + 3! + \cdots + 10!$。

8．ADS 可完成哪些开发？它由几部分组成？各部分具有哪些功能？

9．用 ADS 进行代码生成时，如何设置编译、汇编、链接等目标选项？

10．按照 4.4 小节所讲解的 ADS 的使用方法和 4.5 小节所讲解的 Embest IDE 的使用方法，分别将数据块的复制程序实际操作调试一遍，并记录和分析有关结果。

第 5 章　ARM 嵌入式处理器及其应用编程

本章首先介绍了几种典型的 ARM 嵌入式处理器的结构，其次介绍了 ARM 处理器的选择，接着阐述了 ARM 处理器内部组件控制的基本原理，最后详细地阐述了应用非常广泛的 S3C2410X/ S3C2440X 微处理器的内部可编程主要组件及应用编程、外部接口电路的设计。

5.1　几种典型 ARM 嵌入式处理器结构概述

5.1.1　S3C44B0X 嵌入式微处理器的体系结构

S3C44B0X 微处理器的内部体系结构如图 5.1 所示。它采用 ARM7TDMI 核，为 32 位嵌入式微处理器。S3C44B0X 内部集成了 8 KB 的 Cache(指令和数据共用)、写缓冲器、存储器控制器、LCD 控制器、中断控制器、总线仲裁器、电源管理单元、时钟发生器、通用并行口 GPIO、异步通信串行口 UART、I^2C 总线控制器、I^2S 总线控制器、同步串行口 SIO、5 路 16 位 PWM 定时器、16 位看门狗定时器、8 路 10 位 A/D 转换器、实时钟电路以及 JTAG 接口。

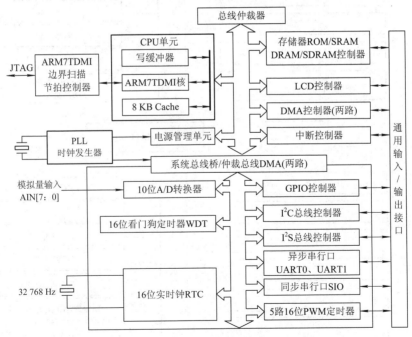

图 5.1　S3C44B0X 微处理器内部体系结构

S3C44B0X 采用两种封装形式，一种是 160 个引脚的 LQFP 封装；另一种是 160 个引脚的 FBGA 封装。它的 160 个引脚包括总线控制信号、DRAM/SDRAM/SRAM 信号、LCD 控制信号、中断控制信号、PWM 控制信号、DMA 控制信号、UART 控制信号、I²C 总线控制信号、I²S 总线控制信号、通用串行口 SIO 控制信号、ADC 控制信号、GPIO 控制信号、时钟和复位信号、JTAG 测试逻辑控制信号以及电源等信号引脚。S3C44B0X 的许多引脚是分时复用的，以节省引脚数。

5.1.2　S3C2410X/S3C2440X 嵌入式微处理器的体系结构

S3C2410X/S3C2440X 微处理器的内部体系结构如图 5.2 所示。

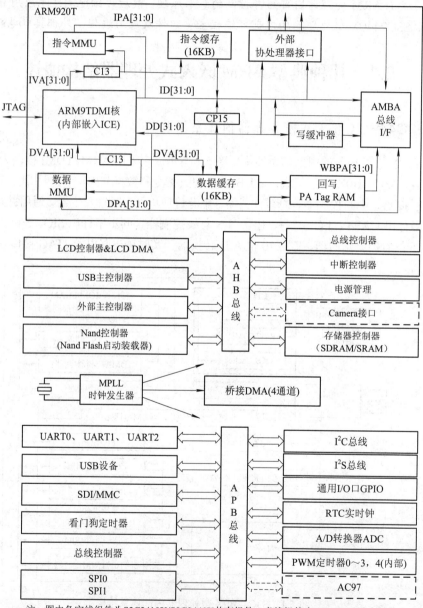

注：图中各实线组件为S3C2410X/S3C2440X共有组件，虚线组件为S3C2440X独有组件。

图 5.2　S3C2410X 微处理器内部体系结构

S3C2410X/S3C2440X 采用 ARM920T 核，而 ARM920T 又集成了 ARM9TDMI，是中高档 32 位嵌入式微处理器。由于采用 ARM920T 体系结构，因此内部具有分离的 16 KB 大小的指令缓存和数据缓存。同时，它采用哈佛体系结构将程序存储器与数据存储器分开，加入了存储器部件(MMU)，采用 5 级指令流水线。它使用 ARM 公司特有的 AMBA 总线，对于高速设备采用 AHB 总线，而对于低速内部外设则采用 APB 总线。AHB 通过桥接器转换成 APB。

S3C2410X/S3C2440X 内部集成了许多外设接口，除了 S3C44B0X 所有内部外设，还增加了许多新外设接口，主要的内部外设包括与 AHB 总线相连的高速接口，如 LCD、USB、中断控制、电源管理、存储器、启动装载，与 APB 总线相连的低速，如 3 个通用异步通信端口(UART0、UART1、UART2)、SDI/MMC、看门狗定时器、总线控制器、2 个 SPI、4 个 PWM 定时器、实时钟、通用并行端口、I^2C 总线及 I^2S 总线。

S3C2410X/S3C2440X 采用 272 脚的 FBGA 封装，其外部引脚示意如图 5.3 所示。S3C2410X 的各引脚信号的含义见表 5.1。

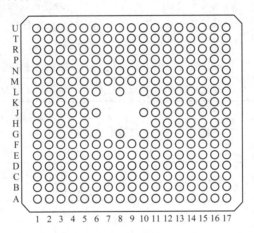

图 5.3 S3C2410X/S3C2440X 微处理器外部引脚示意

虽然 S3C2410X 和 S3C2440X 体系结构相同，CPU ID 都是 0x41129200，很多寄存器设置都是一样的，但二者还是有一些细节区别，其主要区别如下：

(1) 功能组件的区别：2440 比 2410 新增加的功能组件有 AC97 (ADC 语音输入接口)、Camera interface（摄像头的接口）。

(2) 主频的区别：在速度上 2440 为 400MHz（此时内核供电 1.3 V），大约是 2410 的一倍，但价钱确和 2410 差不多。主频不同，总线定时所要求的时钟数也会不一样，不重新设置自然串口乱码，需要设置的寄存器也不同。2440 需要额外多设置一个寄存器 CAMDIVN，分频比可选择的范围也比 2410(1∶1∶1、1∶2∶4、1∶4∶4、1∶2∶2)多很多种，详见数据手册。2410 设置完 mpllcon 后可以立即设置 upllcon，2440 则需要在两者中间插入 7 条 nop 指令。

(3) UART 的区别：2410 的串口 FIFO 是 16 字节，而 2440 的是 64 字节。由于 FIFO 深度不同，导致 UFSTAT 寄存器中个位的定义不一致。

(4) 中断的区别：2410 支持 56 个，2440 支持 60 个，增加了 INT_CAM_P、INT_CAM_C、INT_AC97、INT_WDT（INT_WDT_AC97。）

(5) Nand 芯片驱动的区别：2410 和 2440 的 Nand 驱动也非常相似，主要区别在于：① 2410 仅支持小块 Nand Flash，2440 则同时支持大块 Nand Flash。② 为支持大块 Nand Flash，2440 增加了许多寄存器。③ 2440 增加了一个控制寄存器 NFCONT，原 2410 中 config 寄存器 NFCONF 中的部分功能被转移到 NFCONT。

(6) SD 卡驱动的区别：2410 的 SD Baud rate 计算公式为：

$$\text{Baud rate} = \text{PCLK} / 2 / (\text{Prescaler value} + 1)$$

而 2440 的 SD Baud rate 计算公式为

$$\text{Baud rate} = \text{PCLK} / (\text{Prescaler value} + 1)$$

表 5.1　S3C2410X 微处理器外部引脚定义

信号类型	信号名称	含 义	状 态	说　明
总线控制器	OM[1:0]	总线宽度控制	输入	OM[1:0]决定测试模式和总线的宽度：00 = NAND_BOOT；01 = 16 位；10 = 32 位；11 = 测试模式
	ADDR[26:0]	地址总线	输出	27 条地址线接，存储器
	DATA[31:0]	数据总线	双向三态	可编程为 8/16/32 位宽度
	nGCS[7:0]	芯片选择	输出	每个选择信号选择 8 个 8 位存储器 Bank 之一，每当访问相应地址的存储区域时，相应 nGCS 变低电平
	nWE	写控制信号	输出	写允许，指示当前的总线周期为写周期，低电平有效
	nOE	读控制信号	输出	读允许，指示当前的总线周期为读周期，低电平有效
	nXBREQ	总线请求	输入	低电平表示外部总线控制器请求总线操作
	nXBACK	总线应答	输出	低电平表示外部总线控制器的请求被响应
	nWAIT	等待	输入	低电平有效，表示请求总线延时
SDRAM / SRAM	nSRAS	SDRAM 行选通	输出	SDRAM 行地址选通控制信号，低电平有效
	nSCAS	SDRAM 列选通	输出	SDRAM 列地址选通控制信号，低电平有效
	nSCS	SDRAM 芯片选择	输出	SDRAM 芯片选择控制信号，低电平有效
	DQM[3:0]	SDRAM 数据屏蔽	输出	SDRAM 数据屏蔽控制信号，低电平有效
	SCLK	SDRAM 时钟	输出	SDRAM 时钟
	SCKE	SDRAM 时钟允许	输出	SDRAM 时钟使能信号
	nRAS	行选通	输出	DRAM 行地址选通控制信号，低电平有效
	nCAS	列选通	输出	DRAM 列地址选通控制信号，低电平有效
	nBE[3:0]	高低字节使能	输出	在使用 16 位 SRAM，高字节允许
	nWBE[3:0]	写字节使能	输出	在使用 16 位 SRAM，高字节允许

信号类型	信号名称	含义	状态	说明
Nand Flash	CLE	命令锁存使能	输出	命令锁存使能信号
	ALE	地址锁存使能	输出	地址锁存使能信号
	nFCE	片选使能	输出	Nand Flash 片选使能信号，低电平有效
	nFRE	读使能	输出	Nand Flash 读使能信号，低电平有效
	nFWE	写使能	输出	Nand Flash 写使能信号，低电平有效
	nCON	配置	输入	Nand Flash 配置信号，低电平有效
	R/nB	读/忙	输入	Nand Flash 读/忙信号，高电平读，低电平忙
LCD 控制器	VD[23:0]	LCD 数据线	输出	STN/TFT/SEC TFT：LCD 数据总线。SEC 表示三星电子公司
	LCD_PWREN	LCD 电源使能	输出	STN/TFT/SEC TFT：LCD 面板电源使能控制信号
	VCLK	LCD 时钟	输出	STN/TFT：LCD 时钟信号
	VFRAME	LCD 帧信号	输出	STN：LCD 帧信号，指示一帧的开始，在开始的第一行有效
	VLINE	LCD 行信号	输出	STN：LCD 行信号，在一行数据左移进 LCD 驱动器后有效
	VM	极性变换	输出	STN：变换 LCD 行列扫描极性
	VSYNC	验证同步信号	输出	TFT：验证同步信号
	HSYNC	水平同步信号	输出	TFT：水平同步信号
	VDEN	数据使能信号	输出	TFT：数据使能信号
	LEND	行结束信号	输出	TFT：行结束信号
	STV	LCD 面板控制	输出	SEC TFT：三星薄膜晶体管面板控制信号
	CPV	LCD 面板控制	输出	SEC TFT：三星薄膜晶体管面板控制信号
	LCD_HCLK	LCD 面板控制	输出	SEC TFT：三星薄膜晶体管面板控制信号
	TP	LCD 面板控制	输出	SEC TFT：三星薄膜晶体管面板控制信号
	STH	LCD 面板控制	输出	SEC TFT：三星薄膜晶体管面板控制信号
	LCDVF[2:0]	LCD 面板控制	输出	SEC TFT：三星薄膜晶体管面板控制信号
中断控制	EINT[23:0]	中断请求	输入	外部中断请求输入信号
DMA 控制器	nXDREQ[1:0]	DMA 请求	输入	外部向处理器 DMA 请求信号
	nXDACK[1:0]	DMA 应答	输出	处理器 DMA 向外部应答信号

续表二

信号类型	信号名称	含 义	状 态	说 明
UART 串行口	RxD[2:0]	UART 接收	输入	UART 的数据输入端
	TxD[2:0]	UART 发送	输出	UART 的数据输出端
	nCTS[1:0]	清除发送	输入	UART 清除发送的输入信号
	nRTS[1:0]	请求发送	输出	UART 请求发送的输出信号
	UEXTCLK	UART 时钟	输入	UART 时钟信号
A/D 转换器	AIN[7:0]	ADC 模拟输入	模拟输入	8 路 A/D 转换器的模拟输入信号
	Vref	ADC 模拟参考电压	模拟输入	A/D 转换器的模拟参考输入信号
I²C 总线	IICSDA	I²C 数据	输入/输出	I²C 数据的信号
	IICSCL	I²C 时钟	输入/输出	I²C 时钟的信号
I²S 总线	IISLRCK	I²S 通道时钟	输入/输出	I²S 总线的通道选择时钟信号
	IISDO	I²S 数据输出	输出	I²S 总线的串行数据输出信号
	IISDI	I²S 数据输入	输入	I²S 总线的串行数据输入信号
	IISCLK	I²S 时钟	输入/输出	I²S 总线的串行时钟信号
	CDCLK	CODEC 系统时钟	输出	CODEC 系统时钟信号
触摸屏	nXPON	X 轴坐标增加开关	输出	X 轴坐标增加开/关控制信号，低电平开
	XMON	X 轴坐标减小开关	输出	X 轴坐标减小开/关控制信号，高电平开
	nYPON	Y 轴坐标增加开关	输出	Y 轴坐标增加开/关控制信号，低电平开
	YMON	Y 轴坐标减小开关	输出	Y 轴坐标减小开/关控制信号，高电平开
USB 主机	DN[1:0]	USB 主机数据(–)	输入/输出	来自 USB 主机的数据(–)
	DP[1:0]	USB 主机数据(+)	输入/输出	来自 USB 主机的数据(+)
USB 设备	PDN0	USB 外设数据(–)	输入/输出	来自 USB 外设的数据(–)
	PDP0	USB 外设数据(+)	输入/输出	来自 USB 外设的数据(+)
SPI	SPIMISO[1:0]	主机数据输入线	输入/输出	当 SPI 配置成主机时，SPIMISO 为主机数据输入线
	SPIMOSI[1:0]	主机数据输出线	输入/输出	当 SPI 配置成主机时，SPIMISO 为主机数据输出线
	SPICLK[1:0]	SPI 时钟	输入/输出	SPI 时钟信号
	nSS[1:0]	SPI 片选	输入	SPI 片选控制信号
SD	SDDAT[3:0]	SD 数据	输入/输出	SD 接收/传送的数据
	SDCMD	SD 命令	输入/输出	SD 接收响应/传送命令
	SDCLK	SD 时钟	输出	SD 时钟信号

续表三

信号类型	信号名称	含　义	状　态	说　明
通用端口	GPn[116:0]	通用输入/输出	输入/输出	通用输入/输出端口,有些端口只能作为输出
定时器/PWM	TOUT[3:0]	定时器输出	输出	定时器输出信号,包括 PWM,内部定时器
	TCLK[1:0]	外部时钟	输入	外部的定时器时钟输入信号
JTAG测试逻辑	nTRST	TAP 复位	输入	TAP 控制器复位信号,若使用调试器,则必须接 10 kΩ 上拉电阻
	TMS	TAP 模式选择	输入	TAP 控制器模式选择信号,控制 TAP 控制器的状态顺序。若使用调试器,必须接 10 kΩ 上拉电阻
	TCK	TAP 时钟	输入	TAP 控制器的时钟,为 JTAG 逻辑提供时钟源
	TDI	TAP 数据输入	输入	TAP 控制器的数据端,是测试指令和数据的串行输入端,必须接 10 kΩ 的上拉电阻
	TDO	TAP 数据输出	输出	TAP 控制器的数据端,是测试指令和数据的串行输出端
复位、时钟、电源	nRESET	复位	-	复位信号,低电平有效,至少保持 4 个 FCLK 时钟周期的低电平
	nRSTOUT	外设复位	输出	外部设备复位控制信号
	PWREN	内核电源开关	输出	2.0V 内核电源的开/关控制信号
	NBATT_FLT	电池探头	输入	电池状态的探头
	OM[3:2]	时钟模式	输入	决定系统各时钟信号的来源:00 = 晶振作为 MPLL CLK 和 UPLL CLK 来源;01 = 晶振作为 MPLL CLK 来源,EXTCLK 作为 UPLL CLK 来源;10 = EXTCLK 作为 MPLL CLK 来源,晶振作为 UPLL CLK 来源;11 = EXTCLK 作为 MPLL CLK 和 UPLL CLK 来源
复位、时钟、电源	EXTCLK	外部时钟控制	输入	低电平表示通过 OM3,OM2 选择外部时钟源,不用接高电平
	XTIpll	晶振输入引脚	模拟输入	系统时钟内部晶振电路的晶振输入引脚:当 OM[3:2] = 00b 时,XT1pll 为 MPLL CLK 和 UPLL CLK 的来源
	XTOpll	晶振输出引脚	模拟输出	系统时钟内部晶振电路的晶振输出引脚
	MPLLCAP	滤波电容入	模拟输出	系统锁相环环路滤波电容接入引脚
	UPLLCAP	滤波电容入	模拟输出	系统锁相环环路滤波电容接入引脚
	XTIrtc	RTC 时钟入	模拟输入	32.768 kHz 的 RTC 晶振输入引脚
	XTOrtc	RTC 时钟出	模拟输出	32.768 kHz 的 RTC 晶振输出引脚
	CLKOUT	时钟输出	输出	主时钟输出或锁相环时钟输出

续表四

信号类型	信号名称	含 义	状 态	说 明
电源引脚	VDDalive	复位和端口电源 V_{DD}	电源	S3C2410X 复位电路和端口状态寄存器电源 V_{DD}
	VDDi/VDDiarm	内核电源 V_{DD}	电源	S3C2410X 内核逻辑电源 V_{DD}(1.8 V/2.0 V)
	VSSi/VSSiarm	内核电源 V_{SS}	电源	S3C2410X 内核逻辑电源 V_{SS}
	VDDI_MPLL	MPLL 电源 V_{DD}	电源	S3C2410X MPLL 模拟和数字电源 V_{DD} (1.8 V/2.0 V)
	VSSI_MPLL	MPLL 电源 V_{SS}	电源	S3C2410X MPLL 模拟和数字电源 V_{SS}
	VDDOP	I/O 口电源 V_{DD}	电源	S3C2410X I/O 口电源 V_{DD}(3.3 V)
	VDDMOP	存储器电源 V_{DD}	电源	S3C2410X 存储器 I/O 口电源 V_{DD}(3.3 V), SCLK 可高达 133 MHz
	VSSMOP	存储器电源 V_{SS}	电源	S3C2410X 存储器 I/O 口电源 V_{SS}
	VSSOP	I/O 口电源 V_{SS}	电源	S3C2410X I/O 口电源 V_{SS}
	RTCVDD	实时钟电源	电源	RTC 时钟电源(1.8 V，不支持 2.0 V 或 3.3 V)
	VDDi_UPLL	UPLL 电源 V_{DD}	电源	S3C2410X UPLL 模拟和数字电源 V_{DD} (1.8V/2.0V)
	VSSi_UPLL	UPLL 电源 V_{SS}	电源	S3C2410X UPLL 模拟和数字电源 V_{SS}

5.1.3 LPC2000 嵌入式微控制器的体系结构

　　LPC2000 系列微控制器的内部结构如图 5.4 所示，它们均采用 ARM7TDMI-S 内核，外围配制了若干实用组件。ARM7TDMI-S 配制为小端模式。

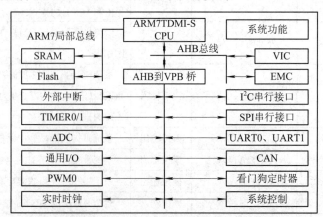

图 5.4　LPC2000 系列微控制器的内部结构

AHB 外设分配了 2 MB 的地址范围，它位于 4 GB ARM 寻址空间的最顶端，每个 AHB

外设都分配了 16 KB 的地址空间。LPC2000 系列微控制器的外设功能(除中断控制器)都连接到 VPB 总线(VLSI 外设总线),AHB 到 VPB 的桥将 VPB 总线与 AHB 总线相接。VPB 外设也分配了 2 MB 的地址范围,从 3.5 GB 地址点开始,每个 VPB 外设都分配了 16 KB 的地址空间。

内部存储器包括无等待 SRAM 和 Flash(型号不同时,容量大小不一样,详见表 1.1)。

系统功能包括:维持芯片工作的一些基本功能,如系统时钟、复位等;向量中断控制器(VIC)可以减少中断的影响时间,最多可以管理 32 个中断请求;外部存储控制器(EMC)支持 4 个 Bank 的外部 SRAM 或 Flash,每个 Bank 最多 16 MB;I^{2}C 串行接口为标准的 I^{2}C 总线接口,支持最高速度 400 kb/s;具有两个完全独立的 SPI 控制器,遵循 SPI 规范,可配置为 SPI 主机或从机;具有两个 UART 接口,均包含 16 字节的接收/发送 FIFO,内置波特率发生器。其中,UART1 具有调制解调器接口功能;在 LPC2119/2129/2290/2292/2294 等芯片中包含 CAN(Controller Area Network)总线接口。

CAN 总线协议是德国 BOSCH 公司在 20 世纪 80 年代初为解决现代汽车中众多的控制与测试仪器之间的数据交换而开发的一种串行数据通信协议,它是一种多主总线,通信介质可以是双绞线、同轴电缆或光导纤维,通信速率可达 1 Mb/s。CAN 总线通信接口中集成了 CAN 总线协议的物理层和数据链路层,可以完成对通信数据的成帧处理,包括位填充、数据块编码、循环冗余检验、优先级判别等工作。

CAN 总线协议的一个最大特点是废除了传统的站地址编码,而代之以对通信数据块进行编码。采用这种方法的优点是可使网络内的节点个数在理论上不受限制,数据块的标识码可由 11 位或 29 位二进制数组成,因此可以定义 2^{11} 或 2^{29} 个不同的数据块。这种按数据块编码的方式,还可使不同的节点同时接收到相同的数据。数据长度最多为 8 个字节,可满足通常工业领域中的控制命令、工作状态及测试数据的一般要求。同时 8 个字节不会占用总线时间过长,从而保证了数据通信的可靠性。CAN 卓越的特性、极高的可靠性和独特的设计,特别适合工业过程控制设备的互连,因此越来越受到工业界的重视,是公认的最有前途的现场总线之一。另外,CAN 总线采用了多主竞争式总线结构,具有多主站运行和分散仲裁的串行总线以及广播通信的特点。CAN 总线上任意节点可在任意时刻主动向网络上其他节点发送信息而不分主次,因此可在各节点之间实现自由通信。CAN 总线协议已被国际标准化组织认证,技术比较成熟,控制的芯片已经商品化,性价比高,特别适合分布式测控系统之间的数据通信。

LPC2000 中的带 9 字号的都是内部继承了 CAN 总线控制器的 ARM 芯片,符合 CAN 总线协议,无需外部挂接专用 CAN 总线控制器即可与外部构成 CAN 总线网络。

LPC2000 系列大部分内部集成了 Flash 和 SRAM,通常应用场合外部无需扩展程序存储器和数据存储器,其所构成的嵌入式系统结构紧凑、体积小、价格低、可靠性高,而且大部分产品为工业级,被广泛应用于工业控制领域。

5.1.4　XScale 嵌入式微处理器 PXA250 的体系结构

Intel XScale PXA250 嵌入式微处理器的结构如图 5.5 所示。PXA250 的主要特点有高性能、低功耗、I/O 扩展、外围控制模块丰富及时钟控制多样(有 5 种时钟源)等。其中高性能主要指

PXA250 采用 XScale 处理器核、采用 7 级超级指令流水线、支持多媒体处理技术等。PXA250 的外围控制模块主要包括 16 通道可配置 DMA 控制器、LCD 控制器、920 kb/s 蓝牙(Bluetooth) 接口、串行端口(IrDA、I^2C、I^2S、AC97、3 个 UART、SPI、SSP)及 USB 接口等。

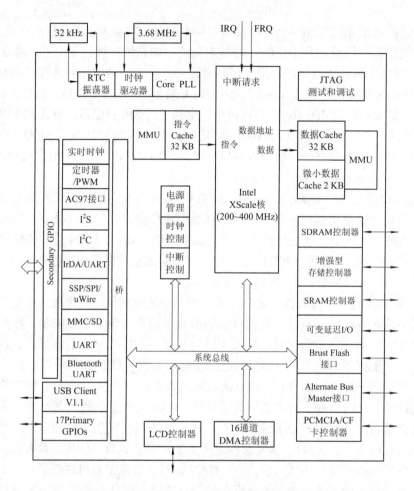

图 5.5　PXA250 微处理器结构框图

Intel XScale 内核采用带有一个增强型存储器管道的超级流水线 RISC 处理器架构的体系结构。这款新型、高性能、低功耗的微架构兼容 ARMv5TE ISA 指令集(不支持浮点指令集)。

超级流水线结构由整型管道、存储器管道和 MAC 管道构成。整型管道包括 7 级流水线结构，即取指令 1(分支目标缓冲器)→取指令 2→译码→寄存/移位→ALU 实现→状态执行→回复；存储器管道除包括整型管道的前 5 级外，后接 3 个高速缓存，即数据缓存 1、数据缓存 2 和数据回复缓存，为 8 级流水线结构；MAC 管道是 6～9 级的流水线结构，包括整型管道的前 4 级和 4 级 MAC 段，以及一个数据回复缓存，其中 MAC2～MAC4 的选通由数据决定。流水线结构级数越多，越能提高指令的执行速度。使用分支目标缓冲器的目的在于成功地预知分支指令的结果。128 个入口的分支目标缓冲器的每个入口都包含了分支指令的地址、与分支指令相联系的目标地址以及该分支的执行情况，它由协处理器 15 使能。分支目标缓冲器的使用旨在避免超级流水线结构中的分支延迟。

PXA250 CPU 的 MM(IMMU 和 DMMU)均提供了一个 32 项的转换旁路缓存器(ITLB 和 DTLB)，它们的每一项均可映射存储器中的段、大页和小页。为了保证内核周期存取指令和数据，PXA250 包含了一个 32 KB 的指令缓存和数据缓存。另外，为了避免数据缓存内数据流存取的频繁变化，还提供了一个 2 KB 的微小数据缓存。指令和数据缓存都是具有 32 个入口和 32 路相连的缓存，每路均包含一个标志地址、32 字节的高速缓存队列和一个有效位，并且采用循环方式进行刷新存储。微小数据续存是一个具有 32 个入口和两路相连的缓存，同样采用循环方式进行刷新存储。

PXA250 内核提供了具有 4 个入口的全缓冲和挂起缓冲，用于提升内核性能，与数据缓存和小数据缓存协同工作。此外还有一个 8 入口的写缓冲，每个入口可保存 16 字节，它从内核、数据缓存或微小数据缓存中得到数据，在系统总线选通前用于暂存数据。

5.2　ARM 处理器芯片的应用选择

根据实际系统的需求，嵌入式系统的硬件平台设计包括对 ARM 微处理器的合理选择、外围接口电路的选择与接口技术以及通信接口与接口设计等。如果说构建嵌入式系统的硬件平台是嵌入式系统设计的关键，那么选择符合要求的嵌入式处理器则是嵌入式硬件平台及整个嵌入式系统设计成败的关键。

基于 ARM 微处理器的生产厂商有很多，各有特色，如何选用满足自己应用系统设计要求的 ARM 微处理器芯片是进行嵌入式系统设计的一个重要方面。选择合适的 ARM 微处理器可以提高产品质量、减少开发费用、加快开发周期。

5.2.1　ARM 处理器芯片的选择原则

1. ARM 内核

任何一款基于 ARM 技术的微处理器都是以某个 ARM 内核为基础设计的，即 ARM 内核的基本功能决定了嵌入式系统最终实现目标的性能。因此，ARM 处理器芯片选择的首要任务是考虑选择基于什么架构的 ARM 内核。根据前面介绍的 ARM 内核的基本特性，就可以有的放矢地选择 ARM 内核的型号。

单从嵌入式操作系统角度考虑，如果设计的目的是使用需要 MMU 支持的操作系统，如 Windows CE、Linux 等，那么就必须选择内部带有 MMU 的 ARM 内核，如 ARM720T、ARM920T、ARM922T、ARM946T 及 StrongARM 等；而对于 ARM7TDMI 等没有 MMU 的 ARM 处理器，则可以使用不需要 MMU 支持的操作系统，如 µCLinux、µC/OS2 等。

从存储体系结构角度考虑，如果要高效工作，那么最好选用基于哈佛体系结构的 ARM 内核，因为这种架构的指令总线和数据总线是分开的，即程序存储器与数据存储器是相互独立的，这样，取指令的同时可以存储或加载数据；如果对工作效率的要求比较低，那么采用冯·诺依曼结构的 ARM 内核也是可以的。

实质上，ARM 内核的选择还需要考虑许多性能要求，如对指令流水线的要求、是否支持 Thumb 指令集的要求、是否支持 AMBA 的要求及最高时钟频率的限制要求等。

2．系统时钟频率

系统时钟频率决定了 ARM 芯片的处理速度，时钟频率越高，处理速度越快。通常，ARM 的速度和 ARM 内核之间有下列约定俗成的关系。

(1) 基于 ARM7 系列内核的 ARM 芯片的处理速度为

$$处理速度(MIPS) = 时钟频率(MHz) \times 0.9$$

如 50 MHz 的 S3C44B0X(基于 ARM7)芯片，其处理速度为 $50 \times 0.9 = 45(MIPS)$，其中 MIPS 表示每秒百万条指令。

(2) 基于 ARM9 系列内核的 ARM 芯片的处理速度为

$$处理速度(MIPS) = 时钟频率(MHz) \times 1.1$$

如 100 MHz 的 S3C2410X(基于 ARM9)芯片，其处理速度为 $100 \times 1.1 = 110(MIPS)$。

常用的 ARM7 系列处理器芯片的主时钟为 20～133 MHz，其处理速度为 18～110.7 MIPS；ARM9 系列处理器芯片的主时钟为 100～233 MHz，其处理速度为 110～256.3 MIPS；而 ARM10 的主时钟最高可以达到 700 MHz，处理速度更快。

3．芯片内部存储器的容量

大多数 ARM 微处理器芯片的内部存储器的容量都不太大，需要用户在设计系统时外扩存储器，但也有部分芯片具有相对较大的片内存储空间。

(1) 内部程序存储器容量。有些 ARM 芯片内部内置了一定容量的程序存储器。对于数据处理量不大、功能不复杂、要求不太高的工业控制领域的应用场合，内置程序存储器的 ARM 微处理器芯片非常适用。这类芯片以 LPC2100 及 LPC2200 系列为典型代表，如 LPC2104 内部集成了 128 KB 的 Flash 存储器，LPC2124 内部集成了 256 KB 的 Flash 存储器，LPC2138 和 LPC2148 内部集成了 512 KB 的 Flash 存储器等。AT91FR4042 内部也集成了 512 KB 的 Flash 存储器，而 AT91FR40162 更是具有容量高达 2 MB 的内部程序存储器。用户在设计时可考虑选用这种类型的 ARM 芯片，这样可省去外部程序存储器，以简化系统的设计。

(2) 内部数据存储器容量。有些 ARM 芯片内部没有配置 SRAM，有些则配置了一定数量的 SRAM 作为内部数据存储器。没有配置 SRAM 的 ARM 芯片在构成嵌入式系统时必须扩展外部数据存储器，而配置了 SRAM 的 ARM 芯片在构成嵌入式系统时，如果容量满足要求，就不必外扩数据存储器，这样能降低成本，使系统更加小型化。具有内部数据存储器的 ARM 芯片以 LPC2100 系列及 LPC2200 系列为典型代表，如 LPC2101/02/03/04/05/06 内部分别具有大小为 2 KB/4 KB/8 KB/16 KB/32 KB/64 KB 的 SRAM。AT91FR4042 和 AT91FR40162 也具有 256 KB 的 SRAM。

4．片内外围电路

除 ARM 微处理器内核以外，几乎所有的 ARM 芯片均根据各自不同的应用领域扩展了相关功能，并集成在芯片之中，如 USB 接口、I^2S 接口、LCD 控制器、键盘接口、RTC、ADC、DAC、DSP 协处理器等，称为片内外围电路。设计者应分析系统的需求，尽可能采用片内外围电路完成所需的功能，这样既可简化系统的设计，也可提高系统的可靠性。片内外围电路的选择可从以下几个方面考虑。

(1) 通用并行端口数量。某些芯片供应商提供的说明书中提供的往往都是最大可能的通用并行端口(GPIO)数量，但这其中有许多引脚是和地址线、数据线、串行接口等引脚复用的。因此，在系统设计时必须计算实际可以使用的 GPIO 数量，然后选择那些至少能满足系统要求并留有一定余量引脚的 ARM 处理器芯片。

(2) 定时计数器。实际应用中的嵌入式系统需要若干定时或计数功能，所以必须考虑 ARM 微处理器芯片中定时器的个数。对定时器的要求是任何一个嵌入式系统必须考虑的问题。

多数系统需要一个准确的时钟和日历，因此还要考虑 ARM 处理器是否集成了 RTC 模块(实时钟)。不同 ARM 芯片内置的实时钟的实现方式不同。如 Cirrus Logic 公司的 EP7312 的 RTC 只是一个 32 位计数器，需要通过软件计算出年、月、日、时、分、秒；而 SAA7750 和 S3C44B0X、S3C2410、LPC2100/2200 系列以及 AT91FR 系列等芯片的 RTC 模块直接提供年、月、日、时、分、秒格式。如果需要脉冲宽度调制以控制电机等对象，则还要考虑 PWM 定时器。

(3) 通信接口。嵌入式系统外部通常需要连接许多设备，因此要求内部具有相应的不同通信接口标准。

I^2C 和 SPI 是常用的与外部连接的串行同步通信接口标准，多数 ARM 处理器具有这两种接口，便于与相应总线标准的器件相连以扩展系统功能。其中，UART 是必需的串行异步通信接口标准，它用来构成多机系统或与其他系统通信，选择时，要考虑选择包含几个 UART 的 ARM 处理器。有的系统要求远红外通信，就要考虑选择具有 IrDA 接口的 ARM 处理器芯片。STR 系列 ARM 处理器的通信接口最丰富，有多达 4 个 UART。

许多 ARM 芯片内置有 USB 控制器，有些芯片甚至同时有 USB Host 和 USB Slave 控制器。如果使用 USB 进行数据传输，最好是选用内置有 USB 控制器的芯片，这样对将来电路的设计非常有利。

对于工业控制场合，通常还要考虑是否具有 CAN 总线接口，因为 CAN 总线在工业控制领域是最重要的现场总线接口标准之一，便于实现联网。如 LPC2119、LPC2129 等内部均配置了双通道的 CAN 总线接口，2294 具有四通道的 CAN 接口等。事实上，如果仅限于工业控制领域，无论从哪个方面考虑，最为经济、实用、性价比最高的当属 LPC 系列以及 STR 系列 ARM 处理器，因为它们的设计思路就是针对工业控制领域的。

如果设计音频应用产品，则 I^2S 总线接口是必需的。

(4) LCD 液晶显示控制器。对于掌上电脑等需要人机界面的设备，选择 ARM 微处理器芯片时，应优先考虑具有 LCD(Liquid Crystal Display)控制器的 ARM 芯片，因为这些系统需要 LCD 显示屏。有些 ARM 芯片内置 LCD 控制器，有的甚至内置 64 KB 彩色 TFT LCD 控制器，如 Samsung 公司的 S3C2410 芯片等。

(5) 多处理器。对于需要特定处理功能的嵌入式系统，可根据其功能特征选用不同搭配关系的多处理器 ARM 芯片。对于各种常见多处理器的简单归纳如下：ARM + DSP 多处理器可以加强数学运算功能和多媒体处理功能；ARM + FPGA 多处理器可以提高系统硬件的在线升级能力；ARM + ARM 多处理器可以增强系统多任务处理能力和多媒体处理能力。

(6) 模拟/数字转换器。应用于工业控制或自动化领域的嵌入式系统，必然涉及模拟量的输入，因此要考虑内部具有模拟/数字转换器(ADC)的 ARM 微处理器芯片，选择时还要考虑 ADC 的通道数和分辨率，根据需求选择相关 ARM 芯片。

5. 其他因素

除以上需要考虑的内部因素外，在某些有特殊需要的场合，应选择符合这些特殊要求的 ARM 微处理器芯片，如工作环境要求(尤其是温度范围，如工业级为 −40～85℃)、工作电压要求、功耗要求(特别是移动产品及手持设备等需要电池供电的产品)、体积要求及成本要求等。

一般来说，应用于工业控制领域、要求高性能及高抗干扰能力时，应尽量考虑 ST 的 STR 系列处理器及 Atmel 的 AT91 系列处理器；如果应用于普通领域、对性能要求不是太高时，则应首先考虑 LPC2000 系列处理器；如果应用于手持设计、移动设备等领域，对工作环境要求不高，又需要处理器具有高性能时，则可考虑 S3C44B0X 处理器或 S3C2410X 等处理器。

总之，在选择 ARM 微处理器芯片时，应综合考虑各个因素，选择最适合的 ARM 芯片。另外厂家的技术支持也是一个关键因素，如果选择的开发器件能得到有力的支持，则可以说已经完成了一半的开发。

5.2.2　ARM 处理器芯片主要供应商

第 1 章中图 1.4 所示的仅仅是基于 ARM 技术的部分常用处理器及厂家，实际上目前可以提供 ARM 芯片的著名欧美半导体公司有英特尔、德州仪器、三星半导体、摩托罗拉、飞利浦半导体、意法半导体、亿恒半导体、科胜讯、ADI 公司、安捷伦、高通公司、atmel、intersil、alcatel、altera、Cirrus Logic、Linkup、parthus、LSI Logic、micronas、Silicon Wave、virata、portalplayer inc.、netsilicon 等。

日本的许多著名半导体公司如东芝、三菱、爱普生、富士通、松下等早期都大力投入开发了自主的 32 位 CPU 结构，但现在都转向购买 ARM 公司的芯核进行新产品设计。由于它们购买 ARM 版权较晚，所以现在还没有可销售的 ARM 芯片，而 OKI、NEC、AKM、OAK、Sharp、sanyo、Sony、Rohm 等公司目前都已经生产了 ARM 芯片。韩国的现代半导体公司也生产 ARM 芯片。另外，国外也有很多设备制造商采用 ARM 公司芯核设计自己的专用芯片，如美国的 IBM、3COM 和新加坡的创新科技等。

我国台湾地区可以提供 ARM 芯片的公司有台积电、台联电及华帮电子等。

我国内地已经有自主知识产权的 ARM 芯片制造商(如东南大学国家专用集成电路研究开发的东芯 IV SEP3203F50)和正在设计自主版权专用芯片的公司(如中兴通讯等)。

5.2.3　ARM 处理器芯片的选择实例

下面给出实际应用中在不同应用领域情况下经常遇到的 ARM 芯片的选择实例，以加深对 ARM 芯片选择要素的理解，提高选择技能，为系统设计打好基础。

【例 5.1】某自来水集中远传抄表系统中的集中器具有远程通信功能，其主要技术参数和功能要求如下：

(1) 集中器采用无线通信方式与下位机采集器构成多机系统，连接 2000 个采集器(一个采集器连接多个水表)。

(2) 集中器与上位机采用无线、有线以及 RS-232、红外或 IC 卡方式进行数据传输。

(3) 集中器可以移动、手持，也可以固定。

(4) 集中器有 LCD 显示和操作键盘。

(5) 集中器内部应该有实时钟。

其他要求略。

解：由第(1)项要求可知，该集中器数据量较大，应采用无线方式通信，所以要有 UART 串行口。

第(2)项说明与上位机的通信方式确定要有另一个 UART 串行口；IC 卡方式要求内部要有 I²C 总线接口。

第(3)项要求移动、手持，因此最好能使用嵌入式操作系统，可以确定采用三星的 S3C 系列处理器为宜。

第(4)项要求有 LCD 控制器，这样使用液晶屏比较可靠。

第(5)项要求内部要有实时钟。

结论：综上所述，该处理器必须有 2 个或 2 个以上 UART 串行接口、I²C 总线接口、LCD 控制器，且低功耗工作(提供带电方式的手持设备)，因此基于 ARM7TDMI 的 S3C44B0X 就可满足系统的要求(当然还要配备外部相关电路)。如果选择带 MMU 的 S3C2410X 就有些浪费，也没有必要。

5.3　ARM 处理器内部组件及外围器件控制的基本原理

ARM 嵌入式处理器内部一般都包括 10～20 种左右的各种功能组件，每种功能组件又包括多个甚至上 10 个控制寄存器，而这些最多可达 32 位的各种控制寄存器，每位都有特定的含义，因此大家在学习嵌入式系统的过程中，普遍感到嵌入式处理器组件控制寄存器的篇幅很多，学习起来枯燥无味；或是对某种芯片的组件非常熟悉，而开发时需要应用另一种芯片，这时又认为需要重新学习。

为了更好地理解嵌入式处理器内部组件控制寄存器的作用并掌握各种组件的使用，本节在具体详细学习特定芯片的组件之前，先结合作者的体会，通过一个实例从本质上来把握组件控制寄存器的定义和使用，真正掌握其物理含义、工作原理和使用方法。

5.3.1　微处理器中控制寄存器的定义举例

为了说明微处理器中控制寄存器的定义及使用，下面以 S3C2410X/S3C2440X 中的看门狗定时器 WDT(Watch-Dog Timer)组件来进行说明。

WDT 组件用于监视程序的运行状态。由于种种原因，微处理器系统运行程序时可能出现错误，导致死锁，使系统无法运行下去，这时需要 WDT 组件来使系统复位，让程序重新投入运行。

当系统出现错误，如受到噪声干扰时，S3C2410X/S3C2440X 的 WDT 组件能够继续操作控制器。WDT 组件可用作一个普通的 16 位定时器去请求中断服务，并在每 128 个 PCLK 脉冲后产生一个长达 128 个 PCLK 时钟周期的复位信号。

1．WDT 组件的组成

WDT 组件采用唯一的时钟源 PCLK，由 WDT 组件内部的 8 位预分频器(由 WTCON15～WTCON8 选择，最大值为 255，即 2^8-1)对 PCLK 进行首次分频，通过预分频器分频的值称为预分频值；然后按照 16、32、64 及 128 的系数通过多路选择开关(MUX)进行第二次分频，这次分频的值称为分频系数；在 WDT 组件的控制寄存器的作用下由 WTCON4、WTCON3 选择得到 WDT 组件计数所需时钟；通过 16 位内部递减计数器(WTCNT)减法计数，当没有加以干预计数到 0 时，产生中断输出并产生复位信号(RESET)来使系统复位。WDT 组件的构成如图 5.6 所示。

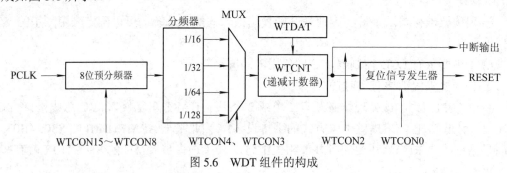

图 5.6　WDT 组件的构成

2．WDT 组件的特殊功能寄存器

WDT 组件的特殊功能寄存器包括 WDT 组件控制寄存器(WTCON)、WDT 组件数据寄存器(WTDAT)及 WDT 组件计数寄存器(WTCNT)等，这些特殊功能寄存器均可读/写。

(1) WDT 组件控制寄存器 WTCON。WTCON 用于控制预分频系数、确定是否允许 WDT、是否允许输出复位信号等，其地址为 0x53000000。WTCON 各位含义见表 5.2，它的初始值为 0x8021。

表 5.2　看门狗定时器控制寄存器(WTCON)各位含义

WTCON 位名称	位	描　述	初始值
PREVALUE	15～8	预分频值：0～255(2^8-1)	0x80
保留	7，6	保留，正常操作必须是 00	00
WDTEN	5	WDT 组件允许：0 = 禁止；1 = 允许	1
CLKSEL	4，3	时钟因子选择(分频系数的倒数)：00 = 1/16；01 = 1/32；10 = 1/64；11 = 1/128	00
INTEN	2	中断允许：0 = 禁止；1 = 允许	0
保留	1	保留，正常操作必须为 0	0
RESETEN	0	复位允许：0 = 禁止；1 = 允许	1

(2) WDT 组件数据寄存器 WTDAT。WTDAT 用于存放计数值，其地址为 0x53000004。WTDAT 各位含义见表 5.3，初始值为 0x8000。初始化时 WTDAT 的值不能自动装入计数寄存器中，只有当第 1 个计数周期结束后，它的值才自动重新装入 WTCNT 中。

表 5.3　看门狗定时器数据寄存器(WTDAT)各位含义

WTDAT 位名称	位	描　述	初始值
计数器重载值	15～0	看门狗定时器重载的计数值	0x8000

(3) WDT 组件计数寄存器 WTCNT。WTCNT 用于存放看门狗定时器在正常操作下的当前计数值，其地址为 0x53000008，WTCNT 各位含义见表 5.4，初始值为 0x8000。在计数时采用减法计数，如果没有干预，则当计数到 0 时自动产生中断输出并产生复位信号(RESET)。

表 5.4　看门狗定时器计数寄存器(WTCNT)各位含义

WTCNT 位名称	位	描　　　述	
计数值	15～0	看门狗定时器当前的计数值	0x8000

根据以上结构图及各特殊功能寄存器的定义可知 WDT 组件的工作过程是：先根据设定的 WTCON 中的 WTCON15～WTCON8 的值选择对主频时钟 MCLK 的分频值和根据 WTCON4 和 WTCON3 的值选择计数所需的时钟，再根据设定的 WDTAT 的值通过 16 位内部递减计数器来进行减法计数，最后根据 WTCNT 的计数结果及输出控制信号 WTCON2～WTCON0 输出有关结果，当没有加以干预而计数到 0 时，产生中断输出并产生复位信号(RESET)来使系统复位。

5.3.2　微处理器中控制寄存器的含义及作用

ARM 处理器内部包括 CPU 和各种功能组件，那么 ARM 处理器的 CPU 怎样实现对各种功能组件的控制呢？其主要通过各种控制寄存器来实现对各个功能组件及外围器件的控制，主要工作过程如图 5.7 所示。

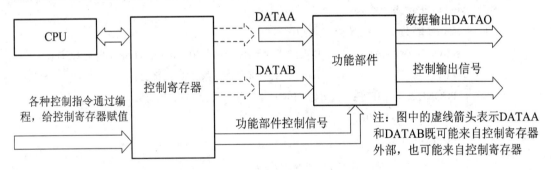

图 5.7　控制寄存器中信息流程及作用

根据前述的控制寄存器的实例，并结合图 5.7 所示的控制寄存器中的信息流程及作用示意，我们可以总结出控制寄存器的含义及作用如下：

(1) 控制寄存器是一个特定的存储单元，而控制寄存器各位的定义由微控制器/微处理器的内部硬件结构决定，所以控制寄存器各位的定义是控制编程的依据。

(2) 控制寄存器是人机信息交互的桥梁，而人或机器对某个功能组件的控制指令首先必须通过编程给控制寄存器赋值，再通过 CPU 对控制寄存器的读操作将有关操作控制信号或操作数据传递给该功能组件。当这些操作控制信号或操作数据有效时，该功能组件就会执行特定的操作。

5.3.3　微处理器中控制寄存器的初始化方法

为了说明初始化控制寄存器的各种方法，先看一段有关 LCD 驱动的程序段：

```
#define LCDMEM_BASE      0xDF000000    //定义 LCD 存储区基地址
#define LCDMEM_SIZE      320*240/8     //总的虚拟显示区域(针对 320*240LCD 屏)
#defien MONO_MODE        0x00
#define XSIZE            320
#define YSIZE            240
    ⋮

int main(void);
void LcdPort_Init(void);
void Lcd_Init(void);
    ⋮

int main(void)
{
  LcdPort_Init();          //对 LCD 端口进行初始化
  Lcd_Init();              //对 LCD 控制器进行初始化
    ⋮
}
    void LcdPort_Init(void)
{    //将 GPIO 端口 D 配置成 LCD 控制器接口
    rPCOND=0xAAAA;  //端口 D 配置寄存器 1010101010101010，即端口 D 为 LCD 专用引脚
    rPUPD =0xFF;             //端口 D 上拉寄存器，禁止 D 内部上拉
    rPCONE & = 0x3FFF;      //将 GPIOE 配置为开关控制信号
    rPCONE | = 0x4000;
    rPUPE = 0xFF;
}

void Lcd_Init(void)
{
    rLCDCON1 = (0) | (1<<5) | (1<<8) | (1<<10) | (CLKVAL<<12);
    // disable, 4B_SNGL_SCAN, WDLY = 8clk, WLH = 8clk，具体含义见 5.4 节
    rLCDCON2 = (YSIZE-1) | ((XSIZE/4-1)<<10) | (10<<21);
    // LINEBLANK = 10(without any calculation)，具体含义见 5.4 节
    rLCDSADDR1 = (MONO_MODE<<27) | ((LCDMEM_BASE>>22)<<21) |
    ((LCD-MEM_BASE &0x3FFFFF)>>1);
    // monochrome, LCDBANK, LCDBASEU，具体含义见 5.4 节
    ⋮
}
```

从上述程序段可看出，组件特殊功能寄存器/组件控制寄存器的初始化方法主要有以下三种：

(1) 数值或数值运算赋值法，就是根据用户对组件的使用要求及控制寄存器的各位含义，直接将初值的数值结果或数值的运算结果赋给对应的控制寄存器。该方法的优点是简单、直观，但控制寄存器的各位的涵义不清晰，修改不方便。例如：

    rPUPD = 0xFF;　　　　　　　　　　//端口 D 上拉寄存器，禁止 D 内部上拉

    rPCONE & = 0x3FFF;　　　　　　　　//将 GPIOE 配置为开关控制信号

(2) 数位值移位合成法，就是根据用户对组件的使用要求及控制寄存器的各位涵义，先确定值为 1 的各位，再左移，最后通过逻辑或运算得到初值的结果，并赋给对应的控制寄存器。该方法的优点是简单且修改方便，但控制寄存器的各位的涵义不清晰。例如：

    rLCDCON1 = (0) | (1<<5) | (1<<8) | (1<<10) | (CLKVAL<<12);

(3) 常量位移移位合成法，就是根据用户对组件的使用要求及控制寄存器的各位涵义，先通过常量定义各位的值，再将各位对应的常量进行左移，最后通过逻辑或运算得到初值的结果，并赋给对应的控制寄存器。该方法的优点是控制寄存器的各位的涵义清晰、修改方便，但编程和书写稍显麻烦。例如：

    rLCDSADDR1 = (MONO_MODE<<27) | ((LCDMEM_BASE>>22)<<21) | ((LCD-MEM_BASE& 0x3FFFFF)>>1);

5.4　S3C2410X/S3C2440X 存储控制类组件及应用编程

本章自本节开始，以 S3C2410X 微处理器为例，来阐述其微处理器可编程组件及应用编程，其主要内容同样也适用于 S3C2440X。S3C2410X 和 S3C2440X 体系结构相同，CPU、ID 都是 0x41129200，很多寄存器设置都是一样的，但二者还是有一些细节区别，详见 5.1.2 节和 S3C2440X 微处理器使用手册。

5.4.1　存储器控制器组件及应用编程

嵌入式系统使用的存储器有多种类型，主要包括 Flash、EPROM、SDRAM 以及 SRAM 等。要满足不同类型的存储器对不同速度、不同类型、不同总线宽度的存储器的管理和控制，存储控制器组件是必不可少的。存储控制器为片外存储器访问提供必要的控制信号，用于管理片外存储部件。

1. 存储器区域划分

前面介绍的技术特征中已经提到，基于 S3C2410X 的嵌入式系统，其存储器支持大、小端模式等若干特征，其中所有的地址空间都可以通过编程设置为 8 位、16 位或 32 位宽数据对齐的方式来进行访问；7 个起始地址固定及大小可编程的地址空间。

S3C2410X 复位后的存储器地址分配如图 5.8 所示。

图 5.8 中的 SROM 是指 ROM 或 SRAM。另外，由 nGCS6 和 nGCS7 控制信号选择的 BANK6 和 BANK7 的详细地址分配见表 5.5。

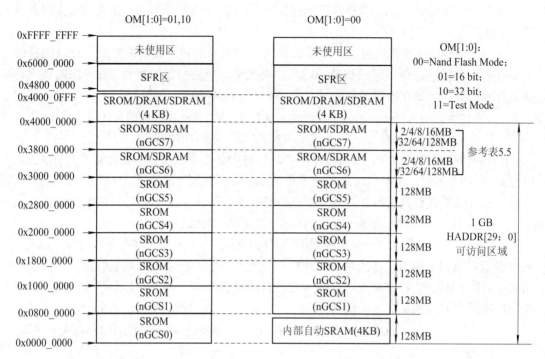

图 5.8　S3C2410X 复位后的存储器地址分配

表 5.5　BANK6/BANK7 地址分配

BANK	地址	2 MB	4 MB	8 MB	16 MB	32 MB	64 MB	64 MB
BANK6	起始	0x30000000	0x30000000	0x30000000	0x30000000	0x30000000	0x30000000	0x30000000
	结束	0x301FFFFF	0x303FFFFF	0x307FFFFF	0x30FFFFFF	0x31FFFFFF	0x33FFFFFF	0x37FFFFFF
BANK7	起始	0x30200000	0x30400000	0x30800000	0x31000000	0x32000000	0x34000000	0x38000000
	结束	0x303FFFFF	0x307FFFFF	0x30FFFFFF	0x31FFFFFF	0x33FFFFFF	0x37FFFFFF	0x3FFFFFFF
备注		BANK6 和 BANK7 的容量大小必须相同						

图 5.8 所示可访问区除由 nGCS6 和 nGCS7 控制的 BANK6 和 BANK7 之外，其他由 nGCS1～nGCS5 控制的存储区域，除了可以扩展存储器(ROM 或 RAM)外，同样可以扩展以总线方式工作的 I/O 设备。只要对 nGCS7～nGCS1 控制的地址范围的任何一个地址进行总线操作，无论是读操作还是写操作，该信号在访问期间均会出现低电平，直到操作结束才变为高电平。

2．不同数据宽度的存储器地址线连接方法

由于 S3C2410X 存储器组织可以使用 8 位、16 位或 32 位的不同数据宽度，因此其对应不同数据宽度的存储器的地址与系统地址总线的连接方法也不同，见表 5.6，表中的 m 为存储器的地址线根数。

表 5.6　S3C2410X 不同存储器组织的存储器地址线与 ARM 芯片地址总线的连接

存储器地址线	8 位存储器组织下的 ARM 芯片地址总线	16 位存储器组织下的 ARM 芯片地址总线	32 位存储器组织下的 ARM 芯片地址总线
A0	A0	A1	A2
A1	A1	A2	A3
A2	A2	A3	A4
A3	A3	A4	A5
⋮	⋮	⋮	⋮
A(m−1)	A(m−1)	Am	Am+1

对于 8 位数据宽度的存储器组织，相应的存储器地址线与系统地址总线直接相连；对于 16 位数据宽度的存储器组织，存储器的地址线与系统总线要错一位相连；对于 32 位存储器组织，存储器的地址线与系统总线要错 2 位相连。

3．存储控制组件的特殊功能寄存器

存储器的设置均由相关控制寄存器完成。所有存储器空间的访问周期都可以通过编程配置，这些可编程的功能均通过存储管理组件中的相关控制寄存器来设置。

1) 总线宽度与等待控制寄存器

总线宽度与等待控制寄存器(BWSCON)是决定总线宽度(8 位/16 位/32 位)以及等待的 32 位寄存器的，其在系统中分配的地址为 0x48000000，复位时的值为 0x00000000。BWSCON 格式如图 5.9 所示。

31	30	29、28	27	26	25、24	23	22	21、20	19	18	17、16	15	14	13、12	11	10	9、8	7	6	5、4	3	2、1	0
ST7	WS7	DW7	ST6	WS6	DW6	ST5	WS5	DW5	ST4	WS4	DW4	ST3	WS3	DW3	ST2	WS2	DW2	ST1	WS1	DW1		DW0	Reserved

图 5.9　BWSCON 格式

ST7～ST1 位决定 SRAM 映射在 BANKi 时是否采用 UB/LB(写高/低字节使能)：值为 1 时采用 UB/LB，为 0 时不采用 UB/LB。

WS7～WS1 位决定 BANKi 上的存储器是否等待：值为 1 时等待，为 0 时禁止等待。

DW7～DW1 位中的 2 位编码决定 BANKi 上的数据总线宽度：编码为 00 表示 8 位；为 01 表示 16 位；为 10 表示 32 位，为 11 表示保留。

DW0 位编码决定 BANK0 上的数据总线宽度：编码为 01 表示 16 位；为 10 表示 32 位。其状态选择由 OM[1:0]管脚决定。

2) 内在通道控制寄存器

S3C2410X 内部有 8 个对应于 BANK0～BANK7 的通道控制寄存器 BANKCON0～BANKCON7，其中 BANKCON0～BANKCON5 的地址占用 0x48000004、0x48000008、0x4800000C、0x48000010、0x48000014、0x48000018，复位时均为 0x0700；BANKCON6～BANKCON7 的地址占用 0x4800001C、0x48000020，复位时均为 0x18008。其格式如图 5.10 所示。

位	16、15	14、13	12、11	10～8	7、6	5、4	3、2	1、0
BANKCON0～BANKCON5							Tacp	PMC
BANKCON6、BANKCON7（ROM或SRAM MT=00）	ROM或SRAM	MT=00	Tacs	Tcos	Tacc	Toch	Tcah	Tacp	PMC
（SDRAM MT=11）	SDRAM	MT=11						Trcd	SCAN

图 5.10　BANKCON 格式

MT 位编码决定 BANK6 和 BANK7 的存储器类型：编码为 00 表示 ROM 或 SRAM；编码为 11 表示 SDRAM。

Tacs 位编码决定在 nGCSn 选择之前的地址时钟个数设置：编码为 00 表示 0 个时钟；为 01 表示 1 个时钟；为 10 表示 2 个时钟；为 11 表示 4 个时钟。

Tcos 位编码决定在 nOE 之前芯片选择建立时钟个数设置：编码为 00 表示 0 个时钟；为 01 表示 1 个时钟；为 10 表示 2 个时钟；为 11 表示 4 个时钟。

Tacc 编码决定存储访问时钟个数：编码为 000 表示 1 个时钟；为 001 表示 2 个时钟；为 010 表示 3 个时钟；为 011 表示 4 个时钟；为 100 表示 6 个时钟；为 101 表示 8 个时钟；为 110 表示 10 个时钟；为 111 表示 14 个时钟。

Toch 位编码决定芯片保持 nOE 的时钟个数：编码为 00 表示 0 个时钟；为 01 表示 1 个时钟；为 10 表示 2 个时钟；为 11 表示 4 个时钟。

Tcah 位编码决定在 nGCSn 选择之前的保护时钟个数：编码为 00 表示 0 个时钟；为 01 表示 1 个时钟；为 10 表示 2 个时钟；为 11 表示 4 个时钟。

Tacp 位编码决定在分页模式下的访问周期：编码 00 表示 2 个时钟；为 01 表示 3 个时钟；为 10 表示 4 个时钟；为 11 表示 6 个时钟。

PMC 位编码决定分页模式配置：编码为 00 表示正常(1 个数据)；为 01 表示 4 个数据；为 10 表示 8 个数据；为 11 表示 16 个数据。

在 MT=11，即存储器为 SDRAM 时，位 3～0 的含义如下：

Trcd 位编码决定 RAS 到 CAS 的延时时间：编码为 00 表示 2 个时钟；为 01 表示 3 个时钟；为 10 表示 4 个时钟。

SCAN 位编码决定列地址位数：编码为 00 表示 8 位；为 01 表示 9 位；为 10 表示 10 位。

3) 刷新控制寄存器

刷新控制寄存器(REFRESH)是专门控制 SDRAM 进行刷新的寄存器，其占用地址为 0x48000024，其格式如图 5.11 所示。

23	22	21、20	19、18	17、16	15～11	10～0
REFEN	TREFMD	Trp	Tsrc	Reserved	Reserved	Refresh Counter

图 5.11　REFRESH 格式

REFEN 位表示刷新使能：编码为 0 表示禁止刷新；编码为 1 表示刷新。

TREFMD 位决定 SDRAM 的刷新模式：编码为 0 表示自动刷新；编码为 1 表示自我刷

新(控制信号为电平)。

Trp 位编码决定 SDRAM 行预充电时间：编码为 00 表示 2 个时钟；编码为 01 表示 3 个时钟；编码为 10 表示 4 个时钟；编码为 11 表示不支持。

Tsrc 位编码决定 SDRAM 半行循环周期时间：编码为 00 表示 4 个时钟；编码为 01 表示 5 个时钟；编码为 10 表示 6 个时钟；编码为 11 表示 7 个时钟。行循环周期时间 Trc = Tsrc + Trp。

Refresh Counter 决定 SDRAM 刷新计数值：因刷新周期 = $(2^{11}$ − 刷新计数值 + 1)/HCLK，故刷新计数值 = 2^{11} + 1 − 刷新周期 * HCLK。

4) Bank 容量寄存器

Bank 容量寄存器(BANKSIZE)是专门控制存储器 Bank 容量大小的，其占用地址为 0x48000028，初始值为 0x02，格式如图 5.12 所示。

BURST_EN 位表示 ARM 内核突发操作的使能：0 表示禁止，1 表示允许。该位在访问 SDRAM 周期时才输出 SCLK 时钟，这样可降低功耗。

SCKE_EN 位表示仅在 SDRAM 访问周期 SCKE 的使能：0 表示禁止，1 表示允许。该位在访问 SDRAM 周期时才输出 SCLK 时钟，这样可降低功耗。

SCLK_EN 位表示仅在 SDRAM 访问周期 SCLK 的使能：0 表示禁止，1 表示允许。该位在访问 SDRAM 周期时才输出 SCLK 时钟，这样可降低功耗。

BK76MAP 位决定存储器的 BANK6/7 容量大小：编码为 010 表示 128M/128M；为 001 表示 64M/64M；为 000 表示 32M/32M；为 111 表示 16M/16M；为 110 表示 8M/8M；为 101 表示 4M/4M；为 100 表示 2M/2M。

7	6	5	4	3	2~0
BURST_EN	Reseved	SCKE_EN	SCLK_EN	Reseved	BK76MAP

图 5.12　BANKSIZE 格式

5) SDRAM 模式寄存器设置寄存器

MRSR 用来设置 SDRAM 的 BANK6 和 BANK7 的工作模式，MRSR6 占用地址为 0x4800002C，MRSR7 占用地址为 0x48000030，复位后为不定状态。MRSR 格式如图 5.13 所示。

11、10	9	8、7	6~4	3	2~0
Reserved	WBL	TM	CL	BT	BL

图 5.13　MRSR 格式

WBL 位表示写突发长度：0 表示突发(推荐值)；1 表示保留。

TM 位表示测试模式选择：00 表示由模式寄存器设置；01/10/11 表示保留。

CL 位表示 CAS 发送时钟数：000 表示 1 个时钟；010 表示 2 个时钟；011 表示 3 个时钟；其他为保留。

BT 位表示突发类型：0 表示顺序(推荐)；1 表示未用。

BL 位表示突发长度：000 表示突发(推荐值)；其余为保留。

注意：① 如果代码在 SDRAM 中运行，则绝不能重新配置 MRSR 寄存器；② 在电源关闭模式下，SDRAM 必须进入自刷新模式。

4. 对存储器控制寄存器的配置编程

【例 5.2】 用汇编语言编程，实现对存储器控制寄存器的配置。

配置存储器控制寄存器的程序段如下：

```
LDR    R0, =SMRDATA
LDMIA  R0, {R1-R13}
LDR R0, =0x48000000  ; 配置总线宽度与等待控制寄存器 BWSCON 的地址
STMIA   R0,   {R1-R13}
```

SMRDATA：

```
DCD 0x22221210    ; 设置 BWSCON 初始值，选择总线宽度，BANK1 和 BANK3 为 6 位，
                  ; 其余 32 位禁止等待
DCD 0x00000600    ; BANK0 通道控制寄存器 BANKCON0(GCS0)初始化
DCD 0x00000700    ; BANK1 通道控制寄存器 BANKCON1(GCS1)初始化
DCD 0x00000700    ; BANK2 通道控制寄存器 BANKCON2(GCS2)初始化
DCD 0x00000700    ; BANK3 通道控制寄存器 BANKCON3(GCS3)初始化
DCD 0x00000700    ; BANK4 通道控制寄存器 BANKCON4 (GCS4)初始化
DCD 0x00000700    ; BANK5 通道控制寄存器 BANKCON5 (GCS5)初始化
DCD 0x00010000    ; BANK6 通道控制寄存器 BANKCON6 (GCS6)初始化
                  ; (EDODRAM(Tacc=1)
DCD 0x00018000    ; BANK7 通道控制寄存器 BANKCON7(GCS7)初始化(未用)
DCD 0x00860459    ; 刷新控制寄存器 REFRESH (REFEN = 1：刷新使能；
                  ; TREFMD = 0：自动刷新；Trp = 00：2 clock；Trc = 5：5 clock)
DCD 0x0           ; Bank 容量寄存器 BANKSIZE：确定为 32MB/32MB
DCD 0x20          ; SDRAM 模式寄存器设置寄存器 MRSR6(CL = 2)
DCD 0x20          ; SDRAM 模式寄存器设置寄存器 MRSR6(CL = 2)
```

由于存储器中的 13 个寄存器分布在从 0x48000000 开始的连续地址空间，所以也可以利用指令"STMIA   R0, {R1-R13}"事先将配置好的寄存器的值依次写入到相应的寄存器中，没有必要一条指令配置一个寄存器。

5.4.2 SDRAM 存储器接口

SDRAM 具有容量大、存储速度快、成本低等特点，因而被广泛应用于嵌入式系统中。SDRM 主要用来存储执行代码和相关变量，是系统启动后主要进行存取操作的存储器，由于 SDRAM 需要定时刷新以保持存储的数据，因而要求处理器具有刷新控制逻辑。

S3C2410X 片内有独立的 SDRAM 刷新控制，方便与 SDRAM 进行无缝连接。S3C2410X 只有 BANK6 和 BANK7 支持 SDRAM，所以一般 SDRAM 接在 BANK6 上。

1) SDRAM 存储器与 S3C2410X 的接口电路

使用两片容量为 32MB、位宽为 16 位的现代公司的 HY57V561620 芯片组成容量为 64 MB、位宽为 32 位的 SDRAM 存储器。每片 HY57V561620 的存储容量为 16 组 × 16 Mb (32 MB)，工作电压为 3.3 V，常见的封装为 TSOP，兼容 LVTTL 接口，支持自动刷新和自

刷新。

SDRAM 存储器电路如图 5.14 所示，其中电容都是 SDRAM 的退耦电容，一般在设计中靠近存储器的电源输入引脚。

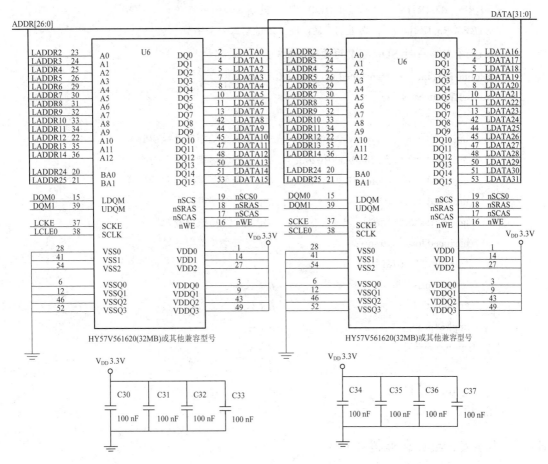

图 5.14　SDRAM 存储器电路器电路设计

2) 初始化设置

要正确使用 SDRAM 存储器，必须做好两件事：① 设置 S3C2410X 与存储器相关的 13 个控制寄存器。② 设置 S3C2410X 相关的 I/O 口，将 GPA9 设置为 ADDR24；将 GPA10 设置为 ADDR25。这两项工作都可以在 S3C2410X 的启动代码中，通过配置向导来进行。

3) 用汇编语言编写对 SDRAM 的读/写操作

对于 SDRAM 的操作，可以在 SDRAM 所在地址范围(0x30000000～0x40000FFF)的任意区域进行读或写的操作。

R_W_SDRAM:

```
        LDR    R2,=0x30280000

        LDR    R3,=0x89ABCDEF

        STR    R3, [R2]      ; 将一个字 0x89ABCDEF 写入 0x30280000 开始的 SDRAM 区域

        LDR    R3, [R2]      ; 从地址 0x30280000 处读取一个字到 R3

        LDR    R2, =0x30500000
```

```
        LDRH   R3, [R2]       ; 从地址 0x30500000 处读取一个半字
        STRH   R3, [R2],#2    ; 地址加 2 后，半字
        LDR    R2, =0x30700000
        LDRB   R3, [R2]       ; 从地址 0x30700000 处读取一个字节
        STRB   R3, [R2], #1   ; 地址加 1 后，向该地址写入一个字节
```

4) 用 C 语言编写对 SDRAM 的读/写操作

```
    #define RWram      (*(unsigned long*)0x30010200)
    void cRWramtest(void)
    {
        unsigned long   *ptr=0x30010200;     //定义一个长指针并赋初值
        unsigned short  *ptrh=0x30010200;    //定义一个短指针并赋初值
        unsigned char   *ptrb=0x30010200;    //定义一个字符指针并赋初值
        unsigned char   tmpb;                //定义一个字符变量
        unsigned short  tmph;                //定义一个短整型变量
        unsigned long   tmpw;                //定义一个长整型变量
        *ptr=0x12345678;
        tmpw=*ptr;                           //字长读
        *ptr=tmpw+1;                         //字长写
        tmph=*ptrh;                          //半字
        *ptrh=tmph+1;                        //半字
        tmpb=*ptrb;                          //字节
        *ptrb=tmpb+1;                        //字节
    }
```

5.4.3 Nand Flash 存储器接口

Nand Flash 是最近几年才出现的新型 Flash 存储器，这种存储器适用于数据存储和文件存储，Nand Flash 存储器具有如下特点：① 以页为单位进行读和编程操作，每页为 256 B 或 512 B，在擦除数据时以块为单位，每块为 4 KB、8 KB 或 16 KB，其擦除时间是 2 ms，而 Nor Flash 进行块擦除时需要几百毫秒；② 数据、地址采用同一总线，实行串行读取，随机读取且不能按字节随机编程；③ 芯片尺寸小，引脚少，是成本比较低的固态存储器；④ 芯片中可能存在失效块，但失效块不会影响有效块的性能。

1) S3C2410X 的 Nand Flash 控制器

S3C2410X 片内集成了一个 Nand Flash 控制器，因而可以直接使用 Nand Flash 存储器。该 Nand Flash 控制器具有如下特性：① Nand Flash 模式下，支持读、写、擦除 Nand Flash 存储器；② 自动启动模式下，在处理器复位后，启动代码将被装载到名为 stepping stone 的 SDRAM 缓冲区中，接着启动代码在 stepping stone 中执行；③ 支持硬件 ECC 检测；④ 在 Nand Flash 启动后，stepping stone 的 4KB 内部 SRAM 缓冲区可以被用于其他目的。

S3C2410X 的启动代码可以在外部 Nand Flash 存储器中执行，当启动时，Nand Flash 存

储器最初的 4 KB 代码将被装载到一个名为 stepping stone 的 SDRAM 缓冲区中，然后启动代码在 stepping stone 中执行。

2) S3C2410X 的 Nand Flash 控制寄存器

与 Nand Flash 控制器相关的寄存器有 6 个。

(1) Nand Flash 配置寄存器(NFCONF)，用于使能 Nand Flash，初始化 ECC 编解码器，使能存储器片选以及一些相关时间的设置，其地址为 0x4E000000，该寄存器长度为 32 位，低 16 位有效，每一位的功能如表 5.7 所示。

表 5.7　Nand Flash 配置寄存器(NFCONF)功能描述

位	引脚标志	功 能 描 述
15	—	Nand Flash 控制器使能控制：0 = 禁止；1 = 允许
14、13	—	保留
12	—	ECC 编码器初始化控制：0 = 无初始化 ECC；1 = 初始化 ECC
11	—	Nand Flash 存储器的 nFCE 控制：0 = "nFCE = L" 激活；1 = "nFCE = H" 停止
10～8	TACLS	设置 CLE&ALE 保持时间：保持时间 = HCLK*(TACLS+1)
7	—	保留
6～4	TWRPH0	设置 TWRPH0 的保持时间：保持时间 = HCLK*(TWRPH0+1)
3	—	保留
2～0	TWRPH1	设置 TERPH1 的保持时间：保持时间 = HCLK*(TWRPH1+1)

(2) Nand Flash 命令设置寄存器(NFCMD)，用于存储 Nand Flash 存储命令值，其地址为 0x4E000004。该寄存器长度为 32 位，低 16 位有效，其中位 7～0 为 Nand Flash 存储命令值，位 15～8 为保留位。

(3) Nand Flash 地址设置寄存器(NFADDR)，用于存储 Nand Flash 存储地址值，其地址为 0x4E000008。该寄存器长度为 32 位，低 16 位有效，其中位 7～0 为 Nand Flash 存储地址值；位 15～8 为保留位。

(4) Nand Flash 数据寄存器(NFDATA)，用于读/写 Nand Flash 数据值，其地址为 0x4E00000C。该寄存器长度为 32 位，低 16 位有效，其中位 7～0 为 Nand Flash 存储数据值；位 15～8 为保留位。

(5) Nand Flash 工作状态寄存器(NFSTAT)，用于反馈存储器的状态，其地址为 0x4E000010。该寄存器长度为 32 位，低 16 位有效，其中位 0 为 Nand Flash 状态值，0=忙；1=准备好；位 15～1 为保留位。

(6) Nand Flash ECC 寄存器(NFECC)，用于反馈 ECC 的错误纠正代码，其地址为 0x4E000014。该寄存器长度为 32 位，低 24 位有效，其中位 7～0 为错误纠正代码 ECC0；位 15～8 为错误纠正代码 ECC1；位 23～16 为错误纠正代码 ECC2。

3) Nand Flash 存储器与 S3C2410X 的接口电路

本例选择 32MB 的 K9F5608U 作为系统 ROM，8 位数据总线，分配空间为 0x00000000～0x01FFFFFF，如图 5.15 所示。一般在靠近存储器电源输入引脚的地方为 Nand Flash 加入退耦电容，同时要注意 Nand Flash 芯片的 SE 和 WP 引脚的连接。

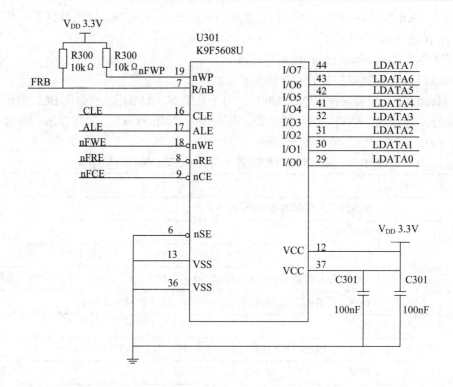

图 5.15　Nand Flash 存储器电路

4) 初始化设置

要正确使用 Nand Flash 存储器，必须首先进行初始化，初始化包括以下内容：① 设置 S3C2410X 与存储器相关的 13 个控制寄存器；② 设置 S3C2410X 的相关 I/O 口，将端口 A 的 PA17 设置为 CLE，PA18 设置为 ALE，PA19 设置为 nFWE，PA20 设置为 nFRE，PA22 设置为 nFCE；③ 设置 S3C2410X 与 Nand Flash 控制器相关的 6 个寄存器。

前两项工作可以在 S3C2410X 的启动代码中，通过配置向导来进行，第三项工作需要编写一个初始化程序，代码如下：

```
Void Nand Flash Init(void)
{
    int I;
    support = 0;
    nand_id = NFReadID();
        for (i = 0;NandFlashChip[i].id != 0 ; i++)
        if(NandFlashChip[i].id == nand_id)
        {
        nand_id = i;
        NandFlashSize = NandFlashChip[i].size;
        support = 1;
        NandAddr = NandFlashSize > SIZE_32M;
```

```
        If(!pNandPart[0].size)
        {
            pNandPart[0].offset = 0;
            pNandPart[0].size = NandFlashSize;
            pNandPart[1].size = 0;
        }
        return;
    }
}
```

5.4.4　Nor Flash 存储器接口

Nor Flash 存储器具有速度快，数据不易失等特点，在嵌入式系统中可作为存储并执行启动代码和应用程序的存储器。与 Nand Flash 相比，Nor Flash 的特点如下：① 程序和数据可放在同一芯片上，拥有独立的数据总线和地址总线，能快速随机读取数据，允许系统直接从 Flash 中读取代码并执行，无需将代码下载至 RAM 再执行；② 可以单字节或单字编程，但不能单字节擦除，必须要以块为单位对整个芯片执行擦除操作，相对于 Nand Flash，Nor Flash 芯片擦除速度和编程速度较慢，且尺寸较大。

1) Nor Flash 存储器与 S3C2410X 的接口电路

SST39VF1601 是一个 1 Mb × 16 组的 CMOS 多功能 Nor Flash 芯片，它具有高性能的字编辑功能，芯片通过触发位或数据查询位来指示编程操作的完成，同时为了防止编程中的意外，芯片还提供了硬件和软件数据保护机制。该芯片的引脚功能说明如表 5.8 所示。

表 5.8　SST39VF1601 芯片引脚说明

符号	引脚名称	功　　能
A19~A0	地址输入	存储器地址，块擦除时，A19~A15 用来选择块
D15~D0	数据输入/输出	读周期内输出数据，写周期内输入数据
nCE	芯片使能	nCE 为低时，启动芯片开始工作
nOE	输出使能	数据输出缓冲器的门控信号
nWE	写使能	控制写操作
VDD	电源	电源为 2.7~3.6 V
VSS	地	接地
NC	不连接	悬空引脚

如图 5.16 所示，使用 SST39VF1601 芯片可以很方便地实现 S3C2410X 的 Nor Flash 存储器电路，只需要将 SST39VF1601 芯片的数据线 D0~D15 与 S3C2410X 的 DATA0~DATA15 对应连接，将芯片的地址线 A0~A21 与 S3C2410X 的 ADDR1~ADDR22 对应连接即可。同时将芯片的 12 引脚连接至 S3C2410A 的 nRESET，主要是考虑到硬件系统的兼容性，因为很多公司的 Nor Flash 存储器在 12 脚上有芯片复位功能。

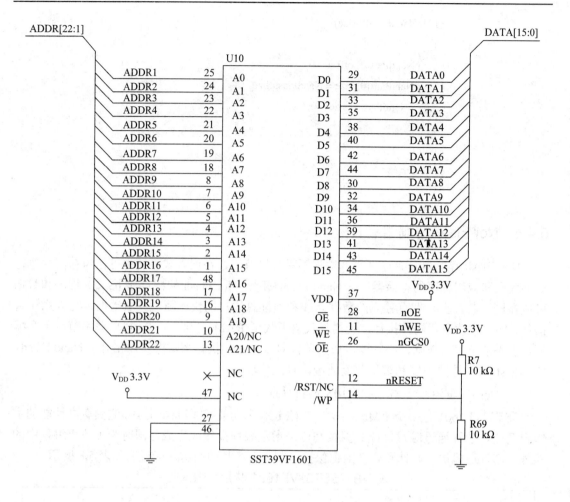

图 5.16　Nor Flash 存储器接口电路

2) 初始化

如果需要使用地址线 ADDR0(按字节访问)或者 ADDR16～ADDR26，就需要进行初始化，选择 I/O 引脚的功能。

5.5　S3C2410X/ S3C2440X 输入/输出类组件及应用编程

5.5.1　输入/输出端口组件及应用

S3C2410X 有 117 个多功能的输入、输出引脚，这些端口是：端口 A(GPA)，23 个输出口；端口 B(GPB)，11 个输入/输出口；端口 C(GPC)、端口 D(GPD)、端口 E(GPE)、端口 G(G PG)，分别有 16 个输入/输出口；端口 F(GPF)，8 个输入/输出口；端口 H(GPH)，11 个输入/输出口。每个端口可以根据系统配置和设计需求通过软件配置成相应的功能。在启动主程序之前，必须定义好每个引脚的功能。如果某个引脚不用复用功能，则可以将它配置成 I/O 引脚。

1. 端口功能

S3C2410X 的 I/O 端口功能配置如表 5.9 所示。

表 5.9　S3C2410X 的 I/O 端口功能配置

引　脚		可选的引脚功能	
PORT A	GPA22	输出	nFCE	—
	GPA21		nRSTOU	—
	GPA20		nFRE	—
	GPA19		nFWE	—
	GPA18		ALE	—
	GPA17		CLE	—
	GPA16～GPA12		nGCS5～nGCS1	—
	GPA11～GPA1		ADDR26～ADDR16	—
	GPA0		ADDR0	—
PORT B	GPB10	输入/输出	nDREQ0	—
	GPB9		nXDACK0	—
	GPB8		nXDREQ1	—
	GPB7		nXDACK1	—
	GPB6		nXBREQ	—
	GPB5		nXBACK	—
	GPB4		TCLK0	—
	GPB3～PB0		TOUT3～TOUT0	—
PORT C	GPC15～GPC8	输入/输出	VD7～VD0	—
	GPC7～GPC5		LCDVF2～LCDVF0	—
	GPC4		VM	—
	GPC3		FRAME	—
	GPC2		VLINE	—
	GPC1		VCLK	—
	GPC0		LEND	—
PORT D	GPD15～GPD14	输入/输出	VD23～VD22	nSS0～nSS1
	GPD13～ GPD0		VD21～VD8	
PORT E	GPE15	输入/输出	IICSDA	—
	GPE14		IICSCL	—
	GPE13		SPICLK0	—
	GPE12		SPIMOSI0	—

续表

引　脚		可选的引脚功能		
PORT E	GPE11	输入/输出	SPIMISO0	—
	GPE10~GPE7		SDDAT3~SDDAT0	—
	GPE6		SDCMD	—
	GPE5		SDCLK	—
	GPE4		I2SSDO	I2SSDI
	GPE3		I2SSDI	nSS0
	GPE2		CDCLK	
	GPE1		I2SSCLK	
	GPE0		I2SLRCK	
PORT F	GPF7~GPF0	输入/输出	EINT7~EINT0	—
PORT　G	GPG15	输入/输出	EINT23	nYPON
	GPG14		EINT22	YMON
	GPG13		EINT21	nXPON
	GPG12		EINT20	XMON
	GPG11		EINT19	TCLK1
	GPG10~GPG8		EINT18~EINT16	—
	GPG7		EINT15	SPICLK1
	GPG6		EINT14	SPIMOSI
	GPG5		EINT13	SPIMISO
	GPG4		EINT12	D_PWR
	GPG3		EINT11	nSS1
	GPG2		EINT10	nSS0
	GPG1~GPG0		EINT9~EINT8	—
PORT H	GPH10	输入/输出	CLKOUT1	—
	GPH9		CLKOUT0	—
	GPH8		UCLK	—
	GPH7		RXD2	nCTS1
	GPH6		TXD2	nRTS1
	GPH5		RXD1	
	GPH4		TXD1	
	GPH3		RXD0	
	GPH2		TXD0	
	GPH1		nRTS0	
	GPH0		nCTS0	

在 S3C2410X 中，大部分端口都是复用的，因此需要决定每个引脚使用哪个功能。配

置这些端口，要通过设置一系列寄存器来实现。与 I/O 端口配置相关的寄存器包括端口配置寄存器、端口数据寄存器、端口上拉电阻寄存器、外部中断控制寄存器、杂项控制寄存器等。

2. 端口配置寄存器

端口控制寄存器(GPnCON)：决定每个引脚的功能。如果 GPF0～GPF7 和 GPG0～GPG7 用于断电模式的唤醒信号，这些端口必须配置成中断模式。

端口数据寄存器(GPADAT～GPHDAT)：如果端口被配置成输出端口，可以向 GPnDAT 中相关位写入数据；如果端口被配置成输入端口，可以从 GPnDAT 中的相关位读入数据。

端口上拉电阻寄存器(GPBUP～GPHUP)：端口上拉电阻寄存器控制每个端口组的上拉电阻的使能和禁止。当相关位为 0 时，上拉电阻使能，当相关位为 1 时，上拉电阻禁止；当端口上拉电阻寄存器使能时，不管引脚选择什么功能(输入、输出、数据、外部中断等)，上拉电阻都工作。

外部中断控制寄存器(EXTINTN)：24 个外部中断可响应各种信号请求方式。EXTINTNn 寄存器可以配置如下信号请求方式：低电平触发、高电平触发、上升沿触发、下降沿触发、双边沿触发。

杂项控制寄存器(MISCCR)：用于控制数据端口上的上拉电阻、高阻状态、USB Pad 和 CLKOUT 的选择。

下面对相关寄存器的设置分别进行说明。

1) 端口 A 寄存器及引脚配置(参见表 5.10)

表 5.10　端口 A 寄存器及引脚配置

相关寄存器	地址	读/写	描　　述	复位值
GPACON	0x56000000	读/写	端口 A 配置寄存器，使用位 22～0； 0 = 输出引脚；1 = 功能引脚	0x7FFFFF
GPADAT	0x56000004	读/写	端口 A 数据寄存器，使用位 22～0	—
保留	0x56000008	—	端口 A 保留寄存器	
保留	0x5600000C	—	端口 A 保留寄存器	

2) 端口 B～H 寄存器及引脚配置(参见表 5.11)

表 5.11　端口 B～H 寄存器及引脚配置

相关寄存器	地址	读/写	描　　述	复位值
GPBCON	0x56000010	读/写	GPBCON～GPHCON 分别为端口 B～H 配置寄存器，分别用于配置对应端口的各个位，其中，00 = 输入；01 = 输出；10 = 功能引脚；11 = 保留	0x0
GPCCON	0x56000020			
GPDCON	0x56000030			
GPECON	0x56000040			
GPFCON	0x56000050			
GPGCON	0x56000060			
GPHCON	0x56000070			

相关寄存器	地址	读/写	描 述	复位值
GPBDAT	0x56000014	读/写	GPBDAT～GPHDAT 分别为端口 B～H 数据寄存器，分别用于存放对应端口写入/读出的数据	—
GPCDAT	0x56000024			
GPDDAT	0x56000034			
GPEDAT	0x56000044			
GPFDAT	0x56000054			
GPGDAT	0x56000064			
GPHDAT	0x56000074			
GPBUP	0x56000018	—	GPBUP～GPHUP 分别为端口 B～H 上拉寄存器：0 = 对应引脚设置为上拉；1 = 无上拉功能	0x0
GPCUP	0x56000028			
GPDUP	0x56000038			
GPEUP	0x56000048			
GPFUP	0x56000058			
GPGUP	0x56000068			
GPHUP	0x56000078			
保留	0x5600001C	—	端口 B 保留寄存器	—
保留	0x5600002C		端口 C 保留寄存器	
保留	0x5600003C		端口 D 保留寄存器	
保留	0x5600004C		端口 E 保留寄存器	
保留	0x5600005C		端口 F 保留寄存器	
保留	0x5600006C		端口 G 保留寄存器	
保留	0x5600007C		端口 H 保留寄存器	

3) 杂项控制寄存器(MISCCR)及其位描述(参见表 5.12)

杂项控制寄存器(MISCCR)用于控制数据端口的上拉电阻、高阻状态、USB Pad 和 CLKOUT 的选择，地址为 0x56000080，可读/写，复位值为 0x10330。

表 5.12　杂项控制寄存器(MISCCR)的位描述

MISCCR	位	描 述
保留	21、20	保留为 00
nEN_SCKE	19	SCLK 使能位，在电源关闭模式下对 SDRAM 做保护：0 = 正常状态；1 = 低电平
nEN_SCLK1	18	SCLK1 使能位，在电源关闭模式下对 SDRAM 做保护：0 = SCLK1 = SCLK；1 = 低电平
nEN_SCLK0	17	SCLK0 使能位，在电源关闭模式下对 SDRAM 做保护：0 = SCLK0 = SCLK；1 = 低电平
nRSTCON	16	nRSTCON 软件复位控制位：0 = 使 nRSTCON 为低；1 = 使 nRSTCON 为高

MISCCR	位	描　述
保留	15、14	保留为 00
SBSUSPND1	13	USB 端口 1 模式：0 = 正常；1 = 浮空
SBSUSPND0	12	USB 端口 0 模式：0 = 正常；1 = 浮空
保留	11	保留为 0
CLKSEL1	10～8	CLKOUT1 引脚输出信号源选择：000 = MPLL CLK；001 = UPLL CLK；010 = FCLK；011 = HCLK；100 = PCLK；101 = DCLK1；11x = 保留
保留	7	保留为 0
CLKSEL0	6～4	CLKOUT0 引脚输出信号源选择：000 = MPLL CLK；001 = UPLL CLK；010 = FCLK；011 = HCLK；100 = PCLK；101 = DCLK1；11x = 保留
USBPAD	3	与 USB 连接选择：0 = 与 USB 设备连接；1 = 与 USB 主机连接
EM_HZ_CON	2	MEM 高阻控制位：0 = Hi-Z；1 = 前一状态
SPUCR_L	1	数据口低 16 位，即 15～0 位，为上拉控制位：0 = 上拉；1 = 无上拉
SPUCR_H	0	数据口高 16 位，即 31～16 位，为上拉控制位：0 = 上拉；1 = 无上拉

4) DCLK 控制寄存器(参见表 5.13)

表 5.13　DCLK 控制寄存器

相关寄存器	地址	读/写	描　述	复位值
DCLKCON	0x56000084	读/写	DCLK0/1 控制寄存器，位 27～16 控制 DCLK1，位 11～0 控制 DCLK0	0x0

5) 外中断控制寄存器及引脚配置(参见表 5.14)

表 5.14　外中断控制寄存器及引脚配置

相关寄存器	地址	读/写	描　述	复位值
EXTINT0	0x56000088	读/写	外中断触发方式寄存器 0。位 4n+2～4n 分别对 EINTn 进行设置 EINT0～EINT7 为中断请求信号触发方式选择：000 = 低电平触发；001 = 高电平触发；01x= 下降沿触发；10x = 上升沿触发；11x = 双边沿触。位 4n+3 保留。n 的取值范围是 7～0	0x0
EXTINT1	0x5600008C	读/写	外中断触发方式寄存器 1。位 4n+2～4n 分别对 EINT(n+8)进行设置。EINT8～EINT15 为中断请求信号触发方式选择，同上。位 4n+3 保留。n 的取值范围是 7～0	0x0
EXTINT2	0x56000090	读/写	外中断触发方式寄存器 2。位 4n+2～4n 分别对 EINT(n+16)进行设置。EINT16～EINT23 为中断请求信号触发方式选择，同上，位 4n+3 分别对 EINT(n+16)进行滤波使能设置：0 = 禁止滤波；1 = 使能滤波。n 的取值范围是 7～0	0x0

6) 外中断滤波控制寄存器及引脚配置(参见表 5.15)

表 5.15　外中断滤波控制寄存器及引脚配置

相关寄存器	地址	读/写	描　　述	复位值
EINTFLT0	0x56000094	读/写	保留	—
EINTFLT1	0x56000098	读/写	保留	—
EINTFLT2	0x5600009C	读/写	外中断滤波控制寄存器 2。位 4n+7 分别对应 FLTCLK(n+16)的外中断 16～19 滤波器时钟选择：0 = PCLK；1 = 外部/振荡时钟(由 OM 引脚选择)。位 4n～4n+6 分别对应 EINTFLT(n+16) 的外中断 16～19 宽度选择。 　　n 的取值范围为 3～0	0x0
EINTFLT3	0x560000A0	读/写	外中断滤波控制寄存器 3。位 4n+7 分别对应 FLTCLK(n+20)的外中断 20～23 滤波器时钟选择：0 = PCLK；1 = 外部/振荡时钟(由 OM 引脚选择)。位 4n～4n+6 分别对应 EINTFLT(n+20) 的外中断 16～19 宽度选择。 　　n 的取值范围为 3～0	0x0

7) 外中断屏蔽寄存器及引脚配置(参见表 5.16)

表 5.16　外中断屏蔽寄存器及引脚配置

相关寄存器	地址	读/写	描　　述	复位值
EINTMAK	0x560000A4	读/写	位 23～4 分别对应 EINT23～EINT4 是否屏蔽对应的中断：0 = 允许中断；1 = 禁止中断。 注意：EINT0～EINT3 不能在此屏蔽，应在 SRCPND 中屏蔽	0x0

8) 外中断挂起寄存器及引脚配置(参见表 5.17)

表 5.17　外中断挂起寄存器及引脚配置

相关寄存器	地址	读/写	描　　述	复位值
EINTPAND	0x560000A8	读/写	位 23～4 分别对应 EINT23～EINT4 是否请求中断挂起：0 = 不请求挂起；1 = 请求挂起。 　　注意：对某位写 1，则清除相应标志，即清为 0	0x0

9) 通用状态寄存器及引脚配置(参见表 5.18)

表 5.18　通用状态寄存器及引脚配置

相关寄存器	地址	读/写	描　述	复位值
GSTATUS0	0x560000AC	只读	外部引脚状态寄存器。位 3：引脚 nWEIT 状态；位 2：引脚 nCON 状态；位 1：引脚 R/nB 状态；位 0：引脚 nBATT_FLT 状态	—
GSTATUS1	0x560000B0	只读	芯片 ID(标示)寄存器	0x32410000
GSTATUS2	0x560000B4	读/写	复位状态寄存器。位 2 为上电复位控制状态 WDTRST，为 1 时出现了上电复位，对该位写，即将该位清 0；位 1 为掉电模式复位状态 OFFRST，为 1 时系统出现了从掉电模式唤醒复位，对该位写，即将该位清 0；位 0 为看门狗复位状态 PWRST，为 1 时系统出现了看门狗定时器复位，对该位写，即将该位清 0	0x1
GSTATUS3	0x560000B8	读/写	信息保存寄存器。复位时被清 0，其他情况其数据不变。用户可用于保存数据	0x0
GSTATUS4	0x560000C0	读/写	信息保存寄存器，同上	0x0

3. S3C2410X 端口的编程实例

参考图 5.17 所示 LED 的硬件连接，在 S3C2410X 的 GPF4～GPF7 引脚上通过限流电阻器接了 4 个 LED 二极管。

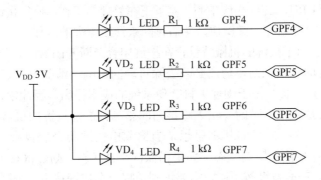

图 5.17　LED 硬件连接

【例 5.3】　利用 GPF4～GPF7 控制 4 个发光二极管的亮灭。

参考程序如下：

```
#include "2410addr.h"
# include "2410lib.h"
void main(void)
{
    int i;
```

```
rGPFCON = 0x5500;
rGPFUP = 0xf0;
rGPFDAT = 0;
for(i = 0; i < 100000; i++);
rGPFDAT = 0xF0;
for(i = 0; i<100000; i++);
}
```

4. 键盘接口及应用

作为一种简单的输入器件，按键在嵌入式系统中是经常使用的，如果应用需要的按键数目不很多，而且处理器的 I/O 接口足够使用，可以采用独立式连接方式，为每一个按键分配一个 I/O 口线。如果应用需要的按键数目比较多，或者是处理器的 I/O 接口不够用，就需要采用矩阵式键盘。

矩阵式键盘就是将众多的键盘排成矩阵式，每一个按键连接相应的行线与列线。S3C2410X 的内部没有矩阵式键盘接口，要使用矩阵式键盘，有两种基本方式：

1) 直接通过 I/O 接口线连接的矩阵式键盘接口设计

通过 I/O 接口线直接连接矩阵式键盘，键盘的管理全部由处理器来完成。在处理器的程序中，需要具有以下功能：

(1) 键盘扫描。识别有无键按下，通常有两种方法：一种是查询方式，另一种是中断方式。

查询方式：就是由程序不断地查询是否有按键按下，如果有按键按下，就读取键值执行相应的操作，否则继续查询。

中断方式：在按键没有按键按下时，CPU 不"理睬"键盘，在键盘有按键按下时，产生中断请求，通知 CPU，CPU 相应中断，停下正在处理的工作，执行按键的中断处理程序，判断哪个按键按下，并处理按键操作，然后再回来继续原来的工作。

(2) 去除抖动。由于按键的机械特性，在按键闭合及断开的瞬间，一定会产生抖动，按键抖动会引起按键的错误识别，为此必须去除抖动的影响。消除抖动影响的基本方法有两种：硬件去抖和软件去抖。由于硬件去抖会使系统的成本提高，因此常使用软件去抖方法。

软件去抖主要是采用延时的方法去除抖动的影响。由于按键的机械特性，抖动的时间一般为 5～10 ms，软件去抖的基本思想是当检测出按键闭合后执行一个延时程序(10～20 ms)，然后再一次检测按键的状态，如果仍保持闭合状态，则确认真正有键按下。

(3) 识别按键。在有按键按下时，需要识别是哪一个按键按下，按照对键盘的扫描方式不同，又分为行扫描法和列扫描法。

行扫描法是逐行扫描键盘，通过读取列值，判别是否有按键按下。

线反转法通过两次扫描，一次行输出、列输入，读取列特征值；另一次列输出、行输入，读取行特征值。组合读到的行列特征值就可以确定键码。

【例 5.4】 设计一个 S3C2410X 处理器的 4×4 矩阵键盘接口电路。

这里需要设计一个 S3C2410X 处理器的 4×4 矩阵键盘接口电路，可以选择 S3C2410X 处理器的 4 个 I/O 引脚连接键盘的列线，再选择 4 个 I/O 引脚连接键盘的行线，如图 5.18 所示。

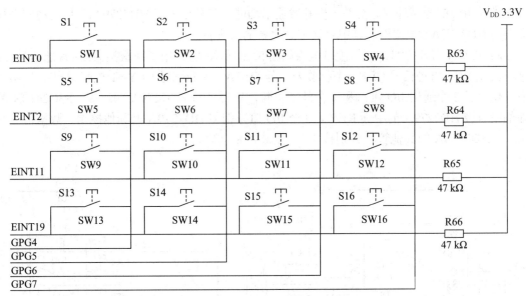

图 5.18 4×4 的矩阵键盘接口电路

该键盘接口电路的程序设计包括两个方面：

(1) 初始化程序。这里的初始化操作就是 I/O 的初始化操作，主要有 3 个：① 端口配置寄存器(GPnCON)写入命令字，设定 I/O 引脚的功能；② 置上拉控制寄存器以确定 I/O 端口是否使用上拉电阻；③ 如某 I/O 引脚配置为外中断输入引脚，还需要向 EXTINTn 寄存器写入命令字，配置外部中断的触发方式。

(2) 键盘管理程序。这里的键盘管理程序包括键盘扫描、去除抖动和识别按键。

2) 选用键盘接口芯片连接矩阵式键盘的接口设计

选用键盘接口芯片连接矩阵式键盘，键盘的管理不需要由处理器来完成，而是由键盘接口芯片来完成的，但是处理器需要对接口芯片进行初始化操作。

【例 5.5】 用 HD7279A 键盘接口芯片连接矩阵式键盘。

HD7279A 是一片具有串行接口的可同时驱动 8 位共阴式数码管或独立的 LED 智能显示的驱动芯片。该芯片同时还可以连接多达 64 键的键盘矩阵，单片即可完成显示键盘接口的全部功能。内部含有译码器，可以直接接收 BCD 码或十六进制码，并同时具有两种译码方式。此外，还具有多种控制指令，如消隐、闪烁、左移、右移、段寻址等；具有片选信号，可方便地实现多于 8 位的显示或多于 64 键的键盘接口。

当程序运行时，按下按键，平时为高电平的 HD7279A 的 $\overline{\text{KEY}}$ 就会产生一个低电平，送给 S3C2410X 的外部中断 5 请求脚，在 CPU 中断请求位打开的状态下，CPU 会立即响应外部中断 5 的请求，PC 指针就跳至中断异常向量地址处，进而跳入中断服务子程序中。由于外部中断 4、5、6、7 使用同一个中断服务器，所以还必须判断一个状态寄存器，判断是否是外部中断 5 的中断请求，如果判断出是外部中断 5 的中断请求，则程序继续执行。CPU 这时通过发送 $\overline{\text{CS}}$ 片选信号选中 HD7279A，再发送时钟 CLK 信号和通过 DATA 线发送控制指令信号给 HD7279A。HD7279A 得到 CPU 发送的命令后，识别出该命令，然后扫描按键，把得到的键值回送给 CPU，同时，在 8 位数码管上显示相关的指令内容。CPU 在得到按键值后，有时程序还会给此键盘值赋予特定的含义(即功能键)，然后再通过识别此按键的涵义，进而进行相应的程序处理。要进一步开发显示功能，请参见关于 HD7279A 芯片及相应编程资料的 HD7279A.pdf 文档，其中有详细、完备的编程资料。

HD7279A 与 S3C2410X 的接口电路如图 5.19 所示，它采用了 4 根接口线：片选信号 $\overline{\text{CS}}$ (低电平有效)、时钟信号 CLK、数据收发信号 DATA、中断信号 $\overline{\text{KEY}}$ (低电平送出)。本实例中，使用了 3 个通用 I/O 接口和 1 个外部中断，实现了与 HD7279A 的连接，S3C2410X 的外部中断接 HD7279A 的中断 $\overline{\text{KEY}}$，3 个 I/O 口分别与 HD7279A 的其他控制、数据信号线相连。HD7279A 的其他管脚分别接 4×4 按键和 8 位数码管。

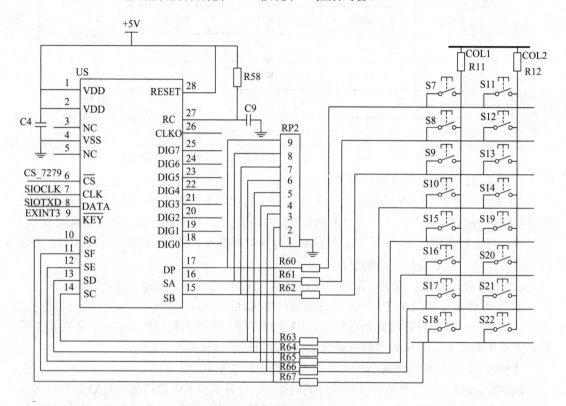

图 5.19　通过 HD7279A 与键盘接口芯片连接的矩阵式键盘

3) 标准的计算机通用键盘接口

在实际的应用中，也可以直接采用计算机的标准通用键。目前标准的通用键盘常用的接口有 PS/2 接口和 USB 接口两种。

PS/2 通信协议是一种双向同步串行通信协议。通信的两端通过 CLK(时钟脚)实现数据传输同步，并通过 DATA(数据引脚)交换数据。标准的 PS/2 接口有 6 个引脚(见图 5.20)：1 引脚为数据引脚(DATA)；5 引脚为时钟引脚(CLK)；4 引脚为 5V 电源；3 引脚为接地；2 和 6 引脚为保留引脚。

S3C2410X 片内没有 PS/2 接口，要使用 PS/2 接口的键，可以使用两个通用 I/O 引脚，分别与 PS/2 接口的 CLK 和 DATA 引脚相连接，通过软件编程的方法来实现与 PS/2 键盘的通信。由于 PS/2 电平与 S3C2410X 电平不一致，可采取电阻分压的方法实现简单的单向电平转换。

　　S3C2410X 处理器内部集的 USB 主机控制器支持两个 USB 主机通信端口,符合 USB1.1
协议规范, 支持控制、中断和 DMA 大量数据传送方式, 同时支持 USB 低速和全速设备连
接, 详见 5.11 节。

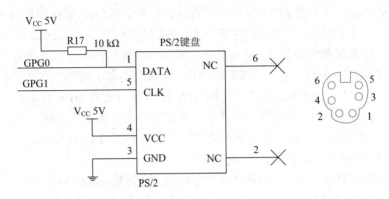

图 5.20　PS/2 键盘接口电路

5.5.2　LCD 控制组件及应用

1. LCD 的基本原理

　　LCD 显示器的基本原理就是通过给不同的液晶单元供电,控制其光线的通过与否,从
而达到显示的目的。因此, LCD 的驱动控制归于对每个液晶单元的通断电的控制,每个液
晶单元都对应着一个电极,对其通电,便可使光线通过(也有刚好相反的,即不通电时光线
通过, 通电时光线不通过)。LCD 的发光原理是通过控制加电与否来使光线通过或被挡住,
从而显示图形。光源的提供方式有两种:透射式和反射式。笔记本电脑的 LCD 显示屏即为
透射式,屏幕后面有一个光源,因此外界环境可以不需要光源。而一般微控制器上使用的
LCD 为反射式,需要外界提供光源,靠反射光来工作。电致发光(EL)是液晶屏提供光源的
一种方式。电致发光的特点是低功耗,与二极管发光比较而言体积小。电致发光(EL)是将电
能直接转换为光能的一种发光现象。电致发光片是利用此原理经过加工制作而成的一种发
光薄片。其特点是超薄、高亮度、高效率、低耗能、低热量、可弯曲、抗冲击、长寿命、
多种颜色选择等。因此, 电致发光片被广泛应用于各种领域。

2. LCD 的驱动控制

　　市面上出售的 LCD 有两种类型:一种是带有驱动电路的 LCD 显示模块,这种 LCD 可
以方便地与各种低档单片机进行接口,如 8051 系列单片机,但是由于硬件驱动电路的存在,
体积比较大。这种模式常常使用总线方式来驱动。另一种是 LCD 显示屏,没有驱动电路,
需要与驱动电路配合使用。其特点是体积小,但却需要另外的驱动芯片。也可以使用带有
LCD 驱动能力的高档 MCU 驱动,如 ARM 系列的 S3C2410X。

1) 总线驱动方式

　　一般带有驱动模式的 LCD 显示屏使用这种驱动方式。由于 LCD 已经带有驱动硬件电
路,因此模块给出的是总线接口,便于与单片机的总线进行接口。启动模块具有 8 位数据
总线,外加一些电源接口和控制信号,而且自带显示缓存,只需要将要显示的内容送到显

示缓存中就可以实现内容的显示。由于只有 8 条数据线，因此常常通过引脚信号来实现地址与数据线复用，以达到把相应数据送到相应显示缓存的目的。

2) 控制器扫描方式

S3C2410X 中具有内置的 LCD 控制器，它具有将显示缓存(在系统存储器中)中的 LCD 图像数据传输到外部 LCD 驱动电路的逻辑功能。S3C2410X 中内置的 LCD 控制器可支持灰度 LCD 和彩色 LCD。在灰度 LCD 上，使用基于时间的抖动算法(time-based dithering algorithm) 和 FRC(Frame Rate Control)方法，可以支持单色、4 级灰度和 16 级灰度模式的灰度 LCD。在彩色 LCD 上，可以支持 256 级彩色，使用 STN LCD 可以支持 4096 级彩色。对于不同尺寸的 LCD，具有不同数量的垂直和水平像素、数据接口的数据宽度、接口时间及刷新率，LCD 控制器可以通过编程控制相应的寄存器值，以适应不同的 LCD 显示板。

内置的 LCD 控制器提供了下列外部接口信号：

(1) VFRAME/VSYNC/STV：帧同步(STN)/垂直同步(TFT)/SEC TFT 信号。

(2) VLINE/HSYNC/CPV：行同步脉冲(STN)/水平同步(TFT)/SEC TFT 信号。

(3) VCLK/LCD_HCLK：像素时钟信号(STN/TFT)/SEC TFT 信号。

(4) VD[23:0]：LCD 像素数据输出端口(STN/TFT/SEC TFT)。

(5) VM/VDEN/TP：LCD 驱动交流偏置(STN)/数据使能(TFT)/SEC TFT 信号。

(6) LEND/STH：行结束(TFT)/SEC TFT 信号。

(7) LCD_PWREN：LCD 面板电源使能控制信号。

(8) LCDVF0：SEC TFT OE 信号。

(9) LCDVF1：SEC TFT REV 信号。

(10) LCDVF2：SEC TFT REVB 信号。

S3C2410X 中内置的 LCD 控制器的逻辑框图如图 5.21 所示，它用于传输显示数据并产生必要的控制信号，如 VFRAME、VLINE、VCLK 和 VM 信号。除了控制信号，还有显示数据的数据端口 VD[23:0]。LCD 控制器包含 LCD 控制寄存器组、LCD 专用 DMA、信息格式变换处理单元、时钟发生器和时序控制逻辑单元。LCD 控制寄存器组具有 17 个可编程寄存器和 256×16 颜色存储器，用于配置 LCD 控制器。LCD 专用 DMA 为专用 DMA，它可以自动地将显示数据从帧内存中传送到 LCD 驱动器中，通过使用这一专用的 DMA，可以实现在不需要 CPU 介入的情况下显示数据。信息格式变换处理单元从 LCD 专用 DMA 接收数据，变换为合适的数据格式后通过 VD[23:0]发送到 LCD 驱动器。时钟发生器含可编程的逻

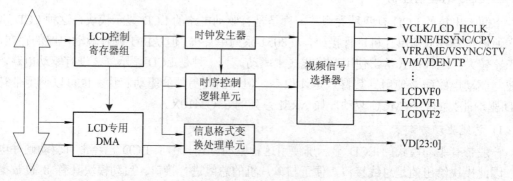

图 5.21　LCD 控制器逻辑框图

辑，可产生 VFRAME、VLINE、VCLK、VM 等信号，以支持常见 LCD 驱动器所需要的不同接口时序、速率要求。

3. LCD 驱动控制端口

LCD 驱动控制端口与 ARM 的端口 D 是共用的，因此，要设置相应的寄存器，将其定义为功能端口，即 LCD 驱动控制端口。端口 D 寄存器有端口 D 配置寄存器 GPDCON、端口 D 数据寄存器 GPDDAT、端口 D 禁止上拉寄存器 GPDUP，其地址分别为 0x56000030、0x56000034、0x56000038(另有 0x5600003C 单元为保留单元)，可读/写，GPDCON 和 GPDUP 的复位值分别为 0x0 和 0xF000。端口 D 配置寄存器(GPDCON)如表 5.19 所示。

表 5.19　GPDCON 的位描述

GPDCON	位	描　　述
GPD15	31、30	00：输入；10：VD23；01：输出；11：nSS0
GPD14	29、28	00：输入；10：VD(n+8)；01：输出；11：nSS0
GPDn	2n+1～2n	00：输入；10：VD23；01：输出；11：保留。n = 0～13

4. LCD 特殊控制寄存器

1) LCD 控制寄存器 1(LCDCON1)

LCD 控制寄存器 1(LCDCON1)的地址为 0x4D000000，可读/写，初始值为 0x00000000，其各位描述见表 5.20。

表 5.20　LCD 控制寄存器 1(LCDCON1)的位描述

LCDCON1	位	描　　述	复位值
LINECNT(只读)	27～18	给出行计数器的状态。从 LINEVAL 向下计数到 0	0000000000
CLKVAL	17～8	决定 VCLK 和 CLKVAL[9:0]的速度。 STN：VCLK = HCLK/(CLKVAL×2)(CLKVAL≥2)； TFT：VCLK = HCLK/[(CLKVAL+1)×2](CLKVAL≥0)	0000000000
MMODE	7	决定 VM 的速度。0：每一帧；1：由 MVAL 定义的速度	0
PNRMODE	6、5	选择显示模式。00：4 位双扫描显示模式(STN)；01：4 位单扫描显示模式(STN)；10：8 位单扫描显示模式(STN)；11：TFT LCD 面板	00
BPPMODE	4～1	选择 BPP(每个像素的位数)的模式。0000：1 b/p 对于 STN，单色模式；0001：2 b/p 对于 STN，4 级灰度模式；0010：4 b/p 对于 STN，16 级灰度模式；0011：8 b/p 对于 STN，彩色模式；0100：12 b/p 对于 STN，彩色模式；1000：1 b/p 对于 TFT；1001：2 b/p 对于 TFT；1010：4 b/p 对于 TFT；1011：8 b/p 对于 TFT；1100：16 b/p 对于 TFT；1101：24 b/p 对于 TFT	000
ENVID	0	LCD 视频输出和逻辑使能/禁止。0：使视频输出和 LCD 控制信号禁止；1：使视频输出和 LCD 控制信号使能	0

2) LCD 控制寄存器 2(LCDCON2)

LCD 控制寄存器 2(LCDCON2)的地址为 0x4D000004，可读/写，初始值为 0x00000000，其各位描述见表 5.21。

表 5.21　LCD 控制寄存器 2(LCDCON2)的位描述

LCDCON2	位	描　述	复位值
VBPD	31～24	TFT：VBP 是在垂直同步周期之后的、每一帧起始位置的不活动列的数目； STN：这些位在 STN LCD 上应该设置为 0	0x00
LINEVAL	23～14	TFT/STN：这些位决定 LCD 面板的垂直尺寸	0000000000
VFPD	13～6	TFT：VBP 是在垂直同步周期之后的、每一帧结束位置的不活动列的数目； STN：这些位在 STN LCD 上应该设置为 0	00000000
VSPW	5～0	TFT：垂直同步脉冲宽度通过计数不活动列的数目决定 VSYNC 脉冲的峰值宽度； STN：这些位在 STN LCD 上应该设置为 0	000000

3) LCD 控制寄存器 3(LCDCON3)

LCD 控制寄存器 3(LCDCON3)的地址为 0x4D000008，可读/写，初始值为 0x00000000，其各位描述见表 5.22。

表 5.22　LCD 控制寄存器 3(LCDCON3)的位描述

LCDCON3	位	描　述	复位值
HBPD(TFT)	25～19	TFT：HBP 是在 HSYNC 的下降沿和活动数据的起始位置之间的 VCLK 周期的数目	0000000
WDLY(STN)		STN：WDLY[1:0]通过计数 HCLK 的数目决定 VLINE 和 VCLK 之间的延迟；WDLY[7:2]是保留的。00：16 HCLK，01：32 HCLK，10：48 HCLK，11：64 HCLK	
HOZVAL	18～8	TFT/STN：这些位决定 LED 面板的水平尺寸。 HOZVAL 必须满足一列的字节总数是 4 的倍数的条件。 如果 LCD 的 x 尺寸在单色模式下是 120 点，x=120 不能被支持是因为一列包含 15 个字节。而 x=128 在单色模式下可以被支持，是因为一列包含 16 个字节(4 的倍数)。LCD 面板驱动器将丢弃额外的 8 个点	00000000000
HFPD(TFT)	7～0	TFT：HFP 是在 HSYNC 的上升沿和活动数据的结束位置之间的 VCLK 周期的数目	0x00
LINEBLANK (STN)		STN：这些位显示了一个行扫描空闲时间，可以细微地调节 VLINE 的速度。LINEBLANK 的单位是 HCLK×8。例如，如果 LINEBLANK 的值是 10，被插入到 VCLK 中的空白时间就是 80HCLK	

4) LCD 控制寄存器 4(LCDCON4)

LCD 控制寄存器 4(LCDCON4)的地址为 0x4D00000C,可读/写,初始值为 0x00000000,其各位描述见表 5.23。

表 5.23 LCD 控制寄存器 4(LCDCON4)的位描述

LCDCON4	位	描 述	复位值
MVAL	15~8	STN:如果 MMODE 位被设置为逻辑"1",则这些位决定 VM 信号的速度	0x00
HSPW(TFT)	7~0	TFT:水平同步脉冲宽度通过计数 VCLK 的数目决定 HSYNC 脉冲的峰值宽度	
WLH(STN)		STN:WLH[1:0]通过计数 HCLK 的数目决定 VLINE 脉冲的峰值宽度;WLH[7:2]是保留的。00:16 HCLK, 01:32 HCLK, 10:48 HCLK, 11:64 HCLK	0x00

5) LCD 控制寄存器 5(LCDCON5)

LCD 控制寄存器 5(LCDCON5)的地址为 0x4D000010,可读/写,初始值为 0x00000000,其各位描述见表 5.24。

表 5.24 LCD 控制寄存器 5(LCDCON5)的位描述

LCDCON5	位	描 述	复位值
保留	31~17	这些位是保留的,且值为"0"	
VSTATUS	16、15	TFT:垂直状态(只读)。00:VSYNC, 01:后退, 10:活动的, 11:前进	00
HSTATUS	14、13	TFT:水平状态(只读)。00:HSYNC, 01:后退, 10:活动的, 11:前进	00
BPP24BL	12	TFT:这一位决定 24 位/像素视频存储器的次序。0:LSB 有效;1:MSB 有效	0
FRM565	11	TFT:这一位决定 16 位/像素视频存储器的次序。0:5:5:5;1 格式;1:5:6:5 格式	0
INVVCLK	10	STN/TFT:这一位控制 VCLK 活动沿的极性。0:视频数据在 VCLK 的下降沿取得 1;1:视频数据在 VCLK 的上升沿取得	0
INVVINE	9	STN/TFT:这一位显示 VLINE/HSYNC 脉冲的极性。0:正常;1:倒向	0
INVVFRAME	8	STN/TFT:这一位显示 VFRAME/VSYNC 脉冲的极性。0:正常;1:倒向	0
INVVD	7	STN/TFT:这一位显示 VD(视频数据)脉冲的极性。0:正常;1:倒向	0
INVVDEN	6	TFT:这一位显示 VDEN 信号的极性。0:正常;1:倒向	0
INVPWREN	5	STN/TFT:这一位显示 PWREN 信号的极性。0:正常;1:倒向	0

续表

LCDCON5	位	描　　述	复位值
INVLEND	4	TFT：这一位显示 LEND 信号的极性。0：正常；1：倒向	0
PWREN	3	STN/TFT：LCD_PWREN 输出信号的使能/禁止。0：使 PWREN 信号禁止；1：使 PWREN 信号使能	0
ENLEND	2	TFT：LEND 输出信号的使能/禁止。0：使 LEND 信号禁止；1：使 LEND 信号使能	0
BSWP	1	STN/TFT：字节交换控制位。0：交换禁止；1：交换使能	0
HWSWP	0	STN/TFT：半字交换控制位。0：交换禁止；1：交换使能	0

6) 帧缓冲起始地址寄存器 1(LCDSADDR1)

帧缓冲起始地址寄存器 1(LCDSADDR1)的地址为 0x4D000014，可读/写，初始值为 0x00000000，其各位描述见表 5.25。

表 5.25　帧缓冲起始地址寄存器 1(LCDSADDR1)的位描述

LCDSADDR1	位	描　　述	复位值
LCDBANK	29～21	这些位显示视频缓冲区在系统内存中的位置 A[30:22]。LCDBANK 值即使移动观察端口也不会改变。LCD 帧缓冲区应该排列在 4 MB 区域内，这使 LCDBANK 值在移动观察端口时不会改变，所以应该小心使用 malloc()函数	0x000
LCDBASEU	20～0	对于双扫描 LCD：这些位显示上面地址计数器的起始地址 A[21:1]，这是对于双扫描 LCD 的上面帧存储器或单扫描 LCD 的帧存储器的。对于单扫描 LCD：这些位显示 LCD 帧缓冲区的起始地址 A[21:1]	0x000000

7) 帧缓冲起始地址寄存器 2(LCDSADDR2)

帧缓冲起始地址寄存器 2(LCDSADDR2)的地址为 0x4D000018，可读/写，初始值为 0x00000000，其各位描述见表 5.26。

表 5.26　帧缓冲起始地址寄存器 2(LCDSADDR2)的位描述

LCDSADDR2	位	描　　述	复位值
LCDBASEL	20～0	对于双扫描 LCD：这些位显示较低地址计数器的起始地址 A[21:1]，用于双扫描 LCD 的较低帧存储器。对于单扫描 LCD：这些位显示 LCD 帧缓冲区的结束地址 A[21:1]，LCDBASEL=((帧的结束地址)>>1)+1=LCDBASEU+(PAGEWIDTH+OFFSIZE)×(LINEVAL+1)	0x00000

注意：当 LCD 控制器开启卷轴的时候，用户可以改变 LCDBASEU 和 LCDBASEL 的值。但是，用户绝对不能在一帧结束时通过参考 LINECNT 的值改变 LCDBASEL 和 LCDBASEU 的值。因为，LCD 的 FIFO 预取下一帧数据先于帧页面的改变。因此，如果改变了帧，那么预取的数据就无效了。LCD 控制器将在面板上显示不正确的画面。为了读取 LINECNT 的值，中断需要被屏蔽。如果一个中断在读取 LINECNT 后发生，那么这个值就

是过期的，因为中断的产生会改变它的值。

8) 帧缓冲起始地址寄存器 3(LCDSADDR3)

帧缓冲起始地址寄存器 3(LCDSADDR3)用于 STN/TFT 虚拟屏幕地址设置，其地址为 0x4D00001C，可读/写，初始值为 0x00000000，其各位描述见表 5.27。

表 5.27　帧缓冲起始地址寄存器 3(LCDSADDR3)的位描述

LCDSADDR3	位	描　　述	复位值
OFFSIZE	21~11	虚拟屏幕偏移尺寸(半字的数目)：这个值定义了在以前的 LCD 列上显示的最后一个半字的地址与在新的 LCD 列上显示的第一个半字的地址之间的不同	00000000000
PAGEWIDTH	10~0	虚拟屏幕页宽(半字的数目)：这个值定义了在帧里的观察端口的宽度	00000000000

注意：当 ENVID 位为 0 时，PAGEWIDTH 和 OFFSIZE 的值必须改变。

【例 5.6】 LCD 液晶屏：320×240，16 级灰度，双扫描。

数据帧首地址 = 0x0C500000

偏移点数 = 2048 dots (512 半字)(假定值)

LINEVAL = 120 – 1 = 0x77

PAGEWIDTH = 320 × 4/16 = 0x50

OFFSIZE = 512 = 0x200 (假定值)

LCDBANK = 0x0c500000 >> 22 = 0x31

LCDBASEU = 0x100000 >> 1 = 0x80000 (假定值)

LCDBASEL = 0x80000 + (0x50 + 0x200) × (0x77 + 1) = 0x91580

9) 红色查询表寄存器(REDLUT)

红色查询表寄存器(REDLUT)的地址为 0x4D000020，可读/写，初始值为 0x00000000，其各位描述见表 5.28。

表 5.28　红色查询表寄存器(REDLUT)

REDLUT	位	描　　述	复位值
REDVAL	31~0	定义 16 个阴影中的哪一个将被 8 个可能的红色联合的某个所选择。 000：REDVAL[3:0]；　　001：REDVAL[7:4]； 010：REDVAL[11:8]；　011：REDVAL[15:12]； 100：REDVAL[19:16]；　101：REDVAL[23:20]； 110：REDVAL[27:24]；　111：REDVAL[31:28]	0x00000000

10) 绿色查询表寄存器(GREENLUT)

绿色查询表寄存器(GREENLUT)的地址为 0x4D000024，可读/写，初始值为 0x00000000，其各位描述见表 5.29。

表 5.29　绿色查询表寄存器(GREENLUT)的位描述

GREENLUT	位	描　　述	复位值
GREENVAL	31～0	定义 16 个阴影中的哪一个将被 8 个可能的绿色联合的某个所选择。 000：GREENVAL [3:0]；　001：GREENVAL [7:4]； 010：GREENVAL L[11:8]；　011：GREENVAL L[15:12] 100：GREENVAL 19:16]；　101：GREENVAL [23:20]； 110：GREENVAL [27:24]；　111：GREENVAL [31:28]	0x00000000

11) 蓝色查询表寄存器(BLUELUT)

蓝色查询表寄存器(BLUELUT)的地址为 0x4D000028，可读/写，初始值为 0x00000000，其各位描述见表 5.30。

表 5.30　蓝色查询表寄存器(BLUELUT)的位描述

BLUELUT	位	描　　述	复位值
BLUELUT	15～0	定义 16 个阴影中的哪一个将被 4 个可能的蓝色联合中的某个所选中。 00：BLUEVAL[3:0]；　01：BLUEVAL[7:4]； 10：BLUEVAL[11:8]；　11：BLUEVAL[15:12]	0x0000

12) 抖动模式寄存器(DITHMODE)

抖动模式寄存器(DITHMODE)的地址为 0x4D00004C，可读/写，复位值为 0x00000，但是用户可以改变这个值为 0x12210，其各位描述见表 5.31。

表 5.31　抖动模式寄存器(DITHMODE)的位描述

DITHMODE	位	描　　述	复位值
DITHMODE	18～0	对于 LCD，可使用下面的任何一个值，即 0x00000 或 0x12210	0x00000

13) 临时调色板寄存器(TPAL)

临时调色板寄存器(TPAL)的值在下一帧将会是视频数据，其地址为 0x4D000050，可读/写，复位值为 0x00000000，但是用户可以改变这个值为 0x12210,其各位描述见表 5.32。

表 5.32　临时调色板(TPAL)的位描述

TPAL	位	描　　述	复位值
TPALEN	24	临时调色板寄存器使能位。0：禁止；1：使能	0
TPALVAL	23～0	临时调色板值寄存器。TPALVAL[23：16]:红；TPALVAL[15：8]:绿；TPALVAL[7：0]:蓝	0x000000

14) LCD 中断挂起寄存器(LCDINTPND)

LCD 中断挂起寄存器(LCDINTPND)是显示 LCD 中断申请的寄存器，其地址为 0x4D000054，可读/写，复位值为 0x0，其各位描述见表 5.33。

表 5.33　LCD 中断挂起寄存器(LCDINTPND)的位描述

LCDINTPND	位	描　　述	复位值
INT_FrSyn	1	LCD 帧同步中断申请位。0：中断未被申请；1：已经申请中断	0
INT_FiCnt	0	LCD 输入输出中断申请位。0：中断未被申请；1：当 LCD 的输入/输出到达触发级别时，LCD 输入/输出中断被申请	0

15) LCD 源挂起寄存器(LCDSRCPND)

LCD 源挂起寄存器(LCDSRCPND)是显示 LCD 中断源申请的寄存器，其地址为 0x4D000058，可读/写，复位值为 0x0，其各位描述见表 5.34。

表 5.34　LCD 源挂起寄存器(LCDSRCPND)的位描述

LCDSRCPND	位	描　　述	复位值
INT_FrSyn	1	LCD 帧同步中断申请位。0：中断未被申请；1：已经申请中断	0
INT_FiCnt	0	LCD 输入/输出中断申请位。0：中断未被申请；1：当 LCD 的输入/输出到达触发电平时，LCD 输入/输出中断被申请	0

16) LCD 中断屏蔽寄存器(LCDINTMSK)

LCD 中断屏蔽寄存器(LCDINTMSK)决定哪个中断源被屏蔽，其地址为 0x4D00005C，可读/写，复位值为 0x3，其各位描述见表 5.35。

表 5.35　LCD 中断屏蔽寄存器(LCDINTMSK)的位描述

LCDINTMSK	位	描　　述	复位值
FIWSEL	2	决定 LCD 的输入/输出的触发级别。0：4 个字；1：8 个字	0
INT_FrSyn	1	屏蔽 LCD 帧同步中断。0：终端服务是有用的；1：中断服务被屏蔽	1
INT_FiCnt	0	屏蔽 LCD 输入/输出中断。0：中断服务是有用的；1：中断服务被屏蔽	1

17) LPC3600 控制寄存器(LPCSEL)

LPC3600 控制寄存器(LPCSEL)控制 LP3600 的模式，其地址为 0x4D000060H，可读/写，复位值为 0x4，其各位描述见表 5.36。

表 5.36　LPC3600 源挂起寄存器(LPCSEL)的位描述

LPCSEL	位	描　　述	复位值
保留	2	保留	1
RES_SEL	1	1：240×320	0
LPC_EN	0	决定 LPC3600 使能/禁止。1：LPC3600 使能	0

5. LCD 编程实例

【例 5.7】 设计一个 640×480 TFT LCD 屏的测试程序。

本程序完成 640×480 TFT LCD 屏的初始化操作，并循环显示各种颜色来实现对 LCD 屏的测试。主函数如下：

```
U32 LCDBufferII2[480][640];
int main(void)
{ int i, j, k;
 U32   jcolor;
ARMTargetInit();                        //开发板初始化
LCD_Init();                             //LCD 初始化
for (i=0; i<9; i++)                     //以下循环为不同颜色填充显示缓冲区
{   switch(i)
{ case0: jcolor=0x00000000;             //RGB 均为 0，黑色
                break;
        case1: jcolor=0x000000f8;       //R，红色
                break;
        case2: jcolor=0x0000f0f8;       //R and G，橙色
                break;
        case3: jcolor=0x0000fcf8;       //R and G，黄色
                break;
        case4: jcolor=0x0000fc00;       //G，绿色
                break;
        case5: jcolor=0x00f8dc00;       //G and B，青色
                break;
        case6: jcolor=0x00f80000;       //B，蓝色
                break;
        case7: jcolor=0x00f800f8;       //R and B，紫色
                break;
        case8: jcolor=0x00f8fcf8;       //R G B，白色
                break;
        }
    for(k=0; k<480; i++)
      for(j=i*64; j<i*64+64; j++)
      LCDBufferII2[k][j]=jcolor;
    }
    jcolor=0x000000ff;
    for(i=0; i<480; i++)
    { if(i==160||i==320)
        jcolor<<=8;
        for(j=576; j<640; j++)
        LCDBufferII2[i][j]=jcolor;
```

```
            }
        LCD_Refresh();                    //LCD 刷新
        while(1);
        return 0;
    }
```

主要的参数定义和功能函数如下：

```
    #define LCDCON1_CLKVAL (1<<8)
            //确定 VCLK 的频率，VCLK=HCLK/[(CLKVAL+1)x2](CLKVAL>=0)
    #define LCDCON1_MMODE    (0<<7)          //VM 的启动速率，每一帧
    #define LCDCON1_PNRMODE   (0x3<<5)        //TFT 显示器
    #define LCDCON1_BPPMODE   (0xc<<1)        //TFT16 位/像素模式
    #define LCDCON1_ENVID    (1)             //使视频输出和 LCD 控制信号使能
    #define LCDCON2_VBPD    32               //VBPD 是在垂直同步周期之后的、每一帧起始
                                             //位置的不活动列的数目
    #define LCDCON2_LINEVAL   479            //LCD 面板的垂直尺寸
    #define LCDCON2_VFPD    9                //在垂直同步周期之前的、每一帧结束位置的不
                                             //活动列的数目
    #define LCDCON2_VSPW    1                //垂直同步脉冲宽度通过计数不活动列的数目
                                             //决定 VSYNC 脉冲的峰值宽度
    #define LCDCON3_HBPD    47               //在 HSYNC 的下降沿和活动数据的起始位置之
                                             //间的 VCLK 周期数目
    #define LCDCON3_HOZVAL   639     //这些位决定 LCD 面板的水平尺寸
    #define LCDCON3_HFPD    15
    //HFP 是在 HSYNC 的上升沿和活动数据的结束位置之间的 VCLK 周期数目
    #define LCDCON4_HSPW    95               //水平同步脉冲宽度通过计数 VCLK 的数目决定 HSYNC
                                             //脉冲的峰值宽度
    #define LCDCON5_FRM565   1               //这一位选择 16 位像素输出视频数据的格式,1=5:6:5 格式
    #define LCDCON5_INVVCLK   0              //这一位控制 VCLK 活动沿的极性，0=视频数据在 VCLK
                                             //的下降沿取得
    #define LCDCON5_INVVLINE  1              //这一位显示 VLINE/HSYNC 脉冲的极性，1=倒向
    #define LCDCON5_INVVFRAM  1              //这一位显示 VFRAME/VSYNC 脉冲的极性，1=倒向
    #define LCDCON5_INVVD    0               //这一位显示 VD(视频数据)脉冲的极性，0=正常
    #define LCDCON5_INVVDEN   0              //这一位显示 VDEN 信号的极性，0=正常
    #define LCDCON5_INVPWREN  0              //这一位显示 PWREN 信号的极性，0=正常
    #define LCDCON5_INVLEND   0              //这一位显 LEND 信号的极性，0=正常
    #define LCDCON5_PWREN    1               //LCD_PWREN 输出信号的使能/禁止，1=使 PWREN 信
                                             //号使能
    #define LCDCON5_ENLEND   0               //LEND 输出信号的使能/禁止，0=使 LEND 信号禁止
    #define LCDCON5_BSWP    0                //字节交换控制位，0=交换禁止
```

```
    #define LCDCON5_HWSWP    1              //字节交换控制位，1=交换使能
    #define BPP24BL   0                     //这一位决定 24 位像素视频存储器的次序，0=LSB 有效
    #define TPALEN   1                      //临时调色板寄存器使能位，1=使能
    #define LPC_EN   1                      //决定 LPC3600 使能/禁止，1=LPC3600 使能
    #define FIWSEL   0                      //决定 LCD 的输入输出的触发电平， 0=4 字节
    #define INT_FrSyn   1                   //屏蔽 LCD 帧同步中断，1=中断服务被屏蔽
    #define INT_FiCnt   1                   //屏蔽 LCD 输入输出中断，1=中断服务被屏蔽
    #define MVAL   13                       //由 MVAL 定义的 VM 速度
    U16*pLCDBuffer16I1=(U16*)0x32000000;
    U16*pLCDBuffer16I2=(U16*)0x32096000;
    U32 LCDBufferII2[LCDHEIGHT][LCDWIDTH];
    U16 LCDBufferII1[307200];

    void LCD_Init();                        //LCD 初始化
    {  U32 i;
       U32 LCDBASEU, LCDBASEL, LCDBANK;
       rGPCUP = 0xffffffff;                 //禁止上拉电阻
       rGPCCON = 0xaaaaaaaa;
       //初始化 VD[7:0], LCDVF[2:0], VM, VFRAME, VLINE, VCLK, LEND
       rGPDUP = 0xffffffff;                 //禁止上拉电阻
       rGPDCON = 0xaaaaaaaa;                //初始化  VD[23:8],
       rLCDCON1 = 0 | LCDCON1_BPPMODE | LCDCON1_PNRMODE | LCDCON1_MMODE |
              LCDCON1_CLKVAL;
       rLCDCON2 = (LCDCON2_VBPD<<24) | (LCDCON2_LINEVAL<<14) | (LCDCON2_VFPD<<6)
         | LCDCON2_VSPW;
       rLCDCON3 = (LCDCON3_HBPD<<19) | (LCDCON3_HOZVAL<<8) | LCDCON3_HFPD;
       rLCDCON4 = LCDCON4_HSPW | (MVAL<<8);
       rLCDCON5 = (BPP24BL<<12) | (LCDCON5_FRM565<<11) | (LCDCON5_INVVCLK<<10) |
         (LCDCON5_INVVLINE<<9) | (LCDCON5_INVVFRAM<<8) | (LCDCON5_INVVD<<7) |
         (LCDCON5_INVVDEN<<6) | (LCDCON5_INVPWREN<<5) | (LCDCON5_INVLEND<<4) |
         (LCDCON5_PWREN<<3) | (LCDCON5_ENLEND<<2) | (LCDCON5_HWSWP);
       LCDBANK = 0x32000000>>22;
       LCDBASEU = 0x0;
       LCDBASEL = LCDBASEU+(480)*640;
       rLCDADDR1 = (LCDBANK<<21) | LCDBASEU;
       rLCDADDR2 = LCDBASEL;
       rLCDADDR3 = (640) | (0<<11);
       rLCDINTMSK = (INT_FrSyn<<1) | INT_FiCnt;
       rLCDLPCSEL = 0;
```

```
    rTPAL = (0<<24);
    for(i=0; i<640*480; i++)
    *(pLCDBuffer16I1+i) = 0x0;
    rLCDCON1 += LCDCON1_ENVID;
}


void LCD_Refresh()
```

/*此函数主要是将二级缓存 LCDBufferII2 的数据由 32 位彩色图形信息转换成 16 位的图形信息，然后放到 pLCDBuffer16I2 指向的一级缓存。

转换公式：pixcolor = ((pbuf[0]&0xf8)<<11) | ((pbuf[1]&0xfc)<<6) | (pbuf[2]&0xf8)，其中，pbuf[0]，pbuf[1]，pbuf[2]是一个像素的 32 位彩色数据的前 24 位，分别代表 R、G、B*/

```
{   int i, j;
    U32 1cddate;
    U16 pixcolor;            //一个像素点的颜色
    U8* pbuf = (U8*)LCDBufferII2[0];
    U32 LCDBASEU, LCDBASEL, LCDBANK;
    for(i = 0; i<LCDWIDTH*LCDHEIGHT; i++)
    {   pixcolor=((pbuf[0]&0xf8)<<11) | ((pbuf[1])&0xfc<<6) | (pbuf[2]&0xf8);    //变换 RGB
        pbuf+=4;
        *(pLCDBuffer16I2+i) = pixcolor;
    }
    LCDBANK = 0x32096000>>22;
    LCDBASEU = (0x32096000<<9)>>10;
      LCDBASEL = LCDBASEU+(480)*640;
    rLCDADDR1 = (LCDBANK<<21) | LCDBASEU;
    rLCDADDR2 = LCDBASEL;
    rLCDADDR3 = (640) | (0<<11);
}
```

5.6　S3C2410X/ S3C2440X 中断控制组件及应用编程

5.6.1　中断控制组件的定义

S3C2410X 中断控制器可以接收来自 56 个中断源的中断请求。这些中断源来自 DMA、UART、I^2C 等这样的片内外围或片外外部引脚。其中 24 路为外部中断 EINTn，外部中断中 EINT4~EINT7、EINT8~EINT23 是逻辑或的关系，它们共享 1 条中断请求线。当内部外设和外部中断请求引脚接收到多个中断请求时，经过中断仲裁后，中断控制器向 ARM920T 请求 FIQ 或者 IRQ 中断。仲裁过程与硬件优先级有关，仲裁结果写入中断请求寄存器。中断请求寄存器帮助用户确定哪个中断产生。

程序状态寄存器 PSR 中有 F 位和 I 位。如果 PSR 中的 F 位被置 1，CPU 不接收 FIQ 快速中断，同样如果 I 位 PSR 被置 1，CPU 不接收 IRQ 中断，因此，中断控制器能够通过将 PSR 的 F 位、I 位和相应的 INTMSK 中的位清零来接收中断。

ARM920T 有两种中断模式(INTMOD)：FIQ 和 IRQ。在中断请求时所有的中断源要决定使用哪个模式。

S3C2410X 有两种中断请求寄存器：源挂起寄存器(SRCPND)和中断挂起寄存器 (INTPND)。这些请求挂起寄存器揭示了一个中断是否正在请求。当中断源请求中断服务时，SRCPND 寄存器中的相应位肯定被置 1，然而，中断仲裁之后则只有 INTPND 寄存器的某 1 位被自动置 1。即使该中断被屏蔽，SRCPND 寄存器中的相应位也会被置 1，但是 INTPND 寄存器将不会改变。INTPND 寄存器能够被读和写，因此中断处理函数必须通过向 SRCPND 和 INTPND 中相应位写入"1"来清除中断请求条件。

中断屏蔽寄存器 INTMSK：通过中断屏蔽寄存器的哪个屏蔽位被置 1 可以知道哪个中断被禁止。如果 INTMSK 的某个屏蔽位为 0，此中断将会被正常服务。如果中断源产生了一个请求，SRCPND 中的源请求位被置位，即使相应屏蔽位为 1。

1．中断源及中断优先级

S3C2410X 的中断控制器支持 56 个中断源，这些中断源又有一定的优先级。其中 32 个中断请求的优先级逻辑由 7 个仲裁位组成：6 个一级仲裁位和 1 个二级仲裁位，如图 5.22 所示。每个仲裁器可以处理 6 个中断请求，基于 1 位仲裁器模式(ARB_MODE)和 2 位选择信号(ARB_SEL)。

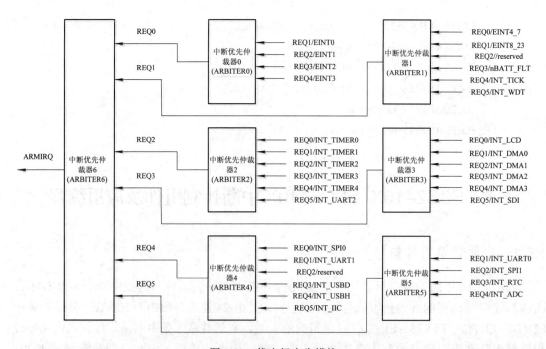

图 5.22　优先级产生模块

(1) 如果 ARB_SEL 位为 00B，优先级顺序是：REQ0，REQ1，REQ2，REQ3，REQ4，

REQ5。

(2) 如果 ARB_SEL 位为 01B，优先级顺序是：REQ0，REQ2，REQ3，REQ4，REQ1，REQ5。

(3) 如果 ARB_SEL 位为 10B，优先级顺序是：REQ0，REQ3，REQ4，REQ1，REQ2，REQ5。

(4) 如果 ARB_SEL 位为 11B，优先级顺序是：REQ0，REQ4，REQ1，REQ2，REQ3，REQ5。

注意：REQ0 总是具有最高优先级，REQ5 总是具有最低优先级，改变 ARB_SEL 位只能改变 REQ1～REQ4 的优先级。

如果 ARB_MODE 位被置 1，ARB_SEL 不会自动改变，这会使仲裁器处于固定优先级模式(注意即使处于这种模式，还是可以通过手动改变 ARB_SEL 位来配置优先级的)。如果 ARB_MODE 位被 1，ARB_SEL 改变以变换优先级。例如，如果 REQ1 被服务，则 ARB_SEL 会自动变成 01 把 REQ1 变为最低优先级。

ARB_SEL 的详细规则如下：① 如果 REQ0 或 REQ5 被服务，ARB_SEL 位不会变；② 如果 REQ1 被服务，ARB_SEL 位置 01B；③ 如果 REQ2 被服务，ARB_SEL 位置 10B；④ 如果 REQ3 被服务，ARB_SEL 位置 11B；⑤ 如果 REQ4 被服务，ARB_SEL 位置 00B。

2. 控制中断的寄存器

控制中断的寄存器有许多，包括源挂起寄存器(SRCPND)、中断模式寄存器(INTMOD)、中断屏蔽寄存器(INTMSK)、优先级寄存器(PRIORITY)和中断请求寄存器(EXINTPND)等，具体阐述如下。

1) 源挂起寄存器(SRCPND)

该寄存器是 32 位的，每一位都同一个中断源相联系。如果中断源产生中断请求并等待中断服务，那么相应的位要设为 1。相应的，该寄存器表明哪个中断源在等待请求被服务。注意，源挂起寄存器中的位被中断源自动置 1 而不管屏蔽寄存器的值。另外，源挂起寄存器也不被优先级寄存器和中断控制器影响。

在一个特定的中断源的中断服务程序中，SRCPND 中的相应位应该被清除，这样才能正确得到下一次同一个中断源的中断。如果在中断服务程序返回时没有清除相应的位，中断控制器会认为该中断源又产生了一个中断。换句话说，如果 SRCPND 中有一位为 1，中断控制器会始终认为一个有效的中断请求在等待服务。

源挂起寄存器(SRPND)的地址为 0x4A000000，可读/写，复位值为 0x00000000。源挂起寄存器(SRCPND)的位定义见表 5.37。

表 5.37　源挂起寄存器(SRCPND)的位定义

SRCPND	位	描　述	复位值
INT_ADC	31	0: 没有请求；1: 已请求	0
INT_RTC	30	0: 没有请求；1: 已请求	0
INT_SOI1	29	0: 没有请求；1: 已请求	0
INT_UART0	28	0: 没有请求；1: 已请求	0
INT_IIC	27	0: 没有请求；1: 已请求	0
INT_USBH	26	0: 没有请求；1: 已请求	0

SRCPND	位	描　　述	复位值
INT_USBD	25	0: 没有请求；1: 已请求	0
保留	24	保留	0
INT_UART1	23	0: 没有请求；1: 已请求	0
INT_SPI0	22	0: 没有请求；1: 已请求	0
INT_SDI	21	0: 没有请求；1: 已请求	0
INT_DMA3	20	0: 没有请求；1: 已请求	0
INT_DMA2	19	0: 没有请求；1: 已请求	0
INT_DMA1	18	0: 没有请求；1: 已请求	0
INT_DMA0	17	0: 没有请求；1: 已请求	0
INT_LCD	16	0: 没有请求；1: 已请求	0
INT_UART2	15	0: 没有请求；1: 已请求	0
INT_TIMER4	14	0: 没有请求；1: 已请求	0
INT_TIMER3	13	0: 没有请求；1: 已请求	0
INT_TIMER2	12	0: 没有请求；1: 已请求	0
INT_TIMER1	11	0: 没有请求；1: 已请求	0
INT_TIMER0	10	0: 没有请求；1: 已请求	0
INT_WDT	9	0: 没有请求；1: 已请求	0
INT_TICK	8	0: 没有请求；1: 已请求	0
nBATT_FLT	7	0: 没有请求；1: 已请求	0
Reserved	6	没有使用	0
EINT8_23	5	0: 没有请求；1: 已请求	0
EINT4_7	4	0: 没有请求；1: 已请求	0
EINT3	3	0: 没有请求；1: 已请求	0
EINT2	2	0: 没有请求；1: 已请求	0
EINT1	1	0: 没有请求；1: 已请求	0
EINT0	0	0: 没有请求；1: 已请求	0

2) 中断模式寄存器(INTMOD)

中断模式寄存器(INTMOD)的地址为 0x4A000004，可读/写，复位值为 0x00000000。INTMOD 有 32 位，每位对应的中断源同中断请求寄存器一样，当 INTMOD 某位为 0 时，表示该位对应的中断源处于 IRQ 中断模式(普通中断)，为 1 时处于 FIQ 中断模式(快速中断模式)。注意，只有一个中断源能处于 FIQ 模式下，因此，只有 1 位能够被置 1。复位值全0 表示一开始所有中断自动设置为普通中断。

3) 中断屏蔽寄存器(INTMSK)

中断屏蔽寄存器(INTMSK)的地址为 0x4A000008，可读/写，复位值为 0xFFFFFFFF。INTMSK 有 32 位，第 6、24 位保留，每位的中断源同中断请求寄存器一样，当某位为 0 时，表示该位对应中断源允许响应，为 1 时处于屏蔽状态，复位值全为 1，表示一开始所有中断自动设置为屏蔽方式。

4) 优先级寄存器(PRIORITY)

中断屏蔽寄存器(PRIORITY)的地址为 0x4A00000C，可读/写，复位值为 0x7F。优先级寄存器(PRIORITY)的位定义见表 5.38。

表 5.38　优先级寄存器(PRIORITY)的位定义

PRIORITY	位	描　　述	复位值
ARB_SEL6	20、19	仲裁器 6 的优先级设置： 00：REQ 0-1-2-3-4-5；01：REQ 0-2-3-4-1-5； 10: REQ 0-3-4-1-2-5；11：REQ 0-4-1-2-3-5	0
ARB_SEL5	18、17	仲裁器 5 的优先级设置： 00：REQ 1-2-3-4；01：REQ 2-3-4-1； 10: REQ 3-4-1-2；11：REQ 4-1-2-3	0
ARB_SEL4	16、15	仲裁器 4 的优先级设置： 00：REQ 0-1-2-3-4-5；01：REQ 0-2-3-4-1-5； 10: REQ 0-3-4-1-2-5；11：REQ 0-4-1-2-3-5	0
ARB_SEL3	14、13	仲裁器 3 的优先级设置： 00：REQ 0-1-2-3-4-5；01：REQ 0-2-3-4-1-5； 10: REQ 0-3-4-1-2-5；11：REQ 0-4-1-2-3-5	0
ARB_SEL2	12、11	仲裁器 2 的优先级设置： 00：REQ 0-1-2-3-4-5；01：REQ 0-2-3-4-1-5； 10: REQ 0-3-4-1-2-5；11：REQ 0-4-1-2-3-5	0
ARB_SEL1	10、9	仲裁器 1 的优先级设置： 00：REQ 0-1-2-3-4-5；01：REQ 0-2-3-4-1-5； 10: REQ 0-3-4-1-2-5；11：REQ 0-4-1-2-3-5	0
ARB_SEL0	8、7	仲裁器 0 的优先级设置： 00：REQ 1-2-3-4；01：REQ 2-3-4-1； 10: REQ 3-4-1-2；11：REQ 4-1-2-3	0
ARB_MODE6	6	仲裁器 6 优先设置轮换功能： 0：优先级不轮换；1：优先级轮换	1
ARB_MODE5	5	仲裁器 5 优先设置轮换功能： 0：优先级不轮换；1：优先级轮换	1
ARB_MODE4	4	仲裁器 4 优先设置轮换功能： 0：优先级不轮换；1：优先级轮换	1
ARB_MODE3	3	仲裁器 3 优先设置轮换功能： 0：优先级不轮换；1：优先级轮换	1
ARB_MODE2	2	仲裁器 2 优先设置轮换功能： 0：优先级不轮换；1：优先级轮换	1
ARB_MODE1	1	仲裁器 1 优先设置轮换功能： 0：优先级不轮换；1：优先级轮换	1
ARB_MODE0	0	仲裁器 0 优先设置轮换功能： 0：优先级不轮换；1：优先级轮换	1

5) 中断挂起寄存器(INTPND)

中断挂起寄存器(INTPND)的地址为 0x4A000010，可读/写，复位值为 0x00000000。INTPND 有 32 位，显示中断请求状态，0 表示中断没有被请求，1 表示中断源请求了中断。该寄存器显示了那个没有被屏蔽的，等待被服务的中断请求是否拥有最高的优先级。既然 INTPND 排在优先级寄存器后面，显然只有一位能够被置 1，并且该中断请求向 CPU 产生一个 IRQ。在 IRQ 的中断服务程序中，可以读取该寄存器以确定哪一个中断源被服务。像 SRCPND 一样，需要在中断服务程序中将 SRCPND 清除后再将 INTPND 相应位清除。

6) 中断偏移寄存器(INTOFFSET)

中断挂起寄存器(INTOFFSET)的地址为 0x4A000014，可读/写，复位值为 0x00000000。该寄存器表示了哪一个中断请求在 INTPND 中。在清除 SRCPND 和 INTPND 后，该寄存器会自动清除。中断偏移寄存器(INTOFFSET)的位定义见表 5.39。

表 5.39 中断偏移寄存器(INTOFFSET)的位定义

中断源	中断偏移	中断源	中断偏移
INT_ADC	31	INT_UART2	15
INT_RTC	30	INT_TIMER4	14
INT_SPI1	29	INT_TIMER3	13
INT_UART0	28	INT_TIMER2	12
INT_IIC	27	INT_TIMER1	11
INT_USBH	26	INT_TIMER0	10
INT_USBD	25	INT_WDT	9
保留	24	INT_TICK	8
INT_UART1	23	nBATT_FLT	7
INT_SPI0	22	保留	6
INT_SDI	21	EINT8_23	5
INT_DMA3	20	EINT4_7	4
INT_DMA2	19	EINT3	3
INT_DMA1	18	EINT2	2
INT_DMA0	17	EINT1	1
INT_LCD	16	EINT0	0

7) 子源挂起寄存器(SUBSRCPND)

子源挂起寄存器(SUBSRCPND)的地址为 0x4A000018，可读/写，复位值为 0x00000000。中断请求状态：0 表示中断没有被请求；1 表示中断源请求了中断。子源挂起寄存器(SUBSRCPND)的位定义见表 5.40。

表 5.40　子源挂起寄存器(SUBSRCPND)的位描述

SUBSRCPND	位	描　　述	复位值
保留	31～11	保留	0
INT_ADC	10	0：没有请求；1：已请求	0
INT_TC	9	0：没有请求；1：已请求	0
INT_ERR2	8	0：没有请求；1：已请求	0
INT_TXD2	7	0：没有请求；1：已请求	0
INT_RXD2	6	0：没有请求；1：已请求	0
INT_ERR1	5	0：没有请求；1：已请求	0
INT_TXD1	4	0：没有请求；1：已请求	0
INT_RXD1	3	0：没有请求；1：已请求	0
INT_ERR0	2	0：没有请求；1：已请求	0
INT_TXD0	1	0：没有请求；1：已请求	0
INT_RXD0	0	0：没有请求；1：已请求	0

8) 中断子屏蔽寄存器(INTSUBMSK)及其位描述

中断子屏蔽寄存器(INTSUBMSK)的地址为 0x4A00001C，可读/写，复位值为 0x7FF。中断源被屏蔽状况：0 表示可提供中断服务；1 表示中断服务被屏蔽。中断子屏蔽寄存器(INTSUBMSK)的位定义见表 5.41。

表 5.41　中断子屏蔽寄存器(INTSUBMSK)的位描述

INTSUBMSK	位	描　　述	复位值
保留	31～11	保留	0
INT_ADC	10	0：可以使用；1：被屏蔽	1
INT_TC	9	0：可以使用；1：被屏蔽	1
INT_ERR2	8	0：可以使用；1：被屏蔽	1
INT_TXD2	7	0：可以使用；1：被屏蔽	1
INT_RXD2	6	0：可以使用；1：被屏蔽	1
INT_ERR1	5	0：可以使用；1：被屏蔽	1
INT_TXD1	4	0：可以使用；1：被屏蔽	1
INT_RXD1	3	0：可以使用；1：被屏蔽	1
INT_ERR0	2	0：可以使用；1：被屏蔽	1
INT_TXD0	1	0：可以使用；1：被屏蔽	1
INT_RXD0	0	0：可以使用；1：被屏蔽	1

9) 当前程序状态寄存器(CPSR)

ARM920T 有一个当前程序状态寄存器(CPSR)和 5 个保留程序状态寄存器(SPSR)用于异常处理。这些寄存器的功能如下：① 保存最常用的 ALU 操作的有关信息；② 设置中断的使能与禁止；③ 设定处理器的工作模式。

程序状态寄存器(CPSR)的格式详见图 2.1，其中 CPSR 中的控制位 I 为中断禁止控制位，

I=1 时禁止外部 IRQ 中断，I=0 时允许 IRQ 中断；F 为禁止快速中断(FIQ)控制位，F=1 时禁止 FIQ 中断，F=0 时允许 FIQ 中断。

5.6.2　中断系统的应用编程

中断源向 CPU 发出中断请求时，若优先级别最高，则 CPU 在满足一定的条件下可以中断当前程序的运行，并保护好被中断的主程序断点及现场信息。然后，根据中断源提供的信息找到中断服务子程序的入口地址(中断向量)，转去执行新的程序段(中断服务程序 ISR)。

中断系统的应用主要是初始化中断控制器、设置中断向量表以及编写中断服务程序。

1. 初始化中断控制器

初始化中断控制器就是根据具体应用对相应的中断特殊控制寄存器进行配置。参考程序如下：

```
void int_Ext(void)
{
    /*使能中断*/
    rINTMOD=0x0;
    rINTCON=0x1;
    /*set EINT1 interrupt handler*/
    rINTMSK = ～(BIT_GLOBAL | BIT_EINT4567);
    pISR_EINT4567 =(int)Eint_lsr;
    /*对端口 G 的配置*/
    rPCONG = 0xFFFF;
    rPUPG = 0x0;                        //上拉电阻使能
    rEXTINT = rEXTINT|0x22220000;        //EINT4567 下降沿模式
    rI_ISPC = BIT_EINT4567;             //清除挂起位
    rEXTINTPND = 0xF;                    //清除 EXTINTPND 寄存器
}
```

2. 设置中断向量表

设置中断向量表的参考程序如下：

```
ENTRY:
    B ResetHandler          ; 复位向量=0x00000000
    B HandlerUndef          ; HandlerUndef=0x00000004
    B HandlerSWI            ; HandlerSWIr=0x00000008
    B HandlerPabort         ; HandlerPabort=0x0000000C
    B HandlerDabort         ; HandlerDabort=0x00000010
    B .                     ; 保留 0x00000014
    LDR PC, =HandlerIRQ     ; 0x00000018
    B HandlerFIQ            ; 0x0000001C
```

VECTOR_BRANCH：

```
    LDR PC, =HandlerEINT0          ; 外部中断 0 中断向量=0x00000020
    LDR PC, =HandlerEINT1          ; 外部中断 1 中断向量=0x00000024
    LDR PC, =HandlerEINT2          ; 外部中断 2 中断向量=0x00000028
    LDR PC, =HandlerEINT3          ; 外部中断 3 中断向量=0x0000002C
    LDR PC, =HandlerEINT4567       ; 外部中断 4、5、6、7 中断向量=0x00000030
    LDR PC, =HandlerTICK           ; 0x00000034
    B.
    B.
    LDR PC, =HandlerZDMA0          ; 0x00000040
    LDR PC, =HandlerZDMA1          ; 0x00000044
    LDR PC, =HandlerBDMA0          ; 0x00000048
    LDR PC, =HandlerBDMA1          ; 0x0000004C
    LDR PC, =HandlerWDT            ; 0x00000050
    LDR PC, =HandlerUERR01         ; 0x00000054
    B.
    B.
    LDR PC, =HandlerTIMER0         ; 0x00000060
    LDR PC, =HandlerTIMER1         ; 0x00000064
    LDR PC, =HandlerTIMER2         ; 0x00000068
    LDR PC, =HandlerTIMER3         ; 0x0000006C
    LDR PC, =HandlerTIMER4         ; 0x00000070
    LDR PC, =HandlerTIMER5         ; 0x00000074
    B.
    B.
    LDR PC, =HandlerURXD0          ; 0x00000080
    LDR PC, =HandlerURXD1          ; 0x00000084
    LDR PC, =HandlerIIC            ; 0x00000088
    LDR PC, =HandlerSIO            ; 0x0000008C
    LDR PC, =HandlerUTXD0          ; 0x00000090
    LDR PC, =HandlerUTXD1          ; 0x00000094
    B.
    B.
    LDR PC, =HandlerRTC            ; 0x000000A0
    B.
    B.
    B.
    B.
    B.
```

```
            B.
            B.
            LDR PC,=HandlerADC                   ; 0x000000C0
```

3．编写中断服务程序

中断服务程序要做的工作因需要不同而完全不同，但清除寄存器 EXINTPND 的内容以及清除挂起位是中断服务程序必须做的工作。一般在进入中断服务程序后先进行现场保护，将重要寄存器的内容压入堆栈，再进行中断处理，最后返回前再恢复现场。中断服务的参考程序如下：

```
            void Eint_lsr(void)
            {
                unsigned   char   which_int;
                which_int = rEXTINTPND;
                rEXTINTPND = 0xF;                 //清除 EXINTPND 寄存器
                rI_ISPC = BIT_EINT4567;           //清除挂起位
                //中断服务程序主体开始
                ⋮
                //中断服务程序主体结束
            }
```

5.7　S3C2410X/S3C2440X 计数/定时类 PWM 组件及应用编程

5.7.1　PWM 组件的组成结构

1．PWM 概述

PWM(Pulse Width Modulation)即脉冲宽度调制，S3C2410X 有 5 个 16 位定时器，PWM 定时控制器组件如图 5.23 所示。其中定时器 0、1、2、3 有脉宽调制(PWM)功能，定时器 4 只有一个内部定时器而没有输出管脚。定时器 0 有一个死区发生器，用于大电流器件，有两个 8 位预标定器和两个 4 位分频器。定时器 0 和 1 共享一个 8 位预标定器，定时器 2、3、4 共享另一个 8 位预标定器。每一个定时器有一个有 5 种不同值的分频器(1/2、1/4、1/8、1/16 和 TCLK)。其中每一个定时器块从分频器接收时钟信号，而分频器从相应的预标定器接收时钟信号。

S3C2410X 定时器的主要特征为：① 5 个 16 位定时器；② 两个 8 位预标定器和两个 4 位分频器；③ 可编程的占空比；④ 自动再装入模式或一次脉冲模式；⑤ 死区发生器。

定时器计数缓冲寄存器(TCNTBn)的值是当定时器使能时装载到减法计数器的初值，定时器比较缓冲寄存器(TCMPBn)的值将装载到比较寄存器并与计数器的值相比较。TCNTBn 和 TCMPBn 双重缓冲的特性使得定时器在频率和占空比改变时也能产生稳定的输出。

每个计数器都有自己的 16 位减法计数器，它由定时器时钟驱动。当定时器计数器值达到 0 时，定时器发出中断请求，通知 CPU 定时工作已完成。相应的 TCNTBn 将自动装载入计数器以继续下一个操作。但是，如果定时器已停止，如在定时器运行状态中通过清除

TCONn 中的定时器使能位来使定时器停止，TCNTBn 中的值则不会被装载到计数器中。

TCMPBn 的值用于脉宽调制，当该计数器值与定时器控制逻辑中的比较寄存器值相等时，定时器控制逻辑将改变输出电平。因此，比较寄存器决定 PWM 输出的高电平时间(或低电平时间)。

PWM 定时器的操作方式有基本定时操作(作为通用定时器使用)、自动重装和双缓冲、PWM 脉宽调制及输出极性控制等。

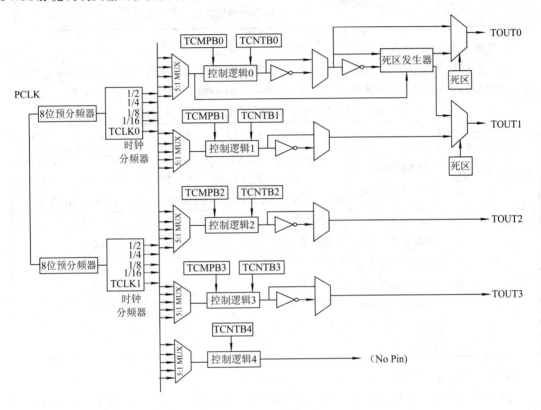

图 5.23　PWM 定时控制器组件

2. PWM 的特殊功能寄存器

与 PWM 定时相关的寄存器包括定时器配置寄存器(TCFG)、定时器控制寄存器(TCON)、定时器计数缓冲寄存器(TCNTB)、定时器比较寄存器(TCMPB)、定时器观察寄存器(TCNTO)等，以控制和查看 PWM 定时器的工作。

1) 定时器配置寄存器 0

定时器配置寄存器 0(TCFG0)主要配置定时器 T0～定时器 T4 的预分频系数并决定死区长度，可读/写，其地址为 0x51000000，初值为 0x00000000。

$$定时器输入时钟频率 = \frac{PCLK /(预分频值 + 1)}{除法器值}$$

其中，预分频值为 0～255 间的任意数；分频值可为 2、4、6、8 及 16，TCFG0 各位含义见表 5.42。

表 5.42　定时器配置寄存器 0(TCFG0)各位含义

位	31~24	23~16	15~8	7~0
TCFG0	保留	DZL 死区长度	PRC1 预分频系数 1	PRC0 预分频系数 0
含义	保留	8 位确定死区长度	8 位决定 T4、T3、T2 的预分频器的值	8 位决定 T1、T0 的预分频器的值

2) 定时器配置寄存器 1

定时器配置寄存器 1(TCFG1)主要配置定时器 T0~定时器 T4 的 DMA 请求并决定 MUX 输入，可读/写，其地址为 0x51000004，初值为 0x00000000，其各位含义见表 5.43。

表 5.43　定时器配置寄存器(TCFG1)各位含义

位	27~24	23~20	19~16	15~12	11~8	7~4	3~0
TCFG1	保留	DMA MODE DMA 请求通道	MUX4 选择 T4 的 MUX 输入	MUX3 选择 T3 的 MUX 输入	MUX2 选择 T2 的 MUX 输入	MUX1 选择 T1 的 MUX 输入	MUX0 选择 T0 的 MUX 输入
含义	保留	0000 = 未选择； 0001 = 选择 T0； 0010 = 选择 T1； 0011 = 选择 T2； 0100 = 选择 T3； 0101 = 选择 T4； 0111 = 保留	0000 = 1/2； 0001 = 1/4； 0010 = 1/8； 0011 = 1/16 001xx = TCLK1			0000 = 1/2 0001 = 1/4 0010 = 1/8 0011 = 1/16 001xx=TCLK0	

3) 定时器控制寄存器

定时器控制寄存器(TCON)主要控制定时器 T0~定时器 T4 的工作，可读/写，其地址为 0x51000008，初值为 0x00000000，其各位含义见表 5.44。

表 5.44　定时器控制寄存器(TCON)各位含义

TCON 位功能	位	描　述	初始值
T4 自动重装开/关	22	确定 T4 自动重装。 0 = 一次有效；1 = 自动重装	0
T4 手动更新	21	确定 T4 手动更新。 0 = 无操作；1 = 更新 TCNTB4	0
T4 启动/停止	20	0 = 停止 T4；1 = 启动 T4	0
T3 自动重装开/关	19	确定 T3 自动重装。 0 = 一次有效；1 = 自动重装	0
T3 动反转开/关	18	确定 T3 输出反转。 0 = 关闭；1 = T3 输出反转	0

TCON 位功能	位	描　　述	初始值
T3 手动更新	17	确定 T3 手动更新。 0 = 无操作；1 = 更新 TCNTB3	0
T3 启动/停止	16	0 = 停止 T3；1 = 启动 T3	0
T2 自动重装开/关	15	确定 T2 自动重装。 0 = 一次有效；1 = 自动重装	0
T2 动反转开/关	14	确定 T2 输出反转。 0 = 关闭；1 = T2 输出反转	0
T2 手动更新	13	确定 T2 手动更新。 0 = 无操作；1 = 更新 TCNTB2	0
T2 启动/停止	12	0 = 停止 T2；1 = 启动 T2	0
T1 自动重装开/关	11	确定 T1 自动重装。 0 = 一次有效；1 = 自动重装	0
T1 动反转开/关	10	确定 T1 输出反转。 0 = 关闭；1 = T1 输出反转	0
T1 手动更新	9	确定 T1 手动更新。 0 = 无操作；1 = 更新 TCNTB1	0
T1 启动/停止	8	0 = 停止 T1；1 = 启动 T1	0
保留	7～5	保留	0
死区使能	4	0 = 禁止；1 = 允许	0
T0 自动重装开/关	3	确定 T0 自动重装。 0 = 一次有效；1 = 自动重装	0
T0 动反转开/关	2	确定 T0 输出反转。 0 = 关闭；1 = T0 输出反转	0
T0 手动更新	1	确定 T0 手动更新。 0 = 无操作；1 = 更新 TCNTB0	0
T0 启动/停止	0	0 = 停止 T0；1 = 启动 T0	0

4) 定时器计数缓冲寄存器与定时器比较寄存器

定时器计数缓冲寄存器包括 TCNTB0、TCNTB1、TCNTB2、TCNTB3、TCNTB4，均可读/写，其地址分别为 0x5100000C、0x51000018、0x51000024、0x51000030、0x5100003C，初值均为 0x00000000。定时器比较寄存器包括 TCMPB0、TCMPB1、TCMPB2、TCMPB3，均可读/写，其地址分别为 0x51000010、0x5100001C、0x51000028、0x51000034，复位值均为 0x00000000。它们都是 16 位的寄存器，用于设置相应定时器的缓冲值和比较值。

5) 定时器观察寄存器

定时器观察寄存器包括 TCNTO0、TCNTO1、TCNTO2、TCNTO3、TCNTO4，均只读，其地址分别为 0x510014、0x510020、0x51002C、0x510038、0x510044，复位均为 0x00000000。

它们都是 16 位的寄存器，用于设置相应定时器的观察值。

3. S3C2410X 定时器的工作原理

系统为每个定时器设置有预标定器、分频器来产生定时时钟。每个定时器由减法计数器、初值寄存器、比较寄存器、观察寄存器、控制逻辑等部分构成。

1) 预标定器和分频器

一个 8 位预标定器和一个 4 位分频器作用下的输出频率参见表 5.45。8 位预标定器是可编程的，它根据 TCFG0 和 TCFG1 中的数值分割 PCLK。设 PCLK 的频率为 50 MHz，经过预标定器和分频器后，计算送给定时器的计数时钟频率。计数时钟和输出的计算如下：

(1) 定时器输入时钟频率 f_{CLK}(即计数时钟频率)

$$f_{PCLK} = \frac{f_{CLK}}{Prescaler+1} \times 分频值$$

式中：Prescaler 为预定值，其值为 0～255；分频值为 1/2、1/4、1/8、1/16。

(2) PWM 输出时钟频率：

$$PWM\ 输出时钟频率 = \frac{f_{CLK}}{TCNTBn}$$

(3) PWM 输出信号占空比(即高电平持续时间所占信号周期的比例)：

$$PWM\ 输出信号占空比 = \frac{TCMPBn}{TCNTBn}$$

表 5.45 定时器最大、最小输出周期

分频值	最小输出周期(Prescaler=0)	最大输出周期(Prescaler=255)	最大输出周期 (TCNTBn=65535)
1/2	0.0400μs(25.0000 MHz)	10.2400 μs (97.6562 kHz)	0.6710sec
1/4	0.0800μs(12.5000 MHz)	20.4800 μs(48.8281 kHz)	1.3421sec
1/8	0.1600μs(6.25000 MHz)	40.9601 μs(24.4140 kHz)	2.6843sec
1/16	0.3200μs(3.12500 MHz)	81.9188 μs(12.2070 kHz)	5.3686sec

2) 定时器基本操作

一个定时器(定时器 4 除外)都包含 TCNTBn、TCNT0n、TCMPBn。在定时器计数缓冲寄存器(TCNTBn)中有一个初始值，当定时器使能后，这个值就被装载到递减计数器中，而在定时器比较缓冲寄存器(TCMPBn)中也有一个初始值，这一值被装载到比较寄存器中，用来与递减计数器的值进行比较。这两个缓冲器使得在频率和占空比发生变化时仍能产生一个稳定的输出。当 TCNTn 到 0 且中断使能时，定时器将产生一个中断请求。

自动加载和双缓冲模式脉宽调制定时器有一个双缓冲功能，在这种情况下，改变下次加载值的同时不影响当前定时周期。因此，尽管设置了一个新的定时器值，但当前定时器的操作将会继续完成而不受影响。定时器的值可以写入定时器计数值缓冲寄存器(TCNTBn)中，而在当前计数器的值可以通过读定时器计数值观察寄存器(TCNTOn)得到。当 TCNTn 的值到 0 时，自动加载操作复制 TCNTBn 的值到 TCNTn 中。但是，如果自动加载模式没有使能，TCNTn 将不进行任何操作，此时的工作时序如图 5.24 所示。

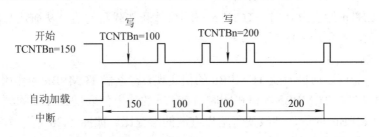

图 5.24 双缓冲功能时序图

3) 用手动更新位和逆变器对定时器进行初始化

当递减计数器的值到 0 时，自动加载操作才会进行。所以，用户必须预先对 TCNTn 定义一个起始值。因此，起始值必须由手动更新载入。启动一个定时器的工作步骤如下：

(1) 将初始值写入到 TCNTBn 和 TCMPBn 中。

(2) 设置相应的定时器的手动更新位。推荐配置逆变器位开或关(不管逆变器用与否)。

(3) 设置相应定时器的起始位从而启动一个定时器(同时清除手动更新位)。

(4) 如果定时器被迫停止，TCNTn 逆变器开关位的值改变，TOUTn 的逻辑值也随之改变。因此，推荐逆变器开关位的配置与手动更新位同时进行。

4) 定时器操作步骤

定时器的操作步骤及结果如图 5.25 所示。

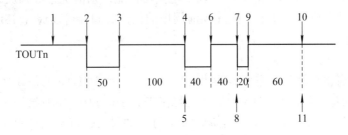

图 5.25 定时器操作示意图

(1) 使能自动加载功能。设置 TCNTBn 为 160，TCMPBn 为 110，设置手动更新位并配置逆变器位。手动更新位设置 TCNTn 和 TCMPn 的值与 TCNTBn 和 TCMPBn 的值相同。然后设置 TCNTBn 和 TCMPBn 的值分别为 80 和 40，确定下一个周期的值。

(2) 如果手动更新位为 0、逆变器关且自动加载开，则设置起位，在定时器的延迟时间后定时器开始递减计数。

(3) 当 TCNTn 的值和 TCMPn 的值相等时，TOUTn 的逻辑电平将发生改变，由低到高。

(4) 当 TCNTn 的值到 0 时，产生一个中断并且将 TCNTBn 的值加载到一个临时寄存器。在下一个时钟周期，TCNTn 由临时寄存器加载到 TCNTn 中。

(5) 在中断服务程序中，TCNTBn 和 TCMPBn 的值分别设置为 80 和 60。

(6) 当 TCNTn 和 TCMPn 的值相等时，则 TOUTn 的逻辑电平发生改变，由低到高。

(7) 当 TCNTn 到 0 时，TCNTn 自动重新加载，并发出一个中断请求。

(8) 在中断服务子程序，自动加载和中断加载都被禁止，从而将停止寄存器。

(9) 当 TCNTn 和 TCMPn 的值相等时，TOUTn 的逻辑电平发生改变，由低到高。

(10) 当 TCNTn 的值为 0 时，TCNTn 将不再重新加载新的值，从而定时器停止。由于中断请求被禁止，不再产生中断请求。

5) 脉宽调制

脉宽调制功能可以通过改变 TCMPBn 的值实现，寄存器 TCMPBn 的作用是：当计数器 TCNTn 中的值减到与 TCMPBn 的值相同时，TOUTn 的输出值取反。PWM 的频率由 TCNTBn 决定，改变 TCMPBn 的值，便改变了输出方波的占空比。如图 5.26 所示为一个通过改变 TCMPBn 的值实现 PWM 的例子。

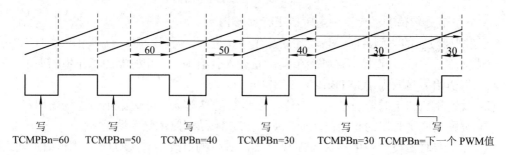

图 5.26　脉宽调制示意图

如果想得到一个高的 PWM 值，则要减小 TCMPBn 的值，相反，如果想要得到一个低的 PWM 值，则要增加 TCMPBn 的值。如果逆变器使能，则情况正好相反。

由于定时器具有双缓冲功能，则在当前周期的任何时间都可以通过 ISR 和其他程序改变 TCMPBn 的值。

6) 输出电平控制

下面的步骤描述了如何在逆变器关闭的情况下，控制 TOUTn 的值或高或低。

(1) 关闭自动加载位，TOUTn 的值变高且在 TOUTn 为 0 后定时器停止运行。

(2) 通过定时器开始位清零来停止定时器运行。如果 TCNTn≤TCMPn，则输出为高；如果 TCNTn>TCMPn，则输出为低。

(3) 通过改变 TCON 中的逆变器开关位来使 TOUTn 为高或低。

逆变器开与关的输出如图 5.27 所示。

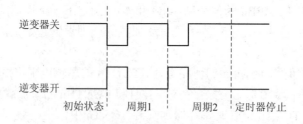

图 5.27　逆变器开与关的输出

7) 死区发生器

死区是一段时间间隔，在这个时间间隔内，禁止两个开关同时处于开启状态，即使在一段非常短的时间内。死区是在功率设备控制中常用的一种技术，防止两个开关同时打开起反作用。S3C2410X 的 T0 具有死区发生器功能，可用于控制大功率设备。

TOUT0 是一个 PWM 输出，nTOUT 是 TOUT 的反相。如果死区使能，则 TOUT0 和 nTOUT0 的输出波形将是 TOUT0_DZ 和 nTOUT0_DZ。nTOUT0_DZ 由 TOUT1 脚输出。在死区间隔，TOUT0_DZ 和 nTOUT0_DZ 将不会同时开启。

8) DMA 请求模式

PWM 定时器能在任何时间产生一个 DMA 请求。定时器保持 DMA 请求信号 (nDMA_REQ)为低直到定时器接收到 ACK 信号。当定时器接收到 ACK 信号时，定时器将使请求信号无效。产生 DMA 请求的定时器由设置 DMA 模式位(TCFG1)决定。如果一个定时器配置成 DMA 请求模式，则此定时器将不能产生中断请求，而其他定时器将正常产生中断请求。DMA 模式配置和 DMA/中断操作如表 5.46 所示。

表 5.46　DMA 模式配置和 DMA/中断操作

DMA 模式	DMA 请求	定时器 0 INT	定时器 1 INT	定时器 2 INT	定时器 3 INT	定时器 4 INT
0000	无选择	ON	ON	ON	ON	ON
0001	定时器 0	OFF	ON	ON	ON	ON
0010	定时器 1	ON	OFF	ON	ON	ON
0011	定时器 2	ON	ON	OFF	ON	ON
0100	定时器 3	ON	ON	ON	OFF	ON
0101	定时器 4	ON	ON	ON	ON	OFF
0110	无选择	ON		ON	ON	ON

5.7.2　PWM 组件的应用编程

设计产生 PWM 波形程序的设计思想是：先选定用于产生 PWM 波形的计数器的时钟信号频率，再根据产生 PWM 波形的频率和占空比的要求，计算控制 PWM 波形频率和占空比的计数常数。确定波形信号频率和控制常数之后，PWM 波形产生的过程，就是一个根据计数的结果控制 PWM 输出的过程：当计数值大于控制占空比的计数常数时，计数器进行减 1 计数操作，并输出高电平；当等于或小于控制占空比的计数常数时，计数器进行减 1 计数操作，并输出低电平，直到计数器进行递减计数到控制频率的计数常数位置。再通过手动或自动进行控制计数常数的装载，并重复相同的操作。

若通过 S3C2410X 的 PWM 组件的定时器 2 控制 PWM 输出频率为 3000～15 000 Hz、占空比为 4/5 的波形，则其 C 语言子程序如下：

```
void pwmwave1(void)
{ rTCFG0 = 0xFF00；
    /* 设置定时器的预分频率值：TIME0/1 =0，TIME2/3/4 =255 */
    rTCFG1 = 0x100；                     /*设置定时器的工作模式：中断模式*/
    /* 设置定时器的分频率值：  TIME2 为 1/4，其他为 1/2*/
    for (freq=3000；   freq < 15000；   freq+=1000 )
    { div =(PCLK/256/4)/freq；    /*当输出频率为 freq 时，计算分频常数 div */
      rTCON=0x0；               /*关闭定时器*/
      rTCNTB2=div；              /*设置输出脉冲的频率为 3000～15000 Hz*/
```

```
        rTCMPB2＝(4*div)/5；        /*设置输出脉冲的占空比为 4/5*/
        rTCON = 0xA000；            /*手工装载定时器的计数值*/
        rTCON＝0x9000；             /*启动定时器*/
        for(index＝0；  index<l 00000；  index ++ );
        rTCON = 0x0；               /*延时并停止定时器*/
    }
}
```

若通过 S3C2410X 的 PWM 组件的定时器 2 控制 PWM 输出频率为 100 kHz、占空比为 10/100～90/100 的波形，则其 C 语言子程序如下：

```
    void pwmwave2(void)
    {   rTCFG0 = 0xFF00；
        /* 设置定时器的预分频率值：TIME0/1 =0，TIME2/3/4 =255 */
        rTCFG1 = 0x100；              /*设置定时器的工作模式：中断模式 */
        /* 设置定时器的分频率值：TIME2 为 1/4，其他为 1/2*/
        div=(PCLK/256/4)/100000；     /*当输出频率为 100 kHz 时，计算分频常数 div */
        for ( rate = 10；  rate < 100；  rate+=10 )
        {   rTCNTB2 = div；          /*设置输出脉冲的频率为 100 kHz */
            rTCMPB2=( rate*div)/100；/*修改占空比，占空比的变化范围为 10/100～90/100*/
            rTCON=0xA000；           /*手工装载定时器的计数值 */
            rTCON=0x9000；           /*启动定时器 */
            for(index = 0；  index < 100000；  index++)；
            rTCON=0x0；              /*延时并关闭定时器 */
            for( index = 0；  index <10000；  index ++ )；
        }
    }
```

PWM 定时器作为通用定时器用时的初始化参考程序如下：

```
    void TimerInit(void)
    {
        rTCON = (B32)0XAAAA0A；
        rTCON = (B32)0xDDDD0D；
        //定时器设置
        rTCFG0=(B32)0x4A4A4A； //定时器 0/1/2/3/4 prescaler=74+1
        rTCFG1=(B32)0x01234；  //定时器 divider；定时器 0：1/32；定时器 1：1/16；定时器 2：1/8
                              //定时器 3：1/4；定时器 4：1/2
                              //PCLK=60MHz ～ ～ divider = 1/32 ==>
                              //period=1/60*32*75=40 μs
        //设置每一个定时器的计数值
        rTCNTB0 = (B32)5000；
        rTCNTB1 = (B32)30000；
```

```
        rTCNTB2 = (B32)30000;

        rTCNTB3 = (B32)30000;

        rTCNTB4 = (B32)30000;

    }
```

中断初始化参考程序如下：

```
    void IntInit(void)

    {

        rINTCON = 0x1;        //IRQ/向量 IRQ 使能

        rINTMOD = 0x0;        //IRQ 模式

        rINTMSK = ~(BIT_GLOBAL | BIT_EINT4567 | BIT_TIMER0 | BIT_TIMER1 | BIT_TIMER2 |
BIT_TIMER3 | BIT_TIMER4);

        //使用默认中断优先级

        //rINTPSLV

        //rINTPMST

        //中断服务程序地址

        pISR_TIMER0 = (int)Timer0;

        PISR_TIMER1 = (int)Timer1 ;

        pISR_TIMER2 = (int)Timer2;

        pISR_TIMER3 = (int)Timer3;

        pISR_TIMER4 = (int)Timer4;

    }
```

T0～T4 对应的 PWM 定时器的中断服务程序有多种不同用途，具体程序这里不做介绍。

5.8　S3C2410X/ S3C2440X 通信控制类组件及应用编程

5.8.1　UART 组件及应用编程

S3C2410X 的异步串行口(UART)提供 3 个独立的异步串行通信端口，每个端口均可工作于中断或 DMA 模式，即能产生内部中断请求或 DMA 请求，在 CPU 和串行口之间传送数据。UART 在系统时钟下运行可支持高达 230.4K 的波特率，如果使用外部设备提供的 UEXTCLK，UART 的速度还可以提高。每个 UART 通道个各含有两个 16 位的接收和发送 FIFO。S3C2410X 的 UART 包括可编程的波特率，红外接收/发送，1 个或 2 个停止位插入，5～8 位数据宽度和奇偶校验。

1．UART 的组成

S3C2410X 的 UART 组件的硬件结构如图 5.28 所示，由发送器、接收器、波特率发生器以及控制单元组成。其中波特率发生器的输入可以是 PCLK 或者 UEXTCLK；发送器由发送移位寄存器和 16 字节大小的发送 FIFO 缓冲区构成，发送移位寄存器将发送 FIFO 中的数据，逐位通过 TxD 移出，完成发送任务；接收器包括 16 字节的接收 FIFO 缓冲区和接收移位寄存器，接收移位寄存器将由 RxD 送来的串行格式的数据逐位移位放入接收 FIFO 中，完成接收任务。控制单元控制数据的接收和发送。

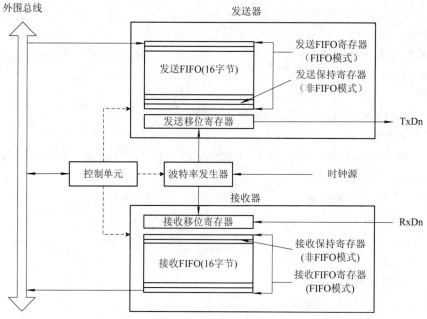

在 FIFO 模式下，缓冲寄存器的所有16字节都作为 FIFO 寄存器。
在非 FIFO 模式下，缓冲寄存器只有1个字节作为保持寄存器。

图 5.28　UART 组件的硬件结构

　　S3C2410X 的 UART 组件特性如下：RxD0、TxD0、RxD1、TxD1、RxD2 和 TxD2 基于中断或者 DMA 操作；UART 通道 0、1 和 2 具有 IrDA1.0 和 16 字节 FIFO；UART 通道 0 和 1 具有 nRTS0、nCTS0、nRTS1 和 nCTS1；支持发送/接收握手。

2．UART 的工作机制

　　下面介绍 UART 的一些工作机制，包括数据传送、数据接收、中断产生、波特率发生、回环(Loop-back)模式、红外模式、自动流控制等。

　　1) 数据传送

　　发送数据的帧结构是可编程的，它有 1 个起始位、5～8 个数据位、1 个可选的奇偶位和 1 或 2 个停止位组成，这些可以在行控制寄存器 ULCONn 中设定。接收器可以产生一个断点条件——使串行输出保持 1 帧发送时间的逻辑 0 状态。当前发送字被完全发送出去后，这个断点信号随后发送。断点信号发送之后，继续发送数据到 TxFIFO(如果没有 FIFO，则发送到 Tx 保持寄存器)。

　　2) 数据接收

　　与数据发送一样，接收数据的帧格式也是可编程的。它由 1 个起始位、5～8 个数据位、1 个可选的奇偶位和 1 或 2 个停止位组成，这些可以在行控制寄存器 ULCONn 中设定。接收器可以探测到溢出错误和帧错误。溢出错误是指在旧数据被读出来之前新的数据覆盖了旧的数据的错误。帧错误是指接收数据没有有效的停止位的错误。

　　当在 3 个字时间(与字长度位的设置有关)内没有接收到任何数据并且 RxFIFO 非空时，

将会产生一个非空超时条件。

3) 自动控制(AFC)

S3C2410X 的 UART0 和 UART1 通过 nRTS 和 nCTS 信号支持自动流控制,如连接到外部 UART 时。如果用户希望将 UART 连接到一个 MODEN,可以在 UMCONn 寄存器中禁止自动流控制,并且通过软件控制 nRTS 信号。

在 AFC 时,nRTS 由接收器的状态决定,而 nCTS 信号控制发送器的操作。只有当 nCTS 信号有效时(在 AFC 时,nCTS 意味着其他 UART 的 FIFO 准备接收数据),UART 发送器才会发送 FIFO 中的数据。在 UART 接收数据之前,当它的接收 FIFO 多于 2 字节的剩余空间时 nRTS 必须有效,当它的接收 FIFO 少于 1 字节的剩余空间时 nRTS 必须无效(nRTS 无效意味着它自己接收 FIFO 开始准备接收数据)。UART2 不支持 AFC 功能,因为 S3C2410X 没有 nRTS2 和 nCTS2。

4) RS-232C 接口

如果希望将 UART 连接到 MODEN,nRTS、nCTS、nDSR、nDTR、DCD 和 nRI 信号是必需的。这种情况下用户可以通过 GPIO 控制这些信号,因为 AFC 不支持 RS-232C 接口。

5) 中断/DMA 请求的产生

S3C2410X 的每个 UART 有 5 个状态(Tx/Rx/Error)信号:溢出错误、帧错误、接收缓冲满、发送缓冲空和发送移位寄存器空。这些状态体现在 UART 状态寄存器中的相关位(UTRSTATn/UERSTATn)。

溢出错误和帧错误与接收错误相关,如果控制寄存器 UCONn 中的接收错误状态中断使能位被置为 1,则每个错误可以产生一个接收错误状态中断请求,如果探测到一个接收错误状态中断使能位,通过读 UERSTSTn 的值可以识别这一中断请求。

控制寄存器 UCONn 的接收器模式为 1(中断或者循环检测模式):当接收器在 FIFO 模式下将一个数据从接收移位寄存器写入 FIFO 时,如果接收到的数据达到了 RxFIFO 的触发条件,Rx 中断就产生了。在无 FIFO 模式下,每次接收器将数据从移位寄存器写入接收保持寄存器都将产生一个 Rx 中断请求。

如果控制寄存器的接收和发送模式选择为 DMAn 请求模式,在上面的情况下则是 DMAn 请求发生而不是 Rx/Tx 中断请求产生。

6) UART 错误状态 FIFO

UART 除了 RxFIFO 外还有错误状态 FIFO。错误状态 FIFO 指示接收到的哪个数据有错误。只有当有错误的数据准备读出的时候才会产生错误中断。要清除错误状态 FIFO,URXHn 和 UERSTATn 必须被读出。

例如:假设 UART RxFIFO 顺序接收到 ABCD 4 个字符,在接收 B 的时候发生了帧错误。事实上 UART 接收错误并未产生任务错误中断,因为错误的数据 B 还没有被读出,只有当读 B 字符的时候才会发生错误中断。

7) 波特率发生器

每个 UART 的波特率发生器提供串行时钟给接收器和发送器。波特率发生器的时钟源可以选择内部系统时钟或者 UEXTCLK。换句话说,通过设置 UCONn 的时钟选择被除数是可选的。波特率时钟通过对时钟源(PCLK 或 UEXTCLK)进行 16 分频,然后进行一个 16 位

的除数分频得到，这个分频数由波特率因子寄存器 UBRDIVn 指定。UBRDIVn 可由下式得出：

$$UBRDIVn = (int)\frac{PCLK}{波特率 \times 16} - 1$$

此除数应该在 $1 \sim (2^{16}-1)$ 之间。

为了 UART 的精确性，S3C2410X 还支持 UEXTCLK 作为被除数。如果使用 UEXTCLK(由外部 UART 设备或者系统提供)，串行时钟能够精确地和 UEXTCLK 同步，因此用户可以得到更精确的 UART 操作。UBRDIVn 由下式决定：

$$UBRDIVn = (int)\frac{UEXTCLK}{波特率 \times 16} - 1$$

此除数应该在 $1 \sim (2^{16}-1)$ 之间，且 UEXTCLK 要比 PCLK 低。

例如，如果波特率为 115 200 b/s，而 PCLK 或者 UEXTCLK 为 40 MHz，则

$$UBRDIVn = (int)\frac{40000000}{115200 \times 16} - 1 = (int)(21.7) - 1 = 21 - 1 = 20$$

8) 串行口波特率误差率

在应用中，实际波特率往往与理想波特率有差别，其误差不能超过一定的范围，其极限为：UART 传输 10bit 数据的时间误差应该小于 1.87%(3/160)。

实际的 UART 时钟：

$$tUPCLK = (UBRDIVn+1) \times 16 \times 1 \ Fame/PCLK$$

理想的 UART 时钟：

$$tUEXACT = 1 \ Frame/波特率$$

UART 时钟误差率：

$$UART \ error = \frac{tUPCLK - tUEXACT}{tUEXACT} \times 100\%$$

注意：① 1 帧 = 起始位 + 数据位 + 奇偶位 + 停止位；② 在特定条件下，波特率上限可达 921.6 kb/s。

9) 回送(Loop-back)模式

为了识别通信连接中的故障，UART 提供了一种叫做 Loop-back 模式的测试模式。这种模式结构上能使 UART 的 TxD 和 RxD 连接，因此发送数据被接收器通过 RxD 接收。这一特性允许处理器检查每个 SIO 通道的内部发送到接收的数据途径。可以通过设置 UART 控制寄存器 UCONn 中的 Loop-back 位选择这一模式。

10) 红外(IR)模式

UART 支持 IR 接收和发送，可以通过设置 UART 行控制寄存器 ULCONn 的 Infra-red-mode 位来进入这一模式。

在 IR 发送模式下，发送脉冲的比例是 3/16 的正常发送比率(当发送数据位为 0 的时候)；在 IR 接收模式下，接收器必须通过检测 3/16 的脉冲来识别 0 的值。

3. UART 的特殊功能寄存器

对于 UART 组件，主要是通过对 UART 特殊功能寄存器进行设置来控制对 UART 的操作。UART 的特殊功能寄存器包括 UART 的控制寄存器、状态寄存器、保持寄存器、波特率因子寄存器等。

1) UART 行控制寄存器

UART0、UART1 和 UART2 对应的行控制寄存器分别为 ULCON0、ULCON1 和 ULCON2，用于确定传输帧的格式，可读/写，其地址分别为 0x50000000、0x50004000、0x50008000，初值均为 0x00，其各位的含义见表 5.47。

表 5.47　UART 行控制寄存器各位含义

位	7	6	5～3	2	1、0
ULCONn	保留	红外模式	奇偶校验	停止位	数据位数
含义		0 = 正常模式； 1 = 红外模式	0xx = 无校验； 100 = 奇校验； 101 = 偶校验； 110 = 校验位置 1； 111 = 校验位清 0	0 = 1 位停止位； 1 = 2 位停止位	00 = 5 位； 01 = 6 位； 10 = 7 位； 11 = 8 位

2) UART 控制寄存器

UART0、UART1 和 UART2 对应的控制寄存器分别为 UCON0、UCON1 和 UCON2，用于控制 UART 数据的接收和发送，可读/写，其地址分别为 0x50000004、0x50004004、0x50008004，初值均为 0x000，其各位的含义见表 5.48。

表 5.48　UART 控制寄存器各位含义

位	10	9	8	7	6	5	4	3、2	1、0
UCONn	时钟选择	发送中断请求类型	接收中断请求类型	接收超时中断使能	接收错误中断使能	回送模式	发送中止信号	发送模式	接收模式
含义	0 = PCLK； 1 = UCLK	0 = 脉冲型； 1 = 电平型	0 = 禁止； 1 = 允许		0 = 正常模式； 1 = 回送模式	0 = 正常工作； 1 = 发中止信号		00 = 禁止； 01 = 中断请求； 10 = BDMA0 请求； 11 = BDMA1 请求	

3) FIFO 控制寄存器

UART0、UART1 和 UART2 对应的 FIFO 控制寄存器分别为 UFCON0、UFCON1 和 UFCON2，用于控制 FIFO 的接收和发送，可读/写，其地址分别为 0x50000008、0x50004008、0x50008008，初值均为 0x00，各位含义见表 5.49。

表 5.49　FIFO 控制寄存器各位含义

位	7、6	5、4	3	2	1	0
UFCONn	发送 FIFO 触发电平	接收 FIFO 触发电平	保留	发送 FIFO 的复位	接收 FIFO 的复位	FIFO 使能
含义	00 = 空； 01 = 4 字节； 10 = 8 字节； 11 = 12 字节	00 = 4 字节； 01 = 8 字节； 10 = 12 字节； 11 = 16 字节		0 = 正常； 1 = 发 FIFO 的复位	0 = 正常； 1 =接收 FIFO 的复位	0 = FIFO 禁止； 1 = FIFO 使能

4) Modem 控制寄存器

UART0、UART1 对应的 Modem 控制寄存器为 UMCON0、UMCON1，可读/写，其地址分别为 0x5000000C、0x5000400C(地址 0x5000800C 保留)，初值均为 0x00，其各位的含义见表 5.50。

表 5.50　Modem 控制寄存器各位含义

位	7~5	4	3~1	0
UMCONn	保留	自动流控制 AFC	保留	请求发送
含义	000	0 = AFC 禁止； 1 = AFC 允许	000	若 AFC 允许，该位不起作用；若 AFC 禁止，则 0 = 高电平(不激活 nRTS)， 1 = 低电平(激活 nRTS)

5) 发送/接收状态寄存器

UART0、UART1 和 UART2 对应的发送/接收状态寄存器分别为 UTRSTAT0、UTRSTAT1 和 UTRSTAT2，只读，其地址分别为 0x50000010、0x50004010、0x50008010，初值均为 0x6，其各位的含义见表 5.51。

表 5.51　发送接收状态寄存器各位含义

位	2	1	0
UTRSTATn	传输缓冲寄存器状态	发送缓冲器状态	接收缓冲器数据状态
含义	0 = 传输器非空； 1 = 传输器为空	0 = 缓冲寄存器非空； 1 = 缓冲寄存器为空	0 = 完全为空，无数据状态； 1 = 接收缓冲寄存器中有数据

6) UART 错误状态寄存器

UART0、UART1 和 UART2 对应的错误状态寄存器分别为 UERSTAT0、UERSTAT1 和 UERSTAT2，只读，其地址分别为 0x50000014、0x50004014、0x50008014，初值均为 0x0，其各位的含义见表 5.52。

表 5.52　错误状态寄存器各位含义

位	3	2	1	0
UERSTATn	保留	帧错误	保留	溢出错误
含义	0 = 接收无帧错误； 1 = 帧错误	0 = 接收无帧错误； 1 = 接收帧错误	0 = 接收无帧错误； 1 = 帧错误	0 = 无溢出错； 1 = 溢出错误

7) FIFO 状态寄存器

UART0、UART1 和 UART2 对应的 FIFO 状态寄存器分别为 UFSTAT0、UFSTAT1 和 UFSTAT2，只读，其地址分别为 0x50000018、0x50004018、0x50008018，初值均为 0x00，其各位的含义见表 5.53。

表 5.53　FIFO 状态寄存器各位含义

位	15～10	9	8	7～4	3～0
UFSTATn	保留	发送 FIFO 满	接收 FIFO 满	发送 FIFO 计数器	接收 FIFO 计数器
含义	无含义	0 = 发送/接收 FIFO 数据个数不超过 15 字节； 1 = 发送/接收 FIFO 满		编码表示发送/接收 FIFO 中数据的数量(字节数)	

8) Modem 状态寄存器

UART0、UART1 和 UART2 对应的 Modem 状态寄存器分别为 UMSTAT0、UMSTAT1 和 UMSTAT2，只读，其地址分别为 0x5000001C、0x5000401C、0x5000801C(保留)，初值均为 0x0，其各位的含义见表 5.54。

表 5.54　Modem 状态寄存器各位含义

位	3	2	1	0
UMSTATn	保留	△CTS	保留	CTS
含义	无含义	0 = CTS 无变化； 1 = CTS 有变化	无含义	0 = CTS 未激活(nCTS 引脚为高)； 1 = CTS 已激活(nCTS 引脚为低)

9) UART 发送/接收缓冲区寄存器

UART0、UART1 和 UART2 对应的发送/接收缓冲寄存器分别为 UTXH0/URXH0、UTXH1/URXH1 和 UTXH2/URXH2，它们都是 8 位的，发送寄存器各位的 TXDATAn 及接收寄存器 RXDATAn 各位可编程。UTXH0/URXH0，只写(字节)，其地址分别为 0x50000020(小端模式)/0x50000023(大端模式)、0x50000024(小端模式)/0x50000027(大端模式)，初值未知；UTXH1/URXH1，只写(字节)，其地址分别为 0x50004020(小端模式)/0x50004023(大端模式)、0x50004024(小端模式)/0x50004027(大端模式)，初值未知；UTXH1/URXH1，只写(字节)，其地址分别为 0x50008020(小端模式)/0x50008023(大端模式)、0x50008024(小端模式)/0x50008027(大端模式)，初值未知。发送/接收缓冲寄存器 UTXH0/URXH0、UTXH1/URXH1 和 UTXH2/URXH2 的 8 位数据就是 UART0、UART1 和 UART2 需要传输的数据。

10) UART 波特率因子寄存器

UART0、UART1 和 UART2 对应的波特率因子寄存器为 UBRDIV0、UBRDIV1 和 UBRDIV2，它们都是 16 位的，其各位可编程以适应不同波特率的要求，可读/写，其地址分别为 0x50000028、0x50000028、0x50000828，初值未知。

4. S3C2410X UART 编程实例

【例 5.7】　测试串行口功能的程序。

根据前面的原理介绍，下面给出了一个测试串行口功能的程序。这里使用 UART0。该程序从串行口 0 采集数据并将接收到的数据回送，异步串行通信部分样例代码如下。

主要的定义如下：

```
#include   <string.h>
#include   <stdio.h>
#define   TRUE   1
#define   FALSE   0
#pragma import(_use_no_semihosting_swi)
#define   rULCON0 (*(volatile unsigned *)0x50000000)        //UART0 行控制寄存器
#define   rUCON0 (*(volatile unsigned *)0x50000004)         //UART0 控制寄存器
#define   rUFCON0 (*(volatile unsigned *)0x50000008)        //UART0 FIFO 控制寄存器
#define   rUMCON0 (*(volatile unsigned *)0x5000000c)        //UART0 Modem 控制寄存器
#define   rUTRSTAT0 (*(volatile unsigned *)0x50000010)      //UART0 Tx/Rx 状态寄存器
#define   rUERSTAT0 (*(volatile unsigned *)0x50000014)      //UART0 Rx 错误状态寄存器
#define   rUFSTAT0 (*(volatile unsigned *)0x50000018)       //UART0 FIFO 状态寄存器
#define   rUMSTAT0 (*(volatile unsigned *)0x5000001c)       //UART0 Modem 状态寄存器
#define   rUBRDIV0 (*(volatile unsigned *)0x50000028)       //UART0 波特率因子寄存器
#ifdef    _BIG_ENDIAN
#define   rUTXH0 (*(volatile unsigned *)0x50000023)         //UART0 发送缓冲寄存器
#define   rURXH0 (*(volatile unsigned *)0x50000027)         //UART0 接收缓冲寄存器
#define   WrUTXH0(ch)    (*(volatile unsigned *)0x50000023) =(unsigned char)(ch)
#define   RdURXH0( ) (*(volatile unsigned *)0x50000027)
#define   UTXH0 (0x50000020+3)                              //DMA 使用的字节访问地址
#define   URXH0 (0x50000024+3)
#else    //Little Endian
#define   rUTXH0 (*(volatile unsigned *)0x50000020)         //UART0 发送缓冲寄存器
#define   rURXH0 (*(volatile unsigned *)0x50000024)         //UART0 接收缓冲寄存器
#define   WrUTXH0(ch) (*(volatile unsigned *)0x50000020) =(unsigned char)(ch)
#define   RdURXH0() (*(volatile unsigned *)0x50000024)
#define   UTXH0(0x50000020)                                 //DMA 使用的字节访问地址
#define   URXH0 (0x50000024)
#endif

#define   U8 unsigned char
void   Uart_Init(int pclk，int baud)；
void   Uart_SendByten(int，U8)；
char   Uart_Getchn(char＊Revdata,int Uartnum,int timeout)；
void   ARMTargetInit(void)；
void   hudelay(int time)；
```

主函数如下：

```
Int main(void)
```

```
{   Char cl[1];
    ARMTarget Init();                    //开发板初始化
    Uart_Init(0，115200)                 //串行口初始化
    While (1)
    {   Uart_SendByten(0，0xa);          //换行
        Uart_SendByten(0，0xd);          //回车
        err=Uart_Getchn(c1，0，0);        //从串口采集数据
        Uart_SendByten(0，c1[0]);        //显示采集的数据
    }
}
```

串口初始化及发送和接收函数如下：

```
    void Uart_Init(int pclk，int baud)
    {   Int i;
        if (pclk==0)    pclk=SYS_PCLK;
        rUFCON0=0x0;            //UART0 FIFO 控制寄存器，FIFO 禁止
        rUMCON0=0x0;            //UART0 Modem 控制寄存器，AFC 禁止
        rULCON0=0x3;            //控制寄存器：正常模式，无校验，1 个停止位，8 个数据位
        RUCON0=0x245;                      //控制寄存器
        rUBRDIV0=((int)(pclk/16./baud+0.5) -1);      //波特率因子寄存器 0
        // Console_Baud =baud;
        for(i=0；i<100；i++);
    }


    void Uart_SendByten(int Uartnum，U8 data)
    {   if (Uartnum==0)                    //串口
        {   while (!(rUTRSTAT0&0x4));       //等到 THR 为空
            hudelay(10);
            WrUTXH0(data);                 //向串口 0 发送一个字符
        }
        else                               //串口 1
        {   While (!(rUTRSTAT1&0x4));       //等到 THR 为空
            hudelay(10);
            WrUTXH1(data);                 //向串口 1 发送一个字符
        }
    }


    char Uart_Getchn(char * Revdata，int Uartnum，int timeout)
    {   if (Uartnum==0)
        {   while (!(rUTRSTAT0 & 0x1));              //重复检查串口 0 直到收到字符
```

```
      *Revdata=RdURXH0( );                   //从串口 0 接收一个字符
      Return TRUE;
    }
  else{    while (!(rUTRSTAT1 & 0x1));        //重复检查串口 1 直到收到字符
      *Revdata=RdURXH0( );                   //从串口 1 接收一个字符
      return TRUE;
      }
  }
```

5.8.2　SPI 组件及应用编程

1. SPI 总线概述

SPI(Serial Peripheral Interface)总线系统是一种同步串行外设接口，允许 MCU 与各种外围设备以串行方式进行通信、数据交换。基于 SPI 接口的外围设备主要包括 Flash、RAM、A/D 转换器、网络控制器、MCU 等。

SPI 总线系统可直接与各个厂家生产的多种标准外围器件直接接口，接口信号一般有串行时钟信号(SCK)、主机输入/从机输出数据线(MISO)、主机输出/从机输入数据线(MOSI)及低电平有效的从机选择信号(SSEL)。但有的 SPI 总线接口芯片带有中断信号(INT)，有的 SPI 总线接口芯片则没有主机输出/从机输入数据线(MOSI)。

将数据写到 SPI 总线发送缓冲区后，时钟信号(SCK)的一次作用对应一位数据的发送(MISO)和另一位数据的接收(MOSI)，在主机中数据从移位寄存器中自左向右发出送到从机(MOSI)，同时从机中的数据自右向左发到主机(MISO)，经过 8 个时钟周期完成 1 个字节的发送。输入字节保留在移位寄存器中，然后从接收缓冲区中读出一个字节的数据，具体操作过程如图 5.29 所示。

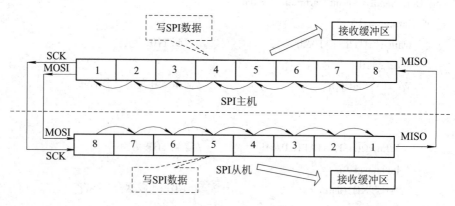

图 5.29　SPI 总线操作过程

2. SPI 总线的连接

SPI 总线可在软件的控制下构成各种简单的或复杂的系统，如图 5.30 所示。通常把系统中只有 1 个主设备和 1 个从设备的系统称为一主一从式系统；如果系统中的主设备和从设备的关系可以互换，则称该系统为互为主从式系统；如果系统中有 1 个主设备和多个从设备，则称该系统为一主多从式系统；如果系统中有多个既可以作为主设备又可以作为从设备的设备，则称该系统为多主多从式系统。

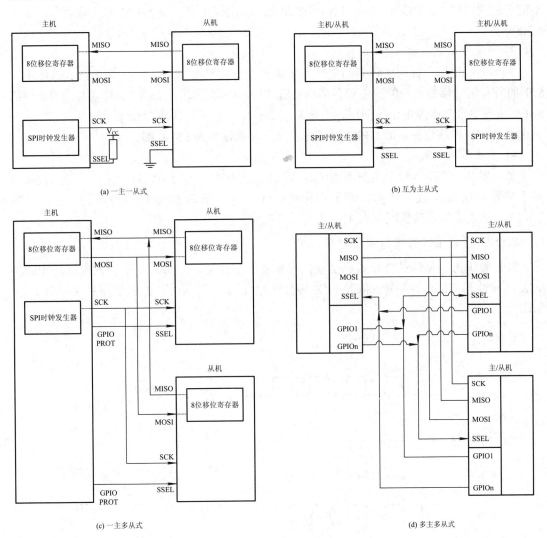

图 5.30　SPI 总线的连接方法

大多数应用场合中，使用 1 个 MCU 作为主机，由它控制数据向 1 个或几个从外围器件的传送。从设备只能在主设备发命令时才能接收或向主机传送数据。其数据的传输格式通常是高位(MSb)在前，低位(LSb)在后。

1) 一主一从式 SPI 系统

一主一从式指 SPI 总线上只有 1 个主设备和 1 个从设备，见图 5.30(a)。在一主一从式系统中，接收和发送数据是单向的，主设备的 MOSI 发送则从设备的 MOSI 接收，主设备的 MISO 接收，则从设备的 MISO 发送。主设备的 SCK 作为同步时钟输出到从设备，主设备的选择信号 SSEL 接高电平，由于只有一个从设备，从设备的 SSEL 接低电平，始终被选中。

2) 互为主从式系统

在互为主从式系统中，MISO、MOSI 及 SCK 都是双向的，视发送或接收而定，SSEL 不能直接固定电平，如果作为主设备，则 SSEL 输出低电平，迫使对方作为从设备，见图 5.30(b)。

3) 一主多从式系统

大部分应用场合使用比较多的是一主多从式系统，见图 5.30(c)。一主多从式系统中，SPI 的所有信号都是单向的，主设备的 MOSI 和 SCK 都为输出，MISO 为输入，主设备的 SSEL 接高电平，作为主设备使用，由于系统中有多个从设备，因此使用主设备的 I/O 引脚去选择要访问的从设备，即 GPIO 的某些引脚连接从设备的 SSEL 端。

4) 多主多从式系统

多主多从的 SPI 系统中主要考虑的是 SSEL 选择信号的接法，即每个主/从设备的 SSEL 是否被各其他主/从设备选择，即所有设备的 GPIO 引脚都参与主/从设备的选择，见图 5.30(d)。这是最复杂的情况，多主多从式系统在实际应用中并不多。

3. SPI 总线工作方式与接口时序

SPI 模块为了和外设进行数据交换，根据外设工作要求，可以对其输入串行同步时钟 SCK 的极性和相位进行配置。按照 SCK 极性和相位的不同，SPI 总线的工作方式分为 4 种，如图 5.31 所示。

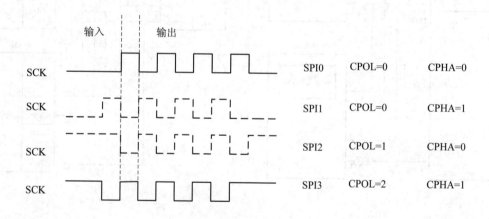

图 5.31　SPI 总线的 4 种工作方式

时钟极性(CPOL)对传输协议没有重大的影响。如果 CPOL=0，则串行同步时钟的空闲状态为低电平；如果 CPOL=1，则串行同步时钟的空闲状态为高电平。时钟相位(CPHA)能够配置用于选择两种不同的传输协议之一进行数据传输。如果 CPHA=0，则在串行同步时钟的第 1 个跳变沿(上升或下降)数据被采样。如果 CPHA=1，则在串行同步时钟的第 2 个跳变沿(上升或下降)数据被采样。SPI 主模块和与之通信的外设时钟相位和极性应该一致。SPI 总线接口时序如图 5.32 所示。

主设备 SPI 时钟和极性的配置应该由外设来决定，二者的配置必须保持一致，这是因为主从设备是在 SCK 的控制下，同时发送和接收数据，并通过两个双向移位寄存器来交换数据的。

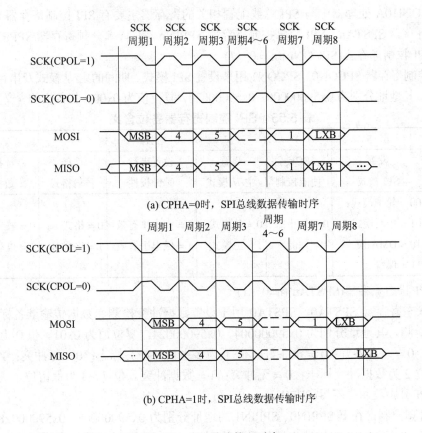

(a) CPHA=0时，SPI总线数据传输时序

(b) CPHA=1时，SPI总线数据传输时序

图 5.32   SPI 总线接口时序

4. S3C2410A 的 SPI 控制器

S3C2410A 处理器可提供两个 SPI 接口，每个接口都有一个用于同步传输和接收数据的 8 位移位寄存器。使用 SPI 接口，处理器可以与外设之间实现 8 位数的传输和接收。SPI 接口通过一根串行时钟线来实现数据传输和接收的同步。当 S3C2410A 为主器件时，数据的传输速度可以修改 SPPREn 寄存器相应的位来设置。S3C2410A 的 SPI 接口支持轮询 (spolling)、中断和 DMA 3 种 SPI 模式，可以通过 SPI 控制寄存器 SPCONn 的相位来进行设置。

使用 SPI 总线与外部设备之间进行通信时，根据外设的要求，可以通过配置串行同步时钟的极性(CPOL)和相位(CPHA)形成 4 种不同的 SPI 数据传输格式。S3C2410A 对这 4 种不同的数据传输格式均支持。

时钟的极性对传输协议没有重大的影响，CPOL = 0 表示串行同步时钟的空闲状态为低电平，CPOL = 1 表示空闲状态为高电平。串行同步时钟的相位值决定使用哪种传输协议进行数据传输。CPHA = 0，表示在串行同步时钟的第 1 个跳变沿(上升沿或下降沿)数据被采样；CPHA = 1，表示在串行同步时钟的第 2 个跳变沿(上升沿或下降沿)数据被采样。使用 SPI 总线进行通信的主设备和从设备的时钟相位和极性应该设为相同的值。图 5-32 给出了 CPOL = 0、CPHA = 0 和 CPOL = 1、CPHA = 1 两种设置下的 SPI 数据传输时序，可以通过设置 SPCONn 控制寄存器的 CPOL 和 CPHA 位来设置串行同步时钟的极性和相位。

在 S3C2410A 处理器中与 SPI 总线配置相关的寄存器主要有 SPI 控制寄存器 SPCONn、SPI 状态寄存器 SPSTAn、SPI 引脚控制寄存器 SPPINn、波特率分频寄存器 SPPREn。

1) SPI 控制寄存器(SPCONn)(n = 0～1)

SPI 控制寄存器 SPCON0、SPCON1 用来设置 SPI 模式、期间的主/从模式及串行时钟的极性和相位，其地址分别为 0x59000000、0x59000020，复位值为 0x00，其各位的含义见表 5.55。

表 5.55　SPI 控制寄存器各位含义

位	6、5	4	3	2	1	0
SPCONn	设置 SPI 模式	SCK 使能控制	设置 主/从模式	设置串行 时钟极性	选择 传输格式	选择接收 数据模式
含义	00 = 轮询模式； 01 = 中断模式； 10 = DMA 模式； 11 = 保留	0 = 禁止； 1 = 使能	0 = 从模式； 1 = 主模式	0 = 高电平有效； 1 = 低电平有效	0 = 格式 A； 1 = 格式 B	0 = 普通模式； 1 = 自动清除模式

2) SPI 状态寄存器(SPSTAn)(n=0～1)

SPI 状态寄存器 SPSTA0、SPSTA0 用于设置数据冲突检测、数据传输准备标志及多主器件冲突检测，其地址分别为 0x59000004、0x59000024，复位值为 0x01。位 0 为数据传输准备标志：0 = 未准备好；1 = 准备好。位 1 为多主器件冲突标志：0 = 无冲突；1 = 多主器件冲突。位 2 为数据冲突标志：0 = 无冲突；1 = 数据冲突。位 7～3 为保留位。

3) SPI 引脚控制寄存器(SPPINn)(n=0～1)

SPI 引脚控制寄存器 SPPIN0、SPPIN1 的地址分别为 0x59000008、0x59000028，复位值为 0x02。位 0 为 MOSI 保持输出还是释放控制位：当一个字节传输结束时，确定 MOSI 中主器件保持输出还是释放，0 = 释放；1 = 保持输出。位 1 必须为"1"。位 2 为多主器件冲突标志引脚(/SS)使能位：0 = 无禁止(作为普通引脚)；1 = 使能(作为多主器件冲突标志)。位 7～3 为保留位。

4) SPI 波特率分频寄存器(SPPREn)(n = 0～1)

SPI 波特率分频寄存器 SPPRE0、SPPRE1 用于设置时钟的波特率：波特率 = PLCK/2/(SPPREn+1)，其地址分别为 0x5900000C、0x5900002C，其复位值为 0x00。

5) SPI 数据寄存器(SPTDATn)(n = 0～1)

SPI 数据寄存器 SPTDAT0、SPTDAT1 的地址分别为 0x59000010、0x59000030，复位值为 0x00。

5. SPI 接口的初始化程序

SPI 接口的初始化程序需要完成两项工作：

(1) 配置 I/O 口。SPI 使用 GPE11、GPE12 和 GPE13 三个引脚，因此需要设置相应的 I/O 口。这项工作可以在 S3C2410A 的启动代码中，通过配置向导来进行。

(2) 配置相关的寄存器。

例如：

```
Void SPI_init()
    {
```

```
    rSPPRE0=PCLK/2/ucSpiBaud-1;
    rSPCON0=(1<<5)|(1<<4)|(1<<3)|(0<<2)|(0<<1)|(0<<0);    //SPI 模式为中断，SCK 使能，主模
                                                          //式，CPOL=0，CPHA=0，接收数据
                                                          //为正常模式

    rSPPRE1=PCLK/2/ucSpiBaud-1;
    rSPCON1=(1<<5)|(1<<4)|(0<<3)|(0<<2)|(0<<1)|(0<<0);    //SPI 模式为中断，SCK 使能，从模
                                                          //式，CPOL=0，CPHA=0，接收数据
                                                          //为正常模式

    rSPPIN0=(0<<2)|(1<<1)|(0<<0);
    rINTMOD&=~(BIT_SPI0|BIT_SPI1);
    rINTMSK&=~(BIT_SPI0|BIT_SPI1);
    while(!(rSPSTA0&rSPSTA1&0x1));
    cTxEnd=0;
    rSPTDAT0=*cTxData++;
    Rintmsk|=(BIT_SPI0|BIT_SPI1);
}
```

5.9　S3C2410X/ S3C2440X 总线接口类组件及应用编程

5.9.1　I²C 总线组件及应用编程

S3C2410X 支持多主 I²C 总线串行接口。I²C 总线是一种流行的串行同步传输的总线，它有两条重要的信号线，即串行数据线(SDA)和串行时钟线(SCL)。I²C 总线利用 SDA 和 SCL 在总线控制器和外围设备之间传送信息，SDA 和 SCL 线都是双向的。

1. I²C 总线控制器的组成

在多主 I²C 模式下，多个 S3C2410X 可以从设备连续接收或传送数据到设备。启动数据传送给 I²C 总线的主设备也负责终止数据的传送。S3C2410X 中的 I²C 总线使用了标准的优先级仲裁过程。I²C 总线控制器的组成如图 5.33 所示。

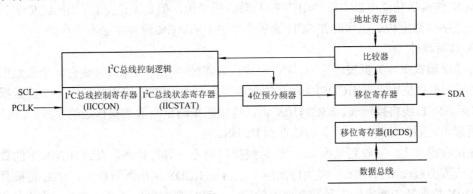

图 5.33　I²C 总线控制器的组成

2. I²C 总线接口操作模式

S3C2410X 的 I²C 总线接口有主传送模式、主接收模式、从传送模式及从接收模式四种操作模式。

1) 启动和停止条件

I²C 总线数据传输时序如图 5.34 所示，前后为启动和停止条件。当 I²C 总线接口未被激活时，一般处于从模式，也就是说，在检测到 SDA 上的启动条件之前接口应该处于从模式。启动条件要求在 SCL 信号保持高电平时 SDA 信号由高电平变为低电平。满足启动条件时，接口状态变为主模式，此时 SDA 上的数据传送被启动，并且产生 SCL 信号。停止条件要求在 SCL 信号保持高电平时 SDA 信号由低电平变为高电平。

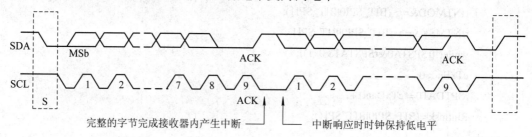

图 5.34　I²C 总线数据传输时序

2) 数据传输格式

当 SCL 信号为高电平时，SDA 上的数据传输有效。传输时高位在前，低位在后，每个字节长度都限制为 8 位，而每次传送的字节数则没有限制。满足启动条件后的第一个字节应该有地址域。当 I²C 总线在主模式操作时，该地址域能被主设备发送。每一个字节应该紧跟着一个应答位(ACK)。连续数据和地址的最高位(MSb)总是最先被发送。

3) 应答位(ACK)传送

为了完全完成一个字节的传送，当该字节传送完毕时，接收器应该发送一个 ACK 给发送器，这时需要主设备产生一个 ACK 脉冲。由于一个字节数据传送需要 8 个时钟，因此 ACK 脉冲应该出现在 SCL 线的第 9 个时钟脉冲，如图 5.34 所示。

当接收到 ACK 脉冲时，发送器通过使 SDA 线变成高电平来释放 SDA 线，同时，接收器也在 ACK 脉冲期间使 SDA 线变为低电平。因此，SDA 在第 9 个 SCL 脉冲的高电平期间可保持低电平。

ACK 的传送功能可以由软件(IICSTAT)激活或禁止，但是无论是否启用 ACK 来传送，完成一个字节数据传送操作时在 SCL 第 9 个时钟上的 ACK 脉冲是必不可少的。

4) 读写操作

在传送模式下，数据被传送后，I²C 总线接口将处于等待状态，直到有一个新数据写入 I²C 总线数据移位寄存器(IICDS)。在新的数据写入之前，SCL 将保持低电平。新数据写入 IICDS 后，SCL 线将被释放。S3C2410X 将保持中断来确定当前数据传送的完成。CPU 接收到中断请求之后，将再写一个新的数据到 IICDS。

在接收模式下，接收到数据后，I²C 总线接口将处于等待状态，直到 IICDS 中的数据读出。在新数据被读出前，SCL 将保持低电平，再从 IICDS 读出新数据后，SCL 将被释放。S3C2410X 将保持中断来确定新数据接收的完成。CPU 接收到中断请求之后，它将从 IICDS

中读出这个数据。

5) 总线仲裁

总线仲裁发生在 SDA 线上,以有效阻止 2 个主设备在总线上的争夺。如果主设备的 SDA 为高电平,那么它只有在检测到另一个主设备的 SDA 电平与它自己当前的 SDA 电平不相符时,仲裁程序才会被启动,这时该主设备不能启动数据传送。

6) 异常中断条件

如果从设备在接收数据时不能对从地址进行确认,那么它将保持 SDA 线的高电平。这种情况下,主设备将产生一个停止条件并终止传送。如果主设备涉入到异常中断中,那么它在接收到从设备发来的最后一个数据字节后,将通过取消一个 ACK 脉冲的方法来通知从设备传送操作已结束。然后主设备产生一个停止条件并且释放 SDA。

7) 配置 I^2C 总线

为了控制 SCL 信号的频率,4 位预分频器值可在 I^2C 总线控制寄存器(IICCON)内设置。I^2C 总线接口地址存储在 I^2C 总线地址寄存器(IICADD)中,默认 I^2C 总线接口地址是一个未知值。

在任何 I^2C 的 Tx/Rx 操作之前,下面的步骤必须被执行:① 如果需要的话,向 IICCON 寄存器写从设备地址;② 设置 IICCON 寄存器,允许中断,定义 SCL 的时钟周期;③ 设置 IICSTAT 来允许串行输出。

3. I^2C 总线特殊功能寄存器

在主设备和从设备之间进行数据传输前,I^2C 总线必须根据要求设置相应的 I^2C 总线特殊功能寄存器,如 I^2C 总线控制寄存器(IICCON)、I^2C 总线状态寄存器(IICSTAT)、I^2C 总线地址寄存器(IICADD)及 I^2C 总线发送移位寄存器(IICDS)。

1) I^2C 总线控制寄存器

I^2C 总线控制寄存器(IICCON)的地址为 0x54000000,可读/写,初始值为 0x0X,各位的定义见表 5.56。

表 5.56　I^2C 总线控制寄存器(IICCON)的位定义

IICCON	位	描　　述	复位值
ACLEN 应答使能	7	I^2C 总线确认位使能。0:禁止,1:使能。 在 Tx 模式,IICSDA 在确认时间内是任意的,在 Rx 模式中,IICSDA 在确认时间内是低	0
TXCLKSEL Tx 时钟源选择	6	I^2C 总线传输时间对于资源时间的分频位。 0:IICCLK = fpclk/16;1:IICCLK = fpclk/512	0
TX/RXINTEN Tx/Rx 中断使能	5	I^2C 总线 Tx/Rx 中断使能/禁止位。0:禁止,1:使能	0
INTPNDF 中断挂起位	4	I^2C 总线 Tx/Rx 中断未决标志位。 0:①没有中断未决(读);②清除未决状态,恢复操作(写)。 1:①中断未决(读);②N/A(写)	0
TXCLKVALUE 发送时钟预分频值	3~0	I^2C 总线传输时钟预标定,I^2C 总线传输时钟频率由这个 4 位的值决定,由下列公式决定: Tx clock = IICCLK/(IICCON[3:0]+1)	0

2) I²C 状态寄存器(IICSTAT)

I²C 总线状态寄存器(IICSTAT)的地址为 0x54000004，可读/写，复位值为 0x00，各位的定义见表 5.57。

表 5.57 I²C 状态寄存器(IICSTAT)的位定义

IICSTAT	位	描 述	复位值
MODESEL 模式选择	7、6	I²C 总线主/从 Tx/Rx 模式选择位。 00: 从设备接收模式; 01: 从设备发送模式; 10: 主设备接收模式; 11: 主设备发送模式	00
STOPCON 总线忙状态位	5	I²C 总线忙信号状态位。 0: 读空闲, 写 STOP 信号产生; 1: 读忙, 写 START 信号产生。 IICDS 中的数据在 START 信号后自动传输	0
SOUTPUT 串行输出使能	4	I²C 总线数据输出使能/禁止位。 0: 禁止 Rx/Tx; 1: 使能 Rx/Tx	0
ARBSTAF 总线仲裁过程状态	3	I²C 总线过程仲裁状态位。 0: 总线仲裁成功; 1: 在连续 I/O 中总线仲裁失败	0
LAVEADDRSF 从地址状态标志	2	I²C 总线从地址状态标志位。 0: 当探测到 START/STOP 信号时清零; 1: 接收到的 Slave 地址匹配 IICADD 的值	0
ADDRZSFO 地址零状态标志	1	I²C 总线地址零状态标志位。 0: 当探测到 START/STOP 信号时清零; 1: 接收到的从地址为 00000000b	0
LAST_RBSF 上次接收的状态标志	0	I²C 总线上一次接收到的状态标志位。 0: 上一次接收到的位是 0(收到 ACK); 1: 上一次接收到的位是 1(未收到 ACK)	0

3) I²C 总线地址寄存器

I²C 总线地址寄存器(IICADD)是一个 8 位的寄存器，可读/写，其地址为 0x54000008，复位值为不定值 0xXX。其最低位 D0 保留，高 7 位 D7～D1 用于存放 I²C 总线的地址，地址寄存器(IICADD)的位定义见表 5.58。

表 5.58 地址寄存器(IICADD)的位定义

IICADD	位	描 述	复位值
Slave address 从设备地址	7～0	7 位从地址，从 I²C 总线中锁存，当 IICSTAT 串行输出允许为 0, IICADD 为写允许时, IICADD 的值可以在任何时候被读取。设置从地址=[7:0], Not mapped = [0]	xxxxxxxx

4) 发送移位寄存器

发送移位寄存器(IICDS)中存放要发送的 8 位(一个字节)数据，可读/写，其地址为 0x5400000C，复位值为不定值 0xXX，发送移位寄存器(IICDS)的位定义见表 5.59。

表 5.59 发送移位寄存器(IICDS)的位定义

IICDS	位	描 述	复位值
Data shift 移位数据	7～0	I^2C 总线 Tx/Rx 操作的 8 位移位寄存器,当 IICSTAT 串行输出允许为 1,IICADD 为写允许时,IICDS 的值可以在任何时候被读取	0xXX

4. I^2C 接口设计

在以 S3C2410X 处理器为核心的嵌入式产品硬件设计中,I^2C 接口一般用于连接带有 I^2C 总线接口的存储器、微控制器或各类传感器。由于 I^2C 总线采用两线式结构,所以电路设计非常简单,只需将从器件的 SCL 引脚、SDA 引脚与 S3C2410X 处理器的 GPE15 引脚(IICSCL)和 GPE14 引脚(IICSDA)对应连接,再加上一个 10 kΩ 的上拉电阻即可。添加上拉电阻,是因为在电气特性上,I^2C 总线的设计思想是利用"线与"的方法实现总线冲突和抢占的,这就要求总线上的元件 I/O 特性必选满足"线与"的条件,即 OC 门输出,同时总线上必须有上拉电阻。图 5.35 所示为使用 I^2C 总线连接的 AT24C08EEPROM 的电路。

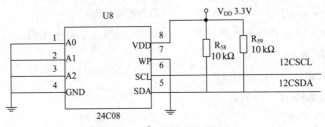

图 5.35 I^2C 接口应用电路

5. I^2C 接口驱动程序

1) 初始化程序

这里的初始化程序需要完成两项工作。

(1) 配置 I/O 口。I^2C 使用 GPE14 和 GPE15 两个引脚,因此需要设置相应的 I/O 口。这项工作可以在 S3C2410X 的启动代码中通过配置向导来进行。

(2) 配置相关的寄存器。

例如:

```
void    IIC_init()
{   rINTMSK=0x7ffffff;                          //屏蔽所有的中断
    rINTMOD=0x0;                                 //所有的中断设置为 IRQ 模式
    pISR_IIC=(unsigned)    IicINT;               //设置 IIC 的中断处理函数
    rINTMSK=~(BIT_GLOBAL|BIT_IIC);
    rIICCON=(1<<7)|(0<<6)|(1<<5)|(0xf);          //使能中断,IICCLK = PCLK/16,允许应答
    rIICADD=0x0;                                 //S3C2410X 从地址
    rIICSTAT=0xf0;
}
```

2) 发送和接收数据

使用 I^2C 总线发送和接收数据时,可以采用中断方式或者轮询方式,下面是使用轮询方

式对 EEPROM 进行读/写操作的基本步骤。

(1) 写操作步骤。写操作步骤包括：① 填写 I^2C 命令(写)、I^2C 缓冲区数据及大小；② 设置从设备地址并启动 I^2C；③ I^2C 通过轮询方式进行写操作；④ 等待写操作结束；⑤ 等待从设备应答。

例如：

```
void iic_write_24c040(UINT32T  unSlaveAddr, UINT32T  unAddr, UINT8T  ucData)
{   f_nGetACK=0;
    //发送控制字节
    rIICDS=unSlaveAdddr;              //0xa0
    rIICSTAT=0xf0;                    //设置主机发送开始
    while(f_nGetACK= =0);             //等待应答信号 ACK 有效
    f_nGetACK=0;
    //发送地址
    rIICDS=unAddr;
    rIICCON=0xaf;                     //继续 IIC 操作
    while(f_nGetACK= =0);             //等待应答信号 ACK 有效
    f_nGetACK=0;
    //发送数据
    rIICDS=ucData;
    rIICCON=0xaf;                     //继续 IIC 操作
    while(f_nGetACK= =0);             //等待应答信号 ACK 有效
    f_nGetACK=0;
    //发送终止
    rIICSTAT=0xd0;                    //设置主机发送停止的条件
    rIICCON=0xaf;                     //继续 IIC 操作
    delay(5);                         //一直延迟等待直到停止条件有效
}
```

(2) 读操作步骤。读操作步骤包括：① 填写 I^2C 命令(读)；② 等待写操作结束；③ 启动 I^2C 操作，通过轮询方式进行读操作，读取的数据放入缓冲区中。

例如：

```
void iic_read_24c040(UINT32T  unSlaveAddr, UINT32T  unAddr, UINT8T  *pData)
{   char  cRecvByte;
    f_nGetACK=0;
    //发送控制字节
    rIICDS=unSlaveAdddr;             //0xa0
    rIICSTAT=0xf0;                   //设置主机传送开始
    while(f_nGetACK= =0);            //等待应答信号 ACK 有效
    f_nGetACK=0;
    //发送地址
```

```
        rIICDS=unAddr;
        rIICCON=0xaf;                    //继续 IIC 操作
        while(f_nGetACK= =0);            //Wait ACK
        f_nGetACK=0;
        //发送控制字节
        rIICDS=unSlaveAdddr;             //0xa0
        rIICSTAT=0xf0;                   //设置主机接收开始
        rIICCON=0xaf;                    //继续 IIC 操作
        while(f_nGetACK= =0);            //等待应答信号 ACK 有效
        f_nGetACK=0;
        //接收数据
        cRecvByte=rIICDS;
        rIICCON=0x2f;
        delay(1);
        //接收数据
        cRecvByte=rIICDS;
        //停止接收
        rIICSTAT=0x90;                   //设置主机接收的条件
        rIICCON=0xaf;                    //继续 IIC 操作
        delay(5);                        //一直延迟等待直到停止条件有效
        *pData=cRecvByte;
    }
```

5.9.2　I²S 总线组件及应用编程

1. I²S 总线控制器的组成

S3C2410X 的 I²S 总线接口能用来连接一个外部 8/16 位立体声音频数字信号解码器芯片。它支持 I²S 总线数据格式，也支持 MSB-Justified 格式。该接口对 FIFO 的访问采用 DMA 传输模式来代替中断模式，它可以同时发送数据和接收数据，也可以只发送数据或只接收数据。

对于只发送或者只接收模式，又可以分为正常传输模式和 DMA 传输模式。在正常传输模式下，I²S 控制寄存器有一个 FIFO 准备好标志位。当发送数据时，如果发送 FIFO 不空，该标志位为 1，FIFO 准备好发送数据；如果发送 FIFO 为空，则该标志位为 0。当接收数据时，如果 FIFO 不满，则该标志位为 1，指示可以接收数据；如果 FIFO 满，则该标志位为 0。通过该标志位可以确定 CPU 读写 FIFO 的时间。在 DMA 传输模式下，发送和接收 FIFO 的存取由 DMA 控制器来实现，由 FIFO 就绪标志位来自动请求 DMA 的服务。对于同时发送和接收模式，I²S 总线接口可以同时发送和接收数据，由于只有一个 DMA 源，因此该模式只能是一个通道用正常传输模式，另一个通道用 DMA 传输模式。S3C2410X 的 I²S 接口结构如图 5.36 所示。

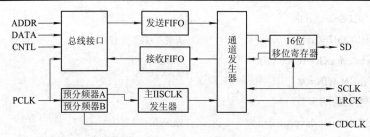

图 5.36　S3C2410X 的 I²S 接口结构

2. I²S 总线接口工作模式

1) 单独发送或接收模式

单独发送或接收模式分为正常传输模式和 DMA 传输模式两种。

(1) 正常传输模式。I²S 接口采用正常传输模式时，对于发送与接收先进先出队列(FIFO)，I²S 控制寄存器有 FIFO 就绪标志位。如发送数据时，若 FIFO 为非空，FIFO 就绪标志位就置为 1；若 FIFO 为空，FIFO 就绪标志位就置为 0。

(2) DMA 传输模式。DMA 传输模式中，由 DMA 控制器来决定是否对发送或接收先进先出队列(FIFO)进行访问。DMA 服务请求由 FIFO 就绪标志位自动给出。

2) 同时发送和接收模式

由于在同时发送和接收模式中，I²S 总线接口只有一个 DMA 源，因此，若要实现同时发送和接收数据，只能是一个通道用正常传输模式，另一个通道用 DMA 传输模式。

3. I²S 总线格式和 MSb-Justified 格式

I²S 总线接口包括串行数据输入(IISDI)、串行数据输出(IISDO)、左/右通道选择(IISLRCK)及串行位时钟信号(IISCLK)，其中 IISLRCK 和 IISCLK 信号由主设备(Master)产生。

串行数据以 2 的补码形式表示，发送时高位在前，低位在后。串行数据在时钟信号的上升沿或下降沿被除数同步。然后，串行数据必须在连续时钟信号的上升沿被锁存到接收器。

MSb-Justified 格式与 I²S 格式有相同的信号线，只是当 IISLRCK 改变时，发送器总是发送下一个字的最高有效位 MSb。I²S 总线和 MSb-Justified 数据格式时序如图 5.37 所示。

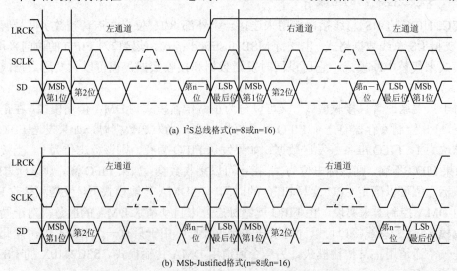

(a) I²S总线格式(n=8或n=16)

(b) MSb-Justified格式(n=8或n=16)

图 5.37　I²S 总线与 MSb-Justified 数据格式时序图

4. I²S 总线特殊功能寄存器

要使用 I²S 音频接口实现音频录放，需要对 I²S 控制器相关的寄存器进行正确的配置和使用。与 I²S 总线接口相关的特殊功能寄存器包括 I²S 控制寄存器(IISCON)、I²S 模式寄存器(IISMOD)、I²S 预分频器(IISPSR)、I²S FIFO 控制寄存器(IISFCON)和 I²S FIFO 寄存器(IISFIFO)。

1) I²S 总线控制寄存器

I²S 总线控制寄存器(IISCON)用来索引左右通道、收发 FIFO 准备标志、收发 DMA 请求、收发通道空闲指令等，可读/写，其地址为 0x55000000(Li/HW，Li/W，Bi/W)、0x55000002(Bi/HW)，初始值为 0x100，各位含义见表 5.60。

表 5.60　I²S 总线控制寄存器(IISCON)各位含义

IISCON 位名称	位	描　　述	初始值
LRCI	8	左右通道指示(只读)。 0=左通道；1=右通道	1
TFIFORF	7	发送 FIFO 就绪标志。 0=FIFO 没有就绪；1=FIFO 就绪	0
RFIFORF	6	接收 FIFO 就绪标志。 0=FIFO 没有就绪；1=FIFO 就绪	0
TDMAREN	5	发送 DMA 请求使能。 0=禁止；1=允许	0
RDMAREN	4	接收 DMA 请求使能。 0=禁止；1=允许	0
TCIC	3	发送通道空闲命令。 0=通道不空闲；1=通道空闲	0
RCIC	2	接收通道空闲命令。 0=通道不空闲；1=通道空闲	0
IISPEN	1	IIS 预分频使能。 0=禁止；1=允许	0
ISIFEN	0	IIS 接口使能。 0=禁止；1=允许	0

2) I²S 总线模式寄存器

I²S 总线模式寄存器(IISMOD)用来选择主从模式、传输接收模式、串行接口模式、串行数据位数、时钟频率，激活左右通道等，可读/写，其地址为 0x55000004(Li/HW，Li/W，Bi/W)、0x55000006(Bi/HW)，初始值为 0x 000，各位含义见表 5.61。

表 5.61　I²S 总线模式寄存器(IISMOD)各位含义

IISMOD 位名称	位	描　　述	初始值
MSMODESEL	8	主从模式选择。 0 = 主模式(IISLRCK 和 IISCLK 输出)； 1 = 从模式(IISLRCK 和 IISCLK 输入)	0
TRMODESEL	7、6	发送/接收模式选择。 00 = 不传输；01 = 接收模式； 10 = 发送模式；11 = 发送接收模式	00

IISMOD 位名称	位	描　　述	初始值
LRAL	5	左/右通道激活电平。 0 = 左通道为低，右通道为高； 1 = 左通道为高，右通道为低	0
SIFORMAT	4	串行接口格式。 0 = IIS 格式； 1 = MSb(Left)-Justified 格式	0
SDATABIT	3	通道的串行数据位数。 0 = 8 位；1 = 16 位	0
MCLKFSEL (CODECLK)	2	主时钟频率选择。 0 = 256f_s；1 = 384f_s　(f_s 为采样频率)	0
SBITCLKFSEL	1、0	串行位时钟选择。 00 = 16f_s；01 = 32f_s； 10 = 48f_s；11 = 未用	00

3) I^2S 总线预分频寄存器

I^2S 总线预分频寄存器(IISSPSR)用来设置分频率，可读/写，其地址为 0x55000008 (Li/HW，Li/W，Bi/W)、0x5500000A(Bi/HW)，初始值为 0x 000，其各位含义见表 5.62。

表 5.62　I^2S 总线预分频寄存器(IISSPSR)各位含义

IISSPSR 位名称	位	功　　能	初始值
PREVA	9~5	比例器 A 的分频系数(0~31)。 注意：数值为 n，除数实际为 n+1	0000
PREVB	4~0	比例器 B 的分频系数(0~31)。 注意：数值为 n，除数实际为 n+1	0000

4) I^2S 总线 FIFO 控制寄存器

I^2S 总线 FIFO 控制寄存器(IISFCON)用来选择 FIFO 的访问方式、使能控制及数据计数等，可读/写，其地址为 0x5500000C(Li/HW，Li/W，Bi/W)、0x5500000E(Bi/HW)，初始值为 0x 0000，各位的含义见表 5.63。

表 5.63　I^2S 总线 FIFO 控制寄存器(IISFCON)各位含义

IISFCON 位名称	位	描　　述	初始值
TFIFOAMODSEL	15	发送 FIFO 访问模式选择。 0 = 正常模式存取；1 = DMA 模式存取	0
RFIFOAMODSEL	14	接收 FIFO 访问模式选择。 0 = 正常模式存取；1 = DMA 模式存取	0
TFIFOEN	13	发送 FIFO 使能。 0 = FIFO 禁止；I = FIFO 允许	0
RFIFOEN	12	接收 FIFO 使能。 0 = FIFO 禁止；I = FIFO 允许	0
TFIFODC	11~6	发送 FIFO 数据计数值(只读) (0~32)	000000
RFIFODC	5~0	接收 FIFO 数据计数值(只读) (0~32)	000000

5) I²S 总线 FIFO 寄存器

I²S 总线 FIFO 寄存器(IISFIF)用于存放 I²S 总线发送和接收的数据，共 16 位，可读/写，其地址为 0x55000010(Li/HW)、0x55000012(Bi/HW)，初始值为 0x 0000。

5. I²S 接口电路

使用 S3C2410X 的 I²S 控制器和 UDA1341 音频解码芯片就可以扩展 I²S 接口电路，UDA1341 是飞利浦公司推出的一款音频解码芯片，用于实现音频信号的数字化处理和数字音频信号的模拟量输出。I²S 音频接口电路如图 5.38 所示，将 UDA1341 的 I²S 引脚连接在 S3C2410X 对应的 I²S 引脚上，音频输入/输出分别连接 MIC 和扬声器。

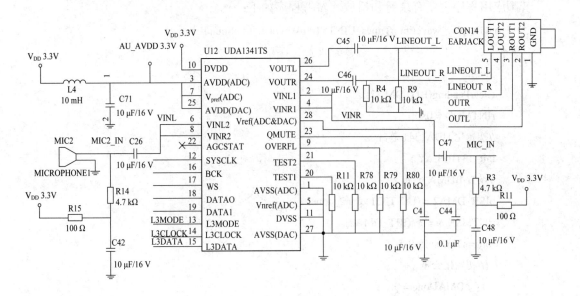

图 5.38　I²S 音频接口电路图

6. I²S 的接口程序设计

1) 初始化程序

这里的初始化程序需要完成两项工作。

(1) 配置 I/O 口。由于 I²S 控制端口与 CPU 的 GPIO 端口是复用的，因此必须设置相应寄存器为 I²S 驱动控制端口。将 PE0 设置为 IISLRCK，PE1 设置为 IISSCLK，PE3 设置为 IISSDI，PE4 设置为 IISSDO。这项工作可以在 S3C2410X 的启动代码中，通过配置向导来进行。

(2) 配置相关的寄存器。要使用 I²S 音频接口实现音频录放，需要对 I²S 控制器相关的寄存器进行正确的配置和使用。

例如：

```
void iis_init(void)
{
    rGPBUP=rGPBUP&~(0x7<<2)|(0x7<<2); //GPB[4:2]=11100，GPB[4:2]上拉电阻无效
    rGPBCON=rGPBCON&~(1<<9)|(1<<7)|(1<<5)|(1<<8)|(1<<6)|(1<<4);
```

```
        //GPB[4:2]分别连接到 L3CLOCK、L3DATA、L3MODE
        rGPEUP=rGPEUP | 0x1f; //GPE[4:0] = 11111，GPB[4:2]上拉电阻有效
        rGPECON=rGPECON&～(1<<8)|(1<<6)|(1<<4)|(1<<2)|(1<<0))|(1<<9)|(1<<7)|
(1<<5)| (1<<3)|(1<<1);
        f_nDMADone=0;
        init_1341(PLAY);    //初始化 UDA1341 芯片
}
```

2) 音频应用程序

音频应用程序主要有录音和播放，参考程序如下：

```
    void iis_play_wave(int nTimes, UINT8T *pWavFile, int nSoundLen)
    {
        int i;
        ClearPending(BIT_DMA2);
        rINTMOD = 0x0;
        //初始化 UDA1341 芯片
        init_1341(PLAY);
        //设置 BDMA 中断
        pISR_DMA2 = (UINT32T)dma2_done;
        rINTMSK &=  ～(BIT_DMA2);
        for(i=nTimes; i!=0; i--)
        {//初始化变量
            f_nDMADone = 0;
            //DMA2 初始化
            rDISRCC2 = (0<<1)+(0<<0);            //数据位于系统总线 AHB，地址为增加方式
            rDISRC2 = ((INT32T)(pWavFile));
            rDIDSTC2 = (1<<1)+(1<<0);            //数据位于系统总线 APB，地址为不变方式
            rDIDST2 = ((INT32T)IISFIFO); //IISFIFO
            rDCON2 = (1<<31)+(0<<30)+(1<<29)+(0<<28)+(0<<27)+(0<<24)+(1<<23)
            +(0<<22)+(1<<20)+nSoundLen/2;
            rDMASKTRIG2 = (0<<2)+(1<<1)+0;
            //IIS 初始化
            //Master,Tx,L-ch=low,iis,16bit ch,CDCLK=384fs,IISCLK=32fs
            rIISCON = (1<<5)+(0<<4)+(0<<3)+(1<<2)+(1<<1);
            rIISMOD = (0<<8)+(2<<6)+(0<<5)+(0<<4)+(1<<3)+(1<<2)+(1<<0);
            rIISPSR = (2<<5)+2;                          //Prescaler_A/B=3
            rIISFCON = (1<<15)+(1<<13);
            rIISCON |=0x1;                               //IIS 操作使能
            while(f_nDMADone==0);                        //DMA 操作结束
```

```
        rINTMSK |= BIT_DMA2;
        rIISCON = 0x0;                              //IIS 操作停止
    }
}


void iis_record(void)
{ UINT8T*pRecBuf, ucInput;
    int nSoundLen;
    int i;
    //中断使能
    ClearPending(BIT_DMA2);
    rINTMOD = 0x0;
    //   录音   //
    uart_printf("Start recording....\n");
    pRecBuf = (unsigned char *)0x30200000;
    for(i=(UINT32T)pRecBuf; i<((UINT32T)pRecBuf+REC_LEN+0x20000); i+=4)
    { *((volatile unsigned int*)i)=0x0; }

    init_1341(RECORD);
    //设置 BDMA 中断
    f_nDMADone = 0;
    pISR_DMA2 = (UINT32T)dma2_done;
    rINTMSK&=  ~(BIT_DMA2);
    // DMA2 初始化
    rDISRCC2 = (1<<1)+(0<<0);              //数据位于系统总线 APB，地址为不变方式
    rDISRC2 = ((UINT32T)IISFIFO);          //IISFIFO
    rDIDSTC2 = (0<<1)+(0<<0);              //数据位于系统总线 AHB，地址为增加方式
    rDIDST2 = ((init)pRecBuf);
    rDCON2 = (1<<31)+(0<<30)+(1<<29)+(0<<28)+(0<<27)+(1<<24)+(1<<23)+
        (1<<22)+(1<<20)+REC_LEN/2;
    rDMASKTRIG2 = (0<<2)+(1<<1)+0;
    //IIS 初始化
    rIISCON = (0<<5)+(1<<4)+(1<<3)+(0<<2)+(1<<1);
    rIISMOD = (0<<8)+(1<<6)+(0<<5)+(0<<4)+(1<<3)+(1<<2)+(1<<0);
    rIISPSR = (2<<5)+2;
    rIISFCON = (1<<14)+(1<<12); //Rx DMA,Rx FIFO→start pilling…
    rIISCON |= 0x1;     //IIS 操作使能
    uart_printf("Press any key to end recording\n");
    while(f_nDMADone==0)
```

```
{ if(uart_getkey()) break; }
rINTMSK |= BIT_DMA2;
rIISCON = 0x0;        //IIS 操作停止
delay(10);

uart_printf("End of record!!!\n");
uart_printf("Press any key to play record data!!!\n");
while(!uart_getkey());
//   播放   //
iis_play_wave(1, pRecBuf, REC_LEN);
rINTMSK |= BIT_DMA2;
rIISCON = 0x0;      //IIS 操作停止
uart_printf("play end!!!\n");
}
```

5.10　S3C2410X/ S3C2440X ADC 组件及应用编程

5.10.1　模数转换 ADC 组件

1. A/D 转换器简介

A/D 转换器是模拟信号源和 CPU 之间联系的接口，它的任务是将连续变化的模拟信号转换成数字信号，以便计算机和数字系统进行处理、存储、控制和显示。在工业控制和数据采集及许多其他领域中，A/D 转换是不可缺少的。

A/D 转换器有：逐位比较型、积分型、计数型、并行比较型、电压—频率型等类型，主要应根据使用场合的具体要求，按照转换速度、精度、价格、功能、接口条件等因素来决定选择何种类型。

分辨率(Resolution)反映 A/D 转换器对输入微小变化响应的能力，通常用数字输入最低位(LSB)所对应的模拟输入的电平值表示。n 位 A/D 能反映 $1/2^n$ 满量程的模拟输入电平。由于分辨率直接与转换器的位数有关，所以一般也可简单地用数字量的位数来表示分辨率，即 n 位二进制数，最低位所具有的权值，就是它的分辨率。

绝对误差：在一个转换器中，对应于一个数字量的实际模拟输入电压和理想的模拟输入电压之差并非是一个常数。我们把它们之间的差的最大值定义为"绝对误差"。通常以数字量的最小有效位(LSB)的分数值来表示绝对误差，如 ±1LSB 等。绝对误差包括量化误差和其他所有误差。相对误差是指整个转换范围内，任意一个数字量所对应的模拟输入量的实际值与理论值之差，用模拟电压满量程的百分比表示。例如，满量程为 10 V，10 位 A/D 芯片，若其绝对精度为 ±1/2LSB，则其最小有效位的量化单位为 9.77 mV，其绝对精度为 4.88 mV，其相对精度为 0.048%。

2．ARM 自带的 10 位 A/D 转换器

S3C2410X 芯片自带一个 8 路 10 位 A/D 转换器，并且支持触摸屏功能，如图 5.39 所示。S3C2410X 开发板只用了 3 路 A/D 转换器，其最大转换率为 500 ks/s，非线性度为正负 1.5 位，其转换时间可以通过下式计算：如果系统时钟为 50 MHz，比例值为 49，则

$$A/D \text{转换器频率} = \frac{50\,\text{MHz}}{49+1} = 1\,\text{MHz}$$

$$转换时间 = \frac{1}{\dfrac{1\,\text{MHz}}{5\,\text{cycles}}} = \frac{1}{200\,\text{kHz}} = 5\,\mu\text{s}$$

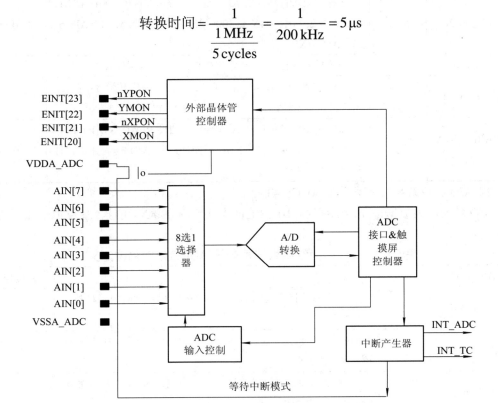

图 5.39　A/D 转换和触摸屏接口功能框图

编程注意事项如下：

(1) A/D 转换的数据可以通过中断或查询的方式来访问，如果是用中断方式，全部的转换时间(从 A/D 转换的开始到数据读出)要更长，这是因为中断服务程序返回和数据访问的原因。如果是查询方式则要检测转换结束标志位 ADCCON[15]来确定从 ADCDAT 寄存器读取的数据是否是最新的转换数据。

(2) A/D 转换开始的另一种方式是将 ADCCON[1]置为 1，这时只要有读转换数据的信号，A/D 转换就会同步开始。

3．与 A/D 相关的寄存器。

1) A/D 采样控制寄存器(ADCCON)

A/D 采样控制寄存器(ADCCON)的地址为 0x58000000，可读/写，复位值为 0x3FC4，其

位定义见表 5.64。

表 5.64　A/D 采样控制寄存器(ADCCON)的位定义

ADCCON	位	描　述	复位值
ECFLG	15	转换结束的标志(只读)。0：A/D 转换正在进行；1：A/D 转换结束	0
PRSCEN	14	A/D 转换时钟使能。0：禁止；1：使能	0
PRSCVL	13～6	A/D 转换时钟预标定参数：数据值 1～255 表示分频参数	0xFF
SEL_MUX	5～3	选择需要进行转换的 ADC 通道。000: AIN 0；001: AIN 1；010: AIN 2；011: AIN 3；100: AIN 4；101: AIN 5；110: AIN 6；111: AIN 7(XP)	0
STDBM	2	闲置模式选择。0：正常工作模式；1：闲置模式	1
READ_START	1	A/D 转换由读数据开始。0：禁止由读操作开始转换；1：由读操作开始转换	0
ENABLE_START	0	A/D 由设置该位启动 A/D 转换。如果 READ_START 没有被激活，该值没有意义。0：无操作，1：A/D 转换开始并且开始后将该位清零	0

2) A/D 转换结果数据寄存器(ADCDAT0)

A/D 转换结果数据寄存器(ADCDAT0)的地址为 0x5800000C，可读，复位值未知，其位定义见表 5.65。

表 5.65　A/D 转换结果数据寄存器(ADCDAT0)的位定义

ADCDAT0	位	描　述	复位值
UPDOWN	15	选择中断等待模式的类型。0：按下产生中断；1：释放产生中断	—
AUTO_PST	14	x/y 轴自动转换使能位。0：正常 A/D 转换模式；1：按顺序测量 x,y 轴的坐标	—
XY_PST	13、12	选择 x/y 轴自动转换模式。00：不做任何操作；01：y 轴测量；10：y 轴测量；11：等待中断模式	—
保留	11、10	保留	—
XPDATA (Normal ADC)	9～0	x 轴转换过来的值(包括普通 ADC 转换的数值)，数值范围为 0～3FF	—

在上表中，ADCDAT0 工作在普通 ADC 转换模式。该寄存器的 10 位表示转换后的结果，全为 1 时为满量程 3.3V。

S3C2410X 包含两个 ADC 转换结果数据寄存器：ADCDAT0 和 ADCDAT1。ADCDAT1 的地址为 0x58000010。ADCDAT1 除了位 9～0 为 Y 位置的转换数据值以外，其他位与 ADCDAT0 类似。

3. A/D 转换器在扩展板上的接法

A/D 转换器在扩展板上的接法如图 5.40 所示，前三路通过电位器接到 3.3 V 电源上。

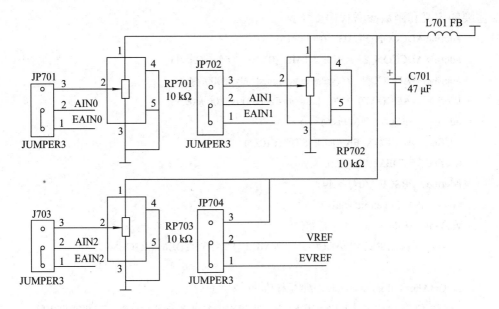

图 5.40   A/D 转换器在扩展板的接法

5.10.2   ADC 组件的应用编程

【例 5.8】   调节 A/D 转换测试程序。

功能：调节 A/D 转换时的输入电位器，从串行口 0 输出 A/D 转换结果数值。

主参考代码如下：

```
    int main(void)
{   int i,j;
    float d;
    ARMTargetInit();                    //开发板初始化
    init_ADdevice();                    //A/D 初始化
    Uart_printf(0,"\n");
    While (1)
      {   for(i=0;j<=2;i++)             //采样 0～3 路 A/D 值
        {   for (j=0;j<=1;j++)
          {   d=GetADresult(i)＊3.3/1023;   //数据采集，处理
          }
          Uart_Printf(0,"a%d=%f\t",i,d)
          hudelay(1000);                //延时
        }
        Uart_Printf(0，"\r");
      }
      return   0;
}
```

主要的定义和函数参考代码如下：

```
#define ADCCON_FLAG   (0x1<<15)
#define ADCCON_ENABLE_START_BYREAD   (0x1<<1)
#define   rADCCON   (*(volatile unsigned*)0x58000000)
#define   rADCDAT0   (*(volatile unsigned*)0x5800000C)
#define   PRSCVL   (49<<6)
#define   ADCCON_ENABLE_START (0x1)
#define   STDBM (0x0<<2)
#define   PRSCEN (0x1<<14)
void   ARMTargetInit(void)
void init_ADdevice( )      //初始化
{ rADCCON=(PRSCVL|ADCCON_ENABLE_START|STDBM|PRSCEN)
}
int GetADresult(int channel)  //取采样值
{ rADCCON=ADCCON_ENABLE_START_BYREAD|(channel<<3)|PRSCEN|PRSCVL;
 hudelay(10);
 while(!(rADCCON&ADCCON_FLAG));     //转换结束
 return(0x3ff&ADCDAT0);      //返回采样值
}
```

5.11　S3C2410X/ S3C2440X 触摸屏组件及其应用编程

5.11.1　触摸屏组件的构成

1. 触摸屏的工作原理

触摸屏按其工作原理的不同分为表面声波屏、电容屏、电阻屏和红外屏几种，常见的为电阻触摸屏。如图 5.41 所示，电阻触摸屏的屏体部分是一块与显示器表面非常配合的多层复合薄膜，由一层玻璃或有机玻璃作为基层，表面涂层有一层透明的电导层，上面再覆盖有一层外表面硬化处理、光滑防刮的塑料层，它的内表面也涂有一层透明导电层，在两层导电层之间有许多细小(小于千分之一英寸)的透明隔离点，把它们隔开绝缘。

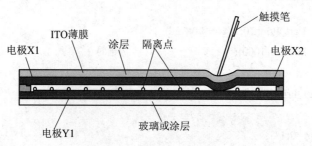

图 5.41　触摸屏结构

如图 5.41 所示，当手指或笔触摸屏幕时(见图 5.42(c))，平常相互绝缘的两层导电层就在触摸点位置有了一个接触，因其中一面导电层(顶层)接通 x 轴方向的 5 V 均匀电压场(见图 5.42(a))，使得检测层(底层)的电压由零变为非零，控制器侦测到这个接通后，进行 A/D 转换，并将得到的电压值与 5 V 相比即可得触摸点的 x 轴坐标(原点在靠近接地点的那端)：$X_i = L_x * V_i / V$(即分压原理)。同理可得出 y 轴的坐标，这就是所有电阻触摸屏共同的最基本原理。

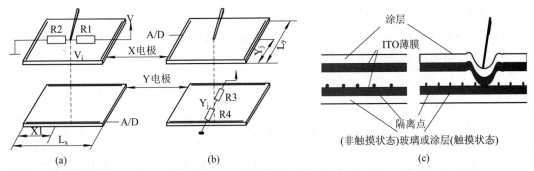

图 5.42　触摸屏坐标识别原理

2. 触摸屏的控制

S3C2410X 具有 8 通道模拟输入的 10 位 CMOS 模/数转换器(ADC)。它将输入的模拟信号转换为 10 位的二进制数字代码。在 2.5 MHz 的 A/D 转换器时钟下，最大转化率可达到 500 ks/s。A/D 转换器支持片上采样和保持功能，并支持掉电模式。一种 ADC 和触摸屏推荐电路如图 5.43 所示。

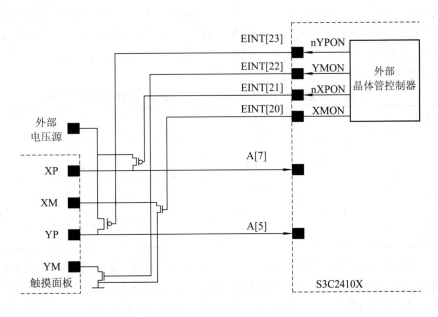

图 5.43　ADC 和触摸屏推荐电路

1) 针对图 5.43 中的接口结构推荐的操作步骤

(1) 采用外部晶体管连接触摸屏得到 S3C2410X 的接口电路。

(2) 选择分离的或者自动的 x/y 轴坐标转换模式来获取触摸点的 x/y 坐标。

(3) 设置触摸屏接口为等待中断模式(注意，等待的是 INT_TC 中断)。

(4) 如果中断(INT_TC)发生，那么立即激活相应的 A/D 转换(分离的 x/y 轴坐标转换或者自动的 x/y 轴坐标转换)。

(5) 在得到触摸点的 x/y 轴坐标值后，返回到等待中断模式(第(3)步)。

注意：① 外部电压源应该是 3.3 V；② 外部晶体管的内部阻抗应该小于 5 Ω。

2) 触摸屏接口的主要功能

(1) A/D 转换时间。当 PCLK 频率是 50 MHz 且 ADCCON 寄存器中预标定器的设置值是 49 时，转换得到 10 位数字量时间，总共需要：

$$A/D \text{ 转换器频率} = \frac{50\,\text{MHz}}{49+1} = 1\,\text{MHz}$$

$$转换时间 = 1/(1\,\text{MHz/5 周期}) = \frac{1}{200\,\text{kHz}} = 5\,\mu s$$

注：A/D 转换器最大可以工作在 2.5 MHz 时钟下，因此最大转换率能达到 500 ks/s。

(2) 屏接口工作模式。

① 普通转换模式。普通转换模式(AUTO_PST=0，XY_PST=0)是用作一般目的的 ADC 转换。这个模式可以通过设置 ADCCON 和 ADCTSC 来进行对 A/D 转换的初始化；而后读取 ADCDAT0(ADC 数据寄存器 0)的 XPDATA 域(普通 ADC 转换)的值来完成转换。

② 分离的 x/y 轴坐标转换模式。分离的 x/y 轴坐标转换模式可以分为两步：x 轴坐标转换和 y 轴坐标转换。x 轴坐标转换(AUTO_PST = 0 且 XY_PST = 1)将 x 轴坐标转换数值写入到 ADCDAT0 寄存器的 XPDATA 域。转换后，触摸屏接口将产生中断源(INT_ADC)到中断控制器。y 轴坐标变换(AUTO_PST = 0 且 XY_PST = 2)将 y 轴坐标转换数值写入到 ADCDAT1 域。转换后，触摸屏接口将产生中断源(INT_ADC)到中断控制器。分离 x/y 轴坐标转换模式下的触摸屏引脚状况如表 5.66 所示。

表 5.66 分离 x/y 轴坐标转换模式下的触摸屏引脚状况表

转换模式		XP	XM	YP	YM
分离模式	x 轴坐标转换	外部电压	GND	AIN[5]	高阻
	y 轴坐标转换	AIN[7]	高阻	外部电压	GND
自动模式	x 轴坐标转换	外部电压	GND	AIN[5]	高阻
	y 轴坐标转换	AIN[7]	高阻	外部电压	GND
等待中断模式		上拉	高阻	AIN[5]	GND

③ 自动的 x/y 轴坐标转换模式。自动的 x/y 轴坐标转换模式(AUTO_PST = 1 且 XY_PST = 0)工作步骤为：触摸屏控制器先自动地切换 x 轴坐标和 y 轴坐标并读取两个坐标轴方向上的坐标。再自动将测量得到的 x 轴数据写入到 ADCDAT0 的 YPDATA 域。自动转换之后，触摸屏控制器产生中断源(INT_ADC)到中断控制器。自动 x/y 位置转换模式下的触摸屏引脚状况如表 5.66 所示，其时序图如图 5.44 所示。

④ 等待中断模式。当触摸屏控制器处于等待中断模式时，它实际上是在等待触摸笔的

点击。当触摸笔点击到触摸屏上时,控制器产生中断信号(INT_TC)。中断产生后,就可以通过设置适当的转换模式(分离的 x/y 轴坐标转换模式或自动 x/y 轴转换模式)来读取 x 和 y 的位置。等待中断模式下的触摸屏引脚状况如表 5.66 所示。

⑤ 静态(Standby)模式。当 ADCCON 寄存器的 STDBM 位被设为 1 时,Standby 模式被激活。在该模式下,A/D 转换操作停止,ADCDAT0 寄存器的 XPDATA 域和 ADCDAT1 寄存器的 YPDATA(正常 ADC)域保持着先前转换所得的值。

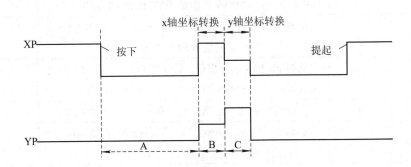

A=D×(1/X-Tal Clock)或A=D×(1/External Clock),
B=D×(1/PCLK), C=D×(1/PCLK), D=ADCDLY寄存器的DELAY值

图 5.44　自动 x/y 位置转换模式时序图

3. 触摸屏的编程要点

可以通过中断或查询的方法来读取触摸屏坐标。在中断的方式下,从 A/D 转换开始到读取已转换的数据,由于中断服务程序的返回时间和数据操作时间的增加,总的转换时间会延长。在查询的方式下,通过检测 ADCCON[15]结束转换标记位,如果置位则可以开始读取 ADCDAT 的转换数据,总的转换时间相对较短。

A/D 转换能通过不同的方法来激活,将 A/D 转换的"读取即开始转换模式"位 ADCCON[1]设置为 1,这样任何一个读取的操作,都会立即启动 A/D 转换。

4. S3C2410X 中触摸屏接口的相关寄存器

S3C2410X 中触摸屏接口的相关寄存器主要有：A/D 采样控制寄存器 ADCCON、A/D 转换结果数据寄存器(ADCDAT0、ADCDAT1)、ADC 触摸屏控制寄存器(ADCTSC)和 ADC 开始延迟寄存器(ADCDLY)。

1) A/D 采样控制寄存器(ADCCON)

A/D 采样控制寄存器(ADCCON)的地址为 0x58000000,可读/写,复位值为 0x3FC4,其位定义见表 5.64。

2) A/D 转换结果数据寄存器(ADCDAT0、ADCDAT1)

A/D 转换结果数据寄存器(ADCDAT0、ADCDAT1)的地址为 0x5800000C,可读/写,其位定义见表 5.65。

3) ADC 触摸屏控制寄存器(ADCTSC)

ADC 触摸屏控制寄存器(ADCTSC)的地址为 0x58000004,可读/写,复位值为 0x058,其位定义见表 5.67。

表 5.67 ADC 触摸屏控制寄存器(ADCTSC)的位定义

ADCTSC	位	描　述	复位值
保留	8	该位为 0	0
YM_SEN	7	选择 YMON 的输出值。0：YMON 输出是 0(YM：高阻)；1：nYPON 输出是 1(YM：GND)	0
YP_SEN	6	选择 nYPON 的输出值。0：nYPON 输出是 0(YP=外部电压)；1：nYPON 输出是 1(YP 连接 AIN[5])	1
XM_SEN	5	选择 XMON 的输出值。0：XMON 输出是 0(XM=高阻)；1：XMON 输出是 1(XM=GND)	0
XP_SEN	4	选择 nXPON 的输出值。0：nXPON 输出是 0(XP=外部电压)；1：nXPON 输出是 1(XP 连接 AIN[7])	1
PULL_UP	3	上拉切换使能。0：XP 上拉使能；1：XP 上拉禁止。	1
AUTO_PST	2	自动连续转换 x 轴坐标和 y 轴坐标。0：普通 ADC 转换；1：自动(连续)x/y 轴坐标转换模式	0
XY_PST	1、0	手动测量 x 轴坐标和 y 轴坐标。00：无操作模式；01：对 x 轴坐标进行测量；10：对 y 轴坐标进行测量；11：等待中断模式	0

注：在自动模式下，ADCTSC 寄存器应该在读取启动之前重新设置。

4) ADC 开始延迟寄存器(ADCDLY)

ADC 开始延迟寄存器(ADCDLY)的地址为 0x58000008，可读/写，复位值为 0x00FF，其位定义见表 5.68。

表 5.68 ADC 开始延迟寄存器(ADCDLY)的位定义

ADCDLY	位	描　述	复位值
DELAY	15～0	① 正常转换模式下，分离 x/y 轴坐标转换式和自动(连续)x/y 轴坐标转换式，x/y 轴坐标转换延时设置。 ② 等待中断模式，在等待中断模式下触笔点击发生时，这个寄存器以几个毫秒的时间间隔为自动 x/y 轴坐标转换产生中断信号(INT_TC)。 注意：不能使用 0 值(0x0000)	0x00FF

注：① 在 ADC 转换前，触摸屏使用 X-tal 时钟或 EXTCLK(等待中断模式下)； ② 在 ADC 转换期间，使用 PCLK。

5.11.2 触摸屏组件的编程

【例 5.9】 触摸屏测试程序。

主程序如下：

```
int main(void)
{ ARMTargetInit( );              //开发板初始化
  TchScr_Init( );                //触摸屏初始化
```

```
    T chScr_Test( );                        //触摸屏测试
}
```

主要的定义及实现函数：
```
/*复用功能管脚定义宏*/
#define nYPON    0x3
#define YMON     0x3
#define nXPON    0x3
#define XMON     0x3
/*ADCCON 宏*/
#define ECFLG_END    1              //A/D 转换结束的标志
#define PRSCEN_Enable    1          //A/D 转换时钟使能
#define PRSCVL   49                 //A/D 转换时钟预标定参数
#define SEL_MUX  7                  //选择需要进行转换的 ADC 信道(XP)
#define STDBM_NORMAL    0           //正常模式
#define STDBM_STANDBY    1          //闲置模式
#define READ_START   0              //A/D 转换由读数据开始，0=禁止由读操作开始转换
#define ENABLE_START   0            //A/D 转换由设置该位启动 A/D 转换，0=无操作
/*ADC 触摸屏控制寄存器宏*/
#define YM_SEN_Hi_Z   0             //YM=Hi-Z,选择 YMON 的输出值 0(YM 高阻)
#define YM_SEN_GND   1              //YM=GND,选择 YMON 的输出值 1(YM 接地)
#define YP_SEN_External_voltage   0 //选择 nYPON 的输出值 0，YP=外部电压
#define YP_SEN_AIN5   1            //选择 nYPON 的输出值 1，连接到 AIN5
#define XM_SEN_Hi_Z   0            //XM=Hi-Z,选择 XMON 的输出值 0(XM 高阻)
#define XM_SEN_GND   1             //XM=GND,选择 XMON 的输出值 1(XM 接地)
#define XP_SEN_External_voltage   0 //选择 nXPON 的输出值 0，XP=外部电压
#define XP_SEN_AIN7   1           //选择 nXPON 的输出值 1，连接到 AIN7
#define PULL_UP_ENABLE   0         //上拉使能
#define PULL_UP_DISABLE   1        //上拉禁止
#define AUTO_PST_Normal   0        //正常 ADC 转换
#define AUTO_PST_AUTO   1          //自动连续转换 x/y 轴坐标模式
#define XY_PST   0                 //无操作模式
#define XY_PST_INT   0x3           //等待中断模式
/*ADC 开始延迟寄存器宏*/
#define DELAY   0xff
/*ADC 转换结果数据寄存器(ADCDAT0)宏*/
#define UPDOWN_DOWN_0   0          //选择中断等待模式的类型，0=按下产生中断
#define UPDOWN_UP_0   1            //选择中断等待模式的类型，1=释放产生中断
#define AUTO_PST_sequencing_0 1    //1=自动连续转换 x 轴坐标和 y 轴坐标
```

```
#define XY_PST_0    0                    //手动测量 x 轴和 y 轴坐标，00=无操作模式
/*ADC 转换结果数据寄存器(ADCDAT1)宏*/
#define UPDOWN_DOWN_1    0               //选择中断等待模式的类型，0=按下产生中断
#define UPDOWN_UP_1    1                 //选择中断等待模式的类型，1=释放产生中断
#define AUTO_PST_sequencing_1 1          //1=自动连续转换 x 轴坐标和 y 轴坐标
#define XY_PST_1    0                    //手动测量 x 轴和 y 轴坐标，00=无操作模式
#define LCDWIDTH    320                  //触摸屏宽度
#define LCDHEIGHT    240                 //触摸屏高度

int TchScr_Xmin=145,TchScr_Xmax=902,TchScr_Ymin=142,TchScr_Ymax=902;
void TchScr_init( )
{    /*复用管脚功能定义*/
    rGPGCON &= ~((0x03<<30)|(0x03<<28)|(0x03<<26)|(0x03<<24));
    rGPGCON |= (nYPON<<30)|(YMON<<28)|(nXPON<<26)|(XMON<<24);
    /*set ADCCON*/
    rADCCON = (PRSCEN_Enable<<14)|(PRSCVL<<6)|(SEL_MUX<<3);
    /*ADC 开始延时寄存器*/
    rADCDLY = 0xff;
    /*设置 ADC 触摸屏控制器*/
    rADCTSC = (0<<8)|(1<<7)|(1<<6)|(0<<5)|(1<<4)|(0<<3)|(0<<2)|(3);
}


#define CLOCK_DELAY( )
do{int i;for(i=0;i<20;i++);}while(0)
void TchScr_GetScrXY(int *x, int *y)
{    //得到触摸点坐标
    int oldx, oldy;
    rADCTSC |= (1<<3)|(1<<2)|(0);
    rADCCON |= 1;
    //CLOCK_DELAY( );
    while(!(SUBSRCPND&(1<<10)));
    oldx = rADCDAT0&0x3ff;
    oldy = rADCDAT1&0x3ff;
    if(oldx!0)
    {    *x = oldx;
        *y = oldy;
    }
    rADCTSC = (0<<8)|(1<<7)|(1<<6)|(0<<5)|(1<<4)|(0<<3)|(0<<2)|(3);
        SUBSRCPND |= (1<<9);
```

```
            SUBSRCPND |= (1<<10);
}


U32 TchScr_GetOSXY(int*x, int*y)
{ //获得触摸点坐标并返回触摸动作
    static U32 mode = 0;
    static int oldx, oldy;
    int i, j;
    for(;;)
    { if((mode!=TCHSCR_ACTION_DOWN)&&(mode!=TCHSCR_ACTION_MOVE))
        {   if(!(rADCDAT0&(1<<15)))          //有触摸动作
            {   TchScr_GetScrXY(x, y);       //得到触摸点坐标
                oldx = *x;
                oldy = *y;
                for(i=0;i<40;i++)
                { if(rADCDAT0&(1<<15))
                    {   //抬起
                        break;
                    }
                    hudelay(20);
                }
                if(i<40)
                { //在规定的双击时间内抬起，检测是不是及时按下
                    for(i=0;i<60;i++)
                    {   if(!(rADCDAT0&(1<<15)))
                        {   SUBSRCPND |= (1<<9);
                            if(i<10)
                            { i=60;break; }        //如果单击后很短时间内按下，则不视为单击
                            mode = TCHSCR_ACTION_DBCLICK;
                            for(j=0;j<40;j++) hudelay(50);   //检测到双击后延时，防止拖尾
                            break;
                        }
                        hudelay(20);
                    }
                    if(i==60)                      //没有在规定时间内按下，视为单击
                        mode = TCHSCR_ACTION_CLICK;
                }
                else
                { //没有在规定时间内抬起，视为按下
```

```
                      mode = TCHSCR_ACTION_DOWN;
                  }
                break;
            }
        }
      else
        {   TchScr_GetScrXY(x,y);          //得到触摸点坐标
            if(rADCDAT0&(1<<15))           //抬起
            {   mode = TCHSCR_ACTION_UP;
                break;
            }
            else
              {   if(ABS(oldx-*x)>25||ABS(oldy-*y)>25)
                {                          //有移动动作
                    mode=TCHSCR_ACTION_MOVE;
                     break;
                  }
                }
            hudelay(20);
      }
    oldx=*x;
    oldy=*y;
    return mode;
  }


void TchScr_Test()
{   U32 mode;
    int x, y;
    Uart_Printf(0, "\nplease touch the screen\n");
    for(;;)
    {   mode=TchScr_GetOSXY(&x, &y);
        switch(mode)
        {   case TCHSCR_ACTION_CLICK:
                Uart_Printf(0,"Action=click:x=d%,\ty=%d\n",x,y);
                 break;
            case TCHSCR_ACTION_DBCLICK:
                Uart_Printf(0,"Action=double click:x=d%,\ty=%d\n",x,y);
                 break;
            case TCHSCR_ACTION_DOWN:
```

```
            Uart_Printf(0,"Action= down:x=d%,\ty=%d\n",x,y);
                break;
        case TCHSCR_ACTION_UP:
            Uart_Printf(0,"Action=up:x=d%,\ty=%d\n",x,y);
                break;
        case TCHSCR_ACTION_MOVE:
            Uart_Printf(0,"Action=move:x=d%,\ty=%d\n",x,y);
                break;
        }
        hudelay(1000);
    }
}
```

5.12　S3C2410X/S3C2440X 嵌入式微处理器
外部接口电路设计

选定了嵌入式处理器芯片之后，接下来硬件设计的主要任务就是将微处理器与外围接口按照体系结构的要求连接起来，这就是接口设计。本节将以基于 S3C2410X 的嵌入式微处理器为例，介绍基于 S3C2410X 的硬件平台的接口设计技术。

基于 S3C2410X 的典型嵌入式系统硬件体系结构如图 5.45 所示。

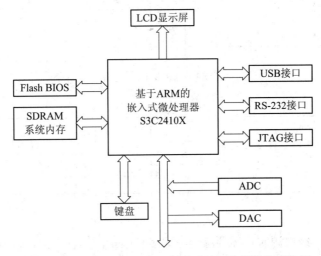

图 5.45　基于 S3C2410X 的典型嵌入式系统硬件体系结构

5.12.1　电源模块的设计

三星公司的 S3C2410X ARM 微处理器有 4 组电源输入：数字 3.3 V、数字 1.8 V、模拟 3.3 V、模拟 1.8 V。因此在理想的情况下，电源系统需要提供 4 组独立的电源，即两组 3.3 V

和两组 1.8 V；如果在嵌入式系统中还有其他部分的电源需求，则还需要设计更多的末级电源与之相适应。如果在嵌入式产品中不使用 A/D，或对 A/D 的要求不高，模拟器电源和数字电源可以不分开供电。本节只给出 S3C2410X ARM 微处理器的末级电源设计方案，同时不考虑其他设备对电源系统的需求，并假设前级提供经过稳定的 5 V 直流电源为末级电源提供输入。

根据三星公司的 S3C2410X 芯片手册可知，该处理器 1.8 V 电源的电流极限值是 70 mA，其他部分不需要 1.8 V 电压，为了保证产品的可靠性，同时为系统升级留有余量，1.8 V 电源能够提供的电流应不小于 300 mA。处理器在 3.3 V 上的电源值与外部条件有很大关系，电源 3.3 V 能够提供的电流应不小于 600 mA。S3C2410X 微处理器对 1.8 V 和 3.3 V 这两组电压要求比较高，而且功耗不是很大，因此不适合设计开关电源，应当使用低压差模电源 LDO。LM117 就是满足技术参数的一款 LDO 芯片，它的性价比高，且有一些产品可以与它直接替换，降低了采购风险。LM1117 是一个低功耗正向电压调节器，可以用于一些高效率、小封装的低功耗设计，同时这款芯片非常适合使用电池供电的嵌入式产品。LM1117 有很低的静态电流，在满负载时，其电压差仅为 1.1 V。其主要特点有：

(1) 0.8 A 稳定输出电流，1 A 稳定峰值电流。

(2) 3 端固定或可调节电压输出(可选电压有 1.5 V、1.8 V、2.5 V、3.0 V、3.3 V、5 V)。

(3) 低静态电流，0.8 A 时低压差仅为 1.1 V。

(4) 多封装，SOT-223、SOT-252、SOT-220 及 SOT-223。

使用 LM1117 设计的 1.8 V 和 3.3 V 电源电路如图 5.46 和图 5.47 所示。

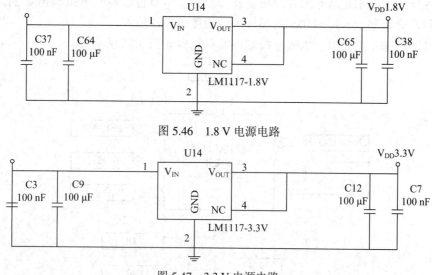

图 5.46　1.8 V 电源电路

图 5.47　3.3 V 电源电路

在设计系统的前级电源时，需要综合考虑多种因素，尽管 LM1117 芯片的输入电压最高可为 20 V，接过高的电压会使芯片发热量增大，同时，波动的电压对输出电压的波动也有一定的影响，太高的电压差也失去了选择低压差模电源的意义。因此，本节采用经过稳压的 5 V 直流电源作为前级电源，这样做可以满足 LM1117 的要求，而且很多外围接口芯片都是 5 V 电源的。

另外，低功耗计算对于嵌入式系统有着非常重要的意义，在电源模块的设计中，应该考虑到低功耗设计，降低功耗有多种途径，一个好的低功耗系统通常综合运用多种方法，比如可以用软件的方法降低功耗，也可以从硬件电路上降低整个系统的功耗。

5.12.2　时钟模块的设计

使用 S3C2410X 处理器设计嵌入式产品时，一般设计两路时钟输入，一路是为 CPU 工作提供时钟信号输入的系统主时钟，另一路是提供给 RTC 实时时钟的输入。

1．系统主时钟

S3C2410X 处理器的时钟控制逻辑能产生所需要的时钟信号，包括 CPU 的 FCLK 时钟、AHB 总线外围接口器件的 HCLK 时钟及 APB 总线外围器件的 PLCK 时钟。S3C2410X 处理器有两个锁相环 PLL(Phase Locked Loops)，一个是用于为 FCLK、HCLK、PCLK 产生时钟信号的 MPLL，一个是用于为 USB 模块提供 48 MHz 时钟输入的 UPLL。

FCLK 主要用于 ARM920T 内核。HCLK 用于 AHB 总线，AHB 总线用于 ARM920T 内核的存储控制器、中断控制器、LCD 控制器、DMA 和 USB 主机模块；PCLK 主要用于 APB 总线，APB 总线用于外围器件，如 I^2S、I^2C、PWM 定时器、MMC 接口、ADC、UART、GPIO、SPI。S3C2410X 处理器的时钟分频模块如图 5.48 所示。

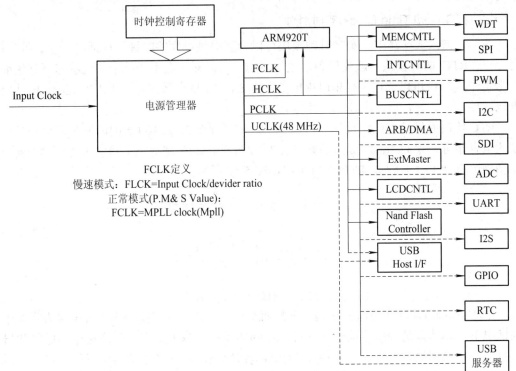

图 5.48　S3C2410X 处理器的时钟分频模块图

对系统主时钟源的选择，可以是来自外部的晶体(XT1pll)，也可以是来自外部的时钟(EXTCLK)，如图 5.49 所示。具体的时钟源可以通过 S3C2410X 的 OM2 和 OM3 引脚的状态来设定。OM[3:2]的状态是通过 nRESET 的上升沿由内部将 OM2 和 OM3 引脚的状态锁定，从而通过锁定的 OM[3:2]的状态决定主时钟源和 USB 时钟源的选择。具体时钟源的选择及

OM[3:2]的状态如表 5.69 所示。

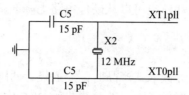

图 5.49　S3C2410X 主时钟电路

表 5.69　系统时钟源选项

模式 OM[3:2]	MPLL 状态	UPLL 状态	主时钟源	USB 时钟源
00	开	开	Crystal	Crystal
01	开	开	Crystal	EXTCLK
10	开	开	EXTCLK	Crystal
11	开	开	EXTCLK	EXTCLK

设计系统主时钟电路最简单的方法就是利用 S3C2410X 内部的晶体振荡器，图 5.49 所示为 S3C2410X 处理器设计的晶体振荡电路。

2. RTC(Real Time Clock)实时时钟

在一个嵌入式产品中，实时时钟模块可以为其提供可靠的时钟，包括时、分、秒、年、月、日，RTC 时钟模块一般使用备用电池供电，因此即使在系统处于关机状态下它也能够正常工作，RTC 可以通过 SRTB/LDRB 指令将 8 位 BCD 码数据送至 CPU，这些 BCD 码数据包括秒、分、时、日、星期、月和年。

RTC 实时时钟接口电路设计非常简单，只需要一个 32.768 kHz 的晶振和两个与晶振匹配的电容即可。用 32.768 kHz 的晶振是因为 32 768 是 2 的 15 次方，可以很方便地分频，能够精确地得到 1 s 的计时。RTC 时钟电路如图 5.50 所示。

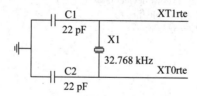

图 5.50　RTC 时钟晶振电路

电路中的 C1 和 C2 是与晶振相匹配的两个电容，因为只有在外部所接电容为匹配电容的情况下，晶体振荡频率才能保证在标定频率的误差范围内。在实际应用中，时钟和日期信息会在系统掉电时丢失，为保持在系统断电情况下时钟振荡器的持续运转，可采用后备电池为时钟电路供电，有兴趣的同学可以自己设计这部分电路，这些不再赘述。

5.12.3　复位电路的设计

嵌入式微处理器加电时状态的不确定性将造成微处理器不能正常工作，为了解决这个问题，几乎所有的微处理器都有一个复位逻辑，它负责将微处理器初始化为某个确定状态。

微处理器的复位逻辑需要一个复位信号才能正常工作，一些微处理器在上电时自身会产生一个复位信号，但大部分的微处理器需要从外部输入这个信号，信号的稳定性和可靠性对于微处理器正常工作有很大影响。最简单的复位电路是阻容电路，但这个电路产生的复位信号稳定性差，因此在设计嵌入式产品时一般采用专业用复位芯片来设计复位电路，如 PHILIPS MAX708 或 IMP811S。使用 MAX811 专用复位芯片设计的系统复位电路如图 5.51 所示。

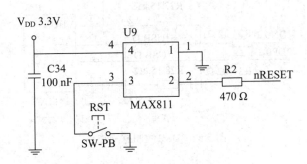

图 5.51　复位电路设计

5.12.4　USB 接口电路的设计

通用串行总线协议 USB(Universal Serial BUS)是由 Intel、康柏及 Microsoft 等公司联合提出的一种新的串行总线标准，主要用于 PC 与外围设备的互连。1996 年 2 月，发布了第一个规范版本 1.0，2000 年 4 月发布了目前广泛使用的版本 2.0，相应的设备传输速率也从 1.5 Mb/s 的低速和 12 Mb/s 的全速提高到目前的 480 Mb/s 的高速。

1. USB 接口

USB 总线协议定义了 4 条信号线，其中两条负责供电，两条负责数据传输。USB 通信模型是一种 Host-Slave 主从式结构，因此通过 USB 总线进行通信的双方必然有一方在通信中担当主机角色。USB 有 4 种数据传输方式：控制、同步、中断和批量。USB 规范中将 USB 分为 5 个部分：控制器、控制器驱动程序、USB 芯片驱动程序、USB 设备及针对不同 USB 设备的驱动程序。

2. S3C2410X 的 USB 控制器

S3C2410X 内置的 USB 设备控制器具有以下特性：① 完全兼容 USB1.1 协议。② 支持全速(Full Speed)设备。③ 集成的 USB 收发器。④ 支持 Control、Interrupt 和 Bulk 传输模式。⑤ 5 个具备 FIFO 的通信端点。⑥ Bulk 端点支持 DMA 操作方式。⑦ 接收和发送均有 64B 的 FIFO。⑧ 支持挂起和远程唤醒功能。

S3C2410X 处理器内部集成的 USB 主机控制器支持两个 USB 主机通信端口，符合 USB1.1 协议规范，支持控制、中断和 DMA 大量数据传送方式，同时支持 USB 低速和全速设备连接。处理器内部集成了 5 个可配置节点的 64 位 FIFO 存储收发器，同时支持挂起和远程唤醒功能。S3C2410X 处理器中与 USB 总线配置相关的寄存器比较多，读者可以参阅 S3C2410X 数据手册。

3. USB 接口设计

在嵌入式系统中一般要扩展出主和从两个 USB 接口。其中，USB 设备接口可与 PC 上的 USB 连接进行程序下载通信等功能。USB 主机(主机)接口可连接诸如 U 盘的外部设备进行通信和存储。USB 主机接口电路如图 5.52 所示，USB 设备接口电路如图 5.53 所示。

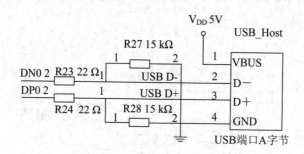

图 5.52　USB 主机接口电路

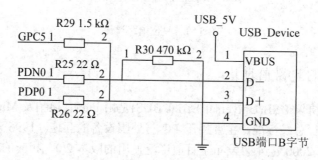

图 5.53　USB 设备接口电路

4. USB 接口编程

在嵌入式系统中，USB 接口分为 USB 主机接口和 USB 设备接口，其接口软件完成的功能不一样，但主要都是完成 USB 协议的处理和数据的传送，USB 接口软件必须严格按照 USB 的技术规范要求来编写。

因为 S3C2410X 微处理器内部包含 USB 主机和 USB 设备的控制器，因此只需要编写相应的 USB 设备端的 MCU 控制软件和 USB 主机端的程序。

5.12.5　UART 接口电路的设计

S3C2410X 的 UART 接口采用的是 TTL 电平标准，在与其他设备进行串行连接时，由于其他设备所采用的电平标准可能不是 TTL 标准，与 TTL 以高低电平表示逻辑状态的规定不同，因此，为了能够与计算机接口或终端的 TTL 器件电路相连，必须进行电平和逻辑关系的变换。实现这种变换常采用专用的集成电路芯片。

1. RS-232C 接口设计

CPU 提供的串行接口为 TTL 电平，必须通过电平转换才能变成标准的 RS-232C 串行接口。MAX3232 是一款低电源电压(+3.0～+5.5 V)的 RS-232 电平转换 IC，内置电荷泵，外接一个 0.1 μF 的电容就可正常工作，由其构成的 RS-232 接口电路如图 5.54 所示。

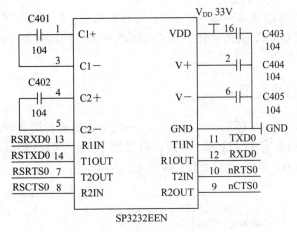

图 5.54　RS-232 电路原理图

2. RS-485 接口设计

除 RS-232C 之外，RS-485 接口在工业控制等多种场合得到广泛应用，也是目前最为常用的串行通信标准接口之一。

RS-485 接口标准采用差分信号传输方式，因此具有很强的抗共模干扰能力。MAX3485E 是半双工 3.3 V 供电的 RS-485 接口芯片，A 和 B 端为 RS-485 差分输入/输出端，A 为信号+，B 为信号。其中 R5 为阻抗匹配，电阻值取约 120 Ω。S3C2410X 与 RS-485 接口芯片 MAX3485E 的连接电路如图 5.55 所示。当 A 的电位比 B 高 200 mV 以上时，其逻辑电平为 1，而当 B 的电位比 A 高 200 mV 以上时，其逻辑电平为 0。采用 RS-485 标准接口时，传输距离可长达 1200 m。

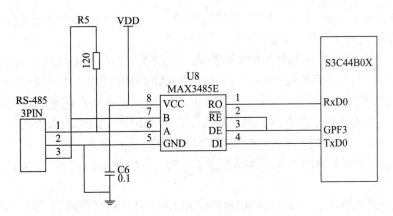

图 5.55　RS-485 接口连接

RS-485 接口芯片 MAX3485E 中，RO 和 DI 分别为数据接收端和数据发送端(TTL/ CMOD 电平)；$\overline{RE}$ 为接收使能，低电平有效；DE 为发送使能，高电平有效。$\overline{RE}$ 和 DE 由 S3C44B0X 的 GPF3 引脚控制。

多个 MAX3485E 可构成多机系统，连接方法是采用同名端相连。

3. 串行接口的应用编程

借助于 RS-232C 接口和 RS-485 接口即可进行双机或多机通信，对串行口的应用编程包括对 S3C2410X 内部 UART 的初始化、对 GPIO 相应端口的设置及 UART 内部相关寄存器的初始化工作。

5.12.6　JTAG 接口电路设计

采用 2.0 mm 间距的 10 脚调试接口电路，可减少底板的占用面积，方便用户的二次开发。S3C2410X 芯片内部有 JTAG 核，因此，可以通过外部 JTAG 调试电缆或仿真器与开发板系统连接调试。JATG 接口电路如图 5.56 所示。

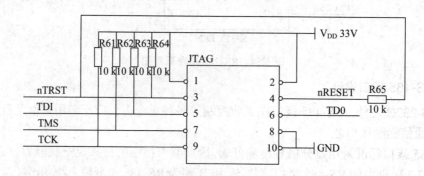

图 5.56　JATG 接口电路

习　题　5

1. 简述 S3C2410X 内部有哪些重要的外设，并分析 S3C2410X 的技术特征，说明 S3C2410X 比较适用于手持设备的理由。

2. 简述 S3C2410X/S3C2440X 的结构特点，并说明它们与 S3C44B0X 的主要差别。

3. 阐述进行嵌入式系统硬件设计时，选择 ARM 处理器芯片的原则。

4. 上网查阅相关 ARM 芯片资料，写一篇嵌入式处理器的特点及使用范围的综述报告。

5. 阐述嵌入式微处理器中控制寄存器的含义、作用和主要初始化方法。

6. 说明当 WDT 组件控制寄存器 WTCON=0x8021 时的含义。

7. 如果 PCLK=66 MHz，采用预分频值为 250，分频系数为 128，则 WDT 溢出时间为多少 μs？

8. 比较 S3C2410X 处理器外部地址线与 ARM9TDMI 核提供的地址线，说明各自最大的寻址空间。

9. S3C2410X 如何组织 8、16、32 位的存储器，地址线如何连接？

10. 当 S3C2410X 系统要求向量中断、允许 IRQ、禁止 FIQ 中断时，写出中断控制器 INTCON 的值。

11. 当 S3C2410X 主时钟为 75 MHz，要设置波特率为 115 200 b/s，则除数寄存器的值应为多少？

12. 写出 S3C2410X 的 T0~T4 全部采用自动重装方式的定时器控制寄存器 TCON 值。

13. 简要说明 S3C2410X 上的 PWM 定时器的工作原理。

14. 阐述用 S3C2410X 上的 PWM 定时器产生 PWM 波形的程序设计思想。

15. 写出利用 S3C2410X 中 PWM 定时器定时 10 ms 的程序。

16. 说明当 ADC 控制寄存器 ADCCON=0x57 时，ADC 接口的工作状态及含义。

17. 如果 ADC 预分频寄存器 ADCPSR=0x80，系统时钟 MCLK=50 MHz，则 ADC 转换时间为多少 μs？

18. 假设 S3C2410X 所接时钟为 60 MHz，对 S3C2410X 的 UART0 串行口初始化，要求：波特率 11 520 b/s，8 位数据，1 位停止位，1 位偶校验，只采用如图 5.55 所示的 RS-232C 接口：(1) 写出相应初始化程序；(2) 写出通过 RS-232 接口将数据存储器从 0x0C00F0000 开始有 1000 个字节的数据发送出去的程序。

19. 假设 S3C2410X 的 8 个通道的 ADC 分别接 8 个不同的传感器，以测量温度、压力、流量等，现要求写出 8 通道巡回检测系统，将 8 路 ADC 转换结果存入数据存储器 0x30000600 开始区域。

第 6 章　嵌入式 Linux 操作系统及应用

本章首先概述了嵌入式 Linux 操作系统，其次介绍了嵌入式 Linux 的常用命令，接着阐述了嵌入式 Linux 开发环境的构建、嵌入式 Linux 内核的移植，最后介绍了嵌入式 μCLinux 及其应用。

6.1　嵌入式 Linux 操作系统概述

6.1.1　常用嵌入式 Linux 系统

常用的嵌入式 Linux 系统包括 RT-Linux、μCLinux、ARM-Linux、XLinux 等。

1. RT-Linux

这是由墨西哥理工学院开发的嵌入式 Linux 操作系统。到目前为止，RT-Linux 已经成功地应用于航天飞机的空间数据采集、科学仪器测控和电影特技图像处理等广泛领域。RT-Linux 开发者并没有针对实时操作系统的特性而重写 Linux 的内核，因为这样做的工作量非常大，而且要保证兼容性也非常困难。为此，RT-Linux 提出了精巧的内核，并把标准的 Linux 核心作为实时核心的一个进程，同用户的实时进程一起调度。这样对 Linux 的改动非常小，并且充分利用了 Linux 下现有的丰富的软件资源。

2. μCLinux

μCLinux 是一种优秀的嵌入式 Linux 版本，是 micro-Control-Linux 的缩写。它继承了标准 Linux 的优良特性，经过各方面的小型化改造，形成了一个高度优化的、代码紧凑的嵌入式 Linux。μCLinux 主要是针对目标处理器没有存储管理单元 MMU(Memory Management Unit)的嵌入式系统而设计的。虽然它的体积很小，却仍然保留了 Linux 的大多数的优点，如稳定、良好的移植性、优秀的网络功能、对各种文件系统完备的支持和标准丰富的 API。μCLinux 专为嵌入式系统做了许多小型化的工作，目前已支持多款 CPU。其编译后目标文件可控制在几百 KB 数量级，并已经被成功地移植到很多平台上。它是 Lineo 公司的主打产品，同时也是开放源代码的嵌入式 Linux 的典范。

3. ARM-Linux

ARM-Linux 是一个成功的 Linux 内核的组成部分，它是专门为基于 ARM 系列处理器而设计的。它是由 Russell King 在其他人的经验基础上主创出来的。ARM-Linux 正在被全世界不同的组织和个人持续的完善和发展。目前，除了不含 MMU 的 ARM7 处理器外，其他的 ARM9/XSCALE 等 ARM 系列处理器都运行 ARM-Linux。据不完全统计，ARM-Linux 内核已经移植到 500 种以上的机器种类上，其中包括个人电脑、网络计算机、掌上设备和各种开发板。

4. Redhat-Linux

Redhat 公司是全球最大的开源技术厂家，其产品 Redhat-Linux 也是全世界应用最广泛的 Linux。Redhat 公司总部位于美国北卡罗来纳州，在全球拥有 22 个分公司。它的产品市场占有率很高，约占 Linux 操作系统 52%的市场份额。它也是 Compaq、Dell、Intel 等一流的 IT 企业的合作伙伴。

现在 Redhat 已不自己开发桌面版的 Linux 操作系统。它最后推出的一款产品是 Redhat Linux 9。Redhat 把桌面版 Linux 操作系统产品交由 Fedora 社区开发。Fedora Core 是由 Redhat 资助的合作项目产生的一款产品。因为 Fedora Core 最初就是在 Redhat 的基础上开发的，所以由 Redhat 和 Fedora 联手共同开发维护这个产品。

5. XLinux

XLinux 是由美国网虎公司推出的。美国网虎公司是全球性的 Linux 相关技术开发的领导厂商，成立于 1998 年 9 月，总部设在美国硅谷。公司致力于发展 Linux 的先进技术及实际应用(如 Linux 嵌入式系统在 IA 信息家电网领域中的应用)，并将 XLinux 建立成为全球 Linux 的领导品牌。XLinux 核心采用了"超字元集"专利技术，让 Linux 核心不仅可以与标准字符集相容，还涵盖了 12 个国家和地区的字符集。因此，XLinux 在推广 Linux 的国际应用方面有独特的优势。最新版的 XLinux OS 1.5 是功能齐全且稳定性高的 Linux 操作系统，它不仅提供友好、简单的使用界面，而且提供菜单和窗口对话框方式的系统配置和管理工具。另外，XLinux OS 1.5 采用交互式的安装界面，只需要 15～30 分钟就可以完成系统的安装。

6. 红旗嵌入式 Linux

由北京中科院红旗软件公司推出的嵌入式 Linux 是国内做得较好的一款嵌入式操作系统。目前，中科院计算所自行开发的开放源码的嵌入式操作系统——Easy Embedded OS(EEOS)也已经开始进入实用阶段了。该款嵌入式操作系统重点支持 p-Java。系统目标一方面是小型化，另一方面是能实现 Linux 的驱动和其他模块。由于有中科院计算所的强大科研力量做后盾，EEOS 有望发展成为功能完善、稳定、可靠的国产嵌入式操作系统平台。

6.1.2　嵌入式 Linux 系统内核

嵌入式 Linux 系统需要三个基本要素：系统引导工具(用于机器加电后的系统定位引导)、Linux 微内核(内存管理、程序管理)和初始化进程。但如果要让它成为完整的操作系统并且继续保持小型化，还必须加上硬件驱动程序、硬件接口程序和应用程序组。

1. 内核体系结构

Linux 内核采用的是单一内核结构。这种内核结构的重要特征是模块化。模块化能有效实现许多良好的功能。每个模块都是一个目标文件，它的代码可以在运行时被链接到内核。目标代码往往由函数集组成，该集合实现了文件系统、设备驱动器以及其他一些内核的上层特征。Linux 对模块给予了强有力的支持，在各个模块之间规定了一些良好的界面，并且可以动态地装入和卸载内核中的部分代码。

　　Linux 的内核为非抢占式的。它不能通过改变优先权来影响当前的执行流程，因此，可以对 Linux 某些重要的数据结构进行修改而不加任何保护措施。Linux 内核主要有下列功能：① 用软件接口抽象不同的硬件资源，以简化操作，屏蔽低层硬件的不同接口，即资源抽象；② 将抽象出来的各种资源分配给各个进程并负责取回这些系统资源，即资源分配；③ 根据不同的资源类型使用不同的机制保证资源被进程所独占，即资源共享。简而言之，Linux 内核包含进程调度、内存管理、文件系统、进程间通信、网络及资源管理六部分。Linux 内核的体系结构如图 6.1 所示。

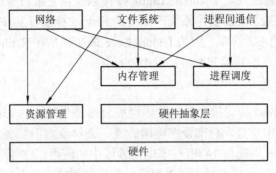

图 6.1　Linux 内核的体系结构

1) 进程调度

　　进程调度控制 CPU 资源的分配。Linux 内核采用给予优先级的抢占式多任务调度方式。在这种调度方式下，系统中运行的进程是所有可运行进程中优先级最高的那个。在嵌入式系统的应用中，有很多实时需求，所以有些用于嵌入式系统的 Linux 通过改变进程调度来实现实时调度。此类 Linux 内核中进程调度部分和具体的硬件平台相关性不大，因为调度算法在所有硬件平台上的实现都是相同的。但是进程调度一般都是通过硬件的时钟中断来实现的，这一部分与具体硬件相关，另外在进程切换部分也和硬件平台相关，所以进程切换部分一般都用汇编语言实现。

2) 内存管理

　　标准 Linux 系统在具有 MMU 的硬件中支持虚拟内存，它使用硬件提供的分页机制。Linux 的内存管理系统用于管理内存资源，它实现了进程之间的内存保护、内存共享以及内存管理功能。内存管理可分为硬件相关部分和硬件无关部分。其中硬件相关部分负责初始化内存、处理缺页中断、把硬件提供的分页机制抽象成三级页面映射；硬件无关部分提供内存分配、内存映射等功能。有些嵌入式设备采用的 CPU 不具有 MMU，在这种设备中，需要把 Linux 中的虚拟内存管理系统去掉。

3) 文件系统

　　Linux 的文件系统结构与 UNIX 的类似，该系统具有虚拟文件系统(VFS)接口，所有真正的文件系统都挂接在虚拟文件系统下，通过虚拟文件系统接口来访问。由于使用了统一的接口，因此 Linux 可以支持多个文件系统，包括一些特殊的文件系统。

　　Linux 的文件系统可分为以下三个子系统：

　　(1) 虚拟文件系统(VFS)。VFS 提供了所有文件以及设备的数据抽象，即给上层提供文件操作的接口。其接口函数包括文件的打开、读、写、控制等。Linux 操作系统的 VFS 仅仅存在于内存中，它在初始化完成之后，从逻辑文件系统的存储介质加载相应的逻辑文件系统到 VFS 中的某个路径，并读取该逻辑文件中的超级块以及索引节点，以建立统一的 VFS 索引节点。VFS 是内核的一个子系统，其他系统只与 VFS 打交道，不与逻辑文件系统发生关系。对逻辑文件系统而言，VFS 是管理者；对内核的其他子系统而言，VFS 是它们与逻辑文件系统的接口。同时，VFS 还给设备操作进程提供通信接口。在 VFS 中，采用超级块、索引节点等多级机制对文件进行查找、操作、管理。

(2) 逻辑文件系统。逻辑文件系统对应各种 Linux 支持的文件系统，它实现了逻辑数据块与物理数据块之间的转换和映射以及缓冲区的管理。由于文件系统抽象的具体文件设备在不同的硬件环境中差别很大，因此需要逻辑文件系统来实现从逻辑块到物理块的分配。

(3) 设备管理部分。在设备管理部分，所有的设备按照外部数据与内存数据的交换方式分为块设备和字符设备。设备驱动程序可以通过块设备和字符设备所对应的文件索引节点号来实现对设备的访问。设备管理主要实现对驱动程序的管理。设备按照主设备号和从设备号来识别，相同主设备号代表一类设备，其操作访问方式相同，不同的从设备号代表相同种类的多个设备。设备驱动层按照标准的方式进行编译并且注册到系统中后，就可以按照统一的界面被调用。

文件系统是 Linux 的核心部分。在 Linux 系统中，许多概念和语义都与文件有关，如文件操作、设备读写、管道通信等。所以文件子系统给应用程序提供的页面非常重要。

4) 进程间通信(IPC)

一般情况下，进程在自己的地址空间运行时不会互相干扰。但是有很多应用会要求在进程间传递信息，所以 Linux 也提供了 UNIX 中常用的进程间通信机制。主要的进程间通信方式有管道(Pipe)、文件锁、System VIPC、信号(Signal)及共享内存等。因为 Linux 支持网络，所以还可以使用网络接口进行进程间通信。Linux 的进程间通信机制和硬件体系无关，在大多数的平台上都支持同样的方式。

5) 网络

Linux 是在互联网环境下产生的操作系统，所以它对网络具有良好的支持。Linux 内核支持多种网络协议，如 IP、IPV6、IPX、Apple talk 及蓝牙等；支持路由、防火墙过滤等网络设备功能；并提供标准的 BSD socket 编程接口。Linux 上有大量网络应用，所有常用的基于 IP 的应用在 Linux 世界里都可以以 GPL 方式获得。Linux 的内核网络代码和硬件体系无关。

6) 资源管理

Linux 中除了 CPU 和内存，其他资源都是用驱动程序的形式加以管理的，因此，其内核代码的绝大部分是各种驱动程序，并且随着系统支持的硬件的增加，代码增加量最大的也是驱动程序。

2. 内核源码结构

Linux 的内核源码结构类似于抽象结构，大体分为进程管理、内存管理、文件系统、驱动程序和网络 5 个部分。这种对应性是因为抽象结构来源于具体结构，它很接近源代码的目录结构。但是，这种划分没有严格依照源代码的目录结构，且与各子系统的分组也不完全匹配。下面以 Linux 2.6.14 为例介绍 Linux 的内核源码结构。

Linux 2.6.14 内核源码有 440 MB 之多，其目录组成如图 6.2 所示(这里假设 Linux 2.6.14 内核代码的存放位置为/usr/src/linux-2.6.14)。

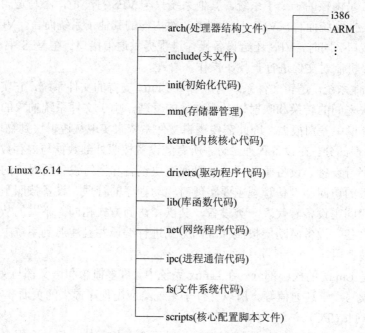

图 6.2　Linux 2.6.14 内核文件结构

图 6.2 中各目录的意义和作用如下：

(1) arch 目录。arch 目录包括所有与体系结构相关的核心代码。它包含 24 个子目录，每一个子目录都代表一种体系，如 ARM 就是关于 ARM 及与之相兼容体系结构的子目录。对于任何平台，arch 目录必须包括以下子目录：

- boot：启动内核所使用的部分或全部平台特有的代码。
- kernel：存放支持体系结构特有的(如信号处理和 AMP)特征的实现。
- lib：存放高速的体系结构特有的(如 strlen 和 memcpy)通用函数的实现。
- mm：存放体系结构特有的内存管理程序的实现。
- math-emu：模拟 FPU 的代码。

(2) include 目录。include 目录包括编译核心所需要的大部分头文件。与平台无关的头文件在 include/linux 子目录下；与平台相关的头文件放在 include 目录下文件名以 asm 开头的子目录中。例如，与 i386 相关的头文件放在 include/asm-i386 子目录下。

(3) init 目录。init 目录包含核心的初始化代码(不是系统的引导代码)，包含 main.c 和 version.c 两个文件，是研究核心如何工作的一个比较好的起点。

(4) mm 目录。mm 目录包括所有独立于 CPU 体系结构的内存管理代码，如页式存储管理内存的分配和释放等(与体系结构相关的内存管理代码位于 arch/*/mm/，如 arch/i386/mm/Fault.c)。

(5) kernel 目录。kernel 目录为系统主要的核心代码，该目录下的文件包含了大多数 Linux 系统的内存函数，其中最重要的文件当属 sched.c。

(6) drivers 目录。drivers 目录放置系统所有的设备驱动程序，每种驱动程序又各占一个子目录，如/block 下为块设备驱动程序。

(7) lib 目录。lib 目录放置核心的库代码及一些与平台无关的通用函数，如 strlen 和 memcpy 等函数。

(8) net 目录。net 目录是系统的网络部分代码，其中每个子目录对应网络的一个方面。

(9) ipc 目录。ipc 目录包含核心的进程间通信的代码，包括 util.c、sem.c 和 msg.c 等。

(10) fs 目录。fs 目录包括所有的文件系统代码和各种类型的文件操作代码，它的每一个子目录都支持一个文件系统，如 fat 和 ext2。

(11) scripts 目录。scripts 目录包含用于对核心进行配置的脚本文件。

6.1.3 嵌入式 Linux 的文件系统

嵌入式 Linux 文件系统是在 PC Linux 系统的基础上发展而来的，与标准 Linux 文件系统的原理基本一样，不同的是底层的存储介质为 Flash 介质。Flash 芯片是嵌入式系统中广泛采用的主流存储器，它的主要特点是按整体/扇区擦除和按字节编程，具有低功耗、高密度、小体积等优点。目前 Flash 芯片分为 Nor 和 Nand 两种类型。由于嵌入式系统的应用环境及 Flash 芯片的特性，嵌入式 Flash 文件系统一般有掉电安全、平均使用和高效垃圾回收的要求。

1) 嵌入式 Linux 文件系统原理

Linux 下的文件系统主要可分为三个层次：一是上层用户空间的应用程序对文件系统的系统调用；二是虚拟文件系统 VFS(Virtual Filesystem Switch)；三是挂载到 VFS 中的各种实际文件系统。嵌入式 Linux 系统中文件系统的体系架构如图 6.3 所示。

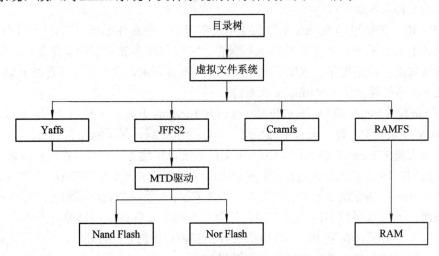

图 6.3 嵌入式 Linux 文件系统体系架构

用户空间包含一些应用程序(如文件系统的使用者)和 GNU C 库(glibc)，用来为文件系统调用(打开，读取，写和关闭)用户接口。系统调用接口的作用就像是交换器，它将系统调用从用户空间发送到内核空间中的适当端点。系统调用实际上是通过调用内核虚拟文件系统提供的统一接口来完成对各种设备的使用。

VFS(虚拟文件系统)就是把各种具体的文件系统的公共部分抽取出来，形成一个抽象层，是系统内核的一部分。它位于用户程序和具体的文件系统之间。它为用户程序提供了标准的文件系统调用接口，对具体的文件系统，它通过一系列的系统公用的函数指针来实际调用具体的文件系统函数，完成实际的有差异的操作。任何使用文件系统的程序必须经过这层接口来使用它。通过这样的方式，VFS 就对用户屏蔽了底层文件系统的实现细节和差异。

虚拟文件系统提供了很好的通用接口，使系统屏蔽了不同文件系统对于应用程序的差异。各种具体的操作由具体的文件系统按照各自的方式自己实现，如 Yaffs 文件系统、JFFS 等文件系统都有自己的实现方式，但这些文件系统都导出一组通用接口，供 VFS 使用。这种想法类似于面向对象中的多态：系统将不同的文件系统封存起来，向用户提供统一的接口。相同功能的函数被不同的文件系统重载，完成各自需要的操作。这使得添加新的文件系统也很容易，提高了 Linux 系统的可扩展性和兼容性。虚拟文件系统的使用体现了 Linux 文件系统的一大特点，即支持各种不同的文件系统。目前已经稳定支持的文件系统包括 ext、ext2、ext3、vfat、iso9660、proc、NFS、JFFS、JFFS2、SMB 和 ReisterFS 等。

2) 主要嵌入式文件系统介绍

嵌入式文件系统和基本的 Linux 文件系统原理是一样的，只是嵌入式文件系统针对嵌入式应用加入了一些特别的处理。由于 Flash 存储介质的读写特点，传统的 Linux 文件系统已经不适合应用在嵌入式系统中，如 ext2 文件系统是为像 IDE 那样的块设备设计的，这些设备的逻辑块是 512 KB、1024 KB 等大小，没有提供很好的扇区擦写支持，不支持损耗平衡，没有掉电保护，也没有特别完美的扇区管理，这不太适合于因设备类型而划分扇区大小的内存设备。基于这样的原因，产生了很多专为 Flash 设备而设计的文件系统，常见的专用于闪存设备的文件系统如下：

(1) Ramfs。传统型的 Ramfs 文件系统是最常用的一种文件系统，它是一种简单的、紧凑的、只读的文件系统，不支持动态擦写保存。它按顺序存放所有的文件数据，所以这种文件系统格式支持应用程序以 XIP 方式运行，在系统运行时，可以获得可观的 RAM 节省空间。µCLinux 系统通常采用 Ramfs 文件系统。

(2) Cramfs。Cramfs 是 Linux 的创始人 Linux Torvalds 开发的一种可压缩只读文件系统。在 Cramfs 文件系统中，每一页被单独压缩，可以随机访问，其压缩比高达 2∶1，为嵌入式系统节省了大量的 Flash 存储空间。Cramfs 文件系统以压缩方式存储，在运行时解压缩，所以不支持应用程序以 XIP 方式运行，所有的应用程序都要求被复制到 RAM 中运行，但这并不代表它比 Ramfs 需求的 RAM 空间要大，因为 Cramfs 采用分页压缩的方式存放档案，在读取档案时，不会耗用过多的内存空间，只会针对目前实际读取的部分分配内存，对尚没有读取的部分不分配内存空间，当读取的文件不在内存中时，Cramfs 文件系统自动计算压缩后的资料所存的位置，再即时解压缩到 RAM 中。

另外，它的速度快，效率高，其只读的特点有利于保护文件系统免受破坏，提高了系统的可靠性。但是它的只读属性同时又是它的一大缺陷，使得用户无法对其内容进行扩充。Cramfs 镜像文件通常是放在 Flash 中，但是也能放在别的文件系统里，使用 loopback 设备可以把它安装到别的文件系统里。使用 mkCramfs 工具可以创建 Cramfs 镜像文件。

(3) Ramfs/Tmpfs。Ramfs 也是 Linux Torvalds 开发的，Ramfs 文件系统把所有的文件都

放在 RAM 里运行，通常用来存储一些临时性或经常要修改的数据。相对于 ramdisk 来说，Ramfs 的大小可以随着所含文件内容的大小变化，不像 ramdisk 的大小是固定的。Tmpfs 是基于内存的文件系统，因为 Tmpfs 驻留在 RAM 中，所以写/读操作发生在 RAM 中。Tmpfs 文件系统大小可随所含文件内容的大小变化，使其能够最理想地使用内存。Tmpfs 驻留在 RAM 中，所以读和写几乎都是瞬时的。Tmpfs 的一个缺点是当系统重新引导时会丢失所有数据。

(4) JFFS2。JFFS2 是 Redhat 公司基于 JFFS 开发的闪存文件系统，最初是针对 Redhat 公司的嵌入式产品 eCos 开发的嵌入式文件系统，所以 JFFS2 也可以用在 Linux 和 µCLinux 中。JFFS 文件系统最早是由瑞典 Axis Communications 公司基于 Linux2.0 的内核为嵌入式系统开发的文件系统。JFFS2 是一个可读写、可压缩的日志型文件系统，并提供了崩溃/掉电安全保护，克服了 JFFS 的一些缺点，使用了基于哈希表的日志节点结构，大大加快了对节点的操作速度，支持数据压缩，提供了"写平衡"支持，支持多种节点类型，提高了对闪存的利用率，降低了内存的消耗。这些特点使 JFFS2 文件系统成为目前 Flash 设备上最流行的文件系统格式，它的缺点是当文件系统已满或接近满时，JFFS2 运行会变慢，这主要是因为碎片收集的问题。

(5) Yaffs。Yaffs/Yaffs2 是一种 JFFSx 类似的闪存文件系统，它是专为嵌入式系统使用 Nand 型闪存而设计的一种日志型文件。与 JFFS2 相比，它减少一些功能，所以速度更快，而且内存的占用比更小。此外，Yaffs 自带 Nand 芯片的驱动，并且为嵌入式系统提供了直接访问文件系统的 API，用户可以不使用 Linux 系统中的 MTD 与 VFS，直接对文件系统操作。Yaffs2 支持大页面的 Nand 设备，并且对大页面的 Nand 设备做了优化。Yaffs2 在闪存上表现并不稳定，更适合 Nor 闪存，Yaffs 是更好的选择。

在具体的嵌入式系统设计中，可根据不同目录存放的不同内容，以及存放的文件属性确定使用何种文件系统。

6.1.4　嵌入式 Linux 的开发步骤

嵌入式系统通常为一个资源受限的系统。直接在嵌入式系统的硬件平台上编写软件比较困难，有时甚至是不可能的。目前，一般采用的办法是：先在通用计算机上编写程序；然后，通过交叉编译生成目标平台上可运行的二进制代码格式；最后下载到目标平台上的特定位置上运行。对于使用 Linux 操作系统进行嵌入式开发来说，一般步骤如下：

(1) 建立嵌入式 Linux 交叉开发环境。交叉开发环境是指编译、链接和调试嵌入式应用软件的环境。它与运行嵌入式应用软件的环境有所不同，常采用宿主机/目标机模式。

目前，常用的交叉开发环境主要有开放和商业两种类型。开放的交叉开发环境的典型代表是 GNU 工具链，目前已经能够支持 x86、ARM、MIPS、PowerPC 等多种处理器。商业的交叉开发环境主要有 Metrowerks Code Warrior、ARM Software Development Toolkit、SDS Cross complier、WindRiver Tornado 和 Microsoft Embedded Visual C 等。

(2) 交叉编译和链接。在完成嵌入式软件的编码之后，就是进行编译和链接，以生成可执行代码。由于开发过程大多是在 Intel 公司的 x86 系列 CPU 通用计算机上进行的，而且目标环境的处理器芯片却大多为 ARM、MIPS、PowerPC、DragonBall 等系列的微处理器，这就要求在建立好的交叉开发环境中进行交叉编译和链接。

例如，在基于 ARM 体系结构的 gcc 交叉开发环境中，arm-linux-gcc 是交叉编译器，arm-linux-ld 是交叉编译器和链接器，如对于 M68K 体系结构的 gcc 交叉开发环境而言，就对应于多种交叉编译器和链接器。如果使用的是 COFF 格式的可执行文件，那么在编译 Linux 内核时，需要使用 m68k-coff-gcc 和 m68k-coff-ld，而在编译应用程序时则需要使用 m68k-coff-pic-gcc 和 m68k-coff-pic-ld。编写好的嵌入式软件经过交叉编译和交叉链接后，通常会生成用于调试的可执行文件和用于固化的可执行文件两种类型。

(3) 交叉调试。交叉调试就是通过在线仿真器对产品进行软硬件调试。

硬件调试：如果不采用在线仿真器，可以让 CPU 直接在其内部实现调试功能，并通过在开发板上引用的调试端口，发送调试命令和接受调试信息，完成调试过程。目前，ARM 公司提供的开发板上使用的则是 JTAG 调试端口。使用合适的软件工具与这些调试端口进行连接，可以获得与 ICE 类似的调试效果。

软件调试：在嵌入式 Linux 系统中，Linux 系统内核调试，可以先在 Linux 内核中设置一个调试桩(debug stub)，用做调试过程中与宿主机之间的通信服务器。而后可在宿主机中通过调试器的串口与调试桩进行通信，并通过调试器控制目标机上 Linux 内核的运行。

嵌入式上层应用软件的调试可以使用本地调试和远程调试两种方法。如果采用的是本地调试，首先要将所需的调试器移植到目标系统中，然后就可以直接在目标机上运行调试器来调试应用程序了；如果采用的是远程调试，则需要移植一个调试服务器到目标系统中，并通过它与宿主机上的调试器共同完成应用程序的调试。在嵌入式 Linux 系统的开发中，远程调试时目标机上使用的调试服务器通常是 gdbserver，而宿主机上使用的调试器则是 gdb。两者相互配合共同完成调试过程。

(4) 系统测试。在整个软件系统编译的过程中，嵌入式系统的硬件一般采用专门的测试仪器进行测试，而软件则需要有相关的测试技术和测试工具的支持，并要采用特定的测试策略。测试技术指的是软件测试的专门途径，以及能够更加有效地运用这些途径的特定方法。在嵌入式软件测试中，常常要在基于目标机的测试和基于宿主机的测试之间做出折中。基于目标机的测试需要消耗较多的时间和经费，而基于宿主机的测试虽然代价较小，但毕竟是在仿真环境中进行的，因此难以完全反映软件运行的实际情况。这两种环境下的测试可以发现不同的软件缺陷，关键是要对目标机环境和宿主机环境下的测试内容进行合理取舍。嵌入式软件测试中经常用到的测试工具主要有内存分析工具、性能分析工具、覆盖分析工具和缺陷跟踪工具等。

6.2　嵌入式 Linux 的常用命令

在 Linux 操作系统中，所有事物都被当做文件来处理：硬件设备(包括键盘和终端)、目录、命令和文件。不论是什么版本的 Linux，它们的命令都是通用的，大多数的 Linux 的命令格式为：command　[option] [source files(s)] [target file]。Linux 的命令是区分大小的。图 6.4 是 Redhat-Linux 的终端操作示意图。

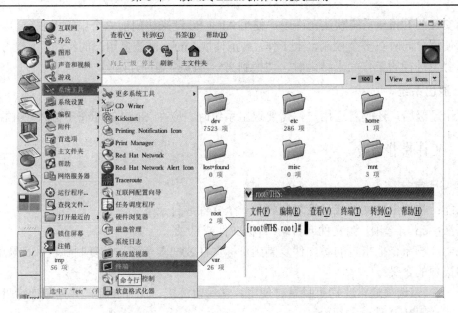

图 6.4　Redhat-Linux 的终端操作示意图

6.2.1　登录与退出命令

1. 登录系统

要登录 Linux，必须输入用户的账号。在系统安装过程中可以创建以下两种账号：

- root：超级用户账号(系统管理员)，用这个账号可以在系统中做任何事情。
- 普通用户：这个账号供普通用户使用，只能进行有限的操作。

用户登录分两步：① 输入用户的登录名。系统根据该登录名识别用户。② 输入用户的口令。该口令是用户自己设置的一个字符串。

当用户正确地输入用户名和口令后，就能合法地进入系统。屏幕显示：[root@localhost/root]#，这时就可以对系统进行各种各样的操作了。

注意：超级用户的提示符是"#"，其他用户的提示符是"$"。

2. 修改口令

为了更好地保护用户账号的安全，Linux 允许用户随时修改自己的口令。修改口令的命令是 Password。输入 Password 命令后，将提示用户输入旧口令和新口令，之后还要求用户再次确认新口令。如果用户忘记了口令，可以向系统管理员申请为自己重新设置。

3. 虚拟控制台

Linux 是一个真正的多用户操作系统，可以同时接受多个用户登录。Linux 允许一个用户进行多次登录，这是因为 Linux 和 UNIX 一样，提供了虚拟控制台的访问方式，允许用户在同一时间从控制台进行多次登录。

虚拟控制台的选择是可以通过按 Alt 键和一个功能键来实现的，通常使用功能键 F1～F6。例如，用户登录后，按下 Alt + F2 键就可以看到"Login"提示符，说明用户看到了第二个虚拟控制台，再次按 Alt+F1 键，就可以回到第一个虚拟台。

新安装的 Linux 系统默认允许用户使用 Alt + F6 键来访问前六个虚拟控制台。虚拟控制台可以使用户同时在多个控制台上工作，真正体现 Linux 系统多用户的特性，用户可以在某一虚拟台上进行的工作尚未结束时，切换到另一虚拟控制台开始另一项工作。

4. 退出系统

无论超级用户还是普通用户，需要退出系统时，应在 Shell 提示符下键入 exit 命令。

6.2.2　文件操作命令

1. CP 命令

功能：将给出的文件或目录复制到另一个文件或目录下。

语法：cp　[选项] 源文件或目录　目标文件或目录。

说明：该命令把指定的源文件复制到目标文件或把多个源文件复制到目标目录中。

各选项的含义：

- -a：该选项通常在拷贝目录时使用。它保留链接、文件属性，并递归地拷贝目录，其作用相当于 dpR 选项的组合。
- -d：拷贝时保留链接。
- -f：删除已经存在的目标文件而不提示。
- -i：和 f 选项相反，在覆盖目标文件之前将给出提示要求用户确认，回答 y 时目标文件将被覆盖，是交互式拷贝。
- -p：此时 cp 除复制源文件的内容外，还将把其修改时间和访问权限也复制到新文件中。
- -r：若给出的源文件是目录文件，此时 cp 将递归复制该目录下的所有子目录和文件。此时目标文件必须为一个目录名。
- -l：不复制，只是链接文件。

举例：[stul@ ghost stul] $ cp /etc/fstab~/fstab1，执行该命令后，将把/etc 目录下的文件 fstab 复制到用户 stul 的个人主目录/home/stul 下，复制后得文件名为 fstab1。

注意：为防止用户在不经意的情况下用 cp 命令破坏另一个文件，如用户指定的目标文件名已存在，用 cp 命令复制文件后，这个文件就会被源新文件覆盖。建议使用 cp 命令复制文件时，最好使用 i 选项。

2. mv 命令

功能：为文件或目录改名，或将文件由一个目录移入另一个目录中。

语法：mv　[选项] 源文件或目录　目标文件或目录。

说明：根据 mv 命令中第二个参数类型的不同(是目标文件还是目标目录)，mv 命令将文件重命名或将其移至一个新的目录中。当第二个参数类型是文件时，mv 命令完成文件重命名，此时，源文件只能有一个(也可以使源目录名)，它将所给出的源文件或目录重命名为给定的目标文件名。当第二个参数是已存在的目录名称时，源文件或目录参数可以有多个，mv 命令将多个参数指定的源文件均移至目标目录中。在跨文件系统移动文件时，mv 先复制，再将原有文件删除，而链至该文件的链接也将丢失。

各选项的含义：

● -i：交互方式操作。如果 mv 操作将导致对已存在的目标文件的覆盖，此时系统询问是否重写，要求用户回答 y 或 n，这样可以避免误覆盖文件。

● -f：禁止交互操作。在 mv 操作要覆盖某已经有的目标文件时不给出任何提示，指定此选项后，i 选项将不再起任何作用。

注意：为防止用户 mv 命令破坏另一个文件，使用命令移动文件时最好使用 i 选项。

3. rm 命令

功能：删除一个目录中的一个或多个文件或目录，它也可以将某个目录及其下的所有文件子目录均删除。对于链接文件，只是断开了链接，原文件保持不变。

语法：rm　[选项]　文件...

如果没有使用-r 选项，则 rm 不会删除目录。

各选项的含义：

● -f：忽略不存在的文件，从不给出提示。

● -r：提示 rm 将参数中列出的全部目录和子目录均递归删除。

● -i：进行交互式删除。

注意：使用 rm 命令要小心，一旦文件被删除，是不能被恢复的。为防止这种情况的发生，可以用 i 选项来逐个确认要删除的文件，如果用户输入 y，文件被删除。如果输入任何其他字符，文件则不会删除。

6.2.3　目录操作命令

1. mkdir 命令

功能：创建一个目录。

语法：mkdir　[选项]　dir-name

说明：创建由 dir-name 命令的目录。要求创建目录的用户在当前目录中(dir-name 的父目录中)具有写权限，并且 dir-name 不能是当前目录中已有的目录或文件名称。

各选项的含义：

● -m：对新建目录设置存取权限，也可以用 chmod 命令设置。

● -p：可以是一个路径名称。此时若路径中的某些目录不存在，加上此选项后，系统将自动建立好那些不存在的目录，即一次可以建立多个目录。

2. rmdir 命令

功能：删除空目录。

语法：rmdir　[选项]　dir-name

说明：dir-name 表示目录名。该命令从一个目录中删除一个或多个子目录项。需要特别注意的是，一个目录被删除之前必须是空的。

各选项的含义：

● -p：递归删除目录 dirname，当子目录删除后其父目录为空时，也一同被删除。如果整个路径被删除或者由于某种原因保留部分路径，则系统在标准输出上显示相应的信息。

3. cd 命令

功能：改变工作目录。

语法：cd　[directory]

说明：该命令将当前目录改变至 directory 所指定的目录。若没有指定 directory，则回到用户的主目录。为了改变到指定目录，用户必须拥有对指定目录的执行和读权限。该命令可以通配符。

注意：在 Linux 中，用"/"代表根目录，用".."代表上级的目录，用"-"代表用户的个人主目录，用"."代表当前目录。例如：[root@ ghost ssh] #cd　.. 执行该命令后，将从用户当前目录进入/etc 目录。

4. pwd 命令

功能：显示整个路径名。

语法：pwd。

说明：在 Linux 层次目录结构中，没有提示符来告知用户目前处于哪一个目录中，使用 pwd 命令可显示出当前工作目录的绝对路径。

5. ls 命令

功能：列出目录的内容。

语法：ls　[选项]　[目录或是文件]

说明：ls 是英文单词 list 的简写。对于每个目录，ls 命令将列出其中的所有子目录与文件。对于每个文件，ls 将输出其文件名以及所要求的其他信息。默认情况下，输出条目按字母顺序排序。当未给出目录名或者是文件名时，就显示当前目录的信息。

各选项的含义：

- -a：显示指定目录下所有子目录与文件，包括隐藏文件。
- -A：显示指定目录下所有子目录与文件，包括隐藏文件。但不列出"."".."。
- -b：对文件名中不可输出的字符用反斜杠加字符编号的形式列出。
- -c：按文件的修改时间排序。
- -C：分成多列显示各项。

6.2.4　文本操作命令

1. sort 命令

功能：对文件中的各行进行排序。该命令逐行对文件中的内容进行排序，如果两行的首字符相同，该命令将继续比较这两行的下一字符，如果还相同，继续进行比较。

语法：sort　[选项]　文件

说明：sort 命令对指定文件中所有的行进行排序，将结果显示在标准输出上。如不指定输入文件或使用"-"，则表示排序内容来自标准输入。

sort 命令根据从输入行抽取的一个或多个关键字进行比较。排序关键字定义了用来排序的最小的字符序列。缺省情况下以整行为关键字按 ASCII 字符顺序进行排序。

改变缺省设置的选项主要有：

- -m：若给定文件已排好序，合并文件。
- -c：检查给定文件是否已排好序，如果他们没有排好序，则打印一个出错信息，并以状态 1 退出。
- -u：对排序后认为相同的行只留其中一行。
- -o：输出文件将排序输出写到输出文件中而不是标准输出，如果输出文件是输入文件之一，sort 先将该文件的内容写入一个临时文件，然后再排序和写输出结果。

改变缺省排序规则的选项主要有：

- -d：按字典顺序排序，比较时仅字母、数字、空格和制表符有意义。
- -f：将小写字母与大写字母同等对待。
- -I：忽略非打印字符。
- -M：作为月份比较："JAN" < "FEB"。
- -r：按逆序输出排序结果。
- +pos1 -pos2：指定一个或几个字段作为排序关键字，字段位置从 pos1 开始，到 pos2 为止(包括 pos1，不包括 pos2)。如不指定 pos2，则关键字为从 pos1 到行尾。字段和字符的位置从 0 开始。
- -b：在每行中寻找排序关键字时忽略前导的空白(空格和制表符)。
- -t：separator：指定字符 separator 作为字段分隔符。

2．uniq 命令

功能：文件经过处理后，在其输出文件中可能会出现重复的行。这时，可以用 uniq 命令将这些重复行从输出文件中删除，只留每条记录的唯一样本。

语法：uniq　[选项]　文件

说明：该命令读取输入文件，并比较相邻的行。行比较根据所用字符集的排序序列进行，正常情况下，第二个及以后更多个重复行将被删除。该命令将执行结果写到输出文件中。输入文件和输出文件必须不同。如果输入文件用"-"表示，则从标准输入读取。

各选项含义：

- -c：显示输出中，每行行首加上本行在文件中出现的次数。它可取代-u 和-d 选项。
- -d：只显示重复行。
- -u：只显示文件中不重复的各行。
- -n：前 n 个字段与每个字段前的空白一起被忽略。一个字段是一个非空格、非制表符的字符串，彼此由制表符和空格隔开(字段从 0 开始编号)。
- +n：前 n 个字符被忽略，之前的字符被跳过(字符从 0 开始编号)。
- -fn：与-n 相同，这里 n 是字段数。
- sn：与+n 相同，这里 n 是字符数。

6.2.5　压缩与备份命令

1．tar 命令

功能：tar 可以为文件和目录创建档案。用户可以为某一特定文件创建档案(备份文件)，也可以在档案中改变文件，或向档案中加入新的文件。tar 命令可以把一大堆的文件和目录全部打包成一个文件。

语法：tar　[主选项+辅选项]　文件或者目录

说明：使用该命令时，主选项必须有，它告诉 tar 要做什么事情，辅选项可以选用。

主选项的含义：

- -c：创建新的档案文件。如果用户想备份一个目录或一些文件，就必须选择该选项。
- -r：把要存档的文件追加到档案文件的末尾。
- -t：列出档案文件的内容，查看已经备份了哪些文件。
- -u：更新文件，即用新增的文件取代原备份的文件，如果在备份文件中找不到要更新的文件，则把它追加到备份文件的最后。
- -x：从档案文件中释放文件。

辅助选项的含义：

- -b：为磁带机设定。其后跟一数字，用来说明区块的大小，系统预设值为 20。
- -f：使用档案文件或设备，该选项通常必选。
- -k：保存已经存在的文件。例如，把某个文件还原，在还原的过程中，遇到相同的文件不会进行覆盖。
- -m：在还原文件时，把所有的文件的修改时间设定为现在。
- -M：创建多卷的档案文件，以便在几个磁盘中存放。
- -v：详细报告 tar 处理的文件信息，如无该选项，tar 不报告文件信息。
- -w：每一步都要求确认。
- -z：用 gzip 来压缩/解压缩文件，加上该选项后可以将档案文件进行压缩，但是还原时也一定要使用该选项进行解压缩。

举例：

```
#tar cvf data .tar *          —>将所有文件打包成 data .tar，扩展名.tar 需自行加上
#tar cvzf data .tar .gz *     —>将所有文件打包成 data .tar，再用 gzip 压缩
#tar tvf data .tar            —>查看文件 data .tar 中包含那些文件
#tar xvf data .ta             —>解压 data .tar 文件
#tar zxvf data .tar .gz       —>将所有文件打包成 data .tar，扩展名.tar 需自行加上
```

2．gzip 命令

功能：对文件进行压缩和解压。

语法：gzip　[选项]　压缩(解压缩)的文件名

各选项的含义：

- -c：将输出写到标准输出上，并保留原有文件。
- -d：将压缩文件解压。
- -l：对每个压缩文件，显示的字段为压缩文件的大小；未压缩文件的大小；压缩比；未压缩文件的名字。
- -r：递归式地查找指定目录并压缩其中的所有文件或者是解压缩。
- -t：测试，检查压缩文件是否完整。
- -v：对每一个压缩文件和解压的文件，显示文件名和压缩比。

● -num：用指定的数字 num 调整压缩的速度，1 或 fast 表示最快的压缩方法(低压缩比)，
9 或 best 表示最慢的压缩方法(高压缩比)。系统缺省值为 6。

3. unzip 命令

功能：用 Windows 压缩软件 Winzip 压缩的文件在 Linux 系统中可以用 unzip 命令展开。
该命令用于将扩展名为 .zip 的压缩文件解压缩。

语法：unzip　[选项]　压缩文件名 .zip

各选项的含义：

● -x：文件列表(解压缩文件)，但不包括指定的 file 文件。
● -v：查看压缩文件目录，但不解压缩。
● -t：　测试文件有无损坏，但不解压缩。
● -d：目录，把压缩文件解到指定目录下。
● -z：只显示压缩文件的注解。
● -n：不覆盖已经存在的文件。
● -o：覆盖已经存在的文件且不要求用户确认。
● -j：不重建文档的目录结构，把所有文件解压到同一目录下。

6.2.6　用户相关命令

1. passwd 命令

功能：Linux 系统中，用 useradd 命令增加用户时，还需要用 passwd 命令为每一位新增
加的用户设置口令；用户可以随时用 passwd 命令改变自己的口令。

语法：passwd [用户名]

说明：只有超级用户可以用"passwd 用户名"命令修改其他用户的口令，普通用户只
能用不带参数的 passwd 命令修改自己的口令。使用方法如下：

先输入 passwd<enter>；再在(current) UNIX passwd：下输入当前的口令；接着在 new
password：提示下输入新的口令(在屏幕上看不到这个口令)；最后系统提示再次输入这个新
口令，输入正确后，新口令被加密并放入/etc/shdow 文件。

设定口令的规则：至少有六位字符；大小写字母、标点符号和数字混合。

超级用户修改其他用户(xxq)口令的过程如下：

```
# passwd root
New UNIX password
Retype new UNIX password：
Passwd：all authentication tokens updated successfully
#
```

2. su 命令

功能：让一个普通用户拥有超级用户或其他用户的权限，或让超级用户以普通用户的
身份做一些事情。普通用户使用该命令时，必须有超级用户或其他用户的口令。如要离开
当前用户的身份，可以输入 exit。

语法：su　[选项]　[?　]　[使用者账号]

说明：若没有指定使用者账号，则系统预设值为超级用 root。

各选项的含义：

- -c：执行一个命令后就结束。
- -e：加了这个减号的目的是使环境变量和要转换的用户相同。
- -m：保留环境变量不变。

Password：输入超级用户的密码。

6.2.7　磁盘管理命令

1．df 命令

功能：检查文件系统的磁盘空间占用情况。用该命令可获取硬盘被占用空间的信息。

语法：df　[选项]

说明：df 命令可显示所有文件系统对 i 节点和磁盘块的使用情况。

各选项的含义：

- -a：　显示所有文件系统的磁盘使用情况。
- -k：　以 k 字节为单位显示。
- -i：　显示 i 节点信息，而不是磁盘块。
- -t：　显示各指定类型的文件系统的磁盘空间使用情况。
- -x：列出不是某一指定类型文件系统的磁盘空间使用情况(与 t 选项相反)。
- -T：显示文件系统类型。

2．du 命令

功能：统计目录(或文件)所占磁盘空间的大小。

语法：du　[选项]　[Names…]

说明：该命令逐级进入指定目录的每一个子目录并显示该目录占用文件系统数据块(1024 字节)的情况。若没有给出 Names，则对当前目录统计。

各选项的含义：

- -s：对每个 Names 参数只给出占用的数据块总数。
- -a：递归地显示指定目录中的各文件及子孙目录中各文件占用的数据块。
- -b：以字节为单位列出磁盘空间的使用情况(系统缺省以 k 字节为单位)。
- -k：以 1024 字节为单位列出磁盘空间的使用情况。
- -c：最后再加上一个总计(系统缺省设置)。
- -l：计算所有的文件大小，对硬链接文件，则计算多次。
- -x：跳过在不同文件系统上的目录不予统计。

3．dd 命令

功能：把指定的输入文件复制到指定的输出文件中，可以在复制过程中进行格式转换。

注意：应将硬盘上的寄存文件用 rm 命令删除。系统默认用标准输入文件和标准输出文件。

语法：dd　[选项]

各选项的含义：

- if=输入文件(或设备名称)。
- of=输出文件(或设备名称)。
- ibs=bytes：一次读出 bytes 字节，即读入缓冲区字节数。

4．fdformat 命令

功能：低级格式化软盘。

语法：format　[-n]　device

其中，-n 表示软盘格式化后不作检验；device 指定要进行格式化的设备。

说明：软盘在使用前必须先做格式化操作，然后可以用 tar、dd、cpio 等命令存储数据，也可以在软盘上建立可安装的文件系统。

6.2.8　权限管理命令

在 Linux 系统中，每个文件和目录都有访问许可权限，用来确定谁可以通过何种方式对文件和目录进行访问和操作。

文件或目录的访问权限分为只读、只写和可执行三种。以文件为例，只读权限表示只允许读其内容，禁止对其做任何的更改操作；可执行权限表示允许将该文件作为一个程序执行。文件被创建时，文件所有者将自动拥有对该文件的读、写和可执行权限，以便于对文件的阅读和修改。用户也可根据需要把访问权限设置为需要的任何组合。

有三种不同类型的用户可对文件或目录进行访问：文件所有者、同组用户和其他用户。所有者一般是文件的创建者，可以允许同组用户有权访问文件，还可以将文件的访问权限赋予系统中的其他用户。在这种情况下，系统中每一位用户都能访问该用户拥有的文件或目录。

每个文件或目录的访问权限都有三组，每组用三位表示，分别为文件属主的读、写和执行权限；与属主同组的用户的读、写和执行权限；系统中其他用户的读、写和执行权限。当用 ls-1 命令显示文件或目录的详细信息时，最左边的一列为文件的访问权限。例如：

　　　$ls-1 sobsrc.tgz

　　　-rw-r--r--1 root root 483997 Jul 15 17：31 sobsrc.tgz

横线代表空许可，r 代表只读，w 代表写，x 代表可执行。

注意：这里有 10 个位置。第一个字符指定文件类型。通常，一个目录也是一个文件。如果第一个字符是横线，表示是一个非目录的文件。如果是 d，表示一个目录。

例如：-rw-r--r-- (对应：普通文件 文件主 组用户 其他用户)表示文件 sobsrc.tgz 的访问权限。其中，第一个横线表示 sobsrc.tgz 是一个普通文件；其余表示 sobsrc.tgz 的属主有读写权限；与 sobsrc.tgz 属主同组的用户只有读权限；其他用户也只有读权限。

确定一个文件的访问权限后，用户可以利用 Linux 系统提供的 chmod 命令重新设定不同的访问权限，或用 chown 命令更改某个文件或目录的所有者，用 chgrp 命令更改某个文件或目录的用户组。

1. chmod 命令

功能：用于改变文件或目录的访问权。该命令有两种用法：一种是包含字母和操作符表达的文字设定法；另一种是包含数字的数字设定法。

1) 文字设定法

语法：chmod　[who]　[+ | - | =]　[mode]　文件名？

各选项的含义：

● who：操作对象，可以是 u、g、o、a 字母中的任意一个或它们的组合。其中，u 表示"用户(user)"，即文件或目录的所有者；g 表示"同组(group)用户"，即与文件属主有相同组 ID 的所有用户；o 表示"其他(others)用户"；a 表示"所有(all)用户"，它是系统默认值。

● 操作符号的含义：+为添加某个权限；-为取消某个权限；=则为赋予给定权限并取消其他所有权限(如果有的话)。

● mode：设置权限，可用以下字母的任意组合。r 为可读；w 为可写；x 为可执行；X 为只有目标文件对某些用户是可执行的或该目标文件是目录时才追加 x 属性；s 为在文件执行时把进程的属主或组 ID 设置为该文件的文件属性。方式"u+s"设置文件的用户 ID 位，"g+s"设置组 ID 位；t 为保存程序的文本到交换设备上；u 为与文件属主拥有一样的权限；g 为与和文件属主同组的用户拥有一样的权限；o 为与其他用户拥有一样的权限。一个命令行中可给出多个权限方式，期间用逗号隔开。例如：chmod g+r，o+r example　该命令使同组和其他用户对文件 example 有读权限。

● 文件名：以空格分开的要改变权限的文件列表，支持通配符。

2) 数字设定法

语法：chmod　[mode]　文件名？

说明：用数字表示属性的含义。0 表示没有权限；1 表示可执行期限；2 表示可写权限；4 表示可读权限，然后将其相加。数字属性的格式应该为 3 个从 0 到 7 的八进制数，其顺序是(u)(g)(o)。例如，如果想让某个文件的属主有"读/写"两种权限，则为 4(可读)+(可写)=6(读/写)。

2. chgrp 命令

功能：改变文件或目录所属的组。

语法：chgrp　[选项]　group filename？

说明：group 可以是用户组 ID，也可以是/ete/group 文件中用户组的组名。文件名是以空格分开的要改变属组的文件列表，支持通配符。如果用户不是该文件的属主或超级用户，则不能改变该文件组。

各选项的含义：

● -R：递归式地改变指定目录及其下的所有子目录和文件的属组。

3. chown 命令

功能：更改某个文件或目录的属主和属组。例如，root 用户把自己的一个文件复制给用户 xu，为了让用户 xu 能够存取这个文件，root 用户应该把该文件的属主设为 xu，否则，用户 xu 无法读取这个文件。

语法：chown　[选项]　用户或组文件

说明：chown 将指定文件的拥有者改为指定的用户或组。用户可以是用户名或用户 ID；组可以是组名或组 ID。文件使用空格分开的、要改变权限的文件列表，支持通配符。

各选项的含义：

● -R：递归式地改变指定目录及其下的所有子目录和文件的拥有者。

● -v：显示 chown 命令所做的工作。

6.2.9　其他操作命令

1. echo 命令

功能：在显示器上显示一段文字，以作为提示。

语法：echo　[-n]　字符串

说明：选项 n 表示输出文字后不换行；字符串可以加引号，也可以不加引号。

用 echo 命令输出加引号的字符串时，将字符串原样输出；输出不加引号的字符串时，将字符串中的各个单词作为字符串输出，各字符串之间用一个空格分割。

2. cal 命令

功能：显示某年某月的日历。

语法：cal　[选项]　[月[年]]

各选项含义：

● -j：显示给定月中的每一天是一年中的第几天(从 1 月 1 日算起)。

● -y：显示整年的日历。

3. Date 命令

功能：显示和设置系统日期和时间。

语法：date　[选项]　显示时间格式(以+开头，后面接格式)

各选项的含义：

● -d datestr，--date datestr：显示由 datestr 描述的日期。

● -s datestr，--set datestr：设置 datestr 描述的日期。

● -u，--universal：显示或设置通用时间。

时间域：

%H：小时(00..23)。

%M：分(00..59)。

%p：显示出 AM 或 PM。

%r：时间(hh：mm：ss AM 或 PM)，12 小时制。

%S：秒(00..59)。

%T：时间(24 小时制)(hh：mm：ss)。

%X：显示时间的格式(%H：%M：%S)。

%c：日期和时间(Mon Nov 8 14：12：46 CST 1999)。

%D：日期(mm/dd/yy)。

注意：只有超级用户才有权限使用 date 命令设置时间，一般用户只能用 date 命令显示时间。

4. clear 命令

功能：清除屏幕上的信息。清屏后，提示符移动到屏幕左上角。

6.3　嵌入式 Linux 开发环境的构建

6.3.1　操作系统的安装

建立嵌入式 Linux 开发环境，一般有三种办法：一是在 Windows 系统下安装虚拟机，再在虚拟机中安装 Linux 操作系统；二是安装基于 PC Windows 操作系统下的 CYGWIN；三是直接安装 Linux 操作系统。

1. 系统安装程序的获取

Linux 系统是一个开源操作系统，它有很多版本。本节采用的 Linux 是 Fedora 11.0 版本，它是红帽子 Linux 的最新升级版本。

Redhat Linux 最新操作系统 Fedora 原版的安装程序可以在很多网站上获得，如红联(www.linux110.com)网站就提供下载连接，具体地址为 http://www.linuxdiyf.com/viewarticle .php?ip=13067。

在这个页面上，提供的镜像文件大多为 CD-ROM 镜像，只有面向 64 位 CPU 的镜像文件中提供 DVD 类型的镜像文件。用户下载这些镜像文件用 WinRAR 解压后，可以用 Nero 等刻录程序到光盘上。

2. 对开发 PC 的性能要求

Redhat Linux Fedora 11.0 安装后占用空间在 2.4～5 GB 之间，还要安装 ARM-Linux 开发软件，因此对开发计算机的硬盘空间要求较大。基本要求如下：

- CPU：高于奔腾 500 MHz，推荐高于赛扬 1.7 GHz。
- 内存：大于 128 MB，推荐使用 256 MB 以上。
- 硬盘：大于 10 GB，推荐使用 40 GB 以上。

3. Linux 操作系统的安装

Linux 操作系统可以和 Windows 操作系统共存于 PC 中。当一个 PC 安装这两种操作系统时，一般先安装 Windows 操作系统，再安装 Linux 系统，两系统互相不影响。在安装前，首先要空出 10 GB 以上的磁盘空间，并且不进行分区。为了不影响 Windows 操作系统，这部分空间一般位于磁盘空的尾部。可用 Symantec 公司的 Norton Partition Magic8.05(分区魔法师)软件进行磁盘空间的分配。

在已有的 Windows XP 操作系统下安装 Linux 系统，既可从光盘安装，又可由硬盘安装。其中从光盘安装简单些，其方法是：首先在 BIOS 里将计算机的启动设备设置为光驱，然后将刻录好的 DVD 光盘(或 CD 光盘的第一张)放到光驱中。这样启动计算机时，系统从光盘启动进入 Redhat Linux Fedora 的安装程序，最后依次按照提示操作即可。

4. Linux 系统运行

系统安装后，重新启动计算机，会有一个 Grub 引导程序界面，默认情况下选择用 Linux

启动。若希望用 Windows 启动，则在 Grub 启动后 5 秒内按任意键，然后选择 Other 项，即可进入 Windows 启动。

　　Linux 启动后，按提示输入用户名 root 和相应的密码进入 Linux 系统，从运行界面可看到 Linux 安装成功。

6.3.2　开发环境的配置

　　系统安装好之后，需要配置好开发环境才能与开发板进行通信。一般情况下，开发主机与开发板之间的通信端口有三种：串口、USB 口和网口。用户可根据自己开发时使用的端口相应地配置。这里介绍串口和网口的配置方法。

1. 串口配置方法

　　Linux 下配置串口的程序是 Minicom，它类似于 Windows 中的"超级终端"。配置的过程如下：

　　1) 运行 Minicom

　　单击系统菜单【应用程序】，选择子菜单【附件】，打开【终端】程序，输入 minicom -s。此时，"终端"程序的显示窗口列出 Minicom 的配置菜单。

　　2) 配置参数

　　选择 Serial port setup，进入串口配置选项；然后选择 A，设置 Serial Device 为/dev/ttyS0，表示串口 1(如果有多个串口可以根据自己具体的情况进行选择，一般 PC 只有一个串口，就是 COM1，即 ttyS0)；再选择 E，设置波特率为 115200；最后选择 F，设置 Hardware Flow Control 模式 No。完成后按【Enter】键，回退到上一层菜单。

　　3) 保存

　　在 Minicom 的配置菜单中选择 Save setup as df1，保存刚才的设置即可。

2. 网口配置方法

　　使用网口进行数据传输需要配置网口的传输协议，在 Linux 下用于网传输协议的主要有 NFS 和 TFTP。

　　1) NFS

　　NFS 是由 SUN 公司发展的分散式文件系统。它可以让用户通过连接的网络将其他电脑所共享的文件目录映射到自己的系统下。用户在操作这些文件和目录时，感觉如同存储在本机上一样。共享出目录的一方称为 NFS 服务端，另一方称为 NFS 客户端。开发时，宿主机就是 NFS 服务端，目标机就是 NFS 客户端，在客户端使用服务器端的共享文件时，就像使用自己系统的文件一样方便。

　　首先单击系统菜单【应用程序】，选择子菜单【附件】，打开【终端】程序，输入 setup；然后打开文本模式设置工具，选择"系统服务"，按【Enter】键或按【Tab】键选中【运行工具】按钮。运行工具后，进入"服务"窗口，按【↑】和【↓】键选择要设置的项，将 NFS 设置为启动，将 iptables ipchains 设置为关闭。控空格键设置该服务项的启动与关闭，当该服务为启动时，该项服务前的括号内有一圆点。按【Enter】键退出，然后退出文本模式设置工具，回到"终端"程序，输入/etc/rc.d/init.d/nfs restart，NFS 服务就打开了。

　　打开 NFS 后，要想使宿主机与目标机能共享，还需要配置 exports 目录，也就是配置共享目录。当在目标机上 mount 该目录时，就能像访问自己机器中的文件一样访问该目录。所以，在调试时所有的程序最后都放在这个目录下。

注意，此时在板子上运行的程序实际上还是在主机上的，只不过是以网络文件系统(NFS)的方式挂载(mount)上去而已。

打开文件系统内的 etc 文件夹，找到 exports 文件，选中该文件单击鼠标右键，选择"用'文本编辑器'打开"命令，在 exports 中加入下面一行命令：

　　　　/mnt/abc 192.168.0.2 (rw,insecure, no_root_squash, no_all_squash)

其中，/mnt/abc 为宿主机上一个已存在的目录。192.168.0.2 是目标机(开发板)的 IP。这里 IP 地址一定要具体，有些资料上写成 192.168.0.*或 192.168.0.1/24，均是虚指，必须具体指定具体 IP 后才能正常通信。

输入好后，单击【保存】按钮，退出 exports 文件的编辑。退出后再重新打开"终端"，输入：/etc/rc.d/init.d/nfs restart，则 NFS 配置完成。

2) TFTP

TFTP 是一个传输文件的简单协议，它基于 UDP 协议实现，但有些 TFTP 协议也是基于其他传输协议完成。此协议设计时是进行小文件传输的。TFTP 服务器是由超级守护进程 xinetd 运行的，这使得 TFTP 服务器的配置操作比独立运行守护进程的服务器(如 vsftpd)简单得多。

因为 TFTP 是由超级守护进程 xinetd 运行的，所以首先要确认系统安装了 xinetd。如果没有安装，要到 Redhat Linux Fedora 安装程序的\Fedora\RPMS 文件夹下找到压缩文件 xinetd-2.3.13-6.2.1.x86_64.rpm；双击该文件，安装 xinetd 守护进程；然后再在该文件夹下找到压缩文件 tftp-server-0.41-1.2.1.x86_64.rpm，双击该文件，安装；安装完成后，单击系统菜单【应用程序】，选择子菜单【附件】，打开【终端】程序，输入 setup；打开文本模式设置工具，选择"系统服务"，然后按【Enter】键或【Tab】键选中【运行工具】按钮；进入"服务"窗口后，按【↑】和【↓】键选择要设置的项，将 TFTP 设置为启动，将 iptables ipchains 设置为关闭；如果没有安装 TFTP，将不会出现此选项。按【Enter】键退出，然后退出文本模式设置工具。

同 NFS 一样，TFTP 服务也需要配置共享目录，只不过配置的方法不同。在计算机的文件系统内，找到文件/etc/xinetd.d/tftp，选中该文件单击鼠标右键，选择"用'文本编辑器'打开"命令打开文件，把"disable=yes"改成"disable=no"，把"server_args=-s/tftpboot"改成"server_args=-s/mnt/abc"，这里/mnt/abc 就是共享目录。修改完成后，保存文件。

再打开"终端"程序，输入/etc/rc.d/init.d/xinetd restart，TFTP 服务就打开了。至此，TFTP 配置完成。

6.3.3　交叉编译环境构建

在嵌入式系统的开发过程中，由于目标机的资源有限，因此在目标机的硬件上无法安装系统开发所需的编译器，只能借助宿主机，在宿主机上对即将运行在目标机上的应用程序进行编译，生成可在目标机上运行的代码格式。因此简单地讲，交叉编译就是在一个平台上生成可以在另一个平台上执行的代码。注意这里的平台，实际上包含体系结构

(Architecture)和操作系统(Operating System)两个概念。同一个体系结构可以运行不同操作系统；同样，同一个操作系统也可以在不同的体系结构上运行。

1．交叉编译工具下载和版本选择

Crosstool 是一组脚本工具集，是由美国人 Dan Kegel 开发的一套可以自动编译不同的匹配版本 gcc 和 glibc，并作测试的脚本程序。它也是一个开源项目，下载地址是 http://kegel.com/crosstool。用于 Crosstool 构建交叉工具链要比用户自己动手创建交叉编译环境容易和方便得多，对于仅仅为了工作需要构建交叉编译工具链的读者建议使用此方法。用 Crosstool 工具构建所需资源如表 6.1 所示。

表 6.1　Crosstool 工具构建所需资源

安 装 包	下 载 地 址
crosstool-0.42.tar.gz	http://kegel.com/crosstool
linux-2.6.10.tar.gz	ftp.kernel.org
binutils-2.15.tar.bz2	ftp.gnu.org
gcc-3.3.6.tar.gz	ftp.gnu.org
glibc-2.3.2.tar.gz	ftp.gnu.org
glibc-linuxthreads-2.3.2.tar.gz	ftp.gnu.org
linux-libc-headers-2.6.12.0.tar.bz2	ftp.gnu.org

2．准备资源文件

首先从网上下载所需要的资源文件 linux-2.6.10.tar.gz、binutils-2.15.tar.bz2、gcc-3.3.6.tar.gz、glibc-2.3.2.tar.gz、glibc-linuxthreads-2.3.2.tar.gz 和 linux-libc-headers-2.6.12.0.tar.bz2。然后将这些工具包文件放在文件夹/home/make/downloads 下，注意不要解压。打开"终端"程序，进入目录 /home/make/downloads，然后在 /home/make 目录下解压 crosstool-0.42.tar.gz，命令如下：

```
# cd   /home/make
#tar   -xvzf crosstool-0.42.tar.gz
```

3．建立脚本文件

在 crosstool-0.42 文件夹中，可以看到目录下有很多.sh 脚本和.dat 配置文件。找到要交叉编译的 CPU 所对应的脚本，如我们要交叉编译的 CPU 是 S3C2410，则选用 demo-arm9tdmi.sh。复制该文件，命名为 arm.sh，并打开 arm.sh 脚本文件，做如下修改(程序中加粗处)：

```
#! /bin/sh
# This script has one line for each known working toolchain
# for this architecture.   Uncomment the one you want.
# Generate by generate-demo.pl from buildlogs/all.dats.txt

set   -ex
TARBALLS_DIR=/home/make/downloads        #定义工具链源码所存放位置
```

```
RESULT_TOP=/mnt/abc/crosstool                    #定义工具链的安装目录
export TARBALLS_DIR RESULT_TOP
GCC_LANGUAGES="c,c++"                            #定义支持 C, C++语言
export    GCC_LANGUAGES

mkdir -p    $RESULT_TOP                          #创建/mnt/abc/crosstool 目录
#eval'cat    arm9tdmi.dat    gcc-3.2.3-glibc-2.2.5.dat'sh all.sh -notest
  ⋮
#eval'cat    arm9tdmi.dat    gcc-4.1.0-glibc-2.3.2.dat' sh    all.sh    -notest
#  这是工具链的版本号选择，注释表示不用该版本。
eval'cat    arm9tdmi.dat    gcc-3.3.6-glibc-2.3.2.dat' sh    all.sh    -notest
#  这是本例选择的工具链版本号。
echo    Done.
```

4. 建立配置文件

在 arm.sh 脚本文件中，注明了需要用 arm9tdmi.dat 和 gcc-3.3.6-glibc-2.3.2.dat 两个文件，这两个文件是作为 Crosstool 的编译配置文件。其中 arm9tdmi.dat 主要用于定义配置文件、定义生成编译工具链的名称以及定义编译选项等。文件内容如下：

```
KERNELCONFIG= 'pwd'/ arm.config  #内核的配置
TARGET=arm-9tdmi-linux-gnu            #编译生成的工具链名称
GCC_EXTRA_CONFIG="- -with-cpu=arm9tdmi --enable-cxx-flags=-mcpu=arm9tdmi"
TARGET_CFLAGS="-O"            #非编译选项
```

gcc-3.3.6-glibc-2.3.2.dat 文件主要定义编译过程中所需要的库及它定义的版本。如果在编译过程中发现有些库不存在时，Crosstool 会自动在相关网站上下载，该工具在这点上相对比较智能，也非常有用。该文件内容如下：

```
BINUTILS_DIR=binutils-2.15
GCC_DIR=gcc-3.3.6
GLIBC_DIR=glibc-2.3.2
GLIBCTHREADS_FILEANME=glibc-linuxthreads-2.3.2
LINUX_DIR =linux-2.6.10
LINUX_SANITIZED_HEADER_DIR=linux-libc-headers-2.6.12.0
```

5. 执行脚本

将 Crosstool 的脚本文件和配置文件准备好之后，就可以执行 arm.sh 脚本来编译交叉编译工具了；具体操作如下。

进入 crosstool-0.42 目录，双击 arm.sh 文件，弹出提示框，选择[在终端中运行]按钮。经过数小时的漫长编译之后，会在/mnt/abc/crosstool 目录下生成新的交叉编译工具，其中包括以下内容：

```
arm-linux-addr2line    arm-linux-gcc++         arm-linux-ld      arm-linux-size
arm-linux-ar           arm-linux-gcc           arm-linux-nm      arm-linux-strings
```

arm-linux-as	arm-linux-objcopy	arm-linux-strip	arm-linux-ranlib
arm-linux-c++	arm-linux-gccbug	arm-linux-objdump	arm-linux-cpp
arm-linux-c++filt	arm-linux-gcov	fix-embedded-paths	
arm-linux-gprof	arm-linux-readelf	arm-linux-gcc-3.3.6	

6．添加环境变量

最后，将生成的编译工具链路径添加到环境变量 PATH 中，添加的方法是在系统 /etc/bashrc 文件的最后加下面一行：

export　　PATH=/mnt/abc/crosstool/gcc-3.3.6-glibc-2.3.2/arm-linux/bin:$PATH

设置完环境变量，也就意味着交叉编译工具链已经构建完成。

7．测试交叉编译工具链

交叉编译工具链建立完成后，可以通过一个简单的程序来测试是否能够正常工作。写一个最简单的 hello.c 源文件，内容如下：

```
#include<stdio.h>
int main()
{
    printf("Hello, word!\n");
    return  0;
}
```

通过以下命令进行编译，编译后生成名为 hello 的可执行文件：

```
#arm-linux-gcc   -o   hello    hello.c
```

通过 file 命令可以查看文件的类型：

```
# file    hello
hello: ELF   32-bit   LSB    executable, ARM, version  1  (ARM),   for
GNU/Linux2.6.8,dynamically linked (uses shared    libs),not stripped
```

显示以上信息表明交叉工具链正常安装了，通过编译生成了 ARM 体系可执行的文件。但是生成的 hello 文件是还未 strip 过的，通过执行命令 arm-linux-strip 可去掉其中的调试信息，这样文件将减少很多。

```
#arm-Linux-strip   hello
```

注意，通过该交叉编译链编译的可执行文件只能在 ARM 体系下执行，不能在基于 x86 的 PC 上执行。

6.3.4　Makefile 和 Make

在 Linux 和 UNIX 环境中有一个强大的实用程序 Make，它可将多个模块编译成可执行文件。用户利用 Make 工具可以将大型开发项目分解成为多个更易于管理的模块。对于一个包括几百个源文件的应用程序来说，使用 Make 和 Makefile 工具就可以简洁明快地理顺各个源文件之间纷繁复杂的相互关系。因此，有效利用 Make 和 Makefile 工具可以大大提高项目开发的效率。

1. Makefile

Make 工具最主要也是最基本的功能就是通过 Makefile 文件来描述源程序之间的相互关系，并自动维护编译工作。而 Makefile 文件需要按照某种语法进行编写，文中需要说明如何编译各个源文件并连接生成可执行文件，且要求定义源文件之间的依赖关系。

Makefile 中一般包含如下内容：

- 需要由 Make 工具创建的项目，通常是目标文件和可执行文件。通常使用"target"一词来表示要创建的项目。
- 要创建的项目依赖的文件。
- 创建每个项目时需要运行的命令。

例如，现在有一个 C++源文件 test.c，该源文件包含有自定义的头文件 test.h，则目标文件 test.o 明确依赖于两个源文件 test.c 和 test.h。另外，如果用户只希望利用 g++命令来生成 test.o 目标文件，这时，就可以利用如下的 Makefile 来定义 test.o 的创建规则：

```
#This makefile just is a example.
#The following lines indicate how test.o depends
#test.C and test.h,and how to create test.o
Test.o：test.c    test.h
        g++ -c -g test.c
```

从上面的例子可注意到，第一个字符为#的行为注释行。第一个非注释行指定 test.o 为目标，并且依赖于 test.c 和 test.h 文件；随后的行指定了如何从目标所依赖的文件建立目标。当 test.c 或 test.h 文件在编译之后又被修改，则 Make 工具可自动重新编译 test.o。如果在前后两次编译之间，test.c 和 test.h 均没有被修改，而且 test.o 还存在的话，就没有必要重新编译。这种依赖关系在多源文件的程序编译中尤其重要，通过这种依赖关系的定义，Make 工具可避免许多不必要的编译工作。

一个 Makefile 文件中可定义多个目标，利用 make target 命令可指定要编译的目标，如果不指定目标，则使用第一个目标。通常，Makefile 中定义有 clean 目标，可用来清除编译过程中的中间文件，例如：

```
clean:
rm -f *.o
```

运行 make clean 时，将执行 rm -f *.o 命令，最终删除编译过程中产生的所有中间文件。

Makefile 除提供建立目标的基本功能之外，还有许多便于表达依赖性关系及建立目标的命令特色。其中之一就是变量或宏的定义能力。

另外，Makefile 可以包含其他的 Makefile，引用时书写为：

```
include<filename>
```

Makefile 里可以执行 shell 命令，这个功能带来了很大的方便。

2. Make 用法

Makefile 文件建立好后，就可以通过 make 命令使用 Makefile 文件了。如果直接运行 make，可以在 make 命令的后面输入目标名，即可建立指定的目标。如#make -o abc.o。也可以用 make -f mymakefile 这样的命令指定 make 使用特定的 Makefile，而不是默认的

GNUmakefile、makefile 或 Makefile。如：#make -f abc.txt。

除了可以用 make、make install 命令外，也可以用 make clean、make depend、make tags 或其他 Makefile 文件制定的命令，这些命令将执行 Makefile 文件中一段与该命令相关的代码，而其他代码则不执行。

Make 命令还有一些其他选项，如表 6.2 所示。

表 6.2　Make 命令的常用命令行选项

命令行选项	含　义
-C DIR	在读取 Makefile 之前改变到指定的目录 DIR
-f FILE	以指定的 FILE 文件作为 Makefile
-h	显示所有的 Make 选项
-i	忽略所有的命令执行错误
-I DIR	当包含其他 Makefile 文件时，可利用该选项指定搜索目录
-n	只打印要执行的命令，但不执行这些命令
-p	显示 Make 变量数据库和隐含规则
-s	在执行命令时不显示命令
-w	在处理 Makefile 之前和之后，显示工作目录
-W FILE	假定文件 FILE 已经被修改

Make 还包含有一些内置的或隐含的规则，这些规则定义了如何从不同的依赖文件建立特定类型的目标。

6.3.5　镜像文件的烧写

当用户将自己的程序编写及生成可执行的应用程序以后，需要将该程序烧写到目标板上，并且加入到嵌入式目标板的 Linux 系统中。当用户开发程序能正常地在目标板上运行时，才表示开发成功。将开发好的应用程序烧写到目标板，并让其正常运行还需要一些必备的工作。

1. 将应用程序加入到 Linux 系统

将生成的可执行文件加入到 Linux 文件系统中，需要重新制作文件系统。嵌入式系统中常见的文件系统有 RamDisk、Cramfs、JFFS、JFFS2 和 Yaffs 等。考虑到教学的需要，这里采用了 RamDisk。

首先从 www.Linux.com 网站上下载 Linux 的文件系统镜像压缩文件 ramdisk.image.gz；然后在根目录下新建一个目录 ramdisk，将 ramdisk.image.gz 复制到该目录下并解压，此时根目录下会生成 ramDisk.image，即为解开后的 Linux 的文件系统镜像文件；再将 ramdisk.image 文件系统镜像文件 mount 到新建目录 ramdisk 中：

　　　#mount -o loop ramdisk.image ramdisk/

此时用户就可以加入自己的应用程序 hello 了，具体步骤如下：

　　　#cd /ramdisk→#mkdir Myapp→#cd Myapp→#mkdir hello→#cd hello→#cp /hello

这是在终端命令行状态下的操作，用户也可以通过操作完成。注意，这里的 Myapp 目录名可以自己定义。复制完程序后，退出挂载：

> #umount /ramdisk

然后，重新压缩新生成的 ramdisk.image 文件系统镜像文件：

> #gzip /ramdisk.image /ramdisk.image.gz

下载烧写新的 ramdisk.image.gz 到目标板：

> cp /ramdisk.image.gz /tftpboot

重启目标板，可以看到文件系统中出现了 Myapp 目录，在 hello 目录中出现了可执行文件 hello，就可以运行文件了：

> #cd Myapp
> cd hello
> ./hello

2．让应用程序自动启动

在很多嵌入式系统中，由于可用资源少，因此常常在系统启动后就直接让应用程序自动启动，以减少用户操作和节省资源。如何让自己的应用程序自动启动呢？在 Linux 系统中，配置应用程序自动启动的方法有以下三种：

(1) 通过/linuxrc 脚本直接启动。Linux 内核一旦开始执行，它将通过驱动程序来初始化所有硬件设备。这个初始化过程可以在启动时的 PC 显示器上看到，每个驱动程序都打印一些相关信息。初始化完成后，通常调用的是 init，通过 loader 调用 init 内的 init=/app_program 语句。嵌入式应用开发中，可以根据实际情况将用户的程序写入 init 文件。

(2) 在/etc/initd/下添加启动脚本。一般情况下，大多数的 Linux 操作系统使用/etc.init.d/(或/etc/rc.d/init.d)下的脚本来配置应用程序的自动启动。例如，在某些 Linux 系统中，corn 程序通过/etc/init.d/corn 脚本启动；Apache 通过/etc/init.d/httpd 启动；syslogd 通过/etc/init.d/syslogd 启动；而 sshd 则通过/etc/init.d/sshd 脚本启动。

(3) 直接在/etc/rc.d/rc.local 脚本中添加命令。在 Linux 系统中，有一个类似 Windows 系统中 autoexec.bat 的文件，它就是/etc/rc.d/rc/local。系统开机后自动运行用户的应用程序或启动系统服务的命令保存在开发板根文件系统这个文件中。因此可以通过修改 rc.local 文件中的命令来达到开机自动运行用户应用程序的目的。下面就以修改/usr/etc/rc.local 文件的方式来说明如何配置自动启动程序：首先解压 ramdisk.image.gz 文件；然后再挂载到系统中；接着创建自己的应用程序文件夹 hello，将所要自动运行的应用程序 hello 复制到该文件夹；再打开/usr/etc/rc.local 文件，在最后一行加入/Myapp/hello/hello；最后按上面的烧写顺序将 ramdisk.image 打包下载到目标板并启动运行就则可以看到用户编写的程序一启动就运行起来了。

6.4　嵌入式 Linux 内核的移植

本节具体讲解 Linux 内核移植到广州天嵌计算机科技有限公司的 TQ2440+3.5 开发板中的 S3C2440 处理器开发板的过程，其他 Linux 内核的移植过程类似。

6.4.1　移植内核准备工作

移植内核前，假设已经基于虚拟机 VMware Workstation 6.5 安装了 Redhat Linux 9.0 系统，并使用 arm-Linux-gcc-4.3.3 建立好了交叉编译环境。下面先介绍使用的 Linux 内核、文件系统、工具及他们的获取方法：

(1) Linux 系统。在虚拟机上安装的系统是 Redhat Linux9.0。Windows XP 系统下虚拟机设置的共享目录是 E:\imags，对应的 Linux 系统的目录是/mnt/hgfs/imags。

(2) Linux 内核 2.6.30.4。内核使用的是开发板提供的 Linux-2.6.30.4_20091030.tar.bz2。

(3) 交叉编译工具链。使用开发板提供的 arm-Linux-4.3.3 工具链。

(4) 实用工具 Busybox-1.13.3 使用开发板提供的 busybox-1.1.3.0.tar.bz2。

(5) 根文件系统制作工具。到网站下载根文件系统制作工具 mkyaffs2image.tgz。

(6) 根文件系统。在制作根文件系统时，直接使用天嵌公司提供的 lib 库。这些文件都可下载到 E:\images 中，可通过虚拟机进入 Redhat Linux 9.0 系统进入/mnt/hgfs/imags 目录便可访问这些与 Windows XP 共享的文件。

(7) 硬件平台。基于 ARM920T 核的 S3C2440 处理器开发板。

6.4.2　修改 Linux 源码参数

1．解压内核源码

```
mkdir   /opt/EmbedSky
cd   /mnt/hgfs/imags
tar   xvfj   Linux-2.6.30.4.tar.bz2 -C /
```

2．对内核进行默认配置修改

修改 Linux-2.6.30.4 根目录下的 Makefile 文件，更改目标代码的类型，并为内核指定编译器。具体方法就是把 Makefile 文件的 193 行修改为：

```
ARCH ?=arm
CROSS_COMPILE ?=arm-Linux-
```

3．修改平台输入时钟

找到内核源码 arch/arm/mach-s3c2440/mach-smdk2440.c 文件，在函数 static void_ _init smdk2440_map_io(void)中，修改成 s3c24xx_init_clocks(12000000)。因为 TQ2440 使用的是 12 MHz 的外部时钟输入。

4．修改 S3C2440A 的机器号

由于 Bootloader 传递给 Linux 内核的机器号为 168，为了与 Bootloader 传递参数一致，需要修改 arch/arm/tools/math-types 文件。

6.4.3　配置 Linux 内核

根据内核配置原理，配置工具会根据该 Kconfig 树形成配置菜单。该配置菜单界面接受用户的内核配置选项，并将选择结果保存到内核配置文件.config 中。内核配置的命令有四个：

- # make config：基于文本的最为传统的配置界面，不推荐使用。
- # make menuconfig：基于文本选单的配置界面，字符终端下推荐使用。
- # make xconfig：基于图形窗口模式的配置界面，Xwindow 下推荐使用。
- # make oldconfig：在原来内核配置的基础上做修改。

make xconfig 基于图形界面，使用起来比较直观，make menuconfig 次之，make config 用起来比较麻烦。

选择相应配置时，有三种选择，它们分别代表的含义是：

- Y：将该功能编译进内核。
- N：不将该功能编译进内核。
- M：将该功能编译成可以在需要时动态插入到内核中的模块。

ARM-Linux 已经对 S3C2440 处理器提供了较完整的支持，移植需要做的主要工作是实现内核对不同的板级设备的支持，包括对板级设备的初始化、设备驱动程序实现、对其他设备的裁减等。根据目标板的配置，移植过程需要修改的主要内容如下。

1. 有关 CPU 平台选项

运行 make menuconfig 后，进入内核配置主菜单，选择 ARM System Type，按回车进入到板级选项，对 S3C2440 机器平台选项进行配置，如图 6.5 所示。

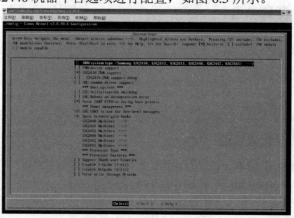

图 6.5　CPU 平台配置界面

2. 配置目标板资源

TQ2440 开发板带有 3.5 英寸的 LCD 触摸屏幕，在 Device Drivers 子菜单 graphics support 中，选择目标板上的触摸屏及 LCD 驱动。在 Device Drivers 子菜单下，还有串口、GPIO、USB、看门狗、RTC 等板载资源，可根据自己目标板情况灵活配置和适当裁剪。

3. 配置文件系统

Yaffs 文件系统是专门为 Nand Flash 而设计的可读写的嵌入式文件系统，适用于大容量的存储设备。要使用 Yaffs2 文件系统，需要先配置 Nand flash 驱动支持。在 Device drivers 菜单中选择 Memory Technology Device(MTD)Support 子菜单，选中 MTD Memory Support，然后在 Nand Device Support 中选择 NAND Flash support for S3C2410/S3C2440 SoC。选择 NAND Flash support 以配置 Yaffs2 文件系统。最后返回到 File System 菜单，选择 Yaffs2 File System Support。至此，一个针对目标板，经过适当裁剪的 Linux 内核配置就完成了。

6.4.4　编译 Linux 内核

在终端窗口中，输入#make zImage 便会开始编译内核，编译结束后，会在 Linux-2.6.30.4 /arch/arm/boot 目录下生成 Linux 内核映像文件 zImage。

6.4.5　烧写镜像到开发板

通过串口或 USB 口，使用 TQ2440 中的 download Linux kernel 菜单将编译好的内核镜像烧写(下载)到目标板中；重新启动开发板，就会看到移植后内核的启动界面，至此内核移植完毕。

习　题　6

1. 常用的嵌入式 Linux 系统有哪几种？各有什么特点？

2. 使用 ADS 或 Embest IDE 等 ARM 嵌入式开发工具打开解压后的 Linux 内核各个目录及其各文件，了解嵌入式 Linux 内核源码结构，分析其中的源程序的内容。

3. 主要嵌入式文件系统有哪几种？这些文件系统各有什么特点？

4. 嵌入式 Linux 开发一般包括哪几个步骤？每个步骤分别起什么作用？

5. 怎样进入 Redhat-Linux 或其他 Linux 的终端？在 Redhat-Linux 或其他 Linux 的终端输入常用命令，了解各常用命令的作用。

6. 什么叫交叉编译？在嵌入式系统的开发过程中，为什么要构建交叉编译环境？

7. 嵌入式 Linux 开发环境一般包括哪几个部分？怎样构建嵌入式 Linux 开发环境？

8. 嵌入式 Linux 内核的移植一般包括哪几个步骤？各个步骤分别有什么作用？

第 7 章　嵌入式系统的 Boot Loader

本章在概述嵌入式系统的引导装载程序 Boot Loader 的基础上，阐述了 Boot Loader 与嵌入式系统的关系、Boot Loader 的主要功能及典型结构，最后分析了 S3C44B0X 下的 μCLinux 的 Boot Loader 和 ARM 平台常用的引导程序 U-Boot。

7.1　Boot Loader 概述

7.1.1　Boot Loader 的作用和任务

当一个微处理器启动时，它首先执行预定地址处的指令。通常这个位置是只读内存，其中存放着系统初始化或引导程序，如 PC 中的 BIOS。BIOS 进行低级的处理器初始化并配置其他硬件，接着判断哪一个磁盘包含有操作系统(OS)，再把该操作系统复制到 RAM 中，并把控制权交给操作系统。

嵌入式系统的 Boot Loader 程序，即系统的引导装载程序，简单地说，就是在操作系统内核或用户应用程序之前运行的一段小程序。通过这段小程序可以初始化硬件设备和建立内存空间的映射图，将系统的软、硬件环境带到一个合适的状态，以便为最终调用操作系统内核或用户应用程序准备好正确的环境。有的操作系统比较简单，或只有简单的应用程序，因而不需要专门的 Boot Loader 来安装内核和文件系统。但仔细分析就会发现，它们都需要一个初始化程序来完成初始化，为后面程序的执行准备一个正确的环境。通常，Boot Loader 是依赖于硬件而实现的，因此，为嵌入式系统建立一个通用的 Boot Loader 是很困难的。但是可以归纳出一些通用的概念，以便了解特定 Boot Loader 的设计与实现。Boot Loader 的主要任务如图 7.1 所示。

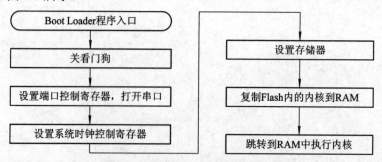

图 7.1　Boot Loader 的主要任务

通常直接从 Flash 启动嵌入式系统，也可以将压缩的内存映像文件从 Flash 中复制、解压到 RAM，再从 RAM 启动。若采用后一种方法，则可以节省 Flash 资源，从而提高速度。

7.1.2　常用嵌入式 Boot Loader 介绍

常用的嵌入式 Boot Loader 有 vivi、U-Boot、RedBoot、ARMBoot、Blob 和 DIY。

1. vivi

vivi 是由韩国 MIZI 公司开发的一种专门用于 ARM 产品线的 Boot Loader。因为 vivi 目前只支持使用串口与主机通信，所以必须使用一条串口电缆来连接目标板和主机。vivi 的源代码下载地址为 http://www.mizi.com/developer/s3c2410x/download/vivi.html。vivi 有以下作用：

- 检测目标板。
- 下载程序并写入 Flash。
- 初始化硬件。
- 把内核从 Flash 复制到 RAM，然后启动它。

vivi 源代码的主要目录的解释如下：

- CVS：存放 CVS 工具相关的文件。
- Documentation：存放一些 vivi 的帮助文档。
- Arch：存放与 CPU 构架体系结构有关的代码文件。
- drivers：存放与 vivi 相关的驱动代码文件。
- include：存放所有 vivi 源代码的头文件。
- init：存放 vivi 初始化代码文件。
- lib：存放 vivi 实现的库函数文件。
- scripts：存放 vivi 脚本配置文件。
- test：存放一些测试代码文件。
- util：存放一些与 Nand Flash 烧写 image 相关的工具实现代码。

2. U-Boot

U-Boot 是德国 DENX 小组开发的用于多种嵌入式 CPU 的 Boot Loader 程序，它可以运行在 PowerPC、ARM、MIPS 等多种嵌入式开发板上。从 http://u-boot.sourceforge.net/或 ftp://ftp.denx.de/pub/u-boot/站点均可以下载 U-Boot 的源代码。

U-Boot 源代码的主要目录的解释如下：

- board：目标板相关文件，主要包含 SDRAM、Flash 驱动。
- common：独立于处理器体系结构的通用代码，如内存大小探测与故障检测代码。
- cpu：与处理器相关的文件，如 mpc8xx 子目录下的串口、网口、LCD 驱动及中断初始化等文件。
- driver：通用设备驱动，如 CFI Flash 驱动(目前对 Intel Flash 支持较好)。
- doc：U-Boot 的说明文档。
- examples：可以在 U-Boot 下运行的示例程序，如 hello_world.c 和 timer.c。
- include：U-Boot 头文件，尤其是 configs 子目录下与目标板相关的配置头文件，它是移植过程中经常要修改的文件。
- lib_xxx：处理器体系相关的文件，如 lib_ppc、lib_arm 目录分别包含的与 PowerPC、

ARM 体系结构相关的文件。

- net：与网络功能相关的文件目录，如 boot、NFS 和 TFTP。
- post：上电自检文件目录，尚有待进一步完善。
- rtc：RTC(Real Time Clock，实时时钟)驱动程序。
- tools：用于创建 U-Boot、S-RECORD 和 BIN 镜像文件的工具。

3. RedBoot

RedBoot 是一个专门为嵌入式系统定制的引导启动工具，最初由 RedHat 公司开发。它基于 ECOS(Embedded Configurable Operating System)的硬件抽象层，同时继承了 ECOS 的高可靠性、简洁性、可配置性和可移植性等特点。在 http://sourceware.org/redboot 站点可以下载 RedBoot 源码，同时也可以了解更多关于 RedBoot 的详情信息。RedBoot 在嵌入式体系中应用非常广泛。

RedBoot 是集 Boot Loader、调试和 Flash 烧写于一体的，支持串口、网络下载的可执行嵌入式应用程序。它既可以用在产品的开发阶段(调试功能)，也可以用在最终的产品上(Flash更新、网络启动)。RedBoot 支持下载和调试应用程序，用户可以通过 TFTP 协议下载应用程序和 image，或者通过串口用 X-modem/Y-modem 下载。开发板可以通过 BOOTP/DHCP协议动态配置 IP 地址，并支持跨网段访问，所以可对 gcc 编译的程序进行源代码级的调试。相比于简易 JTAG 调试器，它可靠、高速、稳定。RedBoot 支持用 GDB 通过串口或网卡调试嵌入式程序。用户可通过串口或网卡以命令行的形式管理 Flash 上的 image，并下载 image到 Flash。动态配置 RedBoot 启动的各种参数、启动脚本，上电后 RedBoot 可自动从 Flash或 TFTP 服务器上下载应用程序执行。

4. ARMBoot

ARMBoot 是一个以 ARM 或 StrongARM 为 CPU 内核的嵌入式系统的 Boot Loader 固件程序，该软件的主要目标是使新的平台更容易被移植，并且尽可能地发挥其强大性能。它只基于 ARM 固件，但是它支持多种类型的启动，如 Flash，网络下载通过 BOOTP、DHCP、TFTP 等。它也是开源项目，可以从 http://www.sourceforge.net/projects/armboot 网站获得最新的 ARMBoot 源码和详细资料，它在 ARM 处理器方面应用非常广泛。

5. Blob

Blob 是 Boot Loader Object 的缩写，是一款功能强大的 Boot Loader，其源代码在http://www.sourceforge.net/projects/blob 上可以获取。Blob 最初是由 Jan-Derk Bakker 和 Erik Mouw 两人为一块名为 LART(Linux Advanced Radio Terminal)的开发板编写的，该板使用的处理器是 strongARM SA-1100。现在 Blob 已经被成功地移植到许多基于 ARM 的 CPU 上。

6. DIY

DIY(Do It Yourself)，即自己制作。上面介绍的 U-Boot、vivi、Blob、RedBoot、ARMboot等成熟工具虽然移植起来简单快捷，但它们都存在着一定的局限性。首先，因为它们是面向大部分硬件的工具，所以在功能上要满足大部分硬件的需求，但一般情况下用户只需要与特定的开发板相关的实现代码，其他型号开发板的实现代码对它来说是没有用的，因此通常会有较大的无用代码；其次，它们在使用上不够灵活，如在这些 Boot Loader 上添加自己的特有功能比较困难，因为必须熟悉该代码的组织关系，且了解它的配置编译等文件。用 DIY 的方式自己编写针对目标的 Boot Loader，不但代码量短小，而且灵活性很大，最重要的是将来容易维护。所以在实际嵌入式产品的开发中大多都选择 DIY 的方式编写 Boot Loader。

7.2　Boot Loader 与嵌入式系统的关系

不同的 Boot Loader 有不同的处理器体系结构，有些 Boot Loader 还支持多种体系结构的处理器，比如 U-Boot 就同时支持 ARM 体系结构和 MIPS 体系结构。除了依赖处理器的体系结构外，Boot Loader 实际上也依赖于具体的嵌入式板级设备的配置。即使是基于同一种处理器构建的两块不同的嵌入式板级设备，它们的 Boot Loader 也是不同的。Boot Loader 源程序是很关键的代码，因为它是把特定的数字写入指定硬件寄存器的指令序列。

系统加电复位后，所有的处理器都从处理器制造商预先安排的地址上取指令，如基于 S3C44B0X 的处理器在复位时通常都从地址 0x00000000 上取它的第一条指令。而且基于处理器构建的嵌入式系统通常都有某种类型的固态存储设备(如 ROM、E^2PPOM、Flash 等)被映射到这个预先安排的地址上，因此在系统加电后，处理器将首先执行 Boot Loader 程序。

装有 Boot Loader 内核的启动参数、内核映像和根文件系统映像的固态存储设备的典型空间分配结构如图 7.2 所示。

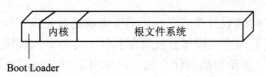

图 7.2　存储设备典型空间分配结构

7.2.1　Boot Loader 的操作模式

大多数 Boot Loader 都包含启动加载模式和下载模式两种操作模式。但这两种模式的区别仅对于开发人员才有意义。而从最终用户的角度来看，Boot Loader 的作用就是加载操作系统，并不存在所谓的启动加载模式与下载模式的区别。

1. 启动加载(Boot Loading)模式

启动加载模式也称为自主(Autonomous)模式，即 Boot Loader 从目标机的某个固态存储设备上将操作系统加载到 RAM 中运行，整个过程并没有用户的介入。这种模式是 Boot Loader 的正常工作模式，因此在嵌入式产品发布的时候，Boot Loader 显然必须工作在这种模式下。只有工作在这种模式下，当系统上电或复位后，才能正常地运行操作系统，出现通信信息或图形界面供用户操作。

2. 下载(Down Loading)模式

当采用下载模式时，目标机的 Boot Loader 将通过串口连接、网络连接等通信手段从主机上下载文件,如应用程序、数据文件、内核映像等。从主机下载的文件通常先被 Boot Loader 保存到目标机的 RAM 中,然后再被 Boot Loader 写到目标机上的固态存储设备中。下载模式要求在 Boot Loader 中完成对串口或以太网口的初始化、定义相关的命令和向其终端提供相应简单的命令接口。Boot Loader 的这种模式通常在系统更新时使用。

7.2.2　Boot Loader 的总体设计

1. 阶段设计

Boot Loader 的启动是可以分阶段的,因此在设计时也可将 Boot Loader 分为阶段 1 和阶段 2。Boot Loader 的设计分为两个阶段的原因如下。

(1) 基于编程语言的考虑。阶段 1 主要用汇编语言编写,这是因为它主要进行与 CPU 核心及存储设备密切相关的处理工作和进行一些必要的初始化工作,是依赖于 CPU 体系结构的代码,所以为了增加效率以及匹配协处理器的设置,只能用汇编语言编写,这部分直接在 Flash 中执行。阶段 2 可以用 C 语言编写,主要实现一般的流程以及对板级的一些驱动支持,这部分会被复制到 RAM 中执行。

(2) 为了使代码具有更好的可读性与可移植性。对于相同的 CPU 以及存储设备,若要增加外设支持,阶段 1 的代码可以维持不变,只对阶段 2 的代码进行修改;而对于不同的 CPU,则只需在阶段 1 中修改基础代码。

2. 地址规划设计

当 Boot Loader 的阶段设计完成之后,需要考虑的是镜像存储的地址分配,如总镜像保存在什么地方、阶段 2 对应的镜像会被复制到什么地方、内核镜像原先存放在什么地方及 Boot Loader 会把它又重新加载到什么地方、如何进行准确的地址规划以保证没有相互冲突等。

本章所介绍的内核镜像以及根文件系统镜像都是被加载到 SDRAM 中运行的,这样做是基于运行速度的考虑。尽管在嵌入式系统中内核镜像与根文件系统镜像也可以直接在 ROM 或 Flash 这样的固态存储设备中直接运行,但是 Boot Loader 在启动以及加载内核时通常要考虑这一点。

虽然 Boot Loader 最终会生成一个可执行镜像,但是为了能更清楚地解释其实现流程,将其与启动阶段对应起来分成镜像 1 和镜像 2。事实上,在编译过程中也会形成这两个镜像,即总的镜像 1 和被复制至 SDRAM 中的镜像 2。这里用物理地址的 0x00000000～0x00040000 存放 Boot Loader 的镜像;内核镜像放在物理地址 0x000C0000 之后的 1 MB 空间内(内核镜像一般都小于 1 MB);镜像 2 则在 SDRAM 中运行,这样 Boot Loader 的启动速度会大大加快。因此这里镜像 2 放在 SDRAM 的以 0xA0000000 为起始地址的空间内运行;而内核镜像则规划至物理地址的 0xA0300000 处执行。

3. 模式设计

对于普通用户来说只需要 Boot Loader 的启动加载模式;但是对于开发者来说,则需要下载模式,因为他们需要实时地进行一些镜像的更新。为了在两者之间做到兼顾,这里介绍一个既支持启动加载模式又支持下载模式的具体思路:在 Boot Loader 完成一些硬件初始化工作之后、在加载内核镜像之前，判断一定的时间内有没有用户的键盘输入。如果没有，则为启动加载模式，直接加载内核镜像进行启动；如果有，则进入命令行格式，这时开发者就可以根据自己的需要以及 Boot Loader 的支持情况，做一些其他的工作。模式的转换设计主要在阶段 2 中实现。

7.3 Boot Loader 的主要功能及典型结构

假定内核映像与根文件系统映像都被加载到 RAM 或 Flash 中运行，那么从操作系统的角度看，Boot Loader 的总目标在正确地调用内核。

由于 Boot Loader 的实现依赖于处理器的体系结构，因此大多数 Boot Loader 都分为 2 个阶段，一般来说，阶段 1 通常完成的主要工作是硬件设备初始化，并为加载 Boot Loader 的阶段 2 准备 RAM 空间，即拷贝 Boot Loader 的阶段 1 到 RAM 空间中，设置好堆栈后再调转到阶段 2 的 C 程序入口点。阶段 2 的主要作用包括初始化本阶段要使用到的硬件设备(比如说串行口)、检测系统内存映射、将内核映像和根文件系统映像从 Flash 上传到 RAM 空间中并为内核设置启动参数，最后调用内核完成 Boot Loader 的所有任务。由于 ARM 多种多样，Boot Loader 也是多种多样的，但它们所要完成的工作却基本一致，主要就是为了调用内核做准备，并把内核拷贝到 RAM，在一台没有操作系统的裸机上完成最基本的工作。有时为了下载方便，可以在 Boot Loader 中完成对串行口的初始化，这样后面内核和文件系统的下载都可以用以太网来完成而不是使用 JTAG，从而大大提高了下载速度。一般来讲，Boot Loader 都是通过 JTAG 下载到 Flash 的 0x00000000 地址，而且系统上电后就是从那里开始执行第一条指令的。

7.3.1 Boot Loader 的阶段 1

1. 基本的硬件初始化

基本的硬件初始化是 Boot Loader 一开始就执行的操作，其目的是为了阶段 2 的内核的执行准备好一些基本的硬件环境。它执行的步骤如下。

(1) 屏蔽所有的中断。为中断提供服务通常是操作系统设备驱动程序的责任，因此在 Boot Loader 的执行全过程中可以不必响应任何中断。中断屏蔽可以通过写处理中断屏蔽寄存器或状态寄存器(比如 ARM 的 CPSR 寄存器)来完成。

(2) 设置处理器的速度和时钟频率。这一步骤可以通过设置时钟控制寄存器来完成，注意设置的时候应该根据晶振的振荡频率和实际需要的频率来设置。

(3) 初始化 RAM，包括正确地设置系统内存控制器的功能寄存器以及各内存控制寄存器。

(4) 初始化 LED。LED 一般通过 GPIO 来驱动，其目的是表明系统的状态是否正常。如果板子上没有 LED，那么也可以通过初始化 UART 向串行口输出 Boot Loader 的特定字符，如 "OK!" 信息来完成。这样可方便用户判断 Boot Loader 是否已经成功启动。

(5) 关闭处理器内部指令/数据缓存。

2. 加载阶段 2 的 RAM 空间

为了获得更快的执行速度，通常把阶段 2 加载到 RAM 空间中来执行，因此必须为加载 Boot Loader 的阶段 2 准备好一段可用的 RAM 空间。由于阶段 2 通常用 C 语言来执行，因此在考虑空间大小时，除了阶段 2 可执行映像的大小外，还必须把堆栈空间也考虑进来。此外，空间大小最好是页面文件(Memory Page)大小(通常是 4 KB)的倍数。一般而言，1 MB 的 RAM 空间已经足够了。具体的地址范围可以任意安排，比如 Blob 方式就是将它的阶段 2 可执行映像安排到系统 RAM 地址 0xC0200000 开始的 1 MB 空间内执行。但是，将阶段 2 安排到整个 RAM 最顶层的 1 MB 空间是一种最常用的方法。为了后面叙述的方便，这里把所安排的 RAM 空间的大小记为 stage2_size(字节)，把起始地址和终止地址分别记为 stage2_start 和 stage2_end(这两个地址均为以 4 字节边界对齐)。另外，还必须确保所安排地址是可读写的 RAM 空间，因此，必须对所安排的地址进行测试。具体的测试方法可以采用类似于 Blob 的方法，即以 Memory Page 为被测试单位，测试每个 Memory Page 开始的两个字是否是可读写的。为了后面叙述的方便，这个检测算法记为 test_mempage，其具体步骤如下。

(1) 先保存 Memory Page 最开始两个字的内容。

(2) 向这两个字写入任意的数字，如向第一个字写入 0x55，第二个字写入 0xAA。

(3) 立即将这两个字的内容读回。正常情况下，读到的内容应该分别是 0x55 和 0xAA。如果不是，则说明这个 Memory Page 所占据的地址不是一段有效的 RAM 空间。

(4) 再向这两个字中写入任意的数字，如向第一个字写入 0xAA，向第 2 字写入 0x55。

(5) 立即将这两个字的内容读回。读到的内容应该分别是 0xAA 和 0x55。如果不是，则说明这个 Memory Page 所占据的地址不是一段有效的 RAM 空间。

(6) 恢复这两个字的原始内容，测试完毕。为了得到一段干净的 RAM 空间范围，也可以将所安排的 RAM 空间进行清零操作。

3. 复制阶段 2 到 RAM

复制阶段 2 到 RAM 时要确定以下两点：

(1) 阶段 2 的可执行映像在固态存储设备的存放起始地址和终止地址。

(2) RAM 空间的起始地址。

4. 设置堆栈指针(SP)

堆栈指针的设置是为执行 C 语言代码作准备的。通常可以把 SP 的值设置为 stage2_end-4，即在 7.3.2 节中提到的那个 1 MB 的 RAM 空间的最顶端(堆栈向下生长)。此外，在设置堆栈指针 SP 之前，也可以关闭 LED 灯，以提示用户程序准备跳转到阶段 2。

5. 跳转到阶段 2 的 C 程序入口点

在上述一切都就绪后，就可以跳转到 Boot Loader 的阶段 2 去执行了。比如，在 ARM 系统中，就可以通过修改寄存器 PC 为合适的地址来实现。Boot Loader 在 Flash 和 RAM 中的系统布局如图 7.3 所示。

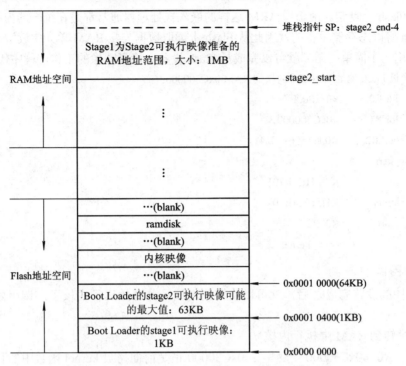

图 7.3　Boot Loader 在 Flash 和 RAM 中的系统布局

7.3.2　Boot Loader 的阶段 2

阶段 2 的代码通常用 C 语言来实现，以便实现更复杂的功能和取得更好的代码可读性及可移植性。

1. 初始化阶段 2 要使用的硬件设备

初始化阶段 2 通常包括初始化一个串行口，以便和终端用户进行 I/O 输出信息；初始化计时器等。

2. 检测系统内存映射

所谓内存映射就是指整个物理地址空间中那些分配用来寻址系统的 RAM 单元。在 S3C44B0X 处理器中，从 0x0C000000 到 0x10000000 之间的 64 MB 地址空间被用作系统的 RAM 地址空间。虽然 CPU 通常预留出一大段足够的地址空间给系统 RAM，但是在搭建具体的嵌入式系统时却不一定会实现 CPU 预留的全部 RAM 地址空间。也就是说，具体的嵌入式系统往往只把 CPU 预留的全部 RAM 地址空间处于未使用状态。由于上述事实，Boot Loader 的阶段 2 必须在执行操作(比如，将存储在 Flash 上的内核映像读到 RAM 空间中)之前检测整个系统的内存映射情况，即它必须知道处理器预留的全部 RAM 地址空间哪些被真正映射到 RAM 地址单元，哪些是处于"未使用"状态的。

3. 加载内核映像和根文件系统映像

(1) 规划内存占用的布局。在规划内存占用的布局时，主要考虑内核映像所占用的内存范围和根文件系统所占用的内存范围两个方面。

（2）从 Flash 上复制。由于像 ARM 这样的嵌入式处理器通常都是在统一的内存地址空间中寻找 Flash 等固态存储设备的，因此从 Flash 上读取数据与从 RAM 单元中读取数据并没有什么不同。用一个简单的循环就可以完成从 Flash 设备上拷贝映像的工作，程序代码如下：

```
/*拷贝 Flash 地址 0x10000 内核到 RAM 0xC300000 中*/
    ldr R0,      =0x10000
    ldr R1,      =0xC300000
    add R2,      R0,#(1536*1024)
copy_kernel:
    ldmia        R0!, {R3-R10}
    stmia        R1!, {R3-R10}
    cmp          R0, R2
    ble          copy_kernel
```

4. 调用内核

所有硬件的设置完成之后，就可以跳转到内核，并开始运行内核了。调用内核的程序代码如下：

```
/*跳转到 RAM 中执行内核*/
ldr   R0, =0xC30000          ; 0xC30000 正是前面拷贝 kernel 函数中的目的地址
mov   PC, R0                 ; 修改程序地址寄存器，完成跳转
```

7.4　S3C44B0X 的 Boot Loader 分析

S3C44B0X 下的 μCLinux 的 Boot Loader 只是一个比较简单的 Boot Loader，所以它的阶段 1 和阶段 2 是一起由汇编完成的，程序流程如图 7.4 所示。

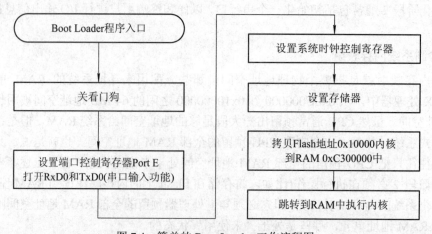

图 7.4　简单的 Boot Loader 工作流程图

以下是该 Boot Loader 的完整程序：

```
/**************************************************************
 * File:       boot.s
```

```
************************************************************/
WTCON EQU 0x01D30000
```

; 以下的几个定义均是为了设置相应的控制寄存器, 请注意查阅各位所对应的作用,
; 理解所作的设置

```
    PCONE       EQU    0x01D20028
    LOCKTIME    EQU    0x01D8000C
    PLLCON      EQU    0x01D80000
    CLKCON      EQU    0x01D80004
    GLOBAL_start
_start:
    breset; 程序的第一条指令, 在烧写时, 它将会被烧写在 0x00000000 地址
    add pc, pc, #0x0C000000
    add pc, pc, #0x0C000000
    add pc, pc, #0x0C000000
    add pc, pc, #0x0C000000
    add pc, pc, #0x0C000000
    add pc, pc, #0x0C000000
MEMORY_CONFIG:          ; 定义一组数据用来设置后面的存储器, 可以把它看做一个数组
    DCD 0x11110102
    DCD 0x600
    DCD 0x7FFC
    DCD 0x7FFC
    DCD 0x7FFC
    DCD 0x7FFC
    DCD 0x7FFC
    DCD 0x18000
    DCD 0x18000
    DCD 0x860459
    DCD 0x10
    DCD 0x20
    DCD 0x20
    ; 复位地址
    reset:
    ; 关看门狗
    ldr r0,=WTCON
    ldr r1,=0x0
    str r1,[r0]
    ; 设置端口控制寄存器 Port E, 打开 RxD0 和 TxD0(串口输入功能)
```

```
        ldr r1,=PCONE
        ldr r0,=0x25529
        str r0,[r1]
;  设置时钟控制寄存器
        ldr   r1,=LOCKTIME
        ldr r0,=0xFFF
        str r0,[r1]
        ldr r1,=PLLCON
        ldr r0,=0x78061
        str r0,[r1]
        ldr r1,=CLKCON
        ldr r0,=0x7FF8
        str r0,[r1]
;  设置寄存器
memsetup:
        ldr r0,=MEMORY_CONFIG      ;  注意不用一个一个设置，通过前面已经定义好的数
                                   ;  组用 4 条指令就可以完成设置
        ldmia r0,{r1-r13}
        ldr    r0, =0x01C80000
        stmia r0,{r1-r13}
;    拷贝 Flash 地址 0x1000 内核到 RAM 0xC300000 中
        ldr r0,=0x10000
        ldr r1,=0xC300000
        add r2,r0,#(1536*1024)     ;  计算内核的终点地址
copy_kernel:
        ldmia r0!,{r3-r10}
        stmia r1!,{r3-r10}
        cmp r0,r2
        ble copy_kernel
;    跳转到 RAM 中执行内核
        ldr r0,=0xC300000          ;  0xC300000 正是前面拷贝内核函数中的目的地址
        mov pc,r0                  ;  修改程序地址寄存器，完成跳转
```

7.5　U-Boot 启动流程及相关代码分析

7.5.1　U-Boot 启动流程

U-Boot 作为 ARM 平台常用的引导程序，具有结构强大和功能强大的特点。下载

u-boot-1.2.0.tar.bz2 源码包，解压后会生成 u-boot-1.2.0 目录，该目录主要包括三类子目录：
与处理器或硬件电路板相关的文件目录，如 cpu、board、libarm 等；存放通用文件和设备驱
动的目录，如 common、include、drivers 等；存放 U-Boot 应用程序、工具和文档的目录，
如 examples、tools 等。下面来分析 U-Boot 的启动流程。

1. 阶段 1

U-Boot 的阶段 1(Stage1)代码通常放在 u-boot-1.2.0\cpu\arm920t\start.s 文件中，用汇编语
言写成，其主要代码功能如下：

- 定义入口。由于一个可执行的 Image 必须有一个入口点，并且只能有一个全局入口，
通常这个入口放在 ROM(Flash)的 0x0 地址，因此，必须使编译器知道这个入口。该工作可
通过修改链接器脚本来完成。
- 设置异常向量(Exception Vector)。
- 设置 CPU 的速度、时钟频率及终端控制寄存器。
- 初始化内存控制器。
- 将 ROM 中的程序复制到 RAM 中。
- 初始化堆栈。
- 转到 RAM 中执行，该工作可使用指令 ldr pc 来完成。

2. 阶段 2

对于 ARM 平台来说，U-Boot 的阶段 2(Stage2)代码在 u-boot-1.2.0\lib_arm\board.c 文件
中。文件中的 start_armboot 函数是整个 C 语言启动代码中的主函数，同时还是整个 U-Boot(针
对 ARM 平台)的主函数，该函数将完成如下操作：

- 调用一系列的初始化函数。
- 初始化 Flash 设备。
- 初始化系统内存分配函数。
- 如果目标系统拥有 Nand 设备，则初始化 Nand 设备。
- 如果目标系统有显示设备，则初始化该设备。
- 初始化相关网络设备，填写 IP、MAC 地址等。
- 进入命令循环(即整个 boot 的工作循环)，接收用户从串口输入的命令，然后进行相
应的工作。

其中 U-Boot 启动代码顺序图如图 7.5 所示。

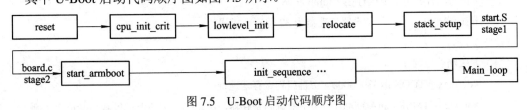

图 7.5 U-Boot 启动代码顺序图

7.5.2 U-Boot 代码分析

U-Boot 代码分析如下：

```
//U-Boot 的 start.S
```

```
//定义变量_start，然后跳转到处理器复位代码
.glob1_start    ；  U-Boot 启动入口
_start: b       reset
```

//若产生中断则利用 pc 来跳转到对应的中断处理程序中

```
ldr       pc,_undefined_instruction      //未定义指令向量
ldr       pc,_software_interrupt         //软件中断向量
ldr       pc,_prefetch_abort             //预取指中止向量
ldr       pc,_data_abort                 //数据中止向量
ldr       pc,_not_used                   //保留
ldr       pc,_irq                        //中断请求向量
ldr       pc,_fiq                        //快速中断请求向量
```

//利用.word 在当前位置放置一个值，这个值实际上就是对应的中断处理函数的地址
//.word 的意义为在当前地址处放入一个 16bits 的值

```
_undefined_instruction:       .word undefined_instruction
_software_interrupt:          .word software_interrupt
_prefetch_abort:              .word prefetch_abort
_data_abort:                  .word data_abort
_not_used:                    .word not_used
_irq:                         .word irq
_fiq:                         .word fiq


.balignl 16,0xdeadbeef
```

/**************************↓reset 代码************************/

```
reset:
mrs r0,cpsr
bic r0,r0,#0x1f   //bic 清除指定为 1 的位
orr r0,r0,#0xd3   //orr 逻辑或操作
```

//经过以上两步 r0 值控制位为 11010011，第 0～4 位表示处理器当前所处模式为 10011(32
//位管理模式)；第 6、7 位为 1 表示禁止 IRQ 和 FIQ 中断；第 5 位为 0 表示程序在 ARM
//状态，若其为 1 则运行在 Thumb 状态

```
msr cpsr, r0             //设置处理器为 32 位管理模式


/*关闭看门狗*/
#define pWTCON 0x53000000       //看门狗寄存器地址
#define INTMSK 0x4A00008        //中断掩码寄存器，决定哪个中断源被屏蔽，某位为 1 则
                                //屏蔽中断源，初始值为 0xffffffff，屏蔽所有中断
#define INTSUBMSK 0x4A00001C    //中断子掩码寄存器，该寄存器只能屏蔽 11 个中断源，
                                //因此其仅低 11 位有效，初始值为 0x7ff
#define CLKDIVN 0x4C000014      //时钟分频控制寄存器
```

//将看门狗寄存器清空，其各位含义为：第 0 位为 1 则当看门狗定时器溢出时重启，为
//0 则不重启，初值为 1
//第 2 位为中断使能位，初值为 0
//第 3、4 位为时钟分频因子，初值为 00
//第 5 位为看门狗的使能位，初值为 1
//第 8～15 位为比例因子，初值为 0x80
ldr r0,=pWTCON
mov r1,#0x0
str r1,[r0]　　　　　//将看门狗寄存器所有位置 0，关闭看门狗，其实只要将第 5 位置 0 即可
mov r1,#0xFFFFFFFF
ldr r0,=INTMSK
str r1,[r0]　　　　　//屏蔽所有中断，实际上中断掩码寄存器初值即为 0xFFFFFFFF
ldr r1,=0x3FF
ldr r0,=INTSUBMSK
str r1,[r0]　　//设置中断子掩码寄存器
//设置时钟寄存器，CLKDIVN 第 0 位为 PDIVN，为 0 则 PCLK=HCLK，为 1 则
//PCLK=HCLK/2
//第 1 位为 HDIVN，为 0 则 HCLK=FCLK，为 1 则 HCLK=FCLK/2
//这里两位均为 1，则 FCLK：HCLK：PCLK=4：2：1
ldr r0,=CLKDIVN
mov ri,#3
str r1,[r0]
/*************************↑reset 代码*************************/
/************************↓cpu_init_crit 代码*********************/
//对关键寄存器的初始化，如果从 RAM 中启动则不执行 cpu_init_crit 段代码
cpu_init_crit:
//清空指令和数据 caches
mov r0,#0
mcr p15,0,r0,c7,c7,0
mcr p15,0,r0,c8,c7,0

/* disable MMU stuff and caches*/
mrc p15,0,r0,c1,c0,0
bic r0,r0,#0x00002300 @ clear bits 13,9:8(--V--RS)
bic r0,r0,#0x00000087 @ clear bits 7,2:0(B--CAM)
orr r0,r0,#0x00000002 @ set bit 2 (A) Align
orr r0,r0,#0x00001000 @ set bit 12 (I) I-Cache
mcr p15,0,r0,c2,c0,0
//在重定向代码之前，必须初始化内存时序，因为重定向时需要将 Flash 中的代码复制

```
//到内存中
//内存初始化的代码在 board/smdk2410/lowlevel_ini.S 中
mov ip,lr
bl lowlevel_init          //调用 lowlevel_init 子程序(board/smdk2410/lowlevel_ini.S)
mov lr,ip
mov pc,lr                 //程序返回
/***************************↑cpu_init_crit 代码**************************/
/*******************↓lowlevel_init 代码(lowlevel_ini.S) ******************/
lowlevel_init:
/* memory control configuration */
/* make r0 relative the current location so that it */
/* reads SMRDATA out of Flash rather than memory! */
ldr        r0,=SMRDATA
ldr        r1,_TEXT_BASE
sub        r0,r0,r1
ldr        r1,=BWSCON          /* Bus Width Status Controller */
add        r2,r0,#13*4
0b:
    ldr        r3,[r0],#4
    str        r3,[r1],#4
    cmp        r2,r0
    bne        0b


    /* everything is fine now */
    mov        pc,lr
/*******************↑lowlevel_init 代码(lowlevel_ini.s)******************/
/*********************↓relocate 代码*********************************/
relocate:    /*relocate U-Boot to RAM */
//当前代码地址，adr 获取当前代码的地址信息，若从 RAM 运行，则_start=TEXT_BASE,
//否则_start=0x00000000
adr r0,_start    /* r0<-current position of code */
//获取_TEXT_BASE
ldr r1, _TEXT_BASE    /*test if we run from flash or RAM */
cmp r0,r1    /*don't reloct during debug */
//两者相等，表示从 RAM 运行则跳转到堆栈设置
bep stack_setup
//不相等则表示从 Flash 中运行，重定向代码
ldr r2,_armboot_start
//获取未初始化数据段地址
```

```
Ldr r3, _bss_start
```
//计算代码段大小
```
sub r2,r3,r2    /* r2 <-size of armboot */
```
//计算代码段终止地址
```
add r2,r0,r2    /* r2<- source end address */
```
//复制代码，r0 为代码的起始地址，r1 为 RAM 中地址，r2 为代码的终止地址
//每次复制后将 r0 值递增同 r2 比较来判断是否复制完成
```
copy_loop:
ldmia r0!,{r3-r10}    /* copy from source address [r0] */
stmia r1!,{r3-r10}    /* copy to target address [r1] */
cmp r0,r2    /* until source end addreee [r2] */
ble copy_loop
```
/************************↑relocate 代码****************************/
/***********************↓stack_setup 代码*************************/
```
stack_setup:
```
//获取_TEXT_BASE
```
ldr ro, _TEXT_BASE    /* upper 128 K/B:relocated uboot * /
```
//获取分配区域起始指针，CFG_MALLOC_LEN=128*1024+CFG_ENV_SIZE
//=128*1024+0X1000=192K
```
sub r0,r0,#CFG_MALLOC_LEN    /*    malloc area * /
```
//另外分配 128 B 来存储开发板信息
```
sub r0,r0,#(CFG_GBL_DATA_SIZE    /* bdinfo * /
#ifdef CONFIG_USE_IRQ
sub r0,r0,#(CONFIG_STACKSIZE_IRQ+CONFIG_STACKSIZE_FIQ)
#endif
```
//再减去 12B 用于栈起点
```
sub sp,r0,#12    /* leave 3 words for abort-stack * /
```
//清空未初始化数据段
```
clear_bss；
ldr r0,_bss_start    /*    find start of bss segment    * /
ldr r1,_bss_end    /*    stop here */
mov r2,#0x00000000    /*    clear    * /

clbss_1:str r2,[r0]    /* clear loop…* /
add r0,r0,#4
cmp r0,r1
ble clbss_1
```
/************************↑stack_setup 代码*********************/
//完成复制后跳转到 start_armboot,到这里则进入 lib_arm/board.c 的 start-armboot 函数中

```
ldr pc,_start_armboot


_start_armboot: .word start_armboot
```

在 lib_arm/board.c 中，首先定义函数指针数组，代码如下：

```
typedef int (init_fnc_t) (void);
//定义函数指针数组，对硬件初始化按照该数组进行
init_fnc_t * init_sequence [] = {
cpu_init,    //cpu/arm920t/cpu.c 中定义，该函数为空，因为没有采用 IPQ 或 FIQ 模式
board_init,    //board/smdk2410/smdk2410.c
interrupt_init,    //cpu/arm920t/s3c24x0/interrupt.c
env_init,    //tools/env/FW_env.c
init_baudrate,    //lib_arm/board.c
serial_init,    //cpu/arm920t/s3c24x0/serial.c
console_init_f,    //common/console.c
display_banner,    //lib_arm/board.c
#if defined(CONFIG_DISPLAY_BOARDINFO)
print_cpuinfo,    //
#endif
#if defined(CONFIG_DISPLAY_BOARDINFO)
checkboard,    //
#endif
dram_init,    //board/smdk2410/smdk2410.c
display_dram_config,    //lib_arm/board.c
NULL,
};
/************************↓start_armboot 代码****************************/
void star_armboot (void)
{
init_fnc_t * * init_fnc_ptr;
char * s;
#ifndef CFG_NO_FLASH
ulong size;
#endif
#if defined(CONFIG_VFD) ||defined(CONFIG_LCD)
unsigned long addr;
#endif


/* Pointer is writable since we allocated a register for it */
//获取全局 gd 指针
```

gd = (gd_t*)(_armboot_start-CFG_MALLOC_LEN-sizeof(gd_t));

/* compiler optimization barrier needed for GCC >= 3.4 */

__asm_ _volatile__(**: : : "memory");

//清空该结构体

memset((void*)gd,0,sizeof(gd_t));

//获取 bd_info 结构体指针

gd- > bd = (bd_t*)((char*)gd – sizeof(bd_t));

memset(gd- >bd,0,sizeof(bd_t));

//整个代码区的长度

Monitor_flash_len = _bss_start - _armboot_start;

//调用初始化函数，用来初始化 gd 结构体

for (init_fnc_ptr = init_sequence;　* init_fnc_ptr;　+ +ini_fnc_ptr){

if ((* init_fnc_ptr)()! =0) {

hang();

}

}

#ifndef CFG_NO_FLASH

/* configure available FLASH banks * /

//board/smdk2410/flash.c 配置　flash

//从其实现来看，好像只是配置　NOR Flash

size = flash_init () ;

//显示 Flash 信息

display_flash_config (size) ;

#endif　　　/* CFG_NO_FLASH */

//定义显示类型

#ifdef CONFIG_VFD

#ifndef PAGE_SIZE

#define PAGE_SIZE 4096

#endif

/* reserve memory for VFD display (always full pages)* /

/ * bss_end is defined in the board-specific linker script */

//按页对其方式保留显存

addr = (_bss_end + (PAGE_SIZE-1)) & 〜 (PAGE_SIZE-1);

size = vfd_setmem (addr);

gd- >fb_base = addr;

#endif　　　/* CONFIG_VFD */

//显示器为 LCD，同上

#ifdef CONFIG_VFD

```
#ifndef PAGE_SIZE
#define PAGE_SIZE 4096
#endif
/* reserve memory for LCD display (always full pages)*/
/* bss_end is defined in the board-specific linker script */
addr = (_bss_end + (PAGE_SIZE - )) &~(PAGE_SIZE -1);
size  = lcd_setmem (addr);
gd->fb_base = addr;
#endif        /* CONFIG_LCD */
```

//初始化 CFG_MALLOC_LEN 大小空间

```
/* armboot_start is defined in the board-specific linker script */
mem_malloc_init (_armboot_start–CFG_MALLOC_LEN);
```

//初始化 NAND Flash, 这是在 NAND Flash 启动的 s3c2410 移植 U-Boot 的关键, 根据 Flash
//时序编写函数即可
//在 include/configs/smdk2410.h 中的 command definition 中增加 CONFIG_COMMANDS
//和 CFG_CMD_NAND 命令

```
#if (CONFIG_COMMAND & CFG_CMD_NAND)
puts ("NAND: ");
nand_init();    //board/smdk2410/smdk2410.c
#endif


#ifdef CONFIG_HAS_DATAFLASH
AT91F_DataflashInit();
dataflash_print_info();
#endif


/* initialize environment */
```

//初始化环境参数

```
env_relocate ();
```

//framebuffer 初始化

```
#ifdef CONFIG_VFD
/* must do this after the framebuffer is allocated */
drv_vfd_init ();
#endif /*CONFIG_VFD */
```

//通过命令行参数传递获取 IP 地址

```
/* IP Adress */
gd->bd->bi_ip_addr  = getenv_IPaddr ("ipaddr");
```

//通过命令行参数传递获取物理地址

```
/* MAC Address */
{
int i
ulong reg
char * s,* e;
char tmp[64];

i = getenv_r ("ethaddr", tmp,size(tmp));
s = (i>0) ? tmp  :    NULL;

for (reg = 0;  reg <6  ;    ++reg)
{gd->bd->bi_enetaddr[reg] = s ?simple_strtoul (s,&e,16) : 0;
if (s)
s = (* e) ? e + 1 : e;
}

#ifdef CONFIG_HAS_ETH1
i = getenv_r ("eth1addr",tmp,sizeof(tmp));
s = (i > 0) ? tmp : NULL;

for (reg =0;  reg < 6;  ++reg)
{
gd->bd->bi_enetladdr[reg] =s ? simple_strtoul (s,&e,16) :0;
if (s)
s = (* e) ? e+1:e;
}
#endif
}
```
//调用相应驱动函数对硬件设备进行初始化
```
devices_init();        /*get the devices list going */
#ifdef CONFIG_CMC_PU2
load_sernum_ethaddr();
#endif            /*CONFIG_CMC_PU2 */
    jumptable_init();
```
//初始化串口
```
console_init_r ();      /* fully init console as a device */

#if   defined (CONFIG_MISC_INIT_R)
    /* miscellaneous platform dependent initialisation */
```

```
misc_init_r();
#endif

/* enable exceptions */
//启用中断
enable_interrupts ();

        /*Perform network card initialisation if necessary */
//初始化网卡
#ifdef    CONFIG_DRIVER_CS8900
cs8900_get_enetaddr (gd->bd->bi_enetaddr);
#endif

#if defined(CONFIG_DRIVER_SMC91111)|| defined (CONFIG_DRIVER_LAN91C96)f(getenv("ethaddr"))
{
    smc_set_mac_addr(gd->bd->bi_enetaddr);
}
#endif              /* CONFIG_DRIVER_SMC91111 ||CONFIG_DRIVER_LAN91C96 */

/*initialize form environment */
if((s=getenv("loadaddr"))!== NULL)
{
    load_addr = simple_strtoul(s,NULL,16);
}
#if (CONFIG_COMMANDS & CFG_CMD_NET)
if ((s = getenv(*"bootfile")) !== NULL)
{
    copy_filename (BootFile,s,sizeof (BootFile));
}
#endif /*CFG_CMD_NET */

#indef BOARD_LATE_INIT
board_late_init();
#endif
#if (CONFIG_COMMANDS & CFG_CMD_ENT)
#if defined(CONFIG_NET_MULTI)
puts ("Net: ");
#endif
```

```
eth_initialize(gd->bd)；
#endif
/* main_loop() can return to retry autoboot,if so just run it again */
for (；；)
{
main_loop ();
}
/* NOTREACHED-no way out of command loop except booting */
}
/***********************↑start_armboot 代码********************/
```

习　题　7

1. 什么是 Boot Loader，其主要任务是什么？有哪些主要功能？

2. 简述 Boot Loader 与嵌入式系统的关系。

3. Boot Loader 分为几个阶段，各阶段主要完成什么任务？

4. 如果要通过串口下载内核和文件系统，则 Boot Loader 要完成什么工作？试写出主要的程序代码(可以使用 C 语言)。

5. 试将 U-Boot 移植到 S3C2440 中。

6. 常用的嵌入式 Boot Loader 有哪几种？其源程序的下载地址是什么？根据其下载地址，从网上下载这些 Boot Loader，并进行源程序分析。

第 8 章　ARM 嵌入式系统设计开发实例

本章阐述了三个 ARM 嵌入式系统设计开发实例：基于 ARM + μC/OS-Ⅱ的嵌入式磨削数控系统的设计、基于 ARM + Linux 的现代化超市电子购物系统的设计、基于 ARM+ Linux 的数控磨床控制系统的设计。

8.1　基于 ARM+μC/OS-Ⅱ的嵌入式磨削数控系统的设计

8.1.1　前言

嵌入式系统是以应用为中心，以计算机技术为基础，软、硬件可剪裁，适用于对功能、可靠性、成本、体积、功耗要求严格的专用计算机系统。由于嵌入式系统具有微内核、系统精简、强实时性、专用性强等特点，因此特别适合具有实时性能要求的机电控制系统。

传统的基于单片机的简易数控系统，虽然造价低，但功能不足，而基于工业 PC 的嵌入型数控系统、基于高端 PLC 的专用数控系统等性能较好，但造价太高。基于高性能嵌入式微处理器和实时操作系统的嵌入式数控系统，将克服上述两类数控系统的不足，具有性能好、成本低、体积小、结构灵活等优点，具有高的性价比，是未来数控系统的发展方向。本节以基于 M250 磨床的数控系统改造为研究背景，探讨基于 S3C44B0X 实现的、具有一定通用性的嵌入式磨削数控系统的设计与实现问题。

8.1.2　系统硬件设计

嵌入式磨削数控系统以 SAMSUNG 公司基于 ARM7TDMI 的 S3C44B0X 微处理器为核心进行构建，该嵌入式磨削数控系统硬件组成如图 8.1 所示。

1. S3C44B0X 微处理器简介

S3C44B0X 是三星公司专为手持设备和一般应用提供的高性价比、高性能的 16/32 位 RISC 型嵌入式微处理器。它集成了 ARM7TDMI 核，采用 0.25 μm CMOS 工艺制造，并在 ARM7TDMI 核基本功能的基础上集成了 8 KB Cache(数据或指令)、内部 SRAM、外部存储器控制器、LCD 控制器、4 个 DMA 通道、带自动握手的 2 通道 UART、1 个多主 I^2C 总线控制器、1 个 I^2S 总线控制器、5 通道 PWM 定时器、1 个看门狗定时器、71 个通用 I/O 口、8 个外部中断源、具有日历功能的实时 RTC、8 通道 10 位 A/D 转换器、1 个 SIO 接口以及 PLL(锁相环)时钟发生器等丰富的外围功能模块，非常适合于成本和功耗要求较高的嵌入式应用系统。

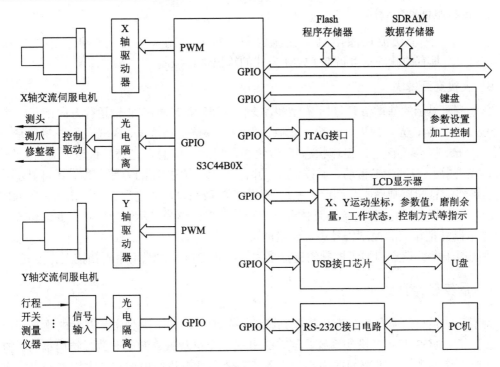

图 8.1　嵌入式磨削数控系统硬件组成框图

2．存储器的扩展

为了满足需要，本系统扩展了 Flash 程序存储器和 SDRAM 数据存储器。Flash 程序存储器在系统中用于存放程序代码。本系统采用一片 SST39VF160 构建 16 位的 Flash 存储器系统，其存储容量为 2 MB，并将其配置到存储器的 BANK0，即将 S3C44B0X 的 nGCS0 接至 SST39VF160 的片选信号 nCE 端，S3C44B0X 的 A20～A1 接至 SST39VF160 的 A19～A0 端，其地址范围是 0x00000000～0x001FFFFF。

SDRAM 数据存储器在系统中主要用作程序的运行空间、数据及堆栈区。本系统使用 HY57V651620B 构建 16 位 SDRAM 存储器系统，并通过 nCS6 将其配置到存储器的 BANK6，其存储容量为 4 组 × 16M 位(8 MB)，其地址范围是 0x0C000000～0x0C7FFFFF。

3．通信和调试接口

为了满足系统各种可能的通信和调试需要，系统配备了 RS-232C 接口、USB 接口以及 JTAG 接口。其中 RS-232C 接口用于直接从 PC 机接收有关加工信息数据，USB 接口用于接收 U 盘等 USB 移动设备存储的有关加工信息数据，JTAG 接口则供系统交叉调试使用。

由于 S3C44B0X 只有 UART0/1 并没有集成 RS-232C 接口，这里选用 MAX3232 作为 UART 到 RS-232C 的电平转换芯片，以便其与 PC 机等其他设备进行串行通信。因 S3C44B0X 内部没有 USB 接口，这里选用 USB1.1 版本的 USBN9603 作为 S3C44B0X 扩展 USB 控制器的接口芯片。二者采用并行总线方式进行连接，S3C44B0X 通过总线操作(nGCS4 作为片选信号)对 USBN9603 进行控制，完成 USB 的读写操作。由于 S3C44B0X 中集成了 JTAG 信号，因此只需引出这些信号线在板上扩出 JTAG 口，即可与 JTAG 调试器进行通信。有关接口电路的具体连接此处略。

4．电机驱动控制模块

系统选用两个交流伺服电机，交流伺服电机的控制采用位置控制。系统中采用 S3C44B0X 所具有的脉冲宽度调制 PWM 方式的输出进行控制。

5．人机交互模块

系统需要显示的基本信息包括 X 轴和 Y 轴坐标值(含 X 轴和 Y 轴运行方向指示)、参数值(磨削—粗、精、光，速度，进给，粗磨，精磨；修整—补偿量、补偿间隔，进给量、工件统计)、磨削余量(光柱)、工作状态指示(快进、粗磨、精磨、光磨、快退、等待、修整)和控制方式指示(自动、半自动、调校)等。同时为了操作和控制的方便，我们还可显示其他有关的操作信息和控制界面。因此本系统选用 LCD 液晶显示器进行显示。由于 S3C44B0X 处理器本身自带 LCD 控制系统，而且可以驱动所选用的液晶显示屏，所以只要选用合适的 LCD 显示器并把相应的控制信号进行连接即可。

系统用于参数设置和加工控制的键盘采用矩阵式键盘，并选用中断扫描工作方式。

8.1.3　系统软件设计

为了保证系统的实时性，简化控制系统软件的设计，并考虑到实际开发的难易程度，系统选择了 μC/OS-Ⅱ实时操作系统。μC/OS-Ⅱ是一个可裁减、源码开放、结构小巧、抢先式的实时多任务内核，主要面向中小型嵌入式系统，具有执行效率高、占用空间小、实时性优良和可扩展性强等特点，并且具有结构简单、容易移植、适合学习等优点。

1．μC/OS-Ⅱ操作系统的移植

所谓 μC/OS-Ⅱ的移植，实际上就是对 μC/OS-Ⅱ中与处理器有关的代码进行重写或修改。其移植应满足以下要求：ARM 处理器的 C 编译器可以产生可重入代码；可以使用 C 调用进入和退出临界区代码；处理器必须支持硬件中断，并且需要一个定时中断源；处理器需要能够容纳一定数据的硬件堆栈；处理器需要有能够在 CPU 寄存器与内核和堆栈间交换数据的指令，移植 μC/OS-Ⅱ内核主要步骤如下：用#define 设置一个常量的值；用#define 分别声明 3 个宏和 10 个与编译器相关的数据类型(在 OS_CPU.H 中)；用 C 语言编写 6 个与操作系统相关的函数(在 OS_CPU_C.C 中)；用汇编语言编写 4 个与处理器相关的函数(在 OS_CPU_A.ASM 中)。

2．硬件驱动层扩展

在硬件之上，必须有驱动程序来实现对硬件的基本操作。事实上，μC/OS-Ⅱ并没有给驱动程序提供统一的标准接口，任何在系统中实现硬件管理的程序都可以称之为驱动程序。底层驱动程序通常采用汇编或 C 语言编写，主要实现初始化硬件和释放硬件，把数据从内核传到硬件和从硬件读取数据，检测和处理设备出现的错误和故障。同时，还必须将对某个硬件进行的某项操作的代码封装成函数，供上层的程序调用。在本系统中，主要完成通信接口、电机驱动控制、LCD 显示等外设驱动函数的编写。限于篇幅，下面仅介绍系统中一个重要的驱动程序——USB 驱动程序的编写。

USB 驱动程序的主要任务是初始化 USB 接口、控制 USB 的读写操作、进行 USB 中断操作及处理 USB 中断服务程序。USB 主机的软件流程如图 8.2 所示。

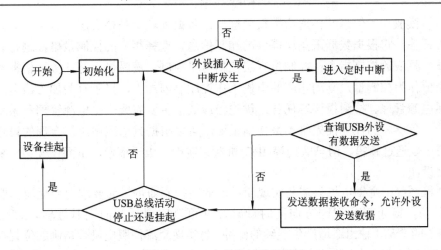

图 8.2　USB 主机的软件流程图

3. 应用程序代码的编写

在编写应用代码之前，需根据自己的应用系统对内核进行一些配置(OS_CFG.H)，并在 INCLUDES.H 系统头文件中包含用户头文件。

1) main 主函数的编写

多任务的启动是通过在主函数 main 中调用 OSStart()来实现的。调用 OSStart()后，从任务就绪表中找到优先级最高的任务控制块，启动高优先级任务启动函数 OSStartHighRdy() 然后再启动多任务内核。在主程序 main()中需要做的是调用 OSInit()对有关变量初始化，创建任务，调用 OSStart()进入实时多任务环境，同时启动时间节拍定时器，调度任务就绪表中优先级最高的任务转入运行，获得 CPU，运行开始。

2) 中断函数的编写

中断函数的编写和没有嵌入式操作系统时基本相同，只是在原来的基础上在固定的两个位置增加两个函数 OSIntEnter()和 OSIntExit()，并在系统初始化时挂接在中断向量表中。在中断服务程序编写的过程中要注意关中断的时间。在 μC/OS-Ⅱ 中，应把数据处理任务的优先级设得高一些，并在中断服务程序中使它进入就绪状态，这样可保证系统在调用 OSIntExit()时判断是否进行任务切换；并在中断结束后立即调度并执行相应的数据处理任务，以使中断响应的时间限制在一定范围之内。

3) 用户任务的编写

基于 μC/OS-Ⅱ 操作系统内核的应用代码编程，主要就是对各个任务的编程。本系统中 OSTaskCreate()创建了 10 个用户任务：作业控制、U 盘读写、键盘输入、代码翻译、插补运算、电机控制、液晶显示、检测报警、电源管理、时钟任务，同时还包括空闲任务和统计任务等两个系统任务。其中时钟任务优先级最高，它是一个超级任务，用来对其他任务进行超时监控，以避免程序"跑飞"或陷入死循环。若数控系统功能需要增减，则只要在相应的任务中进行模块的添加和删除。为了使系统更加快速、灵活、准确，根据任务的优先级把用户任务划分为四层：数据采集层、数据处理层、控制执行层和辅助管理层，并从优先级 5 开始定义。优先级最高的是数据采集层，包括 U 盘读写、键盘输入等任务，主要是准确无误地读取加工信息并传递给数据处理层；数据处理层是核心层，包括代码翻译、插补运算等任务，它根据数据采集层提供的加工信息，选择相应的控制策略，进行有关数据处理，发出相应的控制指令；控制执行层包括电机控制、液晶显示等任务，根据数据处理层的期望值作为控制量，驱动相应的电机工作控制磨削加工，显示有关加工信息；辅助管理层包括电源管理、检测报警等任务，优先级最低，主要完成一些电源管理和系统诊断等辅助功能。各层内的任务优先级不是特别重要，可以根据具体应用进行合理的设定。任务间的通信可以通过邮箱、消息队列等 IPC 机制来实现。限于篇幅，下面仅介绍电机控制任务的程序设计。

磨削机系统中主轴电机只需要实现简单的通断控制即可，而要求两台交流伺服电机能够实现联动，既可以实现同方向同时旋转，又可以实现反方向同时旋转。该系统通过 S3C44B0X 的 PWM 输出通道产生连续的脉冲，为实现交流伺服电机较精确的位置控制和实时响应，采用软件定时中断的方式实现电机控制脉冲的发送。PWM 控制流程如图 8.3 所示，其中系统中所采用的插补算法为直接函数计算插补法，可达到较高的进给速度。

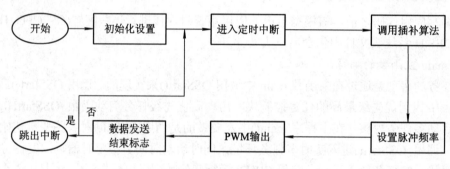

图 8.3　PWM 控制流程图

8.1.4　结论

本嵌入式磨削数控系统以 S3C44B0X 为控制器，以 μC/OS-Ⅱ 为操作系统，以 U 盘进行加工信息的离线传输，以 PWM 方式进行电机控制，以 LCD 显示器进行显示，并配有输入键盘、程序存储器、数据存储器以及多种数据通信接口。它具有控制精度高、成本低、体积小、易于扩展和升级等特点，是传统机床的数控化改造和经济型数控机床升级开发的发展趋势。本设计的创新之处就是设计了一个基于 S3C44B0X 的嵌入式磨削数控系统，为传统机床的数控化改造和经济型数控机床升级开发提供了一种可行而实用的设计思路。

8.2　基于 ARM+Linux 的现代化超市电子购物系统的设计

8.2.1　前言

随着社会的进步和发展，工农业生产和人民生活对嵌入式系统的功能和性能的要求不断提高，原有的以单片机或嵌入式微处理器为核心的嵌入式系统已难以满足某些高科技场合的需求。近几年基于 32 位 ARM 结构的微处理器+嵌入式操作系统的嵌入式系统便应运而生，并成为嵌入式系统的研究热点。本节以现代化超市为背景，旨在解决目前超市中存在的查询商品不便、排长队结账、超市内定位困难、服务和信息滞后等问题，采用嵌入式系统、射频识别(RFID)、无线局域网、数据库、多媒体等技术，实现了现代化超市电子购物系统。

8.2.2　系统总体设计

系统采用具有全球唯一 UID 的"电子标签"作为商品、会员和位置的信息载体。移动购物终端获得由 RFID 读卡模块读取的 UID，通过无线局域网查询数据库信息后进行相应的处理。将电子标签放在每个商品和会员卡中，移动购物终端就能自动识别并处理商品信息和顾客信息；将电子标签放在超市的地面下，移动购物终端就能自动在超市内定位。

系统由移动购物终端和服务器端两大部分构成，均采用 Linux 操作系统，通过 802.11b 无线局域网连接。移动购物终端以 Sitsang 板为核心，外接 CF 无线局域网卡、相应的读卡模块和读卡控制电路，并安装在超市的购物小车上。服务器端由 PC 机、无限 AP、打印机队列组成，通过设计服务程序为终端提供数据库服务、NFS 服务、语音服务、自动结账服务，实现系统的各种功能。系统的总体结构示意图如图 8.4 所示，信息处理流程图如图 8.5 所示。

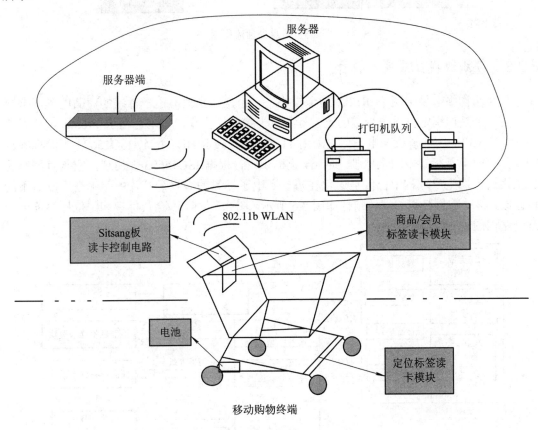

图 8.4　系统总体结构示意图

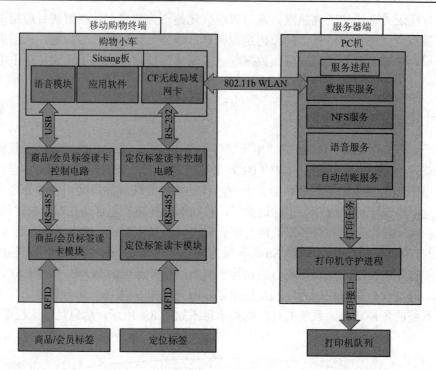

图 8.5　信息处理流程图

8.2.3　移动购物终端硬件设计

移动购物终端采用两个 RFID 读卡模块，一个是识别商品电子标签的商品电子读卡模块，另一个是识别定位电子标签的定位标签读卡模块，两个模块均选用了 Promatic 公司的 PRR8032 RFID 读卡模块，电子标签采用 TI 公司的 Tag-it HF-I Inlay(ISO15693)无源标签。UID 是每个电子标签中的全球唯一的 64 位标识码，根据 ISO15693-3 协议，它具有严格的数据格式，在生产过程中已经被固化在每一个电子标签的微电子芯片中，生产出以后不能再修改。移动购物终端的硬件结构如图 8.6 所示。图 8.7 是商品/会员标签和定位标签读卡控制电路框图。

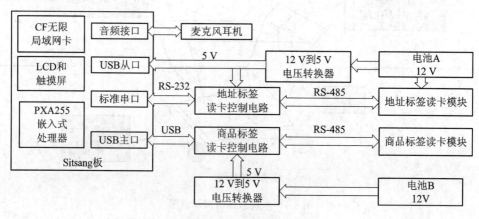

图 8.6　系统硬件结构框图

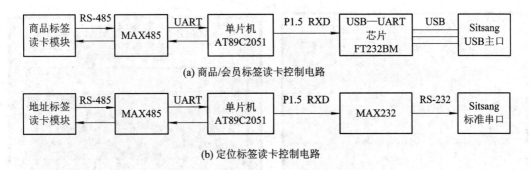

(a) 商品/会员标签读卡控制电路

(b) 定位标签读卡控制电路

图 8.7　商品/会员标签和定位标签读卡控制电路框图

8.2.4　移动购物终端软件设计

　　移动购物终端的软件是基于 Sitsang 平台和 Linux 操作系统，采用多进程技术开发，通过模块化的设计，完成对商品信息、会员信息、超市服务信息的识别、查询、管理、操作与显示。图 8.8 是软件总体结构流程图。移动购物终端软件设计包括图形界面设计和应用程序设计。其中图形界面设计使用 Linux 平台的 Qt/Embedded Evaluation Version2.3.2 开发，采用 Qt 特有的信号和槽(Signals and Slot)机制设计全新的图形界面和应用程序。图8.9～图8.16 为系统部分拟设计的典型图形界面。应用程序设计主要包括读卡模块设计、表格显示模块设计、数据库客户端模块设计等。

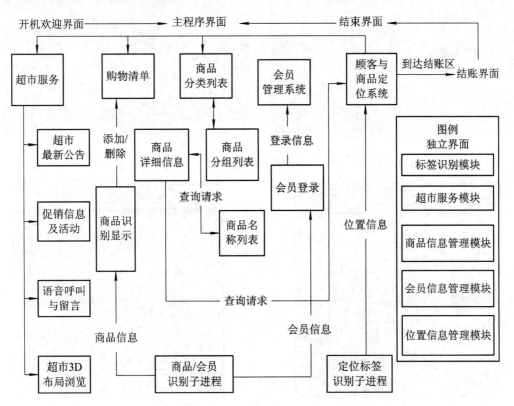

图 8.8　软件总体结构流程图

图 8.9　会员身份识别与登录界面

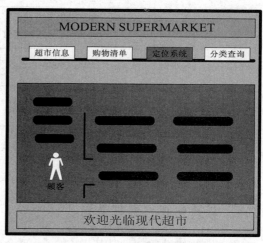

图 8.10　顾客与商品定位界面

图 8.11　商品分类查询界面

图 8.12　购物清单界面

图 8.13　商品识别与显示界面

图 8.14　商品详细内容显示界面

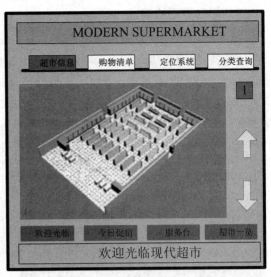

图 8.15　自动结账界面　　　　　　　图 8.16　超市 3D 布局浏览界面

8.2.5　移动购物服务器端设计

服务器使用 Redhat Linux 9.0 操作系统，并安装较新版本的 MySQL 数据库。通过配置打印机队列进行购物小票的打印。通过多个 AP 覆盖整个超市的范围，服务器就可以同时为多个移动购物终端提供各种服务。服务器端编写了自动结账、语音服务等服务程序，并制作了相应操作界面，管理各种信息。服务器端的设计主要包括三个方面：数据库的设计、定位子系统的设计、自动结账子系统的设计。限于篇幅，有关具体设计略。

8.2.6　系统设计开发调试结果

1．应用程序开发环境的建立

通过修改内核源程序 printk.c 中的 printk 函数，杜绝系统的内核输出信息破坏图形界面显示；通过修改 USB 主口驱动源程序 usbserio.c 中的 get_free_serial 函数和结构体变量，并在编译内核时选择模块 USB FTDI Single Port Serial Driver，编译模块后将 usbserial.o 和 ftdi_sio.o 加载入内核，驱动 FT232BM 芯片将 USB 主口转换为 UART；在定制文件系统时删去与 qpe 桌面相关的部分，将移动购物终端软件的程序及文件拷贝到/usr/qpe/bin 目录下取代原 qpe 桌面程序，修改 qpe.sh 脚本，即可实现在开机后自动运行终端程序并进入图形界面。

2．网络调试环境建立

为解决在一台 PC 机上同时运行两个 Linux 操作系统的问题，本设计采用在 WindowsXP 系统中安装虚拟机的方法。在虚拟机里安装两个 Linux 操作系统，一个作为宿主机，一个作为目标机，这样就可利用切换键在这三个系统之间相互切换，并建立三个系统的通信，既能充分利用熟悉的 Windows 操作系统的网络资源，又能共享三个系统的资源。

3．图形界面的调试

在 VMware 中搭建调试环境，建立 development 机和 target 机，在 VMware 里使用 kgdb 进行调试环境的搭建。在 development 机上配合使用一些其他的调试工具，本设计使用的是图形界面的 DDD 调试器，方便了内核的调试工作。图 8.17～图 8.20 为系统部分典型图形界面的调试结果。

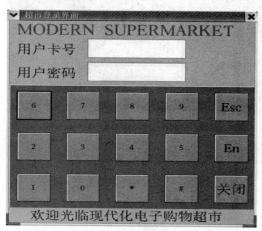

图 8.17　超市登录界面的调试结果

图 8.18　商品分类查询界面的调试结果

图 8.19　购物清单界面的调试结果

图 8.20　自动结账界面的调试结果

4．内核在 PXA255 上的移植

(1) 内核的修改配置。找到经过裁剪编译的内核，修改配置文件，匹配交叉编译器；在 193 行找到 ARCH，并进行对应的修改；配置编译的内核，修改动态参数。

(2) 编译内核。创建一个指向裁剪后的内核源代码符号；进入此目录；运行清理包命令：make mrproper；使用现有的配置文件作为新内核配置文件的基础，复制已经存在的配置文件到相应的目录中；运行 sudo make menuconfig 或 sudo make xconfig 进行编译。

(3) 下载移植。下载 zImage 到开发板，完成移植。

8.2.7　结论

　　系统由移动购物终端和服务器端组成，其中移动购物终端以 Sitsang 开发板和 RIFD 感应器为基础设计制作，借助于 RFID 卡和埋设在货架通道上的定位卡，可以通过用户购物车系统方便地获得商品信息和超市导购信息。整个系统具有友好的中文图形界面，能够实现商品的自动识别与详细信息显示、购物清单管理、商品分类查询、顾客定位与商品定位、自动结账、会员身份识别与管理、超市 3D 布局显示、语音呼叫与留言等功能。本设计主要应用于现代化超市中，还可以应用到图书馆、仓储、档案室、物流等领域，具有良好的应用价值。

8.3　基于 ARM+Linux 的嵌入式数控磨床控制系统的设计

8.3.1　前言

　　当今，数控机床以节约劳动力、生产效率高、精度可靠性高、柔性高等优势，已经逐渐取代了传统机床。嵌入式系统相比于传统的单片机系统和 PC 平台，既有单片机系统成本低、系统结构精简、体积小、功耗低的特点，又具有 PC 平台的开发环境好、资源丰富、具备操作系统、用户界面友好的特点，恰恰弥补了传统数控系统的不足。它不仅具有可靠性高、稳定性好、功能强的优点，而且具有良好的可移植性和可裁减性，可根据实际需求进行系统功能的扩展和裁减，因而在数控技术领域就有良好的发展前景。本节以基于传统数控磨床的数控系统改造为研究背景，探讨基于 S3C2440A 实现的、具有一定通用性的嵌入式数控磨床控制系统的设计与实现问题。

8.3.2　系统总体设计

　　系统基于原始 PC 数控磨床的基础上进行改造设计，以三星公司的 S3C2440A 微处理器为核心。为通过扩展用户板块构成硬件平台，采用 Linux 操作系统为软件平台，编写设备驱动程序、数控算法、人机交换界面等，以实现向伺服电机和步进电机驱动器提供控制信号，控制数控磨床各个刀片的旋转和走位的嵌入式数控磨床的控制系统。它可以从 USB 和 SD 卡中读取要加工的文件，也可以通过网络或串口、USB 下载存入 Flash 的具体地址，同时网络功能也为远程监控做好了准备。系统选用两个交流伺服电机，交流伺服电机的控制采用位置控制，系统中采用 S3C2440A 所具有的脉冲宽度调制 PWM 方式的输出进行控制、加工。同时系统主板上有多种接口，为以后扩展其他功能做好准备，如扩展网络摄像机，以更方便、更直观地进行远程监控。

8.3.3　系统硬件设计

　　系统硬件以三星公司的 S3C2440A ARM9 芯片为核心(处理器为 ARM920T)，扩展用户板块组成，硬件系统如图 8.21 所示。

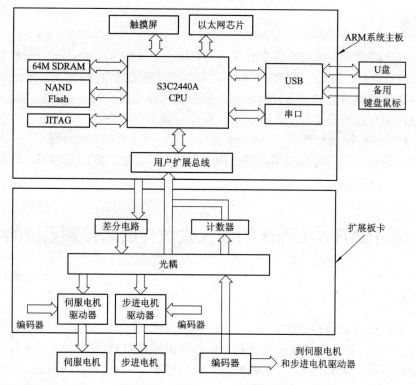

图 8.21　数控系统硬件框图

1. S3C2440A 微处理器选择

由于本系统对处理速度要求高，所以选用 ARM9 内核芯片；并且所要实现的功能比较强大，集成了很多的模块，如触摸屏、USB、摄像头等，所以选用目前比较流行且集成度相当高的 S3C2440A 芯片。

S3C2440A 采用 ARM920T 内核，集成的片上功能有：1.2 V 内核，1.8 V/2.5 V/3.3 V 储存器，3.3 V 扩展 I/O，16 KB 指令 Cache(I-Cache)/16 KB 数据 Cache(D-Cache)；外部储存控制器 (SDRAM 控制盒片选逻辑)；集成 LCD 专用 DMA 的 LCD 控制器(支持最大 4K 色 STN 和 256K 色 TFT)；4 路拥有外部请求引脚的 DMA 控制器；3 路 URAT(IrDA1.0，64 B Tx FIFO，64B Rx FIFO)；2 路 SPI；I^2C 总线接口(多主支持)；I^2S 音频编解码器接口；AC97 编解码器接口；1.0 版 SD 主接口，兼容 2.11 版 MMC 接口；2 路 USB 主机控制/1 路 USB 期间控制(ver1.1)；4 路 PWM 定时器/1 路内部定时器/看门狗定时器；8 路 10 位 ADC 和触摸屏接口；具有日历功能的 RTC；摄像头接口(支持最大 4096 × 4096 的输入，2048 × 2048 缩放输入)；130 个通用 I/O，24 个外部中断源；电源控制(正常、慢速、空闲、睡眠模式)；带 PLL 的片上时钟发生器等。其接口丰富，非常适合外围扩展模块较多且低成本的嵌入式系统开发。

2. 存储器的扩展

本系统的存储模块采用 Nand Flash 与 SDRAM 组合成程序、数据存储器，可以获得非常高的性价比。

本系统中使用的 Flash 芯片是 Intel 公司的 K9F1216U0A Flash，存储空间由 128 KB 的擦除块组成。擦除块是相互独立的，每一块的擦除操作可以在 1 秒内完成。每一块可以独立地被擦除 100 000 次以上。

目前常用的 SDRAM 为 8 位/16 位数据宽度，可根据系统需求构建 16 位或 32 位的 SDRAM 存储器系统。TQS3C2440 使用了两片外接的 32 MB 总共 64 MB 的 SDRAM 芯片(型号为 HY57V561620FTP)，一般称之为内存，它们并接在一起形成 32 位的总线数据宽度，这样可以增加访问的速度。因为是并接，故它们都使用了 nGCS6 作为片选端，物理起始地址为 0x30000000。

3. 各种外围接口

系统为了能更方便用户的使用，扩展了许多接口，如图 8.21 所示。

USB 和 SD 卡接口，用于接收 U 盘、SD 卡等移动存储设备的有关加工信息数据文件，通过这两个接口可以把加工文件输入数控系统中，同时也可把文件拷贝到 U 盘或 SD 卡中。

系统采用的人机交换界面是触摸屏。系统需要显示的基本信息包括 X 轴和 Y 轴坐标值(含 X 轴和 Y 轴运行方向指示)、参数值(磨削—粗、精、光，速度—进给、粗磨、精磨，修整，补偿量、补偿间隔，进给量、工件统计)、磨削余量(光柱)、工作状态指示(快进、粗磨、精磨、光磨、快退、等待、修整)和控制方式指示(自动、半自动、调校)等。同时为了操作和控制的方便，还可显示其他有关的操作信息和控制界面，也可通过 USB 接备用鼠标和键盘。

JTAG 接口用来进行系统的调试与仿真，同时还可以用来进行文件的烧写。

以太网接口，系统用的是 DM9000 以太网芯片，有 100M，用来与外界联系，也可以通过以太网进行文件的传输和远程监控。网络摄像头配合以太网进行远程监控。

4. 差分模块

驱动器所需指令脉冲和指令信号是一对相位相差 180° 的信号，故在这里设置了差分电路，并使用四线高速差分驱动电路 DS26LS31 进行处理。微处理器输出的单路信号经过 DS26LS31 处理，可以得到一对相位相差 180° 的信号以及所需的指令脉冲和指令信号。

5. 电机传动模块

1) 伺服电机

在本系统设计过程中，考虑到电机带动主轴高速旋转进行金属切削，属于大负载、高速度的应用，用伺服电机比较好，故在主轴上采用交流伺服电机驱动。考虑到由主机直接实现电机控制算法会占用处理器资源、影响多任务操作的快速性，且不敢保证自己设计的外围电路的驱动能力能满足要求，故采用电机驱动器或变频器驱动电机。在本系统的设计中，选用交流伺服驱动器，通过 S3C2440 的 PWM 输出通道产生连续的脉冲，并且为实现交流伺服电机比较的位置控制和实时响应，采用软件定时中断的方式实现电机控制脉冲的发生。PWM 的控制流程图如图 8.22 所示。

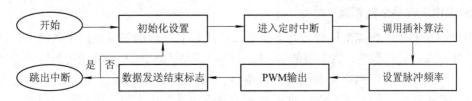

图 8.22　PWM 的控制流程图

编码器反馈电缆直接接到伺服电机驱动器而非数控系统，传感器将交流伺服电机转子的位置、速度、转矩信息编码传回给驱动器，驱动器再根据此信号调节电机转速。故无需考虑电机控制算法，只需向驱动器发送指令，即可对电机进行控制。

2) 步进电机

系统使用的是混合式步进电机(Hybrid，简称 HB)。混合式步进电机综合了反应式电机和永磁式机两者的优点。混合式机与传统的反应式机相比，结构上转子加有永磁体，以提供软材料的工作点，而定子激磁只需提供变化的磁场而不必提供磁铁材料工作点的耗能，因此该电机效率高，电流小，发热低。因永磁体的存在，该电机具有较强的反电势，其自身阻尼作用比较好，使其在运转工程中比较平稳，噪声低，低频振动小。步进电机驱动器至少要连接一两根信号线(脉冲和方向信号)。在三维空间的三个坐标轴上，每个坐标轴承上都需要接一组电机和驱动器，则至少需要 6 根信号线(为将来能扩展为 5 轴，需要 10 根信号线)，S3C2440A 芯片提供了 130 个通用 I/O 口，所以我们在这使用 I/O 口进行连接。

为了保护器件不受外来意外高压/电流的损害，减少外界干扰，需要在芯片和外界电路之间加装光耦芯片。另外，在本系统中，为了将刀具位置反馈给用户查看，每个步进电机上需再安装一个编码器。编码器与上位机连接的方式是通过 RS-232/442/485 等标准通信数据线连接，检测数据由编码器处理并打包成标准协议格式发给上位机，而不需要进行其他算法的控制，提高了系统的实时性，精简了外围电路，降低了成本。

6. 光电隔离模块

为了防止控制信号受到干扰，在以前的步进电机驱动器电路设计时，通常采用脉冲变压器作为电压隔离接口部件，但是它在耐压值、可靠性及体积方面都无法与光电耦合器相比，所以本系统采用了光电耦合器作为隔离接口器件。光电耦合器是实现电隔离的核心器件，在本系统采用的是 TLP521-4 光电耦合器。利用 TLP521-4 的体积小、寿命长、抗干扰性强以及无触点输出(在电气上完全隔离)等优点来隔离电路、数模电路、逻辑电路、过流保护等。TLP521-4 是 4 路光电耦合器，8 个 TLP521-4 则组成 32 路光电耦合，其能把编码器传递回的信号与电路板连接起来。

8.3.4　系统软件设计

数控磨床控制系统采用基于 TQ2440 平台和 Linux 操作系统，用多进程技术开发，它有三个层次：界面层、非实时层、实时层。在软件层实现的数控系统的基本功能有：数序的译码、刀具补偿、速度预处理、粗插补运算、位置控制等。软件整体结构如图 8.23 所示。

1. 操作系统平台的搭建

由于数控磨床系统需要同时运行多个设备，所以必须选用多线程操作系统，并且要求实时性非常高、运行稳定、成本要低等。Linux 以其开放源代码和免费使用的特性以及架构清晰、平台支持广泛、网络支持强劲、内核小、稳定性强、效率高、可裁剪，软件丰富等优点及支持多线程、运行速度快、便于移植的特点而受到广大用户的青睐。因此本系统选用 Linux 作为操作系统。Linux 操作系统的移植主要分为三部分：U-Boot 的修改移植(Boot

Loader)、Linux 内核的配置与移植、文件系统的制作与移植。本系统使用的是 Linux 2.6.30 内核和 yaffs 格式文件系统。

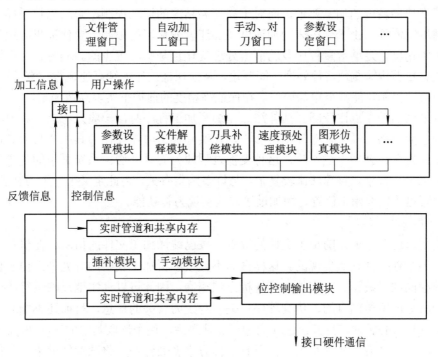

图 8.23　系统软件结构图

2. 伺服电机与步进电机驱动程序

1) 伺服电机驱动

驱动伺服电机实际上是使用 PWM 波形发生器向伺服驱动器发送 PWM 脉冲，这是通过定时器的中断来控制一个 GPIO 引脚置高或置低的持续时间实现的。S3C2440 自带了 5 个定时器，其中 Timer3 已被 DMA 占用。通过改变相应特殊寄存器的值对计时器进行配置。该驱动程序中编写了四个方法：open、close、write、ioctl。其中 write 方法从应用程序读入一个周期的高低电平的脉宽，根据这些脉宽调节高低电平的持续时间；ioctl 方法则是使输出 PWM 波形的 GPIO 引脚保持低电平。

2) 步进电机驱动

三组步进电机的驱动信号是通过用户扩展数据总线发出的，每个步进电机占用两位，分别表示方向和进给动作，6 位总线数据同时发送，使得三个步进电机可以同时动作，实现三轴联动。该驱动程序中除了 open、close 方法外，还编写了 write、read、ioctl 方法。其中 write 方法完成连续控制电机转动功能，它将一系列连续的 16 位脉冲组合信号写入虚拟地址中，使用一个计时器控制脉冲发送频率；read 方法完成从编码器读入位置信号的功能；ioctl 方法不是连续发送脉冲信号，它读取从应用程序检测到的键盘按键值，每收到一个键值，该方法就根据这个键值发送一个脉冲到相应的电机，完成相应的动作。

3) 插补程序及算法

对于控制零件的轮廓来说，最重要的便是插补功能。由于插补运算是在机床运动过程中实时进行的，因此在有限的时间内，必须对各坐标轴实时地分配相应的位置控制信息和速度控制信息。软插补器时延较大，现在一般采用软、硬结合的方式。现在的数控系统普遍提出了高速高精度的加工要求，而对于高速高精度的运动控制，必须缩短采样周期，提高插补精度。同样，由于受机床的加速度及加速度变化率的限制，要保证机床运行的平稳性及动态的精度，足够数量程序段的前瞻处理优化也是必不可少的。同时，在密集数据处理中不能有数据传输瓶颈，预处理时间要短，从而保证机床连续高速运行。有了这些基础，通过伺服前馈控制才能减小跟踪误差，在保证高精度的前提下实现高速加工。

系统采用的是逐点比较圆弧插补法，在编写加工程序时，一般只考虑刀具中心沿零件轮廓切削，而忽略刀具半径对加工的影响，在实际加工时需要在刀具中心与刀具切削点之间进行位置偏置，补偿上述影响，这种变换过程即为刀具补偿。系统采用的是带有过渡连接的 C 刀具补偿算法，该算法比较复杂，与许多因素有关，为此定义了一个刀补函数参数，该函数具有更改插补始末位置、增加过渡曲线实现刀补功能。

4) 仿真程序的编写

仿真是通过对已编译的加工文件的解析，按已编译加工文件的指示，在仿真界面上用小段直线逐个连接插补点实现的。这样做而不直接解析加工代码的好处是：由于仿真和运行时使用相同的已编译加工文件，且解析方法相同，因此可以真实地反映运行的结果，故可以达到所见即所得的目的。仿真程序只关心与走刀有关的信息，目前还不能对速度进行仿真，所以只关心脉冲。打开已编译的加工文件之后，逐个读取其中的字(长度为 int 型)，在发现脉冲标志之后，允许画图。把所有非标志字看做脉冲，将脉冲转化为当前视图的坐标增量，在图上画点并与前一点以小线段相连，直到遇到标志字或到达文件结尾。

8.3.5　系统设计开发调试结果

本系统开发基于广州天嵌计算机科技有限公司的 TQ2440+3.5 开发套件及配套的软件和工具，具体如下。

(1) Linux 系统：在虚拟机 VMware Workstation 6.5 上安装 Redhat Linux 9.0。Windows XP 系统下虚拟机设置的共享目录是 E:\imags，对应的 Linux 系统的目录是/mnt/hgfs/imags。

(2) Linux 内核 2.6.30.4：使用 TQ2440 开发板提供的 Linux-2.6.30.4_20091030.tar.bz2。

(3) 交叉编译工具链：使用 TQ2440 开发板提供的 arm-Linux-4.3.3 工具链。

(4) 根文件系统制作工具：使用 TQ2440 开发板提供的 Busybox-1.1.3.0.tar.bz2。

(5) 根文件系统：在制作根文件系统时，直接使用天嵌公司提供的 lib 库，这些文件都下载到 E:\images 中，通过虚拟机进入 Redhat9.0 系统，进入/mnt/hgfs/imags 目录便可访问这些与 Windows XP 共享的文件。

(6) 硬件平台：ARM920T 处理器的 S3C2440 开发板。

本设计在虚拟机 VMware 6.5 上安装了 Redhat Linux 9.0，建立了交叉编译环境，进行了系统启动引导程序 U-Boot 和操作系统内核 Linux2.6.30 的移植，使用 Busybox 建立了根文件系统，安装移植了 GUI 工具 Qtopia2.2.0/Qte2.3.12 和下载工具等。

系统部分界面的测试结果如图 8.24～图 8.30 所示，图 8.31 则为控制系统实物照片。

图 8.24　数控磨床主界面

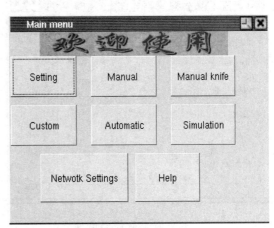

图 8.25　系统主菜单

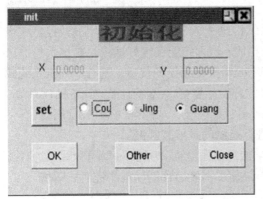

图 8.26　系统初始化界面

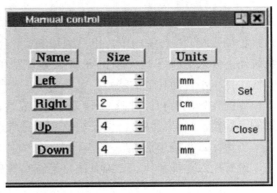

图 8.27　手动对刀界面

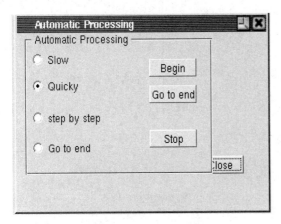

图 8.28　自动控制界面

图 8.29　系统参数显示界面

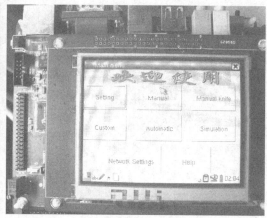

　　　　图 8.30　网络设置界面　　　　　　　　　图 8.31　控制系统实物照

8.3.6　结　论

　　本系统基于 ARM 微处理器和 Linux 操作系统构建了一个比较完整、实用的数控磨床嵌入式数控系统。与传统的单片机系统和 PC 平台相比，该系统能在较好地满足传统数控磨床系统功能要求的前提下，融合 ARM 微处理器和 Linux 操作系统的优点，既有单片机系统成本低、体积小、功耗低的特点，又具有 PC 平台的开发环境好、资源丰富、具备操作系统、用户界面友好的特点。此外它不仅具有可靠性高、稳定性好、功能强的优点，而且具有良好的可移植性和可裁减性，便于根据实际需求进行功能的扩展和裁减。

　　当然在本系统中还存在一些不足，如插补功能算法不全面，只能对直线和圆弧进行加工，没有加入三维和其他二维算法，不能实现高级加工功能，诊断功能不完善，等等。

第 9 章　基于 ARM 开发工具的基础实验

本章给出了四个基于 ARM 开发工具的基础实验，包括 ARM 汇编指令使用实验——基本数学/逻辑运算、ARM 汇编指令使用实验——存储区数据块的传送、汇编语言与 C 语言的相互调用实验——随机数发生器以及 C 语言程序组件应用实验——PWM 直流电机控制。

9.1　ARM 汇编指令使用实验——基本数学/逻辑运算

一、实验目的

1. 初步学会使用 ARM ADS / Embest IDE for ARM 开发环境及 ARM 软件模拟器。
2. 通过实验掌握数据传送和基本数学/逻辑运算的 ARM 汇编指令的使用方法。

二、实验设备

1. 硬件：PC 机。
2. 软件：ADS 1.2 / Embest IDE 200X 集成开发环境。

三、实验内容

注：本章各实验内容中的 ARM 汇编程序和实验步骤，没特别说明的，均基于 Embest IDE 作为实验调试环境进行阐述，若以 ARM ADS 作为实验调式环境，由于 ARM 汇编程序中的伪指令与开发环境的编译器有关，因此 ARM 汇编程序中的伪指令的写法需要修改(可参考本节中实验内容 1 中的 armasm1a.s (基于 ADS 1.2 开发)程序，而具体步骤则可参考 4.4 节)。

1. 熟悉 ADS 1.2 / Embest IDE 200X 开发环境的使用，使用 LDR/STR 和 MOV 等指令访问寄存器或存储单元，实现数据的加法运算。具体实验参考程序如下：

```
/*armasm1a.s (基于 Embest IDE 200X 开发  )*/
.EQU      X, 45                      /*定义变量 X，并赋值为 45*/
.EQU      Y, 64                      /*定义变量 Y，并赋值为 64*/
.EQU      STACK_TOP, 0X1000          /*定义栈顶 0X1000*/
.GLOBAL _START
.TEXT
_START:                              /*程序代码开始标志*/
          MOV       SP, #STACK_TOP
          MOV       R0, #X           /*X 的值放入 R0*/
```

```
        STR      R0, [SP]           /*R0 的值保存到堆栈*/
        MOV      R0, #Y             /*Y 的值放入 R0*/
        LDR      R1, [SP]           /*取堆栈中的数到 R1*/
        ADD      R0, R0, R1
        STR      R0, [SP]
STOP:   B        STOP               /*程序结束，进入死循环*/
.END
```

```
/*armasm1a.s (基于 ADS 1.2 开发)*/
X   EQU   45                        ; 定义变量 X,并赋值为 45
Y   EQU   64                        ; 定义变量 Y,并赋值为 64
STACK_TOP   EQU   0x1000            ; 定义栈顶 0X1000
AREA   armasm1, CODE, READONLY      ; 声明代码段 Example1
ENTRY                               ; 标识程序入口
CODE32                              ; 声明 32 位 ARM 指令
START   MOV SP, #STACK_TOP          ; 程序代码开始标志
        MOV   R0, #X                ; X 的值放入 R0
        STR   R0, [SP]              ; R0 的值保存到堆栈
        MOV   R0, #Y                ; Y 的值放入 R0
        LDR   R1, [SP]              ; 取堆栈中的数到 R1
        ADD   R0, R0, R1
        STR   R0, [SP]
STOP    B    STOP                   ; 程序结束，进入死循环
END
```

2. 使用 ADD/SUB/LSL/LSR/AND/ORR 等指令，完成基本数学/逻辑运算。具体实验参考程序如下：

```
/* armasm1b.s */
.EQU     X, 45                      /*定义变量 X，并赋值为 45*/
.EQU     Y, 64                      /*定义变量 Y，并赋值为 64*/
.EQU     Z, 87                      /*定义变量 Z，并赋值为 87*/
.EQU     STACK_TOP, 0X1000          /*定义栈顶 0X1000*/
.GLOBAL  _START
.TEXT
_START:                            /*程序代码开始标志*/
        MOV      R0, #X             /*X 的值放入 R0*/
        MOV      R0, R0, LSL #8     /*R0 的值乘以 2 的 8 次方 */
        MOV      R1, #Y             /*Y 的值放入 R1*/
        ADD R2,  R0, R1, LSR #1     /*R1 的值除以 2 再加上 R0 后的值放入 R2*/
```

	MOV	SP, #0X1000	
	STR	R2, [SP]	
	MOV	R0, #Z	/*Z 的值放入 R0*/
	AND	R0, R0, #0XFF	/*取 R0 的低八位*/
	MOV	R1, #Y	/*Y 的值放入 R1*/
	ADD	R2, R0, R1, LSR #1	/*R1 的值除以 2 再加上 R0 后的值放入 R2*/
	LDR	R0, [SP]	/*Y 的值放入 R1*/
	MOV	R1, #0X01	
	ORR	R0, R0, R1	
	MOV	R1, R2	/*Y 的值放入 R1*/
	ADD	R2, R0, R1, LSR #1	/*R1 的值除以 2 加上 R0 的值放入 R2*/
STOP:	B	STOP	/*程序结束，进入死循环*/
.END			

四、实验操作步骤

1. 新建工程。先建立一个实验文件夹，如 E\ARMSY\armasm1；然后运行 Embest IDE 集成开发环境，选择 File→New Workspace 菜单项，弹出一个对话框，输入工程名 armasm1a/armasmlb 等相关内容；最后单击 OK 按钮，将创建一个新工程，并同时创建一个与工程名相同的工作区。此时在工作区窗口将能打开该工作区和工程。

2. 建立源文件。选择 File→New 菜单项，弹出一个新的、没有标题的文本编辑窗口，输入光标位于窗口中第一行，按照实验参考程序编辑输入源文件代码。编辑完后，保存文件 armasmla.s。

3. 添加源文件。选择 Project→Add To Project→File 项或单击工程管理窗口中的相应右键快捷菜单命令，打开文件选择对话框，在工程目录下选择刚才建立的源文件 armasmla.s/armasmlb.s。

4. 基本设置。选择 Project→Settings… 菜单项或按下快捷键 Alt + F7，弹出工程设置对话框；在工程设置对话框中选择 Processor 属性页，按照使用要求对目标板所用处理器进行设置。

5. 生成目标代码。选择 Build→Build armasmla 菜单项或按下快捷键 F7，生成目标代码。此步骤也可以通过单击工具栏上相应按钮来完成。

6. 调试设置。选择选择 Project→Settings… 菜单项或按下快捷键 Alt + F7，弹出工程设置对话框；在工程设置对话框中，若选择 Remote 页面则对调试设备模块进行设置；若选择 Debug 页面则对调试模块进行设置。

7. 选择 Debug→Remote Connect 连接软件仿真器，执行 Download 命令下载程序，并打开寄存器窗口。

8. 打开存储器窗口，观察地址 0x8000～0x801F 的内容以及地址 0xFF0～0xFFF 的内容。

9. 单步执行程序，并观察和记录寄存器与存储器值的变化。

10. 结合实验内容和相关资料观察程序运行，通过实验加深理解 ARM 指令的使用。

五、实验报告

1．画出程序 armasmla.s 和 armasmlb.s 的实现框图，并说明其各自实现的功能。

2．记录程序 armasmla.s/armasmlb.s 单步运行时有关寄存器与存储器的值，并分析结果是否正确。

9.2　ARM 汇编指令使用实验——存储区数据块的传送

一、实验目的

1．熟悉 ARM ADS 1.2 / Embest IDE for ARM 开发环境及 ARM 软件模拟器的使用。

2．通过实验掌握使用 LDM/STM、B、BL 等指令完成较为复杂的存储区访问和分支程序的方法，学习使用条件码，加强对 CPSR 的认识。

二、实验设备

1．硬件：PC 机。

2．软件：ADS 1.2 / Embest IDE 200X 集成开发环境。

三、实验内容

设计并调试一个存储区数据块的传送程序，具体数据块的传送要求为：将数据从源数据区 snum 复制到目标数据区 dnum，数据的个数 num 假定为 20，复制时以 8 个字为单位进行，对于最后不足 8 个字的数据，以字为单位进行复制。

用 ARM 汇编语言设计该数据块复制程序的设计思想如下：先将源数据区的起始地址、目标数据区的起始地址以及数据个数赋给选定的寄存器 R0、R1、R2，再根据每次批量/单个复制数据的个数 R3 确定用于数据复制的中间寄存器 R4～R11，之后先将源数据区的若干个数据批量装载到中间寄存器中，再将中间寄存器的数据批量存储到目的数据存储区，随后进行数据是否复制完毕的判断，若未复制完毕，则修改有关操作数据地址，并重复前面的数据复制操作，否则，终止操作，程序结束。参考程序如下：

```
.GLOBAL _START
.TEXT
.EQU    NUM, 20              /*定义需要复制的字数据个数 NUM 为 20*/
_START:
        LDR    R0, = SRC      /*将 R0 指向源数据区的起始地址*/
        LDR    R1, =DST       /*将 R1 指向源数据区的起始地址*/
        MOV    R2, #NUM       /*将需要复制的字数据个数存放在 R2 中*/
        MOV    SP, #0X400     /*将堆栈指针 SP 指向#0X400*/
BLKCOPY:
        MOVS   R3, R2, LSR #3 /*R2 的值除以 8 的结果存入 R3*/
        BEQ    COPYWORDS      /*若 Z＝1，则转 COPYWORDS*/
```

```
           STMFD    SP!, {R4-R11}      /*将 R4～R11 的内容存入堆栈进行保护*/
OCTCOPY:
           LDMIA    R0!, {R4-R11}      /*从源数据区装载 8 个字数据到 R4～R11*/
           STMIA    R1!, {R4-R11}      /*将 R4～R11 中的 8 个字数据存入目的数据区*/
           SUBS     R3, R3, #1         /*每复制一次 R3 减 1*/
           BNE      OCTCOPY            /*若 R3 不等于 0，则转移到 OCTCOPY*/
           LDMFD SP!, {R4-R11}         /*将堆栈内容恢复到 R4～R11*/
COPYWORDS:
           ANDS     R2, R2, #7         /*计算需复制的奇数个字的个数*/
           BEQ      STOP               /*若 R2 = 0 则停止*/
WORDCOPY:
           LDR      R3, [R0], #4       /*将源数据区的一个字装载至 R3*/
           STR      R3, [R1], #4       /*将 R3 中的数据存到目的数据区*/
           SUBS     R2, R2, #1         /*数据传输控制计数器减 1*/
           BNE      WORDCOPY           /*若 R2 不等于 0，则转移到 WORDCOPY*/
STOP:
           B        STOP
.LTORG
SRC:                /*源数据区起始地址标号*/
       .LONG    1, 2,3 ,4, 5, 6, 7, 8, 1, 2, 3, 4, 5, 6, 7, 8, 1, 2, 3, 4
DST:                /*目的数据区起始地址标号*/
       .LONG    0, 0, 0, 0, 0, 0, 0, 0, 0, 0, 0, 0, 0, 0, 0, 0, 0, 0, 0, 0

       .END
```

四、实验操作步骤

1．新建工程。先建立一个实验文件夹，如 E\ARMSY\armasm2；然后运行 Embest IDE 集成开发环境，选择 File→New Workspace 菜单项，弹出一个对话框，输入工程名 ARMcode 等相关内容；最后单击 OK 按钮，将创建一个新工程，同时创建一个与工程名相同的工作区。此时在工作区窗口将打开该工作区和工程。

2．建立源文件。选择 File→New 菜单项，弹出一个新的、没有标题的文本编辑窗口，输入光标位于窗口中第一行，按照实验参考程序编辑输入源文件代码。编辑完后，保存文件 armasm2.s。

3．添加源文件。选择 Project→Add To Project→File 项，或单击工程管理窗口中的相应右键快捷菜单命令，打开文件选择对话框，在工程目录下选择刚才建立的源文件 armasm2.s。

4．基本设置。选择 Project→Settings…菜单项或按下快捷键 Alt + F7，弹出工程设置对话框；然后在工程设置对话框中，选择 Processor 属性页，对目标板所用处理器进行设置。

5．生成目标代码。选择 Build→Build armasm2 菜单项或按下快捷键 F7，生成目标代码。也可以单击工具栏上的相应按钮来完成。

6. 调试设置。选择 Project→Settings… 菜单项或按下快捷键 Alt + F7，弹出工程设置对话框；在工程设置对话框中，若选择 Remote 页面则对调试设备模块进行设置；若选择 Debug 页面，则对调试模块进行设置。

7. 选择 Debug→Remote Connect 连接软件仿真器，执行 Download 命令下载程序，并打开寄存器窗口。

8. 打开存储器窗口，观察地址 0x8054～0x80A0 的内容以及地址 0x80A4～0x80F0 的内容。

9. 单步执行程序并观察和记录寄存器与存储器值的变化，注意观察步骤 8 的地址中的内容变化。当执行 STMFD、LDMFD、LDMIA 和 STMIA 指令时，注意观察其后面的参数所指的地址段或寄存器段的内容变化。

10. 结合实验内容和相关资料观察程序运行，通过实验加深理解 ARM 指令的使用。

五、实验报告

1. 编写实现该功能的程序，并画出数据块传送的示意图和该程序的实现框图。

2. 记录程序单步运行时有关寄存器与存储器的值，并分析结果是否正确。

9.3 汇编语言与 C 语言的相互调用实验——随机数发生器

一、实验目的

1. 阅读实验程序，观察处理器启动过程，学会使用 ADS1.2/Embest IDE 辅助信息窗口来分析判断调试过程和结果。

2. 学会在 ADS1.2/Embest IDE 中编写、编译与调试汇编语言和 C 语言相互调用的程序。

二、实验设备

1. 硬件：PC 机。

2. 软件：ADS 1.2 / Embest IDE 200X 集成开发环境。

三、实验内容

使用汇编语言设计一个产生随机数的函数，然后通过 C 语言来调用该函数产生一系列随机数，并存放到数组中。参考程序如下。

1. randtest.c 参考源代码。

```
/*随机数产生测试例子，程序通过调用 random..s 中的函数 randomnumber 来生成随机数*/
//#include <stdio.h>
extern unsigned int randomnumber( void );
int main( )
{
```

```
        int i;
        int nTemp;
        unsigned int random[10];
        for( i = 0; i < 10; i++ )
        {
            nTemp = randomnumber( );
            random[i] = nTemp;
        }
        return( 0 );
    }
```

2．init.s 参考源代码。

```
/*系统初始化程序，用于硬件初始化设置，并转入外部的随机数产生主函数 main( )*/
#程序入口，ARM 汇编
#.ARM
.GLOBAL _START
.TEXT
_START:                 B          RESET_HANDLER
UNDEFINED_HANDLER:      B          UNDEFINED_HANDLER
SWI_HANDLER:            B          SWI_HANDLER
PREFETCH_HANDLER:       B          PREFETCH_HANDLER
ABORT_HANDLER:          B          ABORT_HANDLER
                        NOP   /* RESERVED VECTOR */
IRQ_HANDLER:            B          IRQ_HANDLER
FIQ_HANDLER:            B          FIQ_HANDLER
RESET_HANDLER:          LDR   SP, =0X00002000
            .EXTERN     MAIN
            LDR         R0, = MAIN
            MOV         LR, PC
            BX          R0
#- LOOP FOR EVER
END:
            B           END


.GLOBAL     __GCCMAIN
__GCCMAIN:
    MOV         PC, LR
    .END
```

3. random.s 参考源代码。

```
# 这是一个使用 33 位反馈移位寄存器产生伪随机数的函数产生器 RANDOMNUMBER
#         AREA       |Random$$codel, CODE, READONLY
          .GLOBAL RANDOMNUMBER
RANDOMNUMBER:
# ON EXIT:
#         A1 = 32 伪随机数的低位数据
#         A2 = 32 伪随机数的高位数据
          LDR        IP, SEEDPOINTER
          LDMIA      IP, {A1, A2}
          TST        A2, A2, LSR#1
          MOVS       A3, A1, RRX
          ADC        A2, A2, A2
          EOR        A3, A3, A1, LSL#12
          EOR        A1, A3, A3, LSR#20
          STMIA      IP, {A1, A2}
          MOV        PC, LR
SEEDPOINTER:
          .LONG      SEED
.DATA
          .GLOBAL    SEED
SEED:
          .LONG      0X55555555
          .LONG      0X55555555
#         END
```

4. 链接脚本文件 ldscript 参考源代码。

```
SECTIONS
{
    . = 0x0;
    .text : { *(.text) }
    .data : { *(.data) }
    .rodata : { *(.rodata) }
    .bss : { *(.bss) }
}
```

链接脚本程序主要是描述编写的文件中的各个部分如何摆放在输出文件中，并控制这些文件如何定位这些输出文件。链接脚本文件必须以关键词 SECTIONS 开始，紧接着式大括号，后面是所有需要输出地描述部分，最后是闭括号收尾，并且全部使用半角符号。

本 ldscript 文件中各语句的含义是："`.=0x0`"为将当前地址计数器指向 0x0，"`.text :`
`{ *(.text) }`"为程序代码必须放在当前的地址计数器指向的 0x0 处，"`.data : { *(.data) }`"
为已经初始化的数据必须放在当前的地址计数器指向的地方(紧接 text 区域后)，"`.rodata :`
`{ *(.rodata) }`"为只读数据必须放在当前的地址计数器指向的地方(紧接 data 区域后)，
"`.bss : { *(.bss) }`"为未初始化的数据必须放在当前的地址计数器指向的地方(紧接 rodata
区域后)。

四、实验步骤

1．创建新的工程，工程名为 armcasm。

2．按照参考程序编写源代码文件，并分别保存为 randtest.c、init. s、random. s 和 ldscript，
然后把它们加入工程中。

3．按照编译→汇编器设置→链接器设置→调试器设置的顺序来设置新工程，并编译、
链接工程。

4．下载调试文件，并打开 Memory/Register/Watch/Variable/Call Stack 窗口，单步执行程
序。通过以上窗口，跟踪程序运行，观察分析并记录运行结果，通过实验学会使用
ADS1.2/Embest IDE 来进行应用程序的开发与调试。

五、实验报告

记录程序单步运行时有关寄存器、存储器和变量的值，并分析结果是否正确。

9.4　C 语言程序组件应用实验——PWM 直流电机控制

一、实验目的

1．初步学会使用 ADS / Embest IDE for ARM 开发环境及 ARM 软件模拟器。

2．通过实验掌握使用 LDM/STM、B、BL 等指令完成较为复杂的存储区访问和分支程
序的方法，学习使用条件码，加强对 CPSR 的认识。

二、实验设备

1．硬件：PC 机，某 ARM 实验开发系统。

2．软件：ADS 1.2 / Embest IDE 2004 集成开发环境。

三、实验内容

利用 S3C2410X/S3C2440X 芯片的定时器 0、1 组成的双极性 PWM 发生器，设计一个
实现嵌入式开发板/实验开发系统中的直流电动机驱动。

1. 直流电动机的 PWM 电路原理。

晶体管的导通时间也被称为导通角 α，若改变调制晶体管的开关时间，即改变导通角 α 的大小，则可通过改变加在负载上的平均电压的大小来实现对电动机的变速控制，这称为脉宽调制(PWM)变速控制，其原理如图 9.1 所示。在 PWM 变速控制中，系统采用直流电压，且放大器的频率是固定的，变速控制通过调节脉宽来实现。

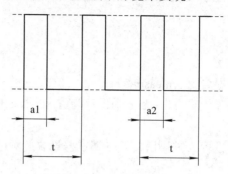

图 9.1　脉宽调制(PWM)变速原理

构成 PWM 的功率转换电路可采用"H"桥式驱动或"T"式驱动。一个直流电动机的 PWM 控制电路的等效电路如图 9.2 所示。在这个等效电路中，传送到负载(电动机)上的功率值取决于开关频率、导通角及负载电感的大小。开关频率的大小主要与所用功率器件的种类有关，对于双极结型晶体管(GTR)，频率一般为 1～5 kHz；对于绝缘栅双极晶体管 (IGBT)，频率一般为 5～12 kHz；对于场效应晶体管(MOSFET)，频率则可高达 20 kHz。另外，开关频率还和电动机电感的大小有关，电感小的电动机的频率应该取得高些。

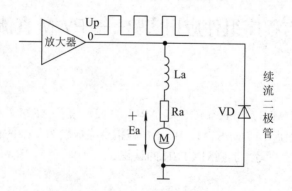

图 9.2　PWM 控制电路的等效电路

由图 9.2 可知，当接通电源时，电动机两端加上电压 Up，电动机储能，电流增加；当电源中断时，电枢电感所存储的能量通过续流二极管 VD 继续流动，而储存的能量呈下降的趋势。除功率值以外，电枢电流的脉动量与电动机的转速无关，仅与开关周期、正向导通时间及电动机的电磁时间常数有关。

2. PWM 直流电动机驱动程序。

以 S3C2410X 芯片为例，PWM 发生器用到的寄存器主要有以下几个：

(1) TCFG0。参考：Dead zone length = 0；prescaler value = 2。

(2) TCFG1。时钟输入频率 = PCLK/(prescaler value+1)/(divider value)。rescaler value 由 TCFG0 决定；divider value 由 TCFG1 决定。参考：无 DMA 模式，divider value = 2。本系统中 PCLK = 50.7 MHz。

(3) TCON。参考：dead zone operation enable；Inverter off。

(4) TCNTB0&TCMPB0。TCNTB0 决定了脉冲的频率，TCMPB0 决定了正脉冲的宽度。当 TCMPB0 = TCNTB0/2 时，正、负脉冲宽度相同；当 TCMPB0 由 0 变到 TCNTB0 时，负脉冲宽度不断增加。参考：脉冲频率为 1 Hz。

基于某实验开发系统和 ADS 1.2 开发软件的 PWM 直流电动机驱动参考程序和部分包含程序如下：

```c
/*
; * 文件名称: Main.c
; * 文件功能: 该文件为 S3C2410 硬件平台 I/O 主程序
; */
#include <string.h>
#include "..\INC\config.h"
void init_ADdevice();
void init_MotorPort();
void SetPWM(int value);
int GetADresult(int channel);

void Main(void)
{
    int i, ADData, Revdata;
    Target_Init();
    Uart_Printf(0, "\n Begin control DC motor.\t\t Press any key to stop DC motor.\n");
    for(; ; )
    {
        for(i = 0; i<2; i++)
        ADData = GetADresult(0);                //取采样值
        Uart_Printf(0, "addata = %d", ADData);
        Delay(10);                              //延时
        SetPWM((ADData-512)*MOTOR_CONT/1024);
        Delay(10);                              //延时
        if((rUTRSTAT0 & 0x1))                   //有输入，则跳出
        {
            Revdata = RdURXH0();
            break;
        }
```

```
    }
    SetPWM(0);
    Delay(10);                          //延时;
}
void init_ADdevice()
{                                       //初始化
    rADCCON = (PRSCVL|ADCCON_ENABLE_START|STDBM|PRSCEN);
}


void init_MotorPort()
{
    rGPBCON = rGPBCON&0x3ffff0|0xa;
    //Dead Zone = 24, PreScalerol = 2;
    rTCFG0 = (0<<16)|2;
    //divider timer0 = 1/2;
    rTCFG1 = 0;
    rTCNTB0 = MOTOR_CONT;
    rTCMPB0 = MOTOR_MID;
    rTCON = 0x2;                        //定义 TCNTB0 和 TCMPB0 的更新模式
    rTCON = 0x19;                       //设置定时器 0 的自动重装载、启动和死区使能
}


void SetPWM(int value)
{
    rTCMPB0 = MOTOR_MID+value;
}


int GetADresult(int channel)
{
    rADCCON = ADCCON_ENABLE_START_BYREAD|(channel<<3)|PRSCEN|PRSCVL;
    Delay(10);                          //延时
    while(!(rADCCON&ADCCON_FLAG));      //转换结束
    return (0x3ff&rADCDAT0);            //返回采样值
}


/*
; * 文件名称: 2410addr.h
```

```
; * 文件功能: 该文件定义地址寄存器
*/
#ifndef __2410ADDR_H__
#define __2410ADDR_H__

#ifdef __cplusplus
extern "C"
#endif

#include "option.h"

// Memory control
#define rBWSCON      (*(volatile unsigned *)0x48000000) //Bus width & wait status
#define rBANKCON0    (*(volatile unsigned *)0x48000004) //Boot ROM control
#define rBANKCON1    (*(volatile unsigned *)0x48000008) //BANK1 control
#define rBANKCON2    (*(volatile unsigned *)0x4800000c) //BANK2 cControl
#define rBANKCON3    (*(volatile unsigned *)0x48000010) //BANK3 control
#define rBANKCON4    (*(volatile unsigned *)0x48000014) //BANK4 control
#define rBANKCON5    (*(volatile unsigned *)0x48000018) //BANK5 control
#define rBANKCON6    (*(volatile unsigned *)0x4800001c) //BANK6 control
#define rBANKCON7    (*(volatile unsigned *)0x48000020) //BANK7 control
#define rREFRESH     (*(volatile unsigned *)0x48000024) //DRAM/SDRAM refresh
#define rBANKSIZE    (*(volatile unsigned *)0x48000028) //Flexible Bank Size
#define rMRSRB6      (*(volatile unsigned *)0x4800002c) //Mode register set for SDRAM
#define rMRSRB7      (*(volatile unsigned *)0x48000030) //Mode register set for SDRAM
......
// PWM TIMER
#define rTCFG0   (*(volatile unsigned *)0x51000000) //Timer 0 configuration
#define rTCFG1   (*(volatile unsigned *)0x51000004) //Timer 1 configuration
#define rTCON    (*(volatile unsigned *)0x51000008) //Timer control
#define rTCNTB0 (*(volatile unsigned *)0x5100000c) //Timer count buffer 0
#define rTCMPB0 (*(volatile unsigned *)0x51000010) //Timer compare buffer 0
#define rTCNTO0 (*(volatile unsigned *)0x51000014) //Timer count observation 0
#define rTCNTB1 (*(volatile unsigned *)0x51000018) //Timer count buffer 1
#define rTCMPB1 (*(volatile unsigned *)0x5100001c) //Timer compare buffer 1
#define rTCNTO1 (*(volatile unsigned *)0x51000020) //Timer count observation 1
#define rTCNTB2 (*(volatile unsigned *)0x51000024) //Timer count buffer 2
#define rTCMPB2 (*(volatile unsigned *)0x51000028) //Timer compare buffer 2
```

```
#define rTCNTO2 (*(volatile unsigned *)0x5100002c) //Timer count observation 2

#define rTCNTB3 (*(volatile unsigned *)0x51000030) //Timer count buffer 3

#define rTCMPB3 (*(volatile unsigned *)0x51000034) //Timer compare buffer 3

#define rTCNTO3 (*(volatile unsigned *)0x51000038) //Timer count observation 3

#define rTCNTB4 (*(volatile unsigned *)0x5100003c) //Timer count buffer 4

#define rTCNTO4 (*(volatile unsigned *)0x51000040) //Timer count observation 4

…

// I/O PORT
#define rGPACON     (*(volatile unsigned *)0x56000000) //Port A control

#define rGPADAT     (*(volatile unsigned *)0x56000004) //Port A data

#define rGPBCON     (*(volatile unsigned *)0x56000010) //Port B control

#define rGPBDAT     (*(volatile unsigned *)0x56000014) //Port B data

#define rGPBUP      (*(volatile unsigned *)0x56000018) //Pull-up control B

#define rGPCCON     (*(volatile unsigned *)0x56000020) //Port C control

#define rGPCDAT     (*(volatile unsigned *)0x56000024) //Port C data

#define rGPCUP      (*(volatile unsigned *)0x56000028) //Pull-up control C

…


/*
; * 文件名称: option.h
; * 文件功能: 该文件定义 c 函数中使用的主频及相关地址声明
*/
#ifndef __OPTION_H__
#define __OPTION_H__


#define FCLK 202800000

#define HCLK (202800000/2)

#define PCLK (202800000/4)

#define UCLK PCLK


// BUSWIDTH : 16, 32
#define BUSWIDTH     (32)


//64MB
// 0x30000000 ~ 0x30ffffff : Download Area (16MB) Cacheable

// 0x31000000 ~ 0x33feffff : Non-Cacheable Area

// 0x33ff0000 ~ 0x33ff47ff : Heap & RW Area

// 0x33ff4800 ~ 0x33ff7fff : FIQ ~ User Stack Area
```

```
// 0x33ff8000 ~ 0x33fffeff : Not Used Area
// 0x33ffff00 ~ 0x33ffffff : Exception & ISR Vector Table


#define _RAM_STARTADDRESS            0x30000000
#define _NONCACHE_STARTADDRESS        0x31000000


#define _ISR_STARTADDRESS            0x33ffff00


#define _MMUTT_STARTADDRESS          0x33ff8000


#define _STACK_BASEADDRESS           0x33ff8000


#define HEAPEND                      0x33ff0000


#define MOTOR_SEVER_FRE              0x000003E8        //20 kHz
#define MOTOR_CONT                   (PCLK/2/2/MOTOR_SEVER_FRE)
#define MOTOR_MID                    (MOTOR_CONT/2)
#define ADCCON_FLAG                  (0x1<<15)
#define ADCCON_ENABLE_START_BYREAD   (0x1<<1)
#define PRSCVL                       (49<<6)
#define ADCCON_ENABLE_START          (0x1)
#define STDBM                        (0x0<<2)
#define PRSCEN                       (0x1<<14)


//If you use ADS1.x, please define ADS10
#define ADS10 TRUE


// note: makefile, option.a should be changed


#endif    //__OPTION_H__
```

四、实验操作步骤

1. 创建新的工程，工程名为 IO.mcp。按照参考程序，重新编写源代码文件保存为 Main.c，并把它们加入工程中。为了使读者对整个系统开发的程序组成和支撑硬件工作需包含的头文件、函数定义等内容有完整的认识，下面列出了整个系统的主程序及系统包含的头文件、函数定义等内容。其中图 9.3 为 PWM 控制电路的工程文件总体组成截图，图 9.4~图 9.19 为工程文件的主程序及系统包含的头文件、函数定义。

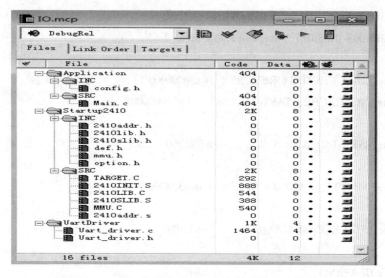

图 9.3　PWM 控制电路的工程文件总体组成截图

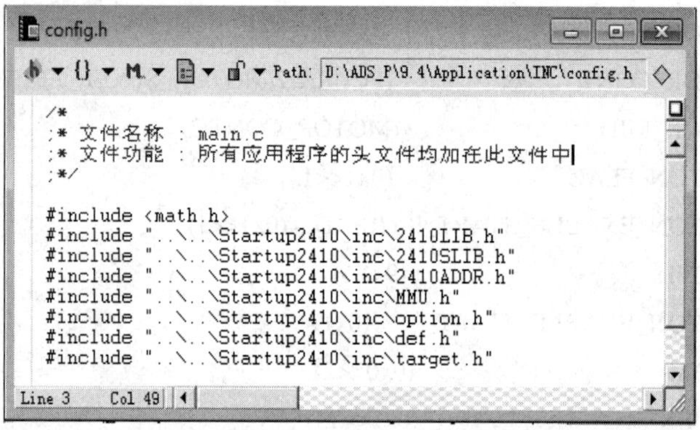

图 9.4　PWM 控制电路的工程文件中的 config.h 部分截图

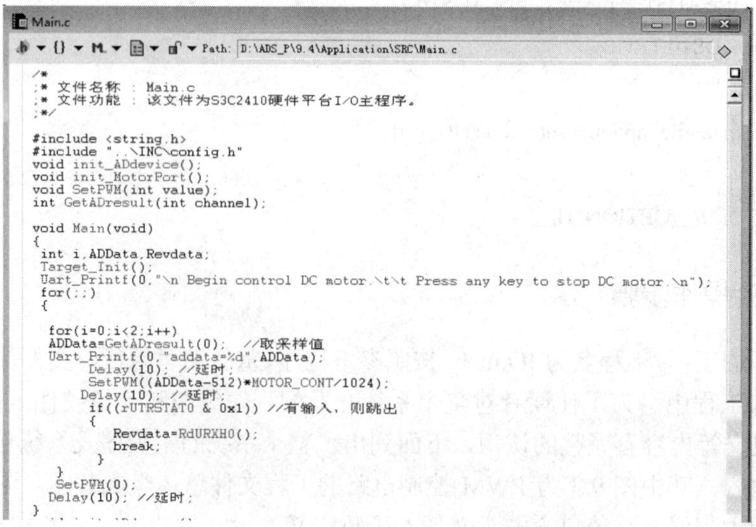

图 9.5　PWM 控制电路的工程文件中的 Main.c 部分截图

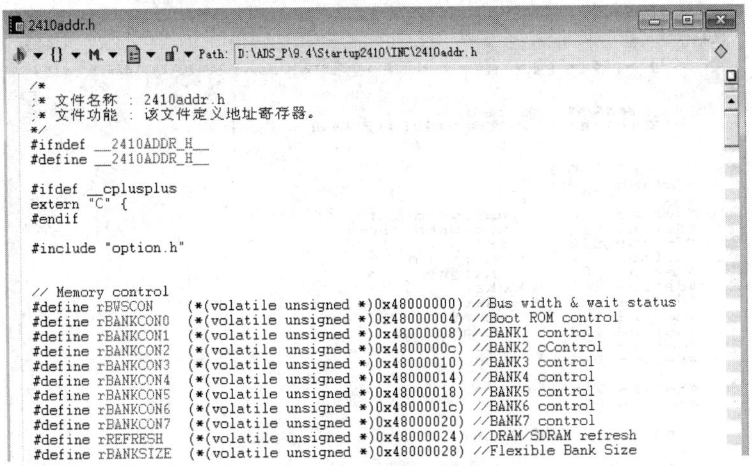

图 9.6 PWM 控制电路的工程文件中的 2410addr.h 部分截图

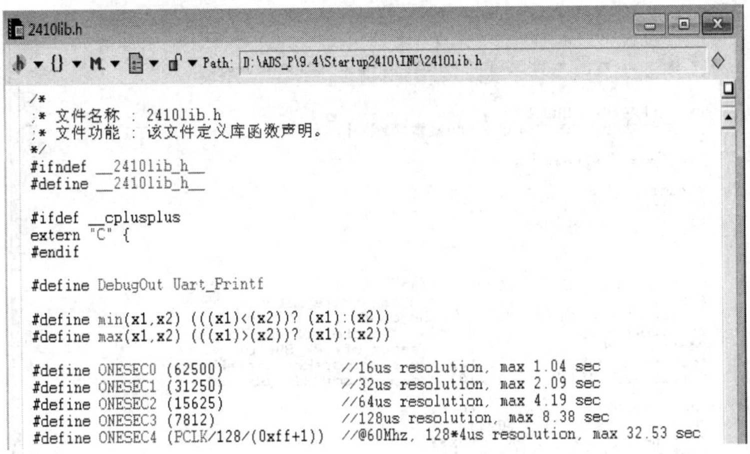

图 9.7 PWM 控制电路的工程文件中的 2410lib.h 部分截图

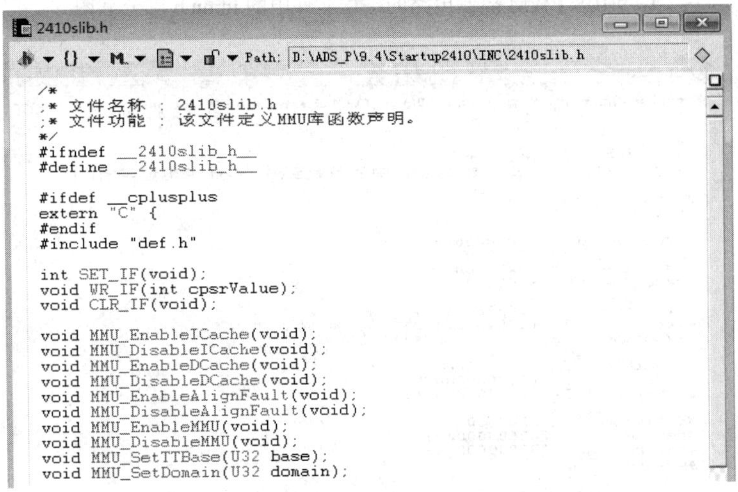

图 9.8 PWM 控制电路的工程文件中的 2410slib.h 部分截图

def.h　　Path: D:\ADS_P\9.4\Startup2410\INC\def.h

```
/*
;*  文件名称  :  data.h
;*  文件功能  :  该文件为GUI的数据重定义。
*/

#ifndef  __DEF_H__
#define  __DEF_H__

#define U32       unsigned int
#define U16       unsigned short
#define S32       int
#define S16       short int
#define U8        unsigned char
#define S8        char
#define I8        char
#define I16       short
#define I32       long
#define I16P      I16
#define U16P      U16

#define TRUE      1
#define FALSE     0

#endif /*__DEF_H__*/
```

图 9.9　PWM 控制电路的工程文件中的 def.h 部分截图

mmu.h　　Path: D:\ADS_P\9.4\Startup2410\INC\mmu.h

```
/*
;*  文件名称  :  MMU.h
;*  文件功能  :  该文件定义MMU函数声明。
*/
#include "2410slib.h"

#ifndef __MMU_H__
#define __MMU_H__
#ifdef __cplusplus
extern "C" {
#endif

#define DESC_SEC     (0x2|(1<<4))
#define CB         (3<<2)  //cache_on, write_back
#define CNB        (2<<2)  //cache_on, write_through
#define NCB             (1<<2)  //cache_off,WR_BUF on
#define NCNB         (0<<2)  //cache_off,WR_BUF off
#define AP_RW        (3<<10) //supervisor=RW, user=RW
#define AP_RO        (2<<10) //supervisor=RW, user=RO

#define DOMAIN_FAULT     (0x0)
#define DOMAIN_CHK   (0x1)
#define DOMAIN_NOTCHK    (0x3)
#define DOMAIN0      (0x0<<5)
#define DOMAIN1      (0x1<<5)
```

图 9.10　PWM 控制电路的工程文件中的 mmu.h 部分截图

option.h　　Path: D:\ADS_P\9.4\Startup2410\INC\option.h

```
/*
;*  文件名称  :  option.h
;*  文件功能  :  该文件定义c函数中使用的主频, 及相关地址声明。
*/
#ifndef  __OPTION_H__
#define  __OPTION_H__

//#define FCLK 50000000
//#define HCLK 50000000
//#define PCLK 50000000
//#define UCLK 50000000

//#define FCLK 135428571
//#define HCLK (135428571/2)
//#define PCLK (135428571/4)

//#define FCLK 200000000
//#define HCLK (200000000/2)
//#define PCLK (200000000/4)

#define FCLK 202800000
#define HCLK (202800000/2)
#define PCLK (202800000/4)
#define UCLK PCLK
```

图 9.11　PWM 控制电路的工程文件中的 option.h 部分截图

```
TARGET.C
🐦 ▼ {} ▼ M ▼ ⊞ ▼ ⬚ ▼ Path: D:\ADS_P\9.4\Startup2410\SRC\TARGET.C                    ◇

/*
;* 文件名称 : Main.c
;* 文件功能   该文件为S3C2410硬件平台I/O目标平台初始化程序。
;*/
#include <stdlib.h>
#include <string.h>
#include "..\..\Application\inc\config.h"
/*
*******************************************************************
-
- 程序段说明 : 以下函数为各异常模式服务子程序。设成死循环是为调试用，
- 一旦发生此类异常，程序便陷入异常模式服务子程序，终止程序运行。
-
*******************************************************************
*/
void HaltUndef(void)
{
    Uart_Printf("Undefined instruction exception.\n");
    while(1);
}

void HaltSwi(void)
{
    Uart_Printf("SWI exception.\n");
    while(1);
}
```

图 9.12　PWM 控制电路的工程文件中的 TARGET.C 部分截图

```
2410INIT.S
🐦 ▼ {} ▼ M ▼ ⊞ ▼ ⬚ ▼ Path: D:\ADS_P\9.4\Startup2410\SRC\2410INIT.S                    ◇

;/*
;* 文件名称 : 2410INIT.S
;* 文件功能 : S3C2410 启动代码，配置存储器，ISR，堆栈，初始化C向量地址
;*/

    GET 2410addr.s
    GET memcfg.s

BIT_SELFREFRESH EQU (1<<22)

;//Pre-defined constants
USERMODE    EQU     0x10
FIQMODE     EQU     0x11
IRQMODE     EQU     0x12
SVCMODE     EQU     0x13
ABORTMODE   EQU     0x17
UNDEFMODE   EQU     0x1b
MODEMASK    EQU     0x1f
NOINT       EQU     0xc0

;//The location of stacks
UserStack   EQU (_STACK_BASEADDRESS-0x3800)    ;//0x33ff4800 ~
SVCStack    EQU (_STACK_BASEADDRESS-0x2800)    ;//0x33ff5800 ~
UndefStack  EQU (_STACK_BASEADDRESS-0x2400)    ;//0x33ff5c00 ~
AbortStack  EQU (_STACK_BASEADDRESS-0x2000)    ;//0x33ff6000 ~
IRQStack    EQU (_STACK_BASEADDRESS-0x1000)    ;//0x33ff7000 ~
FIQStack    EQU (_STACK_BASEADDRESS-0x0)       ;//0x33ff8000 ~
```

图 9.13　PWM 控制电路的工程文件中的 2410INIT.S 部分截图

```
2410LIB.C
🐦 ▼ {} ▼ M ▼ ⊞ ▼ ⬚ ▼ Path: D:\ADS_P\9.4\Startup2410\SRC\2410LIB.C                    ◇

;/*
;* 文件名称 : 2410lib.c
;* 文件功能 : 该文件为2410的S3C2410 PLL，LED，Port Init。
;*/

#include "def.h"
#include "option.h"
#include "2410addr.h"
#include "2410lib.h"
#include "2410slib.h"

#include <stdarg.h>
#include <string.h>
#include <stdlib.h>
#include <stdio.h>
#include <ctype.h>

extern char Image$$RW$$Limit[];
void *mallocPt=Image$$RW$$Limit;
/*
*******************************************************************
- 函数名称 :    void Delay(int time)
- 函数说明 :    系统延时
- 输入参数 :    time
- 输出参数 :    无
*******************************************************************
*/
//static int delayLoopCount = 400;
static int delayLoopCount = FCLK/10000/10;

void Delay(int time)
{
    // time=0: adjust the Delay function by WatchDog time;
    // time>0: the number of loop time
    // resolution of time is 100us.
```

图 9.14　PWM 控制电路的工程文件中的 2410LIB.C 部分截图

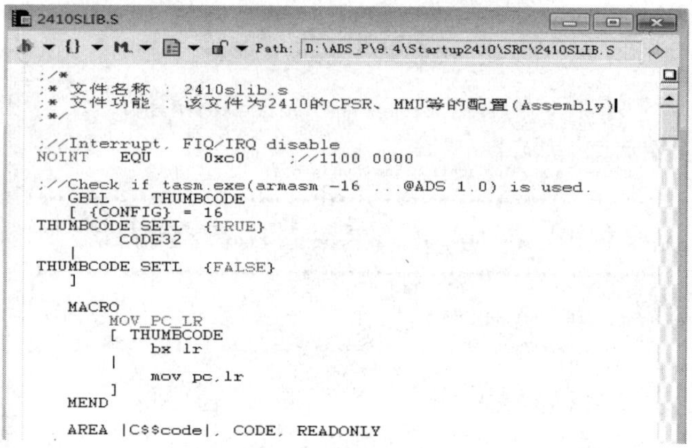

图 9.15　PWM 控制电路的工程文件中的 2410SLIB.S 部分截图

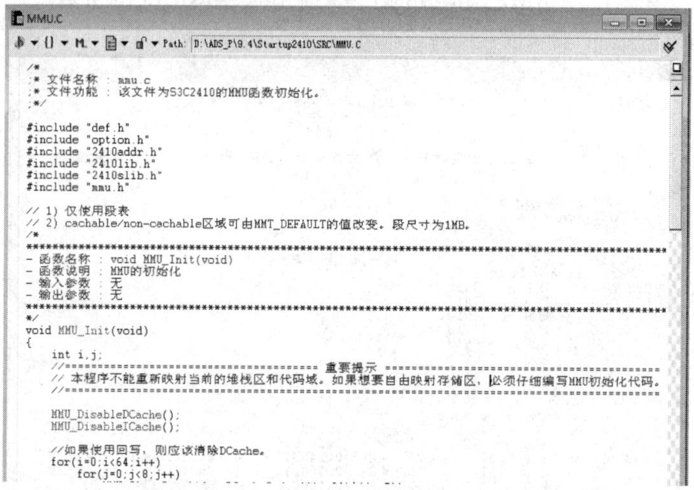

图 9.16　PWM 控制电路的工程文件中的 MMU.C 部分截图

图 9.17　PWM 控制电路的工程文件中的 2410addr.s 部分截图

```
/*
;* 文件名称 : Uart_driver.c
;* 文件功能 : 该文件为串口的驱动。
;*/
#include "..\..\Startup2410\inc\2410addr.h"
#include "..\..\Startup2410\inc\2410lib.h"
#include "..\..\Startup2410\inc\option.h"
#include "..\inc\Uart_driver.h"
#include "..\..\Startup2410\inc\def.h"

#include <stdarg.h>
#include <string.h>
#include <stdlib.h>
#include <stdio.h>
#include <ctype.h>

/*
*****************************************************************************
- 函数名称 : Uart_Init(int mclk,int baud,char port)
- 函数说明 : 串口初始化
- 输入参数 : mclk,baud
- 输出参数 : 无
*****************************************************************************
*/
static int whichUart=0;

void Uart_Init(int pclk,int baud)
{
    int i;

    if(pclk == 0)
    pclk    = PCLK;
    rUFCON0 = 0x0;    //UART channel 0 FIFO control register, FIFO disable
    rUFCON1 = 0x0;    //UART channel 1 FIFO control register, FIFO disable
    rUFCON2 = 0x0;    //UART channel 2 FIFO control register, FIFO disable
```

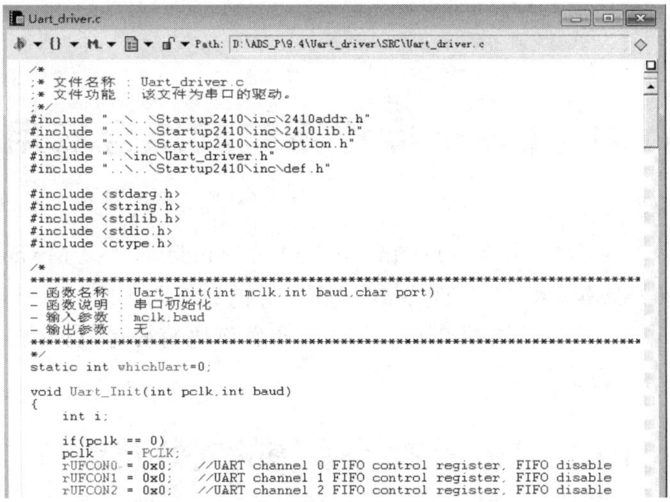

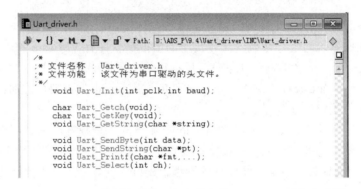

图 9.18　PWM 控制电路的工程文件中的 Uart_driver.c 部分截图

```
/*
;* 文件名称 : Uart_driver.h
;* 文件功能 : 该文件为串口驱动的头文件。
;*/
    void Uart_Init(int pclk,int baud);

    char Uart_Getch(void);
    char Uart_GetKey(void);
    void Uart_GetString(char *string);

    void Uart_SendByte(int data);
    void Uart_SendString(char *pt);
    void Uart_Printf(char *fmt,...);
    void Uart_Select(int ch);
```

图 9.19　PWM 控制电路的工程文件中的 Uart_driver.h 部分截图

2．按照编译→汇编器设置→链接器设置→调试器设置的顺序来设置新工程，并编译、链接工程。

3. 下载调试文件，并打开 Memory/Register/Watch/Variable/Call Stack 窗口单步执行程序。通过以上窗口，跟踪程序运行，观察分析并记录运行结果，通过实验学会使用 ADS 1.2 / Embest IDE 200X 进行应用程序的开发与调试的方法。

4．连接好硬件电路和设备，打开电源，将调试好的程序下载到 ARM 开发板/ARM 实验开发系统中，观察直流电机的转速或用示波器观察 PWM 组件的输出波形。

五、实验报告

1．阐述实验程序实现的设计思想，并画出程序的实现框图。

2．记录程序单步运行时有关寄存器与存储器的值，并分析结果是否正确。

3．记录直流电机的转速或用示波器观察 PWM 组件的输出波形。

第 10 章　Linux 操作系统的综合应用实践

　　基于 Windows XP+VMware Workstation 6.5/32 位 Windows 7 +VMware Workstation 10.0 和广州天嵌计算机科技有限公司的 TQ2440+3.5 开发板硬件及配套的软件，本章首先介绍了 Linux 操作系统的安装及设置，其次介绍了 Linux 开发环境的构建与移植，最后介绍了 Linux 操作系统 Qt 的使用。

10.1　Linux 操作系统的安装及设置

10.1.1　VMware 虚拟机的安装

　　虚拟机软件就是在本地计算机上建立一个虚拟环境，以便对一些新软件进行测试，或者是在不同的操作系统间进行切换。比较实用的虚拟机软件有 VMware 和 Virtual PC。

　　VMware 是一个纯英文的商品化软件，可在市场上直接购买正版的 VMware，也可通过网站 http://www. vmware.com 下载 VMware 软件的试用版。根据需要可注册一个账号，以此获得 VMware 软件授权的序列号。

　　VMware 软件有对 Linux 系统和对 Windows 系统的多种版本。读者可根据需要下载应用程序，但一定要与序列号对应，否则将不能使用该软件。VMware 的安装步骤如下：

　　(1) 创建安装文件夹。为了方便文件的管理，先自行创建一个文件夹，此文件夹用于虚拟机的安装。

　　(2) 开始安装并设置。双击虚拟机的安装程序进行安装，如图 10.1 所示；并根据提示将安装路径设置为所建的文件夹。

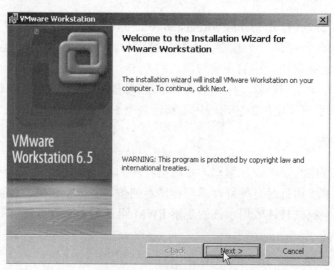

图 10.1　虚拟机安装的开始

(3) 输入授权序列号。根据安装提示，输入虚拟机安装的用户名、公司名和授权序列号，如图 10.2 所示。虚拟机的安装的序列号一般是虚拟机软件自带，也可经注册获取。等待一段时间，虚拟机的安装完成之后，点击 Finish 按钮即可。

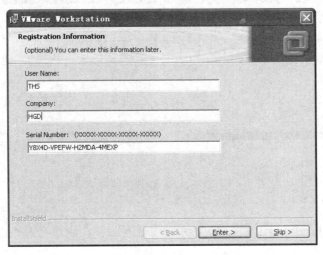

图 10.2　虚拟机安装序列号

10.1.2　Linux 操作系统的安装

(1) 新建虚拟机。先打开虚拟机，从虚拟机中新建一个 Virtual Machine Wizard；然后选择客户模式进行操作系统的安装。具体操作如图 10.3 所示。

(2) 安装镜像的选择。当出现安装镜像选择的提示时，点击"Browse…"选择事先下载好的 Linux 镜像路径，并加载至 Virtual Machine Wizard 中，如图 10.4 所示。

图 10.3　Virtual Machine Wizard 安装模式的选择

图 10.4　操作系统镜像的选择

(3) 操作系统的选择。当出现操作系统选择对话框时，根据设计需要，选择的操作系统为 Linux，Linux 的版本号选择 Linux 2.6.x kernel，如图 10.5 所示。

(4) 存储容量的设定。当出现虚拟存储器容量设定对话框时，为了满足设计的运行需要，将系统的内存大小设置为 512 MB，如图 10.6 所示。

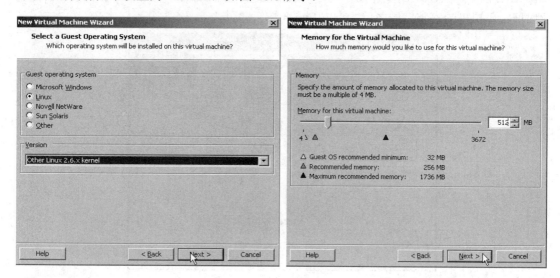

图 10.5　操作系统种类及版本的选择　　　　　图 10.6　操作系统内存的设置

(5) 网络类型的选择。当出现网络类型选择对话框时，根据网络工作情况选择合适的网络工作方式，如图 10.7 所示。本图中网络类型选择为桥网络连接。

(6) 硬盘设定的选择。当出现磁盘设定选择对话框时，因本设计需要在操作系统中完成工具包的安装、交叉编译器的安装、内核的编译、U-Boot 的编译、Busybox 的安装、apps 的安装以及应用软件/开发软件按 Qt 的安装，所以系统需要的硬盘比较大，故在安装前将硬盘大小设置为 15 GB 左右，如图 10.8 所示。

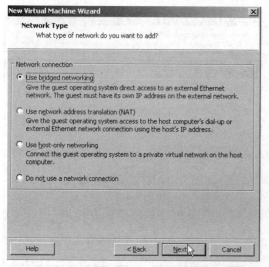

图 10.7　网络工作方式的选择　　　　　图 10.8　操作系统硬盘的设置

(7) 资料硬盘的添加。为了方便程序存储器与数据存储器的管理，可为系统添加一个硬盘，用于放置用户的各种资料。为了完成此操作，需先中断操作系统的安装，具体操作方法就是在虚拟机的主菜单 VM 下依次选择 "Power"、"Power Off" 即可, 如图 10.9 所示。中断操作系统后, 可通过虚拟机中的硬件管理选项给系统添加一个新的硬盘, 具体操作如图 10.10 所示。

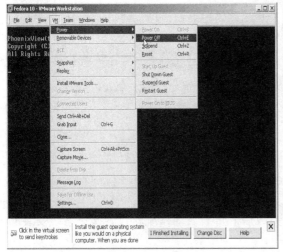
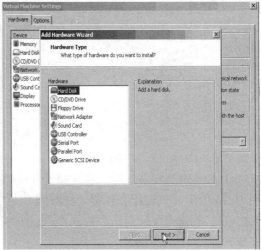

图 10.9   中断操作系统的安装   图 10.10   资料硬盘的添加

(8) 资料硬盘的设置。根据所需存储资料的需要, 可将存放用户资料的用户硬盘大小设置为 5 GB, 具体操作如图 10.11 所示。

(9) 重新开始安装。执行完用户硬盘的添加后, 可以通过虚拟机重新开始操作系统的安装, 具体操作如图 10.12 所示。

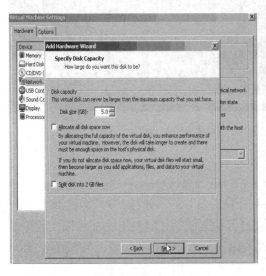

图 10.11   资料硬盘的设置   图 10.12   操作系统的安装重启

(10) 磁盘手动分区。由于添加了资料硬盘, 因此需要对磁盘进行手动分区。对系统的两个硬盘的文件系统类型的设置如图 10.13 所示。

(11) 系统软件的选择。设置好磁盘的文件系统后, 需要根据设计的需求来选择各种相关软件进行安装。对于需要的软件, 选中其前面的小框即可, 具体操作如图 10.14 所示。

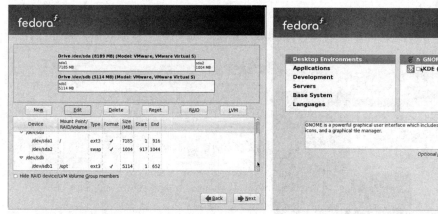

图 10.13　磁盘手动分区　　　　　　　　　　　图 10.14　系统软件的选择

（12）系统的安装过程。在选择好相关软件后，即可进行整个操作系统的安装过程，如图 10.15 所示。该过程会耗费一些时间。

（13）系统的重新启动。待操作系统安装完成后，重新启动系统就代表操作系统安装的完成，如图 10.16 所示。

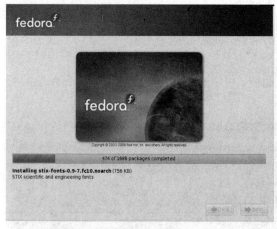

图 10.15　系统的安装过程　　　　　　　　　　图 10.16　系统的重新启动

10.1.3　Linux 操作系统的设置

1. root 用户权限的设定

（1）在操作系统安装完成后，需要对相关文档进行权限修改才能使用 root 权限。具体修改方法为：首先通过终端进入 root 权限，然后输入图 10.17 所示操作命令对系统文件 gdm 进行修改。

图 10.17　修改系统文件 gdm

(2) 将 gdm 文本文档中的第二行屏蔽掉,也就是在对应的文本行前添加一个注释符号#,具体操作如图 10.18 所示。

图 10.18　对 gdm 文件的修改

2．系统网络参数的修改

(1) 为了使系统的网络连接正常工作,可通过图 10.19 所示的操作命令进入网络相关参数文档并进行修改。

图 10.19　修改系统网络工作文件

(2) 根据所安装的操作系统的 PC 机的 IP 地址对网络参数进行如图 10.20 所示的修改。

图 10.20　对系统文件 ifcfg-eth0 进行的修改

10.2　Linux 开发环境的构建及移植

　　Linux 开发环境的构建及移植的各种操作,一般是先在 Linux 终端通过 cd 命令改变到自己的目标操作目录,再通过 ls 列表命令查看指定目录下的有关文件,最后通过执行相应的操作命令来完成指定的操作。本节主要展示了 Linux 开发环境的构建及移植的各种操作命令与画面。为了节约篇幅，有关移植的各种具体修改与配置不详细叙述，具体操作可参见第 6 章。

10.2.1　系统工具安装的准备

(1) 工具包压缩文件的解压。由于系统所给的工具包是压缩文件，因此需将其解压后才能进行安装，具体操作为：将 media 中的工具包压缩文件进行解压。解压后的文件存放在 opt 文件夹中，所需命令如图 10.21 所示。

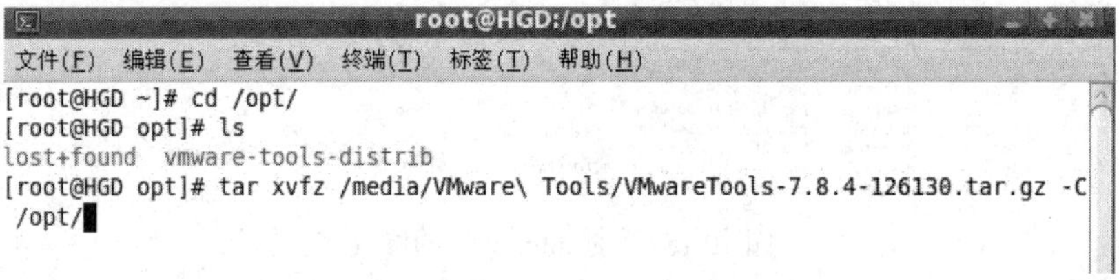

图 10.21　解压系统工具包中的压缩文件至 opt 目录下

(2) 输入命令运行安装程序。解压完成后要运行安装文件，需要先进入到解压后的文件夹目录下，才能根据相应的操作指令运行其中的安装程序，具体操作如图 10.22 所示。

图 10.22　工具包安装程序的运行

(3) 程序安装过程选项的设置。在安装程序的运行过程中，系统会给出一些相关设置选项，此时可根据系统所给的默认选择进行选择，如系统的默认选择为 yes，那么只需输入 yes 即可，如图 10.23 所示。

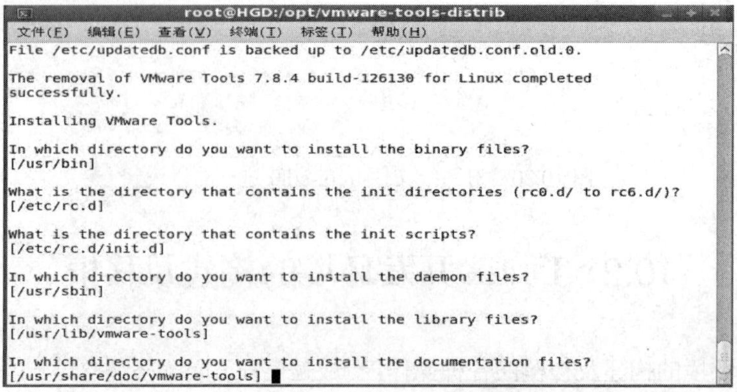

图 10.23　工具包的安装过程

(4) 系统文件的共享设置。为了 Windows 系统和 Linux 系统之间的资源共享，以及方便后面各种软件的安装，在完成工具包的安装后，需要建立 Windows 系统和 Linux 系统之间的文件共享。可以通过虚拟机的文件夹选项(Options)进行共享文件夹的设置，具体操作如图 10.24 所示。

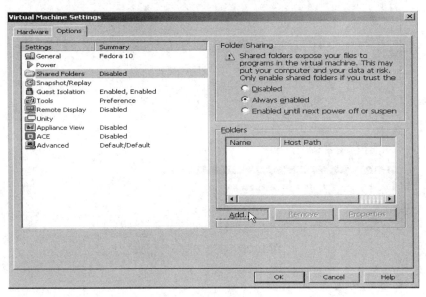

图 10.24　文件夹的共享设置

(5) 共享文件目录的设置。为了实现文件共享，首先需要在 PC 机中创建好共享文件夹，然后将其添加到系统共享文件夹中，具体操作如图 10.25 所示。

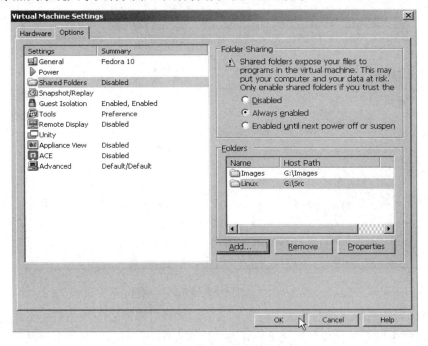

图 10.25　共享文件夹的添加

（6）共享文件的验证。共享文件添加完成后，需要通过操作系统中的终端使用 ls 指令对系统是否达到文件共享进行检验。检验结果如图 10.26 所示即代表文件夹共享成功，如果没有成功，则需要重新启动操作系统。

图 10.26　共享文件的验证

10.2.2　交叉编译器的安装

（1）交叉编译器的安装程序的准备。由于交叉编译器的安装程序存放在 PC 机中，因此需要从 PC 机中将交叉编译器的安装压缩文档拷贝至共享文件夹中；又因为安装程序为压缩文件，因此需要通过终端命令对编译器的压缩文件进行解压，所使用的命令如图 10.27 所示。

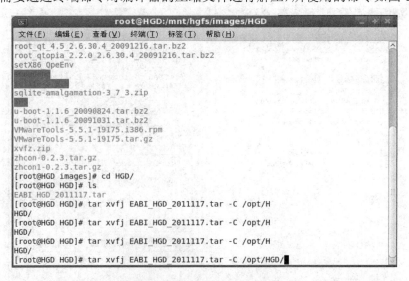

图 10.27　解压交叉编译器压缩包

（2）编译器的系统路径的修改。解压完成后，需要对编译器的相关系统文件进行修改，使系统的关联路径能正确关联到交叉编译器。具体操作为：将编译器的系统路径 pathmunge /opt/HGD/4.3.3/bin 加入到系统文件 profile 中，修改完成后保存，如图 10.28 所示。

```
                      *profile (/etc) - gedit
文件(F) 编辑(E) 查看(V) 搜索(S) 工具(T) 文档(D) 帮助(H)
新建  打开  保存  打印... 撤消 重做  剪切 复制 粘贴  查找 替换
*profile
                     PATH=$1:$PATH
            fi
        fi
}
# ksh workaround
if [ -z "$EUID" -a -x /usr/bin/id ]; then
        EUID=`id -u`
        UID=`id -ru`
fi

# Path manipulation
if [ "$EUID" = "0" ]; then
        pathmunge /sbin
        pathmunge /usr/sbin
        pathmunge /usr/local/sbin
        pathmunge /opt/HGD/4.3.3/bin

else
        pathmunge /usr/local/sbin after
        pathmunge /usr/sbin after
        pathmunge /sbin after
fi
                                              行 27，列 34
```

图 10.28　编译器的系统文件的修改

(3) 交叉编译器的安装验证。修改完系统文件后，可通过如图 10.29 所示的两条指令对交叉编译器是否安装成功进行验证，图中所示代表交叉编译器已经安装成功。

```
                  root@HGD:/mnt/hgfs/images/HGD
文件(F) 编辑(E) 查看(V) 终端(T) 标签(T) 帮助(H)
[root@HGD HGD]# gedit /etc/profile
[root@HGD HGD]# source /etc/profile
[root@HGD HGD]# arm-linux-gcc -v
Using built-in specs.
Target: arm-none-linux-gnueabi
Configured with: /scratch/mitchell/builds/4.3-arm-none-linux-gnueabi-respin
/src/gcc-4.3/configure --build=i686-pc-linux-gnu --host=i686-pc-linux-gnu -
-target=arm-none-linux-gnueabi --enable-threads --disable-libmudflap --disa
ble-libssp --disable-libstdcxx-pch --with-gnu-as --with-gnu-ld --with-specs
='%{funwind-tables|fno-unwind-tables|mabi-*|ffreestanding|nostdlib:;:-funwi
nd-tables}' --enable-languages=c,c++ --enable-shared --enable-symvers=gnu -
-enable-__cxa_atexit --with-pkgversion='Sourcery G++ Lite 2009q1-203' --wit
h-bugurl=https://support.codesourcery.com/GNUToolchain/ --disable-nls --pre
fix=/opt/codesourcery --with-sysroot=/opt/codesourcery/arm-none-linux-gnuea
bi/libc --with-build-sysroot=/scratch/mitchell/builds/4.3-arm-none-linux-gn
ueabi-respin/lite/install/arm-none-linux-gnueabi/libc --with-gmp=/scratch/m
itchell/builds/4.3-arm-none-linux-gnueabi-respin/lite/obj/host-libs-2009q1-
203-arm-none-linux-gnueabi-i686-pc-linux-gnu/usr --with-mpfr=/scratch/mitch
ell/builds/4.3-arm-none-linux-gnueabi-respin/lite/obj/host-libs-2009q1-203-
arm-none-linux-gnueabi-i686-pc-linux-gnu/usr --disable-libgomp --enable-poi
son-system-directories --with-build-time-tools=/scratch/mitchell/builds/4.3
-arm-none-linux-gnueabi-respin/lite/install/arm-none-linux-gnueabi/bin --wi
th-build-time-tools=/scratch/mitchell/builds/4.3-arm-none-linux-gnueabi-res
pin/lite/install/arm-none-linux-gnueabi/bin
```

图 10.29　交叉编译器的安装验证

10.2.3　U-Boot 的配置与编译

(1) U-Boot 的安装准备。由于 U-Boot 的安装程序存放在 PC 机中，因此需先从 PC 机中将 U-Boot 的压缩文档拷贝至共享文件夹中；又由于安装文件为压缩文件，因此需要先通过终端命令对 U-Boot 的压缩文件进行解压，所使用的命令如图 10.30 所示。

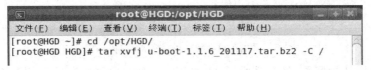

```
                  root@HGD:/opt/HGD
文件(F) 编辑(E) 查看(V) 终端(T) 标签(T) 帮助(H)
[root@HGD ~]# cd /opt/HGD/
[root@HGD HGD]# tar xvfj u-boot-1.1.6_201117.tar.bz2 -C /
```

图 10.30　解压 U-Boot 安装程序压缩包

(2) U-Boot 程序的编译。为了成功地生成镜像文件，需要在解压完成后通过 make 命令对 U-Boot 源程序进行编译，具体操作如图 10.31 所示。

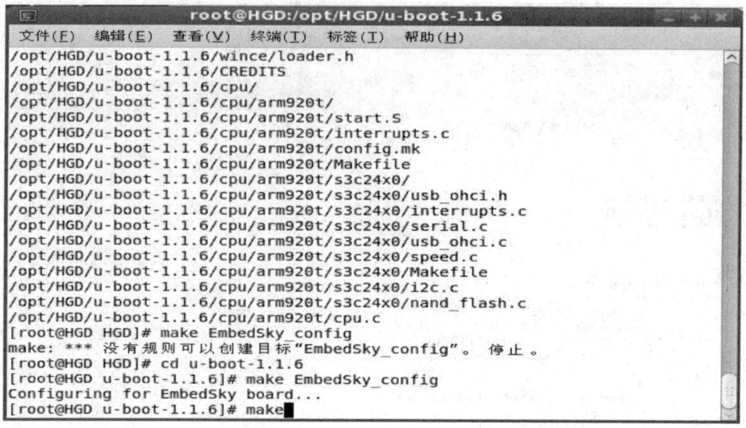

图 10.31　U-Boot 安装程序的编译

(3) U-Boot 程序的镜像验证。编译完成后，打开相关文件，验证是否已生成镜像，如图 10.32 所示。为了为后面的操作系统移植做准备，需将所生成的镜像文件复制到 PC 共享文件夹中。

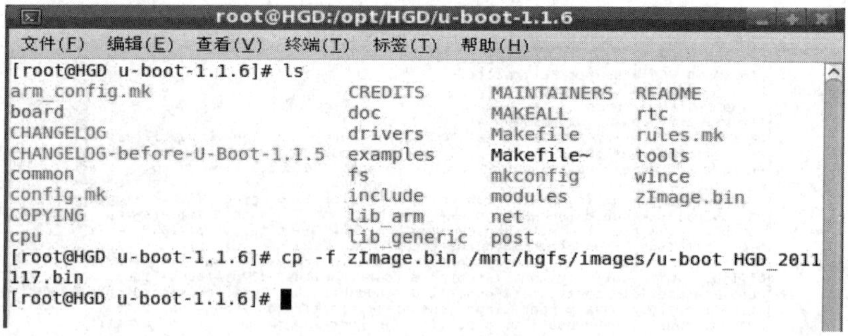

图 10.32　U-Boot 程序的镜像验证

10.2.4　Linux 内核的配置与编译

(1) Linux 内核的准备。由于内核的安装程序存放在 PC 机中，因此需从 PC 机中将内核的压缩文档拷贝至共享文件夹中；又由于安装程序为压缩文件，因此需通过终端命令对内核的压缩文件进行解压，所使用的命令如图 10.33 所示。

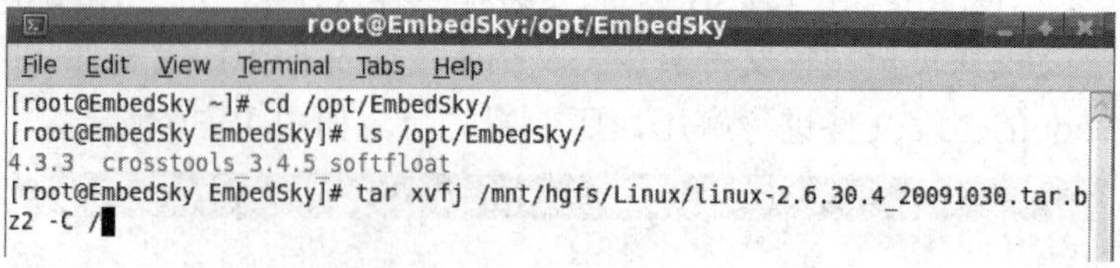

图 10.33　解压内核压缩文件

(2) Linux 内核的配置。解压完成后，先将相关文件复制到指定目录之下，然后执行 make menuconfig 命令进入内核配置图形窗口，如图 10.34 所示。在配置图形窗口中打开配置目录后，按照设计需要对内核的系统类型以及硬件选项进行设置。对于需要选择的项按 Y 键即可，需取消的选项可按 N 键进行取消，最后将配置保存，如图 10.35 所示。

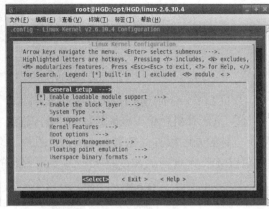

图 10.34　进入内核配置窗口　　　　　　　　图 10.35　内核配置目录

(3) 配置后 Linux 内核的编译。在完成内核的配置后，便可以使用 make zImage 命令对内核进行编译并生成镜像文件，如图 10.36 所示。

图 10.36　Linux 内核镜像的生成

(4) Linux 内核编译后的验证。编译完成后，可通过 ls 指令来检验是否成功生成了镜像文件。为了将内核从 PC 机下载至芯片中，需要先将镜像文件复制到共享文件夹中。具体操作如图 10.37 所示。

图 10.37　Linux 镜像的验证

(5) 开机 Logo 画面的设置。为了将系统开机画面设置成自己所需要的画面，可在生成镜像后，通过如图 10.38 所示的 make modules 指令修改系统的开机界面。因开机 Logo 图片由 PC 机产生，所以需要先将图片存放在共享文件中，并通过操作系统将 Windows 下的图片复制到相关路径下，然后对图片做相关的修改后予以保存，如图 10.39 所示。

图 10.38　系统开机界面的修改

```
root@HGD:/opt/HGD/linux-2.6.30.4
文件(F)  编辑(E)  查看(V)  终端(T)  标签(T)  帮助(H)
[root@HGD u-boot-1.1.6]# cd /opt/HGD/linux-2.6.30.4/
[root@HGD linux-2.6.30.4]# cp -f /mnt/hgfs/images/TQ_LOGO_32
0_240.bmp.jpg drivers/video/logo/
```

图 10.39 将图片拷贝至操作系统中

开机 Logo 画面的具体修改方法如下：

① 系统开机替换 Logo 图片大小的调整：如图 10.40 所示，在 Windows 下可使用操作系统自带的画图板打开欲替换 Logo 的图片，选择重新调整大小，去掉操作对话框中"保持纵横比(M)"选项前的钩，将大小调整为规定的大小，这里取 320 × 240 像素。

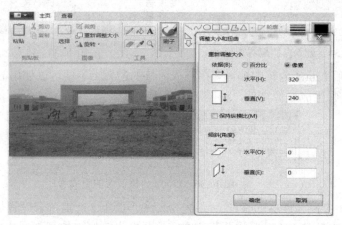

图 10.40 系统开机替换 Logo 图片大小的调整

② 系统开机替换 Logo 图片格式的转换：先将已修改好大小的图片文件复制到虚拟机 /opt/EmbedSky/linux-2.6.30.4/drivers/video/logo 下，然后转换路径到该文件夹下，在需要替换的 Logo 图片上点击鼠标右键，选择"用 'GNU 图像处理程序' 打开"，如图 10.41 所示。

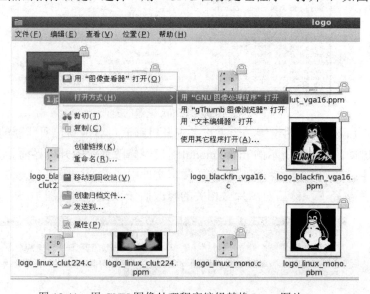

图 10.41 用 GNU 图像处理程序编辑替换 Logo 图片

接着选择菜单栏下的图像-模式-索引，将最大颜色数量设为 224，并点击操作对话框中的"转换"选项进行转换，如图 10.42 所示。最后点击保存于将其转换为 PPM 格式的图片文件，并以 logo_linux_tft320240_clut224 文件名保存，如图 10.43 所示。

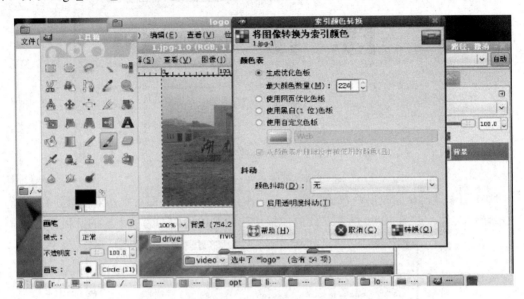

图 10.42　设置替换 Logo 图片索引颜色

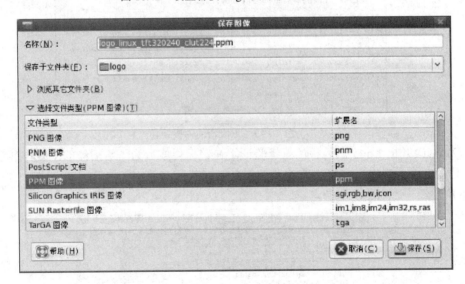

图 10.43　将替换 Logo 图片另存为 PPM 图像格式

③ 系统开机替换 Logo 图片的导入与存盘：将调整好大小和格式的图片通过共享文件夹导入至虚拟机中，并要求以替换的同名文件名 Logo_linux_tft320240_clut224 进行保存。

④ 系统开机 Logo 图片的替换：打开内核目录中 drivers/video/logo 文件夹，找到 logo_linux_tft320240_clut224.ppm，将其重命名为 ~logo_linux_tft320240_clut224.ppm，把前面用替换 Logo 图片新生成的 logo_linux_tft320240_clut224.ppm 文件拷贝至此处，如图 10.44 所示。

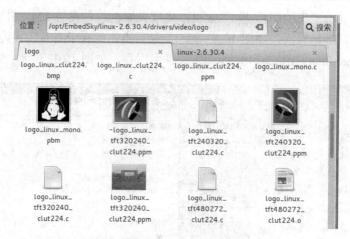

图 10.44　系统开机 Logo 图片的替换

(6) 开机 Logo 修改后内核的编译。完成图片的编辑后，即可重新对内核进行编译，并生成镜像文件，如图 10.45 所示。此时内核所带的开机界面即为所需要的开机界面。

```
root@HGD:/opt/HGD/linux-2.6.30.4
文件(F)  编辑(E)  查看(V)  终端(T)  标签(T)  帮助(H)
[root@HGD linux-2.6.30.4]# cp -f zImage.bin /mnt/hgfs/images/z
1117.bin
cp：是否覆盖 "/mnt/hgfs/images/zImage_W35_256MB_201117.bin"？ ye
[root@HGD linux-2.6.30.4]# make modules
  CHK     include/linux/version.h
make[1]: "include/asm-arm/mach-types.h"是最新的。
  CHK     include/linux/utsrelease.h
  SYMLINK include/asm -> include/asm-arm
  CALL    scripts/checksyscalls.sh
<stdin>:1097:2: warning: #warning syscall fadvise64 not implem
ented
<stdin>:1265:2: warning: #warning syscall migrate_pages not im
plemented
<stdin>:1321:2: warning: #warning syscall pselect6 not impleme
nted
<stdin>:1325:2: warning: #warning syscall ppoll not implemente
d
<stdin>:1365:2: warning: #warning syscall epoll_pwait not impl
emented
  Building modules, stage 2.
  MODPOST 12 modules
[root@HGD linux-2.6.30.4]# make zImage
```

图 10.45　生成新的内核镜像

(7) 修改开机 Logo 后内核的编译验证。在镜像生成后为了给后续的下载作准备，需要检验是否生成了镜像，并将生成的新镜像复制到共享文件中，内核编译完成后的提示如图 10.46 所示。

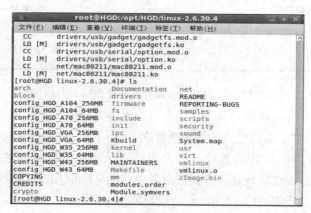

图 10.46　检验是否生成了镜像

10.2.5　实用工具 Busybox 的安装

若要运行一个 Linux 操作系统，除了内核代码以外，还需要一个根文件系统。根文件系统通常是一个存放系统运行时必要的系统配置文件、设备文件以及存储数据文件的外部设备。根文件系统一般包括这样一些子目录：/etc/、/dev/、/usr/、/usr/bin/、/bin/、/var/等。在现代 Linux 操作系统中，内核代码镜像文件(bootimage)也保存在根文件系统中。系统引导启动程序会从这个根文件系统上把内核执行代码加载到内存中去运行。

制作嵌入式根文件系统一般使用开源的 Busybox 工具。Busybox 将许多常用的 UNIX 命令和工具结合到了一个单独的可执行程序中，它被非常形象地称为嵌入式 Linux 系统中的"瑞士军刀"。虽然与相应的 GNU 工具比较起来，Busybox 所提供的功能和参数略少，但在比较小的系统(如启动盘)或嵌入式系统中，已经足够了。

Busybox 在设计上充分考虑了硬件资源受限的特殊工作环境。它采用一种很巧妙的办法减少自己的体积，所有的命令都通过"插件"的方式集中到一个可执行文件中，在实际应用过程中通过不同的符号链接来确定到底要执行哪个操作。例如，如果最终生成的可执行文件为 Busybox，当为它建立一个符号链接 ls 的时候，就可以通过执行这个新命令实现列目录的功能。而且采用单一执行文件的方式可最大限度地共享程序代码，甚至共享文件头、内存中的程序控制块等其他操作系统资源。

(1) Busybox 安装程序的准备。由于 Busybox 的安装程序存放在 PC 机中，因此需要从 PC 机中将 Busybox 的压缩文档拷贝至共享文件夹中；又由于安装程序为压缩文件，因此需通过终端命令对 Busybox 的压缩文件进行解压，所使用的命令如图 10.47 所示。

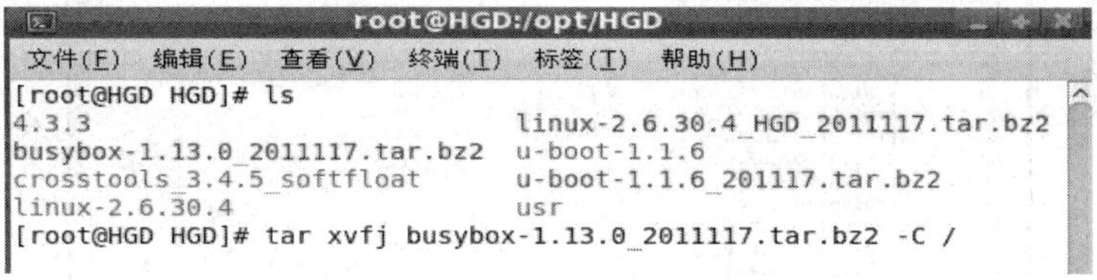

图 10.47　解压 Busybox 安装压缩包

(2) 启动 Busybox 的配置操作。在解压完成后，同内核编译一样，需要根据设计的需要通过 make menuconfig 命令对 Busybox 的相关性能进行配置，具体操作如图 10.48 所示。

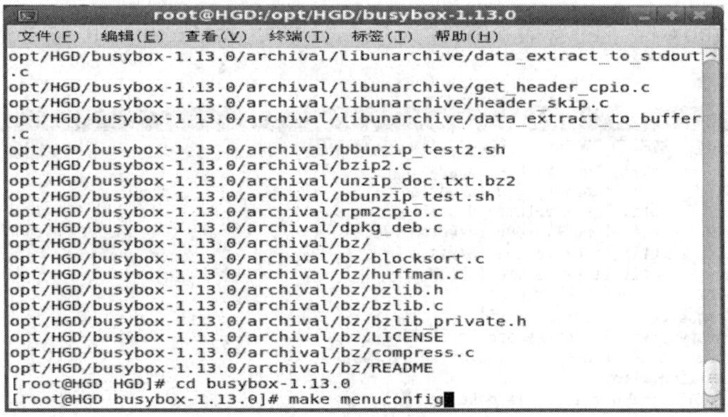

图 10.48　进入 Busybox 配置目录

(3) Busybox 相关性能的配置。打开配置框后，根据需要对相关选项进行配置，对于需要选择的项按 Y 键即可，需取消的选项可按 N 键进行取消，最后将配置保存即可，如图 10.49 所示。

图 10.49　Busybox 配置目录

(4) Busybox 配置后的编译。配置完成后，为了成功安装 Busybox，需要通过 make 命令对 Busybox 进行编译，如图 10.50 所示。

```
root@HGD:/opt/HGD/busybox-1.13.0
文件(F)  编辑(E)  查看(V)  终端(T)  标签(T)  帮助(H)

[root@HGD busybox-1.13.0]# make
  SPLIT    include/autoconf.h -> include/config/*
  GEN      include/bbconfigopts.h
  HOSTCC   applets/usage
  GEN      include/usage_compressed.h
  HOSTCC   applets/applet_tables
  GEN      include/applet_tables.h
  CC       applets/applets.o
  LD       applets/built-in.o
  LD       archival/built-in.o
  CC       archival/ar.o
  CC       archival/bbunzip.o
  CC       archival/bzip2.o
  CC       archival/cpio.o
  CC       archival/gzip.o
  CC       archival/tar.o
  CC       archival/unzip.o
  AR       archival/lib.a
  LD       archival/libunarchive/built-in.o
  CC       archival/libunarchive/data_align.o
  CC       archival/libunarchive/data_extract_all.o
  CC       archival/libunarchive/data_extract_to_buffer.o
  CC       archival/libunarchive/data_extract_to_stdout.o
```

图 10.50　对 Busybox 安装程序进行编译

(5) 进行 Busybox 程序的安装。编译完成后，通过 make install 命令对 Busybox 进行安装，如图 10.51 所示。

```
root@HGD:/opt/HGD/busybox-1.13.0
文件(F)  编辑(E)  查看(V)  终端(T)  标签(T)  帮助(H)
  CC       util-linux/volume_id/sysv.o
  CC       util-linux/volume_id/udf.o
  CC       util-linux/volume_id/util.o
  CC       util-linux/volume_id/volume_id.o
  CC       util-linux/volume_id/xfs.o
  AR       util-linux/volume_id/lib.a
  LINK     busybox_unstripped
Trying libraries: crypt m
 Library crypt is not needed, excluding it
 Library m is needed, can't exclude it (yet)
Final link with: m
[root@HGD busybox-1.13.0]# make install
```

图 10.51　安装 Busybox 程序

（6）Busybox 相关文档的修改。安装完成后，为了 Busybox 的正常运行，需要按图 10.52 所示指令对相关文档进行修改。

```
root@fedora:/opt/HGD/busybox-1.13.0/_install
文件(F)  编辑(E)  查看(V)  终端(T)  标签(T)  帮助(H)
./_install/usr/sbin/inetd -> ../../bin/busybox
./_install/usr/sbin/loadfont -> ../../bin/busybox
./_install/usr/sbin/lpd -> ../../bin/busybox
./_install/usr/sbin/popmaildir -> ../../bin/busybox
./_install/usr/sbin/rdate -> ../../bin/busybox
./_install/usr/sbin/rdev -> ../../bin/busybox
./_install/usr/sbin/readprofile -> ../../bin/busybox
./_install/usr/sbin/sendmail -> ../../bin/busybox
./_install/usr/sbin/setfont -> ../../bin/busybox
./_install/usr/sbin/setlogcons -> ../../bin/busybox
./_install/usr/sbin/svlogd -> ../../bin/busybox
./_install/usr/sbin/telnetd -> ../../bin/busybox
./_install/usr/sbin/udhcpd -> ../../bin/busybox


--------------------------------------------
You will probably need to make your busybox binary
setuid root to ensure all configured applets will
work properly.
--------------------------------------------

[root@fedora busybox-1.13.0]# cd _install/
[root@fedora _install]# mkdir ../../root_2.6.30.4_test
[root@fedora _install]# cp -f * ../../root_2.6.30.4_test/
```

图 10.52　修改 Busybox 相关文档

10.2.6　apps 的安装过程

（1）apps 安装程序的准备。由于 apps 的安装程序存放在 PC 机中，因此需要从 PC 机中将 apps 的压缩文档拷贝至共享文件夹中；又由于安装程序为压缩文件，因此需要通过终端命令对 apps 的压缩文件进行解压，所使用的命令如图 10.53 所示。

```
root@HGD:/opt/HGD
文件(F)  编辑(E)  查看(V)  终端(T)  标签(T)  帮助(H)
[root@HGD HGD]# cd /opt/HGD/
[root@HGD HGD]# ls
4.3.3                    busybox-1.13.0                linux-2.6.30.4
apps                     busybox-1.13.0_2011117.tar.bz2  u-boot-1.1.6
apps_HGD_2011117.tar.bz2  crosstools_3.4.5_softfloat    usr
[root@HGD HGD]# clear
```

图 10.53　解压 apps 安装压缩包

（2）apps 程序的配置编译。解压完成后，为了 apps 的成功安装，需要先对相关文档进行修改，然后使用 make 命令对 apps 程序进行编译，如图 10.54 所示。

```
root@HGD:/opt/HGD/apps/wireless_tools.29
文件(F)  编辑(E)  查看(V)  终端(T)  标签(T)  帮助(H)
opt/HGD/apps/WebCam/mjpg-streamer/mjpeg-client/main.pas
opt/HGD/apps/WebCam/mjpg-streamer/mjpeg-client/mjpegviewer.lpr
opt/HGD/apps/WebCam/mjpg-streamer/mjpeg-client/main.lfm
opt/HGD/apps/WebCam/mjpg-streamer/mjpeg-client/main.lrs
[root@HGD HGD]# cd /opt/HGD/apps/
[root@HGD apps]# cd wireless_tools.29/
[root@HGD wireless_tools.29]# make clean
rm -f *.BAK *.bak *.d *.o *.so ,* *~ *.a *.orig *.rej *.out
[root@HGD wireless_tools.29]# rm -rf __install/
[root@HGD wireless_tools.29]# make
```

图 10.54　编译 apps 安装程序

(3) apps 程序的安装与修改。编译完成后，便可以使用 make install 命令对 apps 程序进行安装，如图 10.55 所示。安装完成后，对相关文档进行修改即可，如图 10.56 所示。

图 10.55　安装 apps 程序

图 10.56　修改 apps 相关文档

10.2.7　GUI 工具包 Qt 的安装

Qt/Embedded 是著名的 Qt 库开发商 Trolltech 公司开发的。它是为嵌入式设备上的图形用户接口和应用开发而定做的 C++ 工具开发包，需要 C++ 编译器的支持。它可运行在多种嵌入式设备上，但主要是运行在嵌入式 Linux 系统上为嵌入式应用程序提供 Qt 的标准 API。

在嵌入式系统应用程序的设计中，常用来设计系统的界面。

(1) Qt 安装程序的准备。由于 QT 的安装程序存放在 PC 机中，因此需要从 PC 机中将 Qt 的压缩文档拷贝至共享文件夹中；而且由于安装程序是压缩文件，因此需要通过终端命令对 Qt 的压缩文件进行解压，所使用的命令如图 10.57 所示。

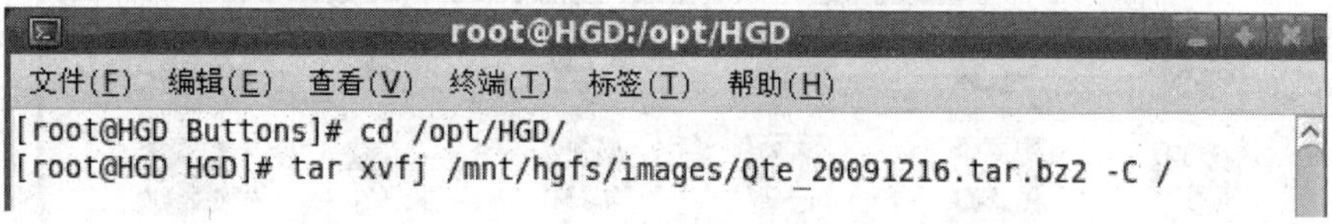

图 10.57　解压 Qt 安装压缩包

(2) Qt 程序的安装过程。解压完成后，为了顺利地运行安装程序，需要进入解压后的文件目录下，并通过图 10.58 中的指令运行 Qt 的安装程序。该过程需要耗费一定的时间。在安装程序运行完成后，需要通过图 10.59 所示指令对安装的 Qt 进行测试。

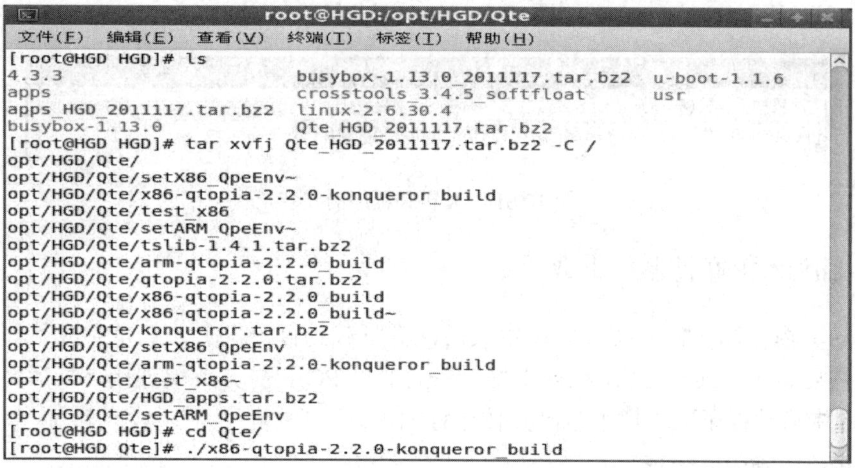

图 10.58　运行 Qt 安装程序

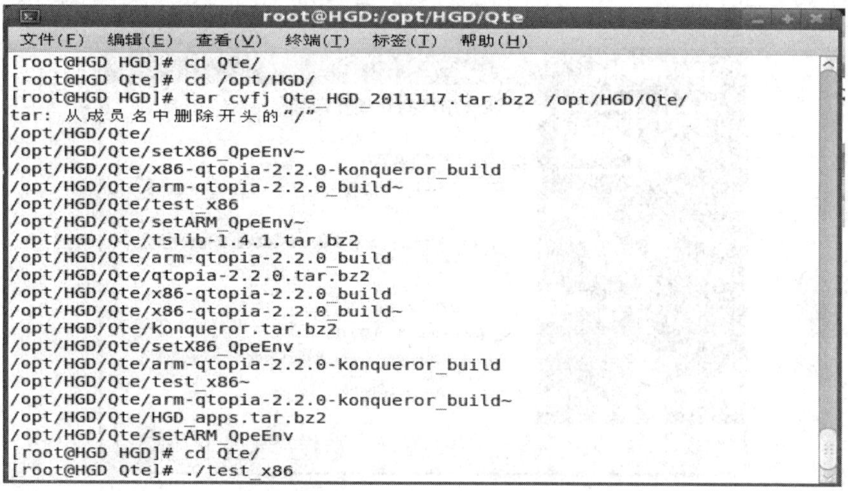

图 10.59　进入 Qt 测试界面

(3) Qt 程序的测试及其他。运行测试程序进行测试并按要求对相关选项进行设置，最后得到图 10.60 所示界面。测试完成后，按图 10.61 中的指令对 Qt 其他模块进行安装。

图 10.60　对 Qt 进行测试

图 10.61　Qt 相关程序的安装

10.2.8　Linux 移植镜像的下载

U-Boot、内核和文件系统等镜像生成后，需下载到目标机上才算是完成其移植。下载前，首先需要将串口线与 USB 线连接好，然后通过 PC 机打开终端连接，最后将开发板从 NOR Flash 中启动板子。移植下载的具体过程如下。

1. USB 驱动安装过程

首先打开超级终端；然后连接开发板上的串口线和电源线；接好之后，打开电源会出现图 10.62 所示的界面，选择从列表或指定位置安装，单击下一步从而在 PC 机中查找

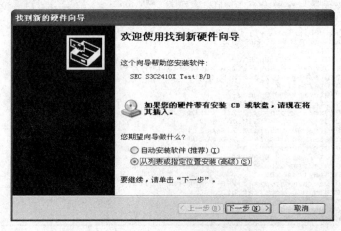

图 10.62　USB 驱动程序的安装

相关的 USB 驱动程序的位置，并选中对应的 USB 驱动程序；最后安装完毕，如图 10.63 所示。

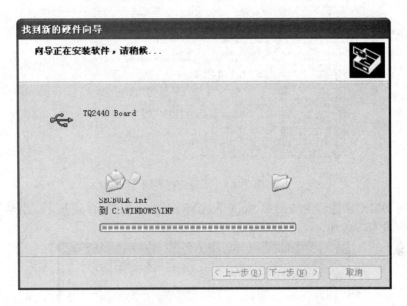

图 10.63　USB 驱动完成

2．利用串口与硬件连接

连接方式有两种：利用 SecureCRT 软件或利用 PC 的串口终端连接。这里使用串口连接，并运行天嵌光盘中的 SecureCRT 软件进行硬件连接设置，如图 10.64 所示。

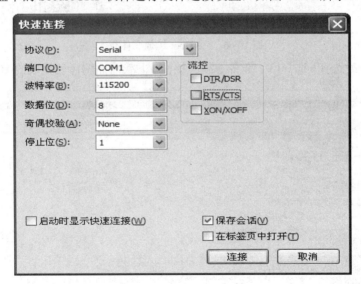

图 10.64　USB 连接设置图

3．利用串口进行镜像下载

(1) 将硬件从 NOR Flash 启动，如图 10.65 所示。选择[1]，即进行 U-Boot 的烧写，为随后的内核及文件系统的下载做准备。

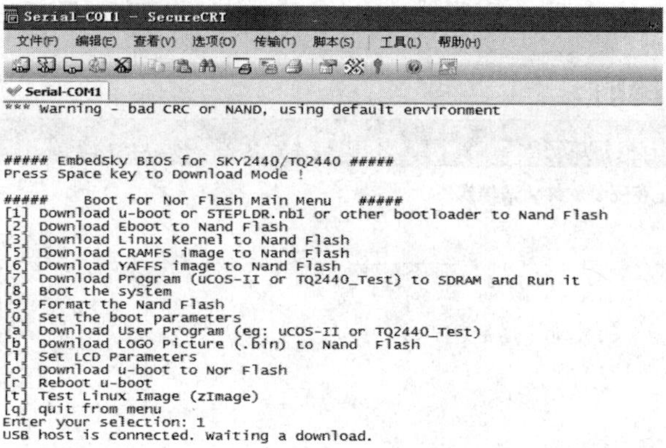

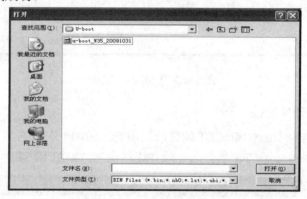

图 10.65　下载选择界面

(2) 使用 DMN 软件将生成的 U-Boot 下载到硬件中，如图 10.66 所示。当显示为 "100% complete" 时，下载成功。

图 10.66　U-Boot 镜像文件载入

(3) 继续下载选择。选择[3]，准备下载内核，即下载前面编译所生成的 zImage.bin 文件，如图 10.67 所示。

图 10.67　下载内核选择

(4) 依然使用 DMN 下载生成的 zImage_2.6.30.4_W35_256MB_20091030 内核，如图 10.68 所示。

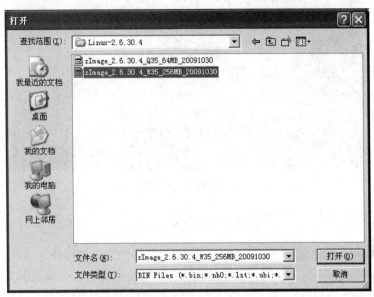

图 10.68　内核镜像文件的载入

(5) 内核下载成功后，接着下载文件系统镜像，如图 10.69 所示。文件系统下载完成后，操作系统的移植也就完成了。

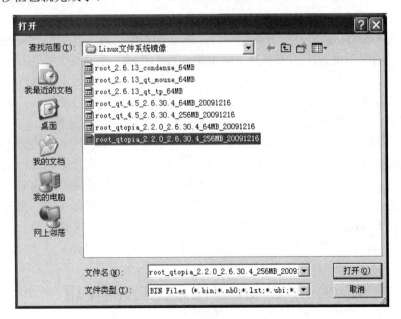

图 10.69　文件系统的载入

(6) 将编译成功后生成的 U-Boot 镜像、内核镜像以及文件系统按照上述步骤通过 USB 串口下载至嵌入式芯片后，重新启动操作系统，这样就完成了整个操作系统的移植过程。操作系统的移植成功且重启后的硬件实现的实物如图 10.70 所示。

图 10.70　重新启动操作系统界面

10.2.9　Linux 开发环境的构建及移植总结

在 Linux 操作系统下通过终端用命令行的方式对某个文件进行各种操作,首先必须保证被操作的文件存在,如果不存在,则必须通过新建或复制等方式在指定的文件夹生成该文件;如果在当前文件夹对该文件夹的某个文件进行操作,那么操作命令不需要带路径;假设在某个目录下对其他文件夹下的文件操作,对于被操作的文件必须加上绝对路径,或者是先改变路径到指定的文件夹,再在当前文件夹下对该文件进行直接操作。

对于本章的各种操作,与系统的软硬件配置有关,适用的开发环境是:基于 Windows XP +VMware Workstation 6.5/32 位 Windows 7+ VMware Workstation 10.0 和广州天嵌计算机科技有限公司的 TQ2440+3.5 开发板硬件及配套的软件。对于其他的软硬件开发平台,可参照执行。同时考虑到阐述整个开发环境的构建和移植,涉及许多操作环节,这些操作环节的操作界面无法逐一展现,因此对于书中未讲到的一些问题或实际操作中遇到一些问题,可参看 TQ2440+3.5 开发板硬件及配套的软件或其他开发平台的说明、教学视频,亦可从网络搜索一些问题的解答,同时应注意在实践中进行摸索和总结。

Linux 开发环境的构建及移植步骤如下所述。首先,在 PC 机中安装好 Linux 操作系统和交叉编译环境;然后通过 PC 机上的操作系统对 U-Boot 进行编译并生成可下载至芯片的镜像文件,U-Boot 主要是为内核以及文件系统等的下载提供工作模式;其次是根据设计需要对内核进行相关配置和编译,并生成可下载至芯片的镜像文件;接着是利用安装好的实用工具 Busybox,根据设计需要生成可下载至芯片的镜像文件;最后把上面生成的三个镜像烧至目标芯片便完成了 Linux 操作系统向目标芯片的移植。

10.3　Linux 操作系统 Qt 的使用

10.3.1　Qt/Embedded 程序设计基础

Qt/Embedded 的 API 是基于面向对象技术的。在应用程序开发上,使用与 Qt 相同的工具包,只需在目标嵌入式平台上重新编译即可。若使用大家熟悉的桌面开发工具来编写和保存一个嵌入式应用程序的源代码树，在将其移植到多种嵌入式平台时，只需要重新编译代码即可。

许多基于 Qt 的 X Windows 程序可以非常方便地移植到 Qt/Embedded 上，它们与 X11版本的 Qt 在最大程度上兼容，延续了在 X 上的强大功能。Qt/Embedded 很省内存，因为它不需要 X 服务器或是 Xlib 库，仅采用 framebuffer 作为底层图形接口。此外，Qt/Embedded的应用程序可以直接写内核缓冲帧，它所支持的线性缓冲帧包括 1、4、8、15、16、24 和32 位深度以及 VGA16 的缓冲帧。

Qt/Embedded 提供了一种被称之为信号与插槽的真正的组件化编程机制，这种机制和以前的回调函数有所不同。回调是指一个函数的指针，如果用户希望处理函数通知自己一些事情，则可以把另一个函数(回调)的指针传递给处理函数，处理函数在适当的时候调用回调。回调有两个主要缺点：首先它们不是类型安全的，因为我们从来都不能确定处理函数使用了正确的参数来调用回调；其次回调和处理函数必须非常强有力地联系在一起，因为处理函数必须知道要调用哪个回调。Qt 的窗口在事件发生后激发信号。例如：选择菜单会激发一个信号，这时程序员先建立一个函数(插槽)，然后调用 connect()函数把这个插槽和信号连接起来，这样就完成了事件和响应代码的连接。信号与插槽连接的抽象图如图10.71 所示。

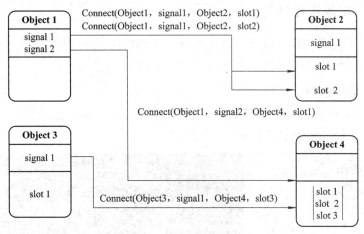

图 10.71　信号与插槽机制

Qt/Embedded 还提供了一个通用的 widgets 类。通过这个类，可以很容易地把子类转换成为客户自己的组建或是对话框。Qt/Embedded 还可以在编译时去掉运行时不需要的特性，以减少内存的占用。例如，要想不编译 QlistView，可以通过定义一个 Qt_NO_LISTVIEW 的预处理标记来完成。Qt/Embedded 提供了大约 200 个可配置的特征，由此在Intel x86 平台上库的大小范围在 700～5000 KB 之间。但大部分客户选择的配置使得库的大小在 1500～4000 KB之间。Qt/Embedded 动态链接库可以通过编译时去掉用不到的特性来减少在内存中的覆盖，也可以把全部的应用功能编译链接到一个简单的静态链接的可执行程序中，从而

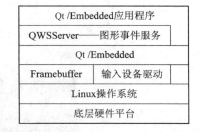

图 10.72　Qt/Emebedded 的实现结构

能够最大限度地节省内存。图 10.72 为 Qt/Emebedded 的实现结构。

目前越来越多的第三方软件公司也开始采用 Qt/Embedded 开发嵌入式 Linux 下的应用软件。其中非常著名的 Qt Palmtop Environment(Qtopia)早期是一个第三方的开源项目,并已经成功应用于多款高档 PDA 中。Trolltech 公司针对 Smart-Phone 中的应用需求,于 2004 年 5 月底发布了 Qtopia 的 Phone 版本。

横向来看,由于发布的版权问题,Qt/Embedded 采用两种方式进行发布:在 GPL 协议下发布的 free 版与专门针对商业应用的 commercial 版本。二者除了发布方式不同外,在源码上没有任何区别。纵向看来,当前主流版本为 Qtopia 的 2.x 系列与最新的 3.x 系列,其中 2.0 版本系统较多地应用于采用 Qtopia 作为高档 PDA 主界面的应用中;3.x 系列则应用于功能相对单一但需要高级 GUI 图形支持的场合,如 Volvo 公司的远程公交系统信息系统。3.x 版本系列的 Qt/Emebedded 相对于 2.x 版本系统中增加了许多新的模块,如 SQL 数据库查询模块等。几乎所有 2.x 版本中原有的类库,在 3.x 版本中都得到极大程度的增强,这就极大地缩短了应用软件的开发时间,扩大了 Qt/Embedded 的应用范围。

在代码设计上,Qt/Embedded 巧妙地利用了 C++ 独有的机制,如继承、多态、模板等,具体实现非常灵活。但其底层代码由于追求与多种系统、多种硬件的兼容,代码补丁较多,风格稍显混乱。

10.3.2　使用 Qt 制作应用程序

下面通过一个简化的摄氏温度与华氏温度之间的转换程序模块的设计来向大家展示一下 Qt Designer 进行应用程序的设计步骤和方法。

1. 启动 Qt Designer

按照图 10.73 所示的操作步骤启动 Qt Designer。Qt Designer 呈现给用户的是一个 "New/Open" 对话框,如图 10.74 所示。

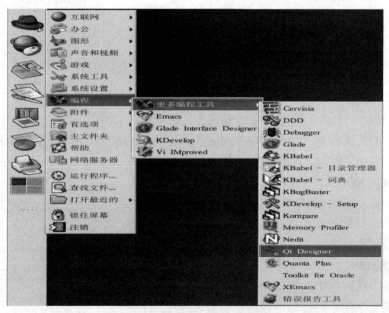

图 10.73　Qt Designer 的启动操作

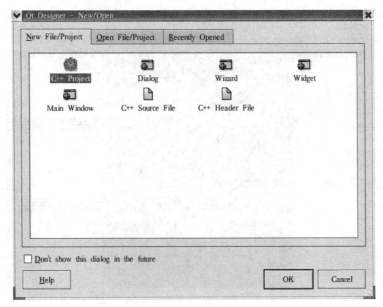

图 10.74　"New/Open"对话框

2. 创建工程与源文件

因为这里要创建一个 C++ 程序，所以在此选择"C++ Project"，单击【OK】按钮。这时系统将弹出"Project Settings"对话框，单击"Project File"文本框后的【…】按钮，选择一个想要保存文件的位置，并且给出一个文件名，在此使用的文件名是 abc.pro，如图 10.75 所示。注意这里文件名的扩展名一定要是 .pro。单击【Save】按钮后，返回到了"Project Settings"对话框，然后单击【OK】按钮。现在就已经在 Qt Designer 主窗口上了，如图 10.76 所示，此时要确保"Property Editor"可见。如果它是不可见的，用户可以通过【Windows】→【Views】→【Property Editor/Signal Handlers】选单选项来使其可见(默认情况下是可见的)。

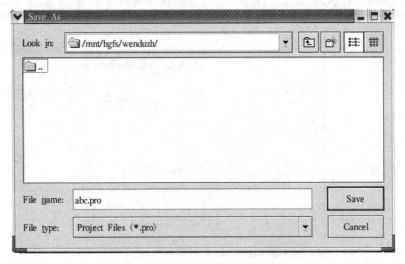

图 10.75　设置文件保存路径和文件名

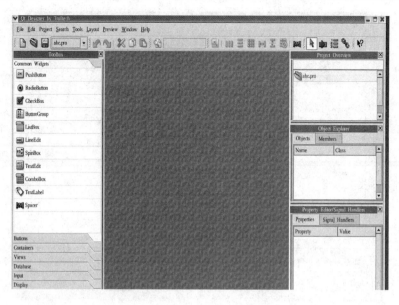

图 10.76　　Qt Designer 主窗口

3. 创建操作对话框并设置属性

单击菜单【File】→【New】，出现如图 10.74 所示的操作对话框，选择"Dialog"选项来创建一个新的对话框。这时 Qt Designer 会创建一个新的空白对话框，用户可以在其上放置输入框和按钮。

打开"Property Editor"选项单，把"name"的值改为"abcMainForm"，把"caption"的值改为"温度转换"。这里对话框的"name"的属性是被应用程序使用的内部名字，在用户编写代码时，需要使用的就是这个名字。"caption"属性指的是要在标题栏上显示的名字，如图 10.77 所示。

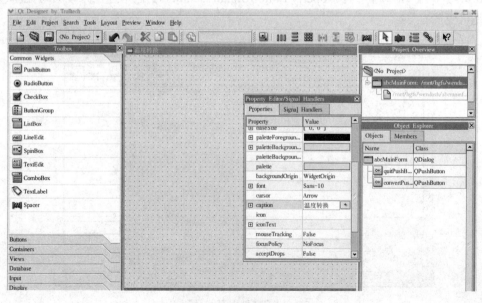

图 10.77　设置对话框属性

4. 添加操作控件并设置属性

如图 10.78 所示，先从左边的工具箱中选择"Common Widgets"，并且双击"TextLable"。在表单的左上角放置一个标签，在这个标签位置下方再放置一个同样的标签；然后选中上面的标签，并且将其"text"值改为"摄氏温度："，相应地把第二个标签的"text"值改为"华氏温度"。

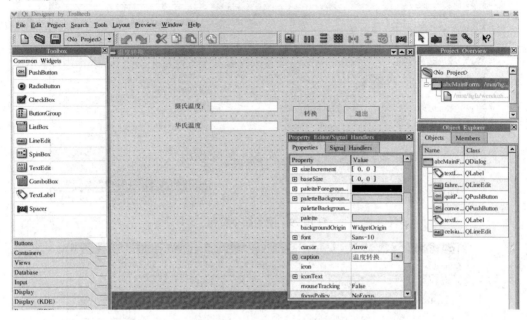

图 10.78　Qt 对话框中控件的设置及属性的修改操作示意图

在这两个标签的后面加上两个对应的输入框，用于输入需要转换的温度和输出转换后的温度。从"Common Widgets"中双击选择"LineEdit"，然后在两个标签后创建两个"LineEdit"。把两个"LineEdit"框中的"name"值分别改为"CelsiusLineEdit"和"FahrenheitLineEdit"，再把"FahrenheitLineEdit"文本框的"readOnly"属性改为"Ture"。

从"Common Widgets"上选择"PushButton"，并且创建两个按钮，分别将其"name"和"text"的属性改为"quitPushButton"和"退出"、"covertPushButton"和"转换"。

按【Ctrl+S】组合键或从菜单中选择【File】→【Save】命令，然后输入文件名。默认情况下，使用的是对话框的"name"值，扩展名使用的是 .ui。若用户可以接受这个名字，单击【Save】按钮即完成设置。

如果想看一看效果，用户可以按【Ctrl + T】组合键或从菜单中选择【Preview】→【Preview Form】命令来预览应用程序。但是按钮现在还不能做任何事情，所以下一步要做的就是让按钮与某一特定的动作相关联；当单击【退出】按钮时，要求应用程序会被关闭；而当单击【转换】按钮时，要求输入的温度由摄氏温度转为华氏温度。

5. 设置控件之间的连接

先在【退出】按钮上单击鼠标右键，选择【Connections】命令，如图 10.79 所示。系统弹出"View and Edit Connections"对话框后，单击【New】按钮；然后从"Sender"列表中选择"quitPushButton"，从"Signal"列表中选择"clicked()"，从"Receiver"列表中选择

"abcForm"，从"Slot"列表中选择"close()"，如图 10.80 所示。

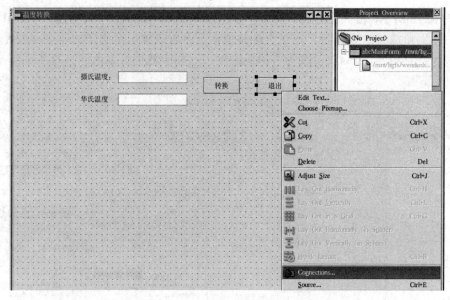

图 10.79　配置命令按钮

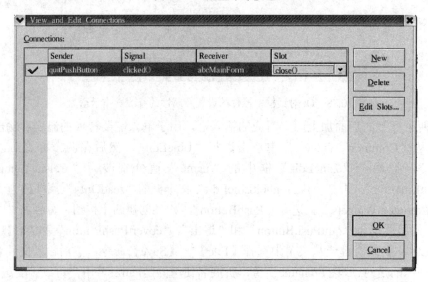

图 10.80　单击【退出】按钮创建关联

　　这样，当用户单击【退出】按钮时，会向对话框发送一个鼠标单击的信号，这将使这个对话框关闭(因为这个对话框是主表单，所以它关闭时应用程序也就同时关闭了)。如果要进行测试，可以选择菜单【Preview】→【Preview Form】命令。这时单击【退出】按钮，预览窗口就会被关闭。

　　接下来为【转换】按钮创建连接。先在【转换】按钮上单击鼠标右键，并且在快捷菜单上选择【Connections】命令，系统弹出"View and Edit Connections"对话框后，单击【New】按钮来创建一个新的连接；然后从"Sender"列表中选择"convertPushButton"，从"Signal"列表中选择"clicked 在()"，从"Receiver"列表中选择"abcForm"。因为在"Slot"列表中

没有一个可以满足这项要求的函数，因此需要创建一个新的函数来完成这个连接，先单击
【Edit Slots】按钮，系统弹出"Edit Functions"对话框，再单击【New Functions】按钮，在
"Functions"文本框中输入函数名"convert()"，其他的值可以保持不变，如图 10.81 所示。

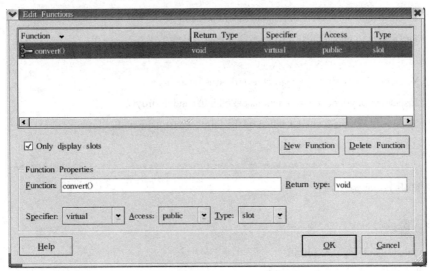

图 10.81 创建 convert 函数

然后单击【OK】按钮，关闭"Edit Functions"对话框，回到"View and Edit Connections"
对话框；再从"convertPushButton"项目的"Slot"列表中选择"convert()"，如图 10.82 所
示；最后单击【OK】按钮，完成连接。

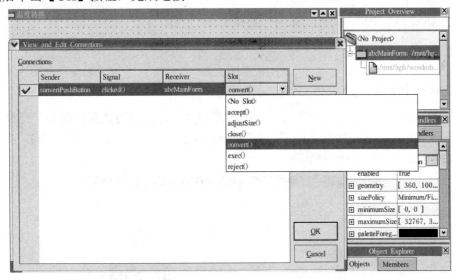

图 10.82 选择"convert()"

6．完成应用程序的代码编写

现在来完成应用程序的代码部分，即创建 convert()函数。在 Project Overview 窗口中单
击"abcForm.ui.h"来启动 Code Editor。此时 convert()实际上已经存在了，只不过是空的。
下面用 C++代码来完成函数。

```
/****************************************************************
** ui.h extension file,included form the uic-generared form implementation.
**
** If you want to add,delete,or rename runctions or slots,use
** Qt Desiger to update this file ,preserving your code.
**
** You should not define a constructor or destructor in this file.
** Instead,write your code in functions called init() and destroy().
** These will automatically be called by the form's constructor and
** destructor.
*****************************************************************/
Void abcForm::convert()
{
/*定义参数*/
Double Celsius_input,result=0；
/*获取摄氏温度的输入*/
Celsius-input=celsiusLineEdit->text().toDouble()；
/*转换成华氏温度*/
Result=(Celsius_input*(9.0/10.0))+32.0；
/*显示华氏温度，消除摄氏温度*/
fahrenheitLineEdit->setText(QString::number(result, 'f', l));
celsiusLineEdit->clear();
}
```

7. 创建一个 main.cpp 文件

现在已经基本完成这个应用程序了，不过在编译和运行应用此程序之前，还要创建一个 main.cpp 文件。方法是选择【File】→【New】→【C++ Main-File(main.cpp)】，而且只需接受默认配置即可，如图 10.83 所示。

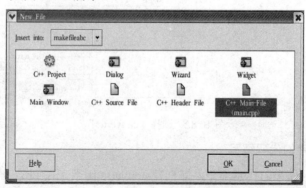

图 10.83　创建 main.cpp 文件

main.cpp 会自动在 Code Editor 中打开。因为这里无需改变 main.cpp 中的任何东西，所以直接保存 main.cpp，并且将 Code Editor 窗口关闭。这时也同时关闭 cfconfMainForm.ui.h Code Editor 窗口。

10.3.3　Qt 应用程序的编译与移植

在 Qt Designer 中所完成的仅是应用程序的编写，如果要使 Qt 程序真正成为一个嵌入式系统上运行的程序，还需要进行编译与移植。

1．编译

编译 Qt 程序需要完成以下三个步骤：

- 生成 Makefile 文件；
- 用 make 命令进行编译；
- 调试运行。

下面就是以摄氏温度和华氏温度的转换程序为例来说明编译过程。首先打开终端程序，进入刚才保存项目的目录，即 /mnt/hgfs/wenduzh。如图 10.84 所示，输入命令：qmake -o Makefile abc.pro。接下来在终端上输入命令 make，完成编译。注意，根据系统的性能和编译文件的大小，这个步骤需要花费一点时间。编译后，打开/mnt 文件夹便可以看到增加的 Makefile 文件和 abc 执行文件，如图 10.85 所示。最后，在终端输入命令：./abc 来运行程序，这时用户应该可以看到刚才编写的 Qt 程序的运行结果了，如图 10.86 所示。

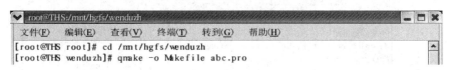

```
[root@THS root]# cd /mnt/hgfs/wenduzh
[root@THS wenduzh]# qmake -o Makefile abc.pro
```

图 10.84　生成 Makefile 文件

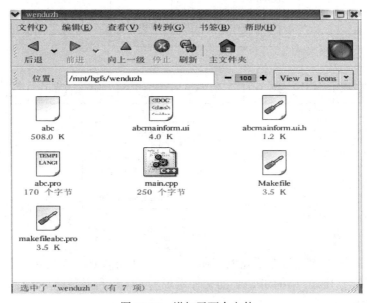

图 10.85　增加了两个文件

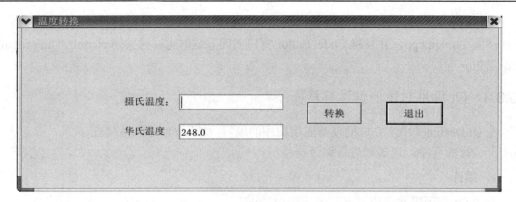

图 10.86   程序运行效果

2. 移植

移植就是将 Qt 移植到目标板上，这需要 Qt/Embedded 共享库的支持。如图 10.87 所示，列出了 Qtopia 移植中 Qt/Embedded 共享库的支持、环境变量声明和关键的编译配置命令，以及最后目标板上 qpe 的架构。

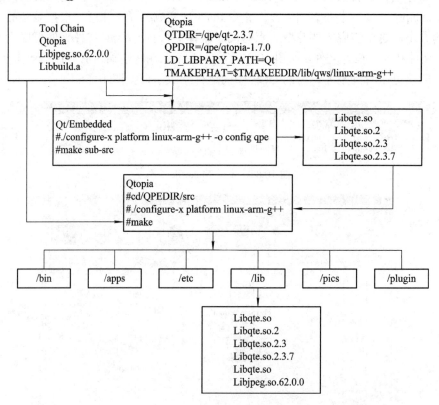

图 10.87   Qtopia 配置编译及其架构

Qt 应用程序的移植就是把新建的应用程序的相关文件加入对应的文件目录下。如图 10.88 所示为下载到 Flash 中的 JFFS2 的文件系统构架。根目录下除 opt 以外的文件目录都来自原有文件系统。

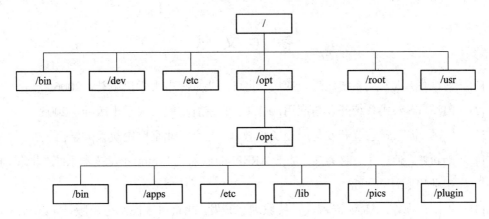

图 10.88　文件系统组织图

首先需要把新建的应用程序的相关文件(包括启动器文件，包含了图标的库文件 libqte.so.* 和应用程序的可执行文件)复制到 qpe 的对应目录下。然后将建好的 Qt 应用程序 abc 复制到根文件目录 root 下。要使 Qt 程序能够自动运行，还需要改写其脚本文件。在 etc/profile 脚本中，进行如下添加：

```
#   /etc/profile
#   System wide environment and startup programs,for login setup
#   Functions and aliases go in /etc/bashrc
pathmunge (){
    ⋮
}
    ⋮
Export PATH USER LOGNAME MALL HOSTNAME HISTSIZE INPUTRC
for i in /etc/profile.d/*.sh；do
    if [-r "$i" ]；then
        .$i
    fi
done
EXEC /root/abc        //添加的引用
unset i
unset pathmunge
```

最后，用下载工具将系统下载到目标板上即可。

参 考 文 献

[1] 马维华. 嵌入式系统原理及应用. 北京：北京邮电大学出版社，2006.

[2] 田泽. 嵌入式系统开发与应用. 北京：北京航空航天大学出版社，2005.

[3] 田泽. 嵌入式系统开发与应用实验教程. 北京：北京航空航天大学出版社，2005.

[4] 李新峰，何广生，赵秀文. 基于 ARM9 的嵌入式 Linux 开发技术系统. 北京：电子工业出版社，2008.

[5] 王诚，梅霆. ARM 嵌入式系统原理与开发. 北京：人民邮电出版社，2011.

[6] 俞辉，李永，刘凯等. ARM9 嵌入式 Linux 系统设计与开发. 北京：机械工业出版社，2010.

[7] 谭会生. 基于 ARM 嵌入式系统的电类专业本科生研究性教学的研究与实践. 湖南省高等教育学会电子信息技术教学研究会 2011 年学术年会论文集，2011：184-187.

[8] 许信顺，贾智平. 嵌入式 Linux 系统应用编程. 北京：机械工业出版社，2007.

[9] 吴明晖. 基于 ARM 的嵌入式系统开发与应用. 北京：人民邮电出版社，2004.

[10] 朱珍民，隋青青，段斌. 嵌入式实时操作系统及其应用开发. 北京：北京邮电大学出版社，2006.

[11] 赵寒星. ARM 开发工具 ADS 原理与应用. 北京：北京航空航天大学出版社，2006.

[12] 何文华，梁竞敏. Linux 操作系统实验与实训. 北京：人民邮电出版社，2006.

[13] 李蔚泽. Fedora Core 3 Linux 安装与系统管理. 北京：中国铁道出版社，2006.

[14] 朱居正，高冰. Red Hat Linux(Fedora Core 3)实用培训教程. 北京：清华大学出版社，2005.

[15] 谭会生. 基于 S3C44B0X 的嵌入式磨削数控系统. 微计算机信息，2008，24(3-2)：179-180.

[16] 全国大学生嵌入式系统专题竞赛组委会. 全国大学生嵌入式系统专题邀请赛优秀作品选编(2004). 上海：上海交通大学出版社，2004：64-74.